"十三五"江苏省高等学校重点教材（编号：2019-2-274）

化学工业出版社"十四五"普通高等教育规划教材

粮食与食品微生物学

周建新　伍金娥　主编

化学工业出版社

·北京·

内容简介

本书在阐明微生物生物学五大规律（即形态学、生理学、生态学、遗传学和分类学）的基础上，对微生物引起的食品腐败变质和食源性疾病、食品的防腐保鲜做了系统介绍，同时根据我国粮食储备量大、储藏时间长和容易发生霉变等特点，侧重对粮食霉变及机理、防霉保鲜和预测预报进行论述。

本教材注重理论性和实践性统一，理论阐述深入浅出，贴近行业实际需求；在编写过程中体现以"学生"为中心的教学理念，从案例出发，提高学生学习本课程的兴趣，注重知识结构的系统性，讲清概念、理顺脉络、阐明规律、突出重点和难点。

本书可作为高等院校食品科学与工程、粮食工程和食品质量与安全等本科专业的教材，也可作为粮食和食品等行业从业人员以及食品科学与工程、农产品储藏加工等学科研究生的参考书。

图书在版编目（CIP）数据

粮食与食品微生物学/周建新，伍金娥主编. —北京：化学工业出版社，2022.9（2024.11重印）

"十三五"江苏省高等学校重点教材　化学工业出版社"十四五"普通高等教育规划教材

ISBN 978-7-122-42195-1

Ⅰ.①粮… Ⅱ.①周…②伍… Ⅲ.①食品微生物-微生物学-高等学校-教材 Ⅳ.①TS201.3

中国版本图书馆CIP数据核字（2022）第172129号

责任编辑：李建丽　赵玉清
责任校对：李　爽
装帧设计：关　飞

出版发行：化学工业出版社
　　　　　（北京市东城区青年湖南街13号　邮政编码100011）
印　　装：北京天宇星印刷厂
787mm×1092mm　1/16　印张$20\frac{1}{2}$　字数497千字
2024年11月北京第1版第2次印刷

购书咨询：010-64518888
售后服务：010-64518899
网　　址：http://www.cip.com.cn
凡购买本书，如有缺损质量问题，本社销售中心负责调换。

定　价：65.00元

《粮食与食品微生物学》
编者名单

主　编　周建新　伍金娥

副主编　赵圣明　唐　芳　陈　曦

编写人员　（按姓氏笔画排序）

王光宇　王宝石　朱圆圆　伍金娥

祁智慧　何　毅　闵　婷　汪　芳

陈　曦　国立东　周建新　庞心怡

赵圣明　赵岩岩　都立辉　高瑀珑

郭元新　唐　芳　焦凌霞

参编单位　南京财经大学

武汉轻工大学

河南科技学院

国家粮食和物资储备局科学研究院

江苏科技大学

黑龙江中医药大学

前言

微生物广泛分布于自然界中，与人类生产和生活关系密切，对粮食与食品的生产、加工、保鲜等过程尤为重要。从食品安全角度来看，微生物的污染是造成粮食霉变、食品腐败变质和食物中毒的主要原因，所以掌握粮食与食品微生物学专业知识，对于保障粮食和食品安全、促进人民身体健康、发展可持续经济和维护社会稳定，具有重要的现实意义。

本书在阐明微生物生物学五大规律（即形态学、生理学、生态学、遗传学和分类学）的基础上，对微生物引起的食品腐败变质和食源性疾病、食品的防腐保鲜做了系统介绍，同时基于我国粮食储备量大、储藏时间长和容易发生霉变等特点，侧重对粮食霉变及机理、防霉保鲜和预测预报进行论述。本教材注重理论性和实践性统一，理论阐述深入浅出，贴近行业实际需求。在编写过程中体现以"学生"为中心的教学理念，从案例出发，提高学生学习本课程的兴趣，注重知识结构的系统性，讲清概念、理顺脉络、阐明规律、突出重点和难点。同时与中国大型开放式网络课程（MOOC）在线开放省级课程结合，实现学生随时学习、师生及时互动的目标。将价值取向、综合素养等作为思想政治目标纳入教材中，有助于提升学生的思想道德修养和综合素质。

本书可作为高等院校食品科学与工程、粮食工程和食品质量与安全等本科专业的教材，也可作为粮食和食品等行业从业人员以及食品科学与工程、农产品储藏加工等学科研究生的参考书。

本书由南京财经大学周建新教授和武汉轻工大学伍金娥教授担任主编。编写分工如下：第一章，周建新；第二章，王光宇、高玙珑；第三章，唐芳、祁智慧、周建新；第四章，伍金娥、陈曦、何毅；第五章，都立辉、国立东；第六章，汪芳、庞心怡；第七章，周建新、唐芳；第八章，赵圣明、焦凌霞、王宝石、赵岩岩；第九章，陈曦、伍金娥、何毅、闵婷；第十章，郭元新、朱圆圆。周建新和伍金娥对全部书稿进行了整理和统稿。陆玲教授、沈新春教授、潘磊庆教授、周剑忠研究员和陆利霞副教授对全书进行了细致的审阅，并提出了宝贵修改意见，在此深表谢意！

本书在编写过程中，得到南京财经大学食品科学与工程学院各位领导的关心和支持，还得到化学工业出版社的大力支持和具体指导。另外，本书的出版也得到南京财经大学食品科学与工程国家一流专业建设点的经费资助，并被列为江苏省高等学校重点教材。在此，表示衷心感谢！

本书在撰写过程中参考了国内外大量的研究成果，这固然能为本书的内容增加新鲜知识，但有些观点和结论仍需要实践验证，有些问题还需要继续研究和探讨。书中不妥之处，敬请读者批评指正。

编　者
2022 年 5 月

目录

第四章　微生物生理学 /082

第五章　环境因素对微生物生长的影响 /123

第六章　微生物遗传、变异和菌种选育 / 151

第七章　微生物在粮食发热霉变中的作用与防控 / 192

第八章　微生物引起的食品腐败变质与防控 / 214

第一章
绪　论

微生物英文——microorganism，就是在"organism（生物）"一词之前加上前缀"micro（非常小）"所构成，主要是根据生物体的形态大小区别于动植物，其成员十分复杂。

微生物广泛分布于自然界中，与人类的生产和生活关系密切，对粮食与食品的生产、加工、保藏和消费尤为重要。从储存和安全的角度来看，微生物是造成粮食霉变、食品腐败变质和食源性疾病的主要原因，因此掌握微生物学基本理论和技术，对于保障粮食和食品安全具有重要的现实意义。

一、微生物与人类

微生物与人类有着怎样的关系？

当你早晨起床后，深深吸口新鲜空气，喝杯酸奶，品尝面包的时候，那是微生物带给你的"恩惠"；当你生病而受病痛折磨时，可能是因为病原微生物侵染你的身体，这时微生物带给你的是痛苦；当你口服（或注射）抗生素类药物，恢复健康时，又是微生物带来的益处。微生物与人类关系的重要性不言而喻，但它是一把锋利的"双刃剑"，给人类带来巨大益处的同时，也会带来"残忍"的破坏。

在许多产品如面包、酒类和抗生素等的生产中，微生物发挥着不可替代的作用。同时微生物参与自然界重要元素循环、环境净化与修复，如利用微生物来净化生活污水和有毒工业污水（含农药、重金属），它们已成为人类生存环境中不可缺少的成员。此外，利用微生物生产基因工程药物和进行基因治疗，以及培育具有固氮能力的小麦，为微生物未来的利用提供了美妙前景，这也是微生物对人类作出的又一重大贡献。

然而，微生物的"残忍"性给人类带来巨大的灾难。首先，部分微生物会导致传染病流行，如鼠疫（又称黑死病，由鼠疫杆菌引起）在公元6、14、20世纪发生的3次大流行，导致近2亿人死亡；1981年在美国发现的艾滋病，至今已经使近5000万人死亡；2019年底出现的新型冠状病毒，在2020年1月12日，被世界卫生组织正式命名为2019-nCoV，在全球肆虐和流行。其次，一些微生物引起工农业产品霉变变质，每年全球因霉变导致的损失达总产量的20%～30%，并在粮食或食品中产生毒素，影响食品安全。再有许多微生物能引起农作物发生病害，如小麦赤霉病和马铃薯晚疫病等，引起减产。

总之，对于微生物与人类关系的认识要有辩证唯物主义的思辨意识。许多微生物对人类有害，但部分微生物对人类并无害处，而且对人类有益，特别是经过生活条件的改变或者人类的改良，也可以为人所用。如病毒常常对人类有害，如果将其减毒或者灭活处理后，就成了对人类有益的疫苗，可供人类接种。

二、微生物的概念与特点

（一）微生物的概念与量度单位

微生物是一群体型微小、结构简单、分解能力特别强的低等生物的总称。微生物个体的量度单位，从微生物总体来说，通常用微米（μm）或纳米（nm）表示。对于细菌、真菌等微生物来说，一般为几至几十微米，需借助普通光学显微镜观察（放大几百或几千倍），所以其量度单位是微米；而对于病毒，大小约为100nm，需借助电子显微镜观察（放大几万或几十万倍），其量度单位为纳米（nm）。

那么，能否用肉眼看到微生物？一般微生物个体肉眼看不见，但其群体即微生物菌落也就是在固体培养基上培养形成的菌落，或日常看到的粮食或食品表面发霉形成的霉斑，肉眼能看见。此外，大型真菌如蘑菇和茯苓等食用菌及药用菌的个体，肉眼也能看到。

（二）微生物的特点

微生物具有与其他生物共同的基本生命特征，也有其他生物不具备的生物学特性。微生物的基本特点是体型极其微小（一般＜0.1mm，而一般动植物＞0.1mm），因而带来了微生物的五大共性：体积小、比面值大；吸收多、转化快；生长旺、繁殖快；适应强、易变异；分布广、种类多。这五大共性不论在理论上还是在实践上都很重要。

1.体积小，比面值大

任何一定体积的物体，对其进行三维切割，则切割次数越多，颗粒数目越多，每个颗粒的体积也就越小。这时，如把所有颗粒的表面积相加，则其总数将极其可观。某一物体单位体积所占有的表面积的值称为比面值，现以球体的比面值为例来说明，即：

比面值=表面积÷体积=$(4\pi r^2)\div[(4/3)\pi r^3]=3/r$。

由此可知，同体积，越小的物体，比面值越大，这样赋予微生物巨大的营养物质的吸收面、代谢产物的排泄面和环境信息的交换面等，并由此而产生其余4个共性。

2.吸收多，转化快

资料表明，1kg酵母菌24h可发酵几千吨糖生成乙醇；乳酸菌24h发酵乳糖产乳酸的量为其质量的1000～10000倍。这个特性为微生物的高速生长繁殖和合成大量代谢产物提供了物质基础，所以微生物能在自然界和人类实践中更好地发挥其超小型"活的化工厂"的作用。

3.生长旺，繁殖快

生长最快的动物肉仔鸡，生长周期要2个月，大豆生长周期至少3个半月，而微生物中的酵母菌2～4h繁殖1代，细菌20～30min繁殖1代。普通大肠杆菌在条件适宜情况下可以达到20min繁殖1代。那么，一个大肠杆菌经过48h繁殖（144代）后产生菌的质量会有多少？

$1 \rightarrow 1 \times 2^{3 \times 48} = 2^{144} = 8^{48} = 2.2 \times 10^{43}$个大肠杆菌$= 2.2 \times 10^{31}$g（$1g \approx 10^{12}$个大肠杆菌）$= 2.2 \times 10^{25}$t（地球$\approx 5.5 \times 10^{21}$t），约为4000个地球的质量！

事实上，由于营养、空间和代谢产物等条件的限制，这种惊人的增殖速度在现实中是不可能实现的，但微生物这种强大的繁殖能力在发酵工业上具有重要的实践意义。主要体现在生产效率高和发酵周期短。例如酿酒酵母，其繁殖速度为2h分裂一次，但在单罐发酵时，几乎每12h就可"收获"一次，每年可"收获"数百次，这是其他任何农作物所不可能达到的"复种指数"。再如500kg重的食用公牛，每昼夜只能从食物中"浓缩"0.5kg的蛋白质，而同样质量的酵母菌，只要以糖厂的下脚料糖蜜和氨水为主要原料，在24h内即可真正合成50000kg的优良蛋白质，对缓解当前全球粮食匮乏具有重要现实意义。

微生物生长旺、繁殖快的特点为生物学基本理论的研究也带来巨大的优越性，使科研周期大大缩短、空间减少、经费节约、效率提高。但在另一方面，微生物生长旺、繁殖快的特性可造成动植物病害快速蔓延，农产品与食品迅速腐败变质，给植物疫病的防治和农产品与食品的防腐保鲜等方面带来困难，必须认真对待。

4.适应强，易变异

在长期生物进化过程中，为适应多变的环境，微生物产生了灵活的代谢调控机制，可产生多种诱导酶，因此表现出对各种环境极其灵活的适应性，可以在各种环境条件下，尤其是恶劣的"极端环境"中生存，繁衍后代，这是高等动植物所无法比拟的。在高温、低温、高酸、高碱、高盐、高压、高辐射甚至高毒性等极端环境中都有不同种类的微生物生活。如在海洋深处的某些硫细菌可在250～300℃之间生长；嗜盐细菌可在32%的饱和盐水中正常生活；氧化硫杆菌在pH值为1.0～2.0的酸性环境中生长。

虽然微生物对环境的适应性很强，但是当环境条件发生改变时，它们的易变性也十分突出。这是由于微生物巨大的比面值，使它们对生存条件的变化具有极大的敏感性。微生物的营养体通常都是单倍体，加之具有生长旺、繁殖快等特点，尽管其变异的频率十分低，但也可在短时间内产生大量变异的后代。微生物最常见的变异形式是基因突变，它可以涉及微生物的形态构造、生理类型、代谢途径、各种抗性、抗原性以及代谢产物的质或量的变异等。人为地利用各种物理、化学诱变因子处理微生物，可以促进其发生变异，提高突变率。微生物容易变异的特点为选择优良菌种提供了方便，也为人类创造更多的经济效益和社会效益，如青霉素生产菌种，1943年时利用霉甜瓜筛选到的野生型产黄青霉菌株，每毫升发酵液仅分泌120单位的青霉素，经过多年的诱变育种，现在已经达到5万～10万单位。再如对于进入环境的有毒有害污染物，微生物则可通过突变，改变原来的代谢类型而对环境适应，并将它们降解或转化，从而减少污染物对环境的污染。而有害变异则是人类的大敌，如致病菌金黄色葡萄球菌的耐药性变异，不仅使得传染病难以治愈，甚至无药可治。

5.种类多，分布广

微生物种类多首先体现在物种的多样性。微生物个体虽小，但它们也像大型生物一样有诸多类群，现在发现的微生物有20多万种，其中原生动物和显微藻类10余万种，真菌9万多种，原核生物3500种，病毒4000种。虽然目前发现的微生物种类比150万种的动物和50万种的植物要少，但以发展的眼光看，微生物每年仍有几百上千的新种被发现，估计数目在50万～600万种之间。因此微生物物种多样性主要是指潜在的多样性。

微生物种类多还体现在微生物生理代谢类型、代谢产物、遗传基因和生态系统类型的多样性。

微生物因其体积小、质量轻和数量多等特点，在人类生存的环境中，可以说无处不在，它们的个体密度远远超过任何其他生物。地球上除了火山的中心区域外，从大气圈、土壤圈、水圈到岩石圈，都有它们的踪迹。在空气、高山、土壤、沙漠、河流、深海、污水、冰川、热泉、盐湖、沉积岩等处，都有大量与其相适应的各种微生物的活动。空气中微生物的分布情况是：南北极、海洋上空为0～2个/m^3；市区公园为200个/m^3；城市街道为5000个/m^3；集体宿舍为20000个/m^3；畜舍为1000000～2000000个/m^3。在动植物体内外，同样也存在众多微生物，如人体肠道内存在500～1000种微生物，总数约为10万亿～100万亿。

微生物种类多、分布广的特点，为人类开发利用微生物资源提供了广阔的前景。

三、微生物在生物界中的地位

（一）生物的界级分类学说

地球上生命起源于41亿年前，对生物如何分界的问题，在人类发展史上存在由浅入深、由简至繁、由低级至高级、由个体至分子水平的认识过程，也是当前生物学上的一个百家争鸣的课题。

在人类发现微生物并对它们进行较深入研究之前，把一切生物简单地分成截然不同的两界：植物界和动物界。有关生物（古代称"物生"）两界的最早文字记载，出现在距今两千多年前的我国的《周礼·地官》和《周礼·考工记》等典籍中。在国外，古希腊著名思想家亚里士多德（Aristotle）于公元前4世纪时也提出过生物可分为植物和动物的观点。

1753年，瑞典博物学家林奈（1707—1778，图1-1）在其专著《植物种志》中主要根据宏观现象，一般是肉眼或放大镜下可见的特征，科学地提出植物界（固着的、营光合作用、自养的生产者）和动物界（行动的、营异养的消费者）的两界系统。但随着科学的发展，人们愈来愈认识到这个古老两界系统的种种缺陷，纷纷提出新的观点。

如果把所有生物归纳到植物界或动物界内，有时会遇到困难。如真菌是不营光合作用的，只因固着生活，却把它们归纳在植物界内；又如细菌，除了少数例外，也都是不营光合作用的，只是根据细胞有壁，也就归纳到植物界内。基于这些情况，德国著名动物学家、进化论学者赫克尔（E. H. Haeckel，1834—1919，图1-2）于1866年提出生物分界的三界学说，成立一个由低等生物（基本是单细胞生物及无核类）所组成的第三界，以解决动植物界限难分的困难。这个第三界称为原生生物界［或称原始生物界、菌物界（包括真菌和细菌）或菌界（包括病毒、细菌和蓝细菌）］。

因注意到生物有"无核细胞"和"有核细胞"的区别，美国生态学家魏泰克（R. H. Whittaker，1924—1980，图1-3）于1959年提出四界学说：植物界、动物界、真菌界（真核微生物）、原生生物界（原核微生物）。他把真菌从原生生物界内分出并成立一个独立的界。

图1-1　林奈　　　　　　　　　图1-2　赫克尔　　　　　　　　图1-3　魏泰克

　　1969年，魏泰克又提出纵横统一的生物分界的五界学说：植物界、动物界、真菌界、原生生物界、原核生物界。这是一个比较完整的纵横统一的系统。在纵向上，显示生命历史的三大阶段：原核生物→真核单细胞生物→真核多细胞生物。在横向上，显示生物进化的三大方向：光合式营养→吸收式营养→摄食式营养（图1-4）。

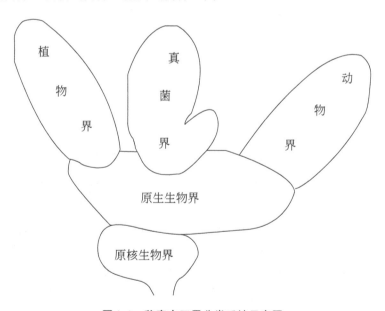

图1-4　魏泰克五界分类系统示意图

　　1977年，我国微生物学家王大耜（1923—2002）以及生物学家、昆虫学家、进化分类理论家陈世骧（1905—1988）提出六界学说，即在上述魏泰克五界系统的基础上，增加非细胞生物病毒界。

　　至此，根据生物的六界分类学说，除了动物界和植物界外，其他四界，包括真菌界、原生生物界、原核生物界和病毒界，都是属于微生物，充分显示了微生物在生物界中的重要地位。

（二）生物的三域学说

20世纪70年代末美国伊利诺伊大学的伍斯（C. R. Woese）等根据大量微生物和其他生物的16S和18S rRNA的寡核苷酸序列，并比较其同源性水平后，提出了一个与以往各种界级分类不同的新系统，称为三域学说（three domain theory），"域"是一个比界更高的界级分类单元，曾称原界。三个域指的是细菌域（以前称"真细菌域"）、古菌域（以前称"古细菌域"或"古生菌域"）、真核生物域（图1-5）。它和以往其他系统最大的不同是把原核生物分为两个有明显区别的域，并与真核生物共同构成了整个生命世界的三个域。

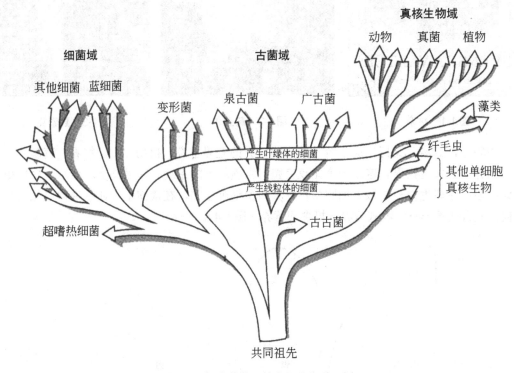

图1-5　三域学说及其生物进化谱系树

细菌域包括细菌、放线菌、蓝细菌和除古菌以外的其他原核生物；真核生物域包括真菌、原生生物、动物和植物。古菌域包括泉古菌门（Crenarchaeota）和广古菌门（Euryarchaeota）。古菌可能是最古老的生命体，已经记载的种类就有300多种，常被发现生活于各种极端自然环境中，如大洋底部的高压热溢口、热泉、盐碱湖等。目前，古菌的研究正在世界范围内升温，这不仅因为古菌中蕴藏着远多于另两类生物的未知的生物学过程和功能，以及有助于阐明生物进化规律的线索，而且因为古菌有着不可估量的生物技术开发前景。

四、微生物的分类与命名

（一）微生物的分类

微生物分类单元（病毒界除外）和动植物分类一样，也分为7个基本分类等级或分类单元，由上而下依次是界、门、纲、目、科、属和种。

基本分类单元	举例（啤酒酵母）
界（Kingdom）	真菌界
门（Division）	真菌门
纲（Class）	半子囊菌纲
目（Order）	内孢霉目
科（Family）	酵母科
属（Genus）	酵母属
种（Species）	啤酒酵母

"界"在生物六界学说中是最高的分类单元。在分类中，"种"是最基本的分类单元，几个具有相似性质的种组成一个属，几个属再构成一个科，以此类推。如果这些分类单元的等级不足以反映某些分类单元之间的差异，也可以增加"亚等级"等次级分类单位，即在两个基本分类单位之间，可添上次级分类单位，如"亚界""亚门""亚科"等。

种是具有相同形态、生理和遗传特征的生物群，微生物种是表型特征具有高度相似性，亲缘关系极其接近，与同属内其他种有明显差异的菌株的总称。每个种内有典型菌株（称为模式种）作为代表。

种以下的分类单元很多，它们的提出和使用不受"国际生物命名法规"的限制。

亚种（subspecies）或变种（variety或var.）：当某一个种内的不同菌株之间存在少数明显而稳定的变异特征或遗传性状，但又不足以区分成新种时，可以将这些菌株细分成两个或更多的小的分类单元，即亚种或变种。自然界里的生物种由于种种因素，内在因素（遗传变异）或外在因素（环境改变）均可导致生物变异，产生亚种（或称变种）。

菌株（strain）或品系（在病毒中则称毒株或株）：表示任何由一个独立分离的单细胞（或单个病毒粒子）繁殖而成的纯遗传型群体及其后代。因此，一种微生物的每一个不同来源的纯培养物或分离物均可称为该菌种的一个菌株。根据菌株的定义，菌株实际上是某一微生物达到"遗传性纯"的标志。当进行菌种保藏、筛选或科学研究时，在进行学术交流或发表论文时，在利用菌种进行生产时，都必须同时标明该菌种及菌株名称。菌株间在某些特性上存在着或多或少的差异。一旦菌株发生变异，均应标上新的菌株名称。菌株的名称一般可用字母加编号表示，如生产蛋白酶的为枯草芽孢杆菌 AS 1.398，而生产淀粉酶的为枯草芽孢杆菌 BF 7658，同属枯草芽孢杆菌，但其作用不同。具有典型特征的菌株为标准株，是国际和国内所公认的，可供细菌鉴定或研究、生产上对比使用，如筛选青霉素的标准菌株是金黄色葡萄球菌 209P，结核分枝杆菌强毒力标准菌株是 H37Rv 等。

（二）微生物的命名

微生物的名称分两类，一类是区域性的俗名，另一类是国际上统一使用的名称，即学名。俗名是一个国家或地区使用的普通名称，在一定区域内通俗易懂便于记忆，但同一种微生物在不同国家或地区有不同的名字，即使在同一国家也可以有许多不同的名字，因此，极易造成混乱，不利于国际学术的交流。所以，为了使生物名称能在国际上通用，就需要制定一个为各国生物学工作者共同遵守的命名规则，即国际生物命名法规，来管理生物命名，以确保生物名称的统一性、科学性和实用性。

生物种的学名是由瑞典博物学家林奈创立的"双名法"（属名在前，种名在后）来定名的，国际统一使用。双名法的简明含义及实例为：

学名＝属名　＋　　种名　＋（首次定名人姓）＋改名人姓＋改名时间
　　　　主要部分（拉丁字）　　　　次要部分（一般可省略）

如枯草芽孢杆菌的学名为：*Bacillus subtilis*（Ehrenberg）Cohn 1872。

1835年Ehrenberg发现枯草芽孢杆菌并将其命名为*Vibrio subtilis*，1872年随着细菌分类系统的建立，Cohn又将其命名为*Bacillus subtilis*。

属名是表示该属微生物的主要特征，如*Bacillus*是芽孢杆菌的意思，也可以用人名、地名、病名或其他名词或用作名词的形容词，首字母要大写。种名是表示该种生物的次要特征，如*subtilis*是枯草的意思，或人名或地名。学名主要部分印刷时需要斜体。

当一部分文字中学名多次出现时，若属名相同则除第一个属名外均可以将属名简写，取前1～3个字母加一个"."，如*Bacillus*可缩写为"*B.*"或"*Bac.*"，此外，在实际工作中若遇到已经确定属名但尚未鉴定到种时，种名可用"sp."（specie单数缩写）或"spp."（species复数缩写）来代替，代表该属内的某种菌或者若干种菌。

五、微生物学发展简史

整个微生物学发展史是一部逐步克服认识微生物的障碍（个体微小、外貌不显、杂居混生和因果难联等），不断探究其生物学规律，控制、消灭有害微生物和开发、利用有益微生物的历史。

（一）史前期

史前期的年代为8000年前～1676年，人类虽未在日常生活和生产实践中见到微生物个体，却已经觉察到微生物的生命活动及其所发生的作用，凭自己的经验在实践中开展利用有益微生物和防治有害微生物。

我国利用微生物进行酿酒的历史，可以追溯到4000多年前的龙山文化时期，殷商时代的甲骨文中刻有"酒"字，在殷墟中发现酿酒场地遗址，证明那时我国的酿酒业已经相当发达。用谷物酿酒须经过糖化（淀粉分解成葡萄糖）和乙醇发酵（葡萄糖转化成乙醇和二氧化碳）两个主要过程。记叙殷商历史的书籍《尚书·商书·说命》里有"若作酒醴，尔惟曲蘗"的字句，酿酒是用长了微生物的谷物曲和发芽的谷物，由于制曲时利用了某些有利条件，曲中应该含有大量混杂生长的霉菌和酵母，分别起糖化和乙醇发酵作用。这表明商代时人们已清楚地认识到曲蘗在酿酒中的决定作用。我国出产的风味别致、驰誉世界的绍兴黄酒善酿、茅台白酒都是这种复式发酵法不断发展中产生的名酒。北魏贾思勰的《齐民要术》（成书于533～544年）中，列有谷物制曲、酿酒、制酱、造醋和腌菜等方法。

另外，在古希腊留下来的石刻上，也记有酿酒的操作过程。

中国在春秋战国时期，就已经利用微生物分解有机物质的作用，进行沤粪积肥，提高地力。公元1世纪的《氾胜之书》提出要以熟粪肥田以及瓜与小豆间作的制度，主要原因是豆科植物根部的根瘤菌有固定大气中氮素的能力，因此豆科植物在提高土壤肥力上具有重要作用。

在成书于公元前403年至公元前389年的《左传》中，有用麦曲治腹泻病的记载；在公元2世纪的《神农本草经》中，有白僵蚕治病的记载；在公元3世纪，我国劳动人民就知道用发病犬脑预防狂犬病，用携带了病原体的恙螨研成粉末治疗丛林斑疹伤寒，这是免疫思想的萌芽，这种防治疾病的方法是疫苗制作的起步之端。在18世纪的《医宗金鉴》中，已有种人痘预防天花的方法记载，后来逐渐发展成了痘衣法、痘浆法、旱苗法和水苗法等，为免疫学的发展奠定了基石。随着当时国际交往的发展，这种方法先后传到了俄、日、朝、英等国，1796年，英国医生琴纳发明了牛痘苗，后来巴斯德研制成多种疫苗，应该说都可能受到人痘的启发，这也说明科学技术是人类共同创造的财富。

食用菌也伴随着人类文明的进步经历了悠久岁月。在唐朝时人们就开始采集野生食用菌作为食物。在东西方文明古国的早期历史文献中，都有栽培食用菌的记载。如1100多年前已有人工栽培木耳的记载。至少在800多年前香菇的栽培已在浙江西南部开始。草菇则是200多年前首先在闽粤一带开始栽培，这些技术一直流传至今。

解决食物防腐问题伴随着人类原始生产的形成就已经开始，为了生存，必须对食物进行储存，古人根据生活经验，利用干燥、腌制、自然发酵和低温等方法控制食物腐败的发生。

古代中国凭借经验利用微生物进行食品生产和疾病治疗等的成就，构成了我国古代灿烂文明的一部分，也是中华民族文化自信的重要来源。

（二）初创期

初创期的时间是1676—1861年。真正看见并描述微生物个体的第一人是荷兰的列文虎克（Antony van Leeuwenhoek，1632—1723，图1-6），后人称他为微生物学的先驱或开创者。列文虎克自幼就喜爱磨透镜工作，他制造的显微镜能放大270倍，并用之观察到牙垢、雨水、井水和植物浸液等中细菌个体的存在，当时称之为"微动体"，首次证明了微生物的存在，如图1-6所示。随后他在自然界寻找各种微生物进行观察、描述形态，并简单分类。列文虎克一生有多篇论文发表在英国《皇家学会哲学学报》，并于1680年被选为英国皇家学会会员。

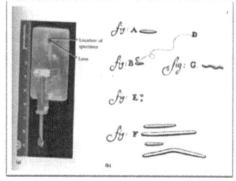

图1-6 列文虎克和使用的显微镜及观察到的"微动体"

（三）奠基期

奠基期的时间为1861—1897年。由列文虎克揭示的多姿多彩的微生物世界吸引着各国学者去研究、探索，推动着微生物学的建立。在19世纪中期，为了解决当时工农业生产发展中出现的葡萄酒酸败和人畜传染病等与微生物相关的问题，以法国的巴斯德（Louis Pasteur，1822—1895，图1-7）和德国的科赫（Robert Koch，1843—1910，图1-8）为代表的科学家开始对微生物生理学进行研究，从而奠定了微生物学基础，开辟了工业和医学微生物学等分支学科，成为微生物学的奠基人。

图1-7 巴斯德

图1-8 科赫

巴斯德，著名的微生物学家、化学家，对微生物学的建立和发展的主要贡献集中体现在4个方面。

1.彻底否定了生命"自然发生说"

古希腊思想家亚里士多德倡导生命是从无生命物质自然发生的，即生命的"自然发生说"，如"腐肉生蛆""腐草生萤"或"淤泥生鼠"等说法。"自然发生说"在最初有着朴素的唯物主义思想，它试图从物质的原因来说明生命的起源，打击了唯心的、不可知的"神创论"。但它毕竟是不科学的，对生物学和医学的进一步发展是一种障碍。在19世纪中叶，虽然经过数世纪的争论和若干实验，但不论东方或西方，在生命起源方面仍然盛行古老的"自然发生说"。巴斯德用曲颈瓶试验否定了"自然发生或神创论"，建立胚种学说（图1-9）。实验过程中巴斯德将肉汤装入带有细管的烧瓶中，用火焰把烧瓶的颈弯成长"S"形，将瓶中肉汤煮沸，使肉汤中的微生物全被杀死，然后放冷静置，经过数年的时间，肉汤没有腐败变质。后来他将烧瓶倾斜或将瓶颈折断，不久肉汤就腐败变质了。他的结论就是微生物不是自然产生的，而是原本就存在于空气中。巴斯德的实验彻底否定了生命的"自然发生说"，并从此建立了病原学说，推动了微生物学的发展。

2.发展了免疫学（预防接种）

1877年，巴斯德研究了鸡霍乱，这种病使鸡群的病死率达90%以上。巴斯德经过多次尝试后发现，将病原菌减毒后注入鸡体内可诱发免疫性，以预防鸡霍乱病。其后又研究了牛、羊炭疽病和狂犬病，并成为世界上最早成功研制出炭疽病减毒活苗和狂犬疫苗的人，为人类防病、治病做出了重大贡献。

3.证实发酵是由微生物引起

葡萄酒的乙醇发酵是一个由微生物引起的生物过程还是一个纯粹的化学过程，曾经是微生物学家和化学家激烈争论的问题。通过研究，巴斯德弄清了发酵时所产生的乙醇和二氧化碳气体都是酵母使糖分解得来的，这个过程即使在没有氧的条件下也能发生，他认为发酵就是酵母的无氧呼吸并控制它们的生活条件，这是酿酒的关键环节。

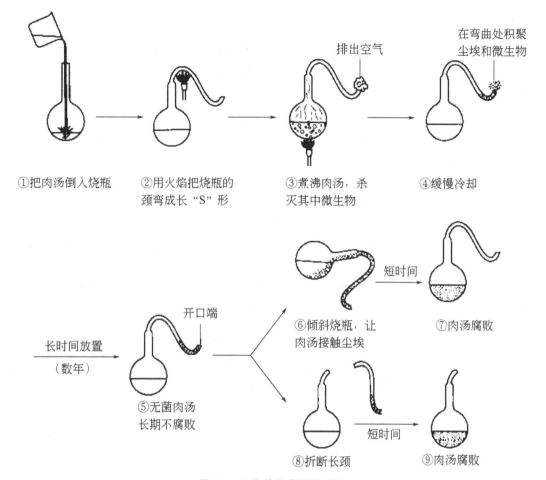

①把肉汤倒入烧瓶　　②用火焰把烧瓶的　　③煮沸肉汤，杀　　④缓慢冷却
　　　　　　　　　　　颈弯成长"S"形　　　灭其中微生物

排出空气

在弯曲处积聚
尘埃和微生物

长时间放置
（数年）

开口端

⑤无菌肉汤
长期不腐败

⑥倾斜烧瓶，让
肉汤接触尘埃

短时间

⑦肉汤腐败

⑧折断长颈

短时间

⑨肉汤腐败

图1-9　巴斯德的曲颈瓶试验

4.解决了当时生产中许多问题

1865—1870年，他把全部的精力都集中到蚕病的研究上，在搞清蚕病起因后，巴斯德提出了合理可行的防治措施，从而使法国的丝绸工业摆脱了困境。其次巴斯德揭示了微生物是造成葡萄酒变酸的原因，并提出通过巴氏消毒法解决葡萄酒变质问题，挽救了法国的酿酒业。并创立了微生物学基本研究思路和方法（分离、培养、接种和灭菌等）。

科赫是著名的细菌学家，他曾经是一名医生，对病原菌的研究作出了突出贡献。发现并证实了动物炭疽病及肺结核病等许多病原菌，提出了证明特定细菌是某种疾病的病原体的所谓"科赫法则"，开创了微生物学史上的第一次"淘金热"——寻找病原微生物的"黄金时期"（19世纪70年代至20世纪20年代），所发现的各种病原微生物有百余种，为后来治疗这些疾病奠定了基础。并在研究过程中建立了分离、培养和接种等一系列研究微生物的基本技术，如用固体培养基分离纯化微生物技术、配制培养基和细菌染色法等，至今还在应用。

1905年，科赫以举世瞩目的开拓性成绩摘走了诺贝尔生理学或医学奖。1982年3月24日，发现结核杆菌100周年之际，中国等60多个国家发行科赫相关主题邮票。

巴斯德和科赫的杰出工作，使微生物学作为一门独立的学科开始形成，并出现以他们为代表的生物学家建立的各分支学科，如细菌学、免疫学和酿造学等。并开始从客观上以辩证唯物主义的"实践-理论-实践"的思想方法指导科学实验。

（四）发展期

发展期的时间为1897—1953年。1897年德国人布赫纳（E. Buchner）用无细胞酵母菌压榨汁中的"酒化酶"（zymase）对葡萄糖进行乙醇发酵成功，从而开创了微生物生化研究的新时代（微生物生命活动与酶化学结合）。此后，微生物生理、代谢研究也蓬勃开展起来，发现微生物代谢的统一性，并开始出现微生物学史上的第二次"淘金热"——寻找以青霉素为代表的各种有益微生物代谢产物的热潮，为微生物发酵工业发展奠定了基础。各相关学科的渗透、促进，加速了普通微生物学形成。1892年俄国学者伊万诺夫斯基首先发现了烟草花叶病毒（Tobacco mosaic virus，TMV），扩大了微生物的类群范围。

这里重点阐述青霉素的发现及应用历程。1929年弗莱明（A. Fleming，1881—1955，图1-10）在《不列颠实验病理学杂志》上，发表了《关于霉菌培养的杀菌作用》的研究论文；1939年，弗洛里（H. W. Florey）和钱恩（E. B. Chain）提纯了青霉素；1941年青霉素首次给病人使用并获得成功，在英美政府的鼓励下，科学家很快找到大规模生产青霉素的方法；1944年英美公开在医疗中使用青霉素；1945年以后，青霉素遍及全世界；1945年，弗莱明、弗洛里和钱恩共获诺贝尔生理学或医学奖。青霉素的发现推动了微生物工业化发展。

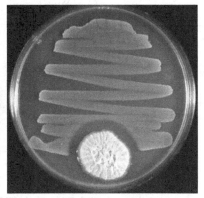

图1-10　弗莱明及被霉菌污染的培养基（仿制）

随着对微生物遗传特性和生化代谢研究的深入，到20世纪40年代，已经显示出微生物学与其他生物学科的密切关系，由于微生物结构简单、能够快速生长繁殖和容易人工培养的特点，使得微生物成为生物学研究的主要材料。微生物学、遗传学和生物化学的相互渗透与作用导致了现代分子遗传学的诞生与发展。

（五）成熟期

成熟期的时间为1953年至今。从1953年4月25日美国的沃森（J. D. Watson，1928— ）和英国的克里克（H. F. C. Crick，1916—2004）在英国的《自然》杂志上发表关于DNA结构的双螺旋模型起，整个生命科学就进入了分子生物学研究的新阶段，同样也是微生物学发展史上成熟期到来的标志。

20世纪50年代沃森和克里克提出DNA的半保留复制，开创了遗传规律的研究；1961年雅各布（F. Jacob）和莫诺德（J. Monod）提出了操纵子学说，指出了基因表达的调节机制和其局部变化与基因突变之间的关系，即阐明了遗传信息的传递与表达的关系；70年代提出

DNA重组（基因工程）技术，开始了人工定向控制微生物的遗传性状；80年代提出PCR技术，使人类可在体外扩增DNA；90年代开始了微生物基因组的研究，目前已经完成200多种微生物基因组的序列测定，促进了生物信息学和合成生物学时代的到来。

与微生物学有关的诺贝尔生理学或医学奖获得者大约有30多位，这从一个侧面反映出微生物学举足轻重的地位，也可见微生物学的发展对整个科学技术和社会经济的重大作用和贡献。具体获得与微生物学有关的诺贝尔生理学或医学奖如下：1901年，白喉抗毒素的发现和研制；1905年，肺结核病原菌的发现和结核菌素的发明；1945年，青霉素的发现和成功应用；1952年，链霉素的发现与发展；1953年，碳水化合物在细胞中的代谢；1958年，微生物遗传的生物化学研究；1959年，DNA和RNA的发现与合成机理；1962年，DNA结构的测定；1965年，细胞中基因活性的调节研究；1969年，细胞病毒感染的机理研究；1984年，单克隆抗体技术和免疫学研究；1997年，发现朊病毒；1999年，蛋白质在细胞中的移动和定位机理研究；2005年，发现幽门螺杆菌；2008年，发现人类免疫缺陷病毒和人乳头瘤病毒。

六、食品微生物学研究内容及其任务

食品微生物学是食品类专业的必修课。食品微生物学是微生物学的一门重要分支学科，也是一门具有广泛理论基础的应用学科。食品微生物学主要研究与食品有关的微生物种类、形态结构、生理生化、遗传变异、分类以及在食品环境中的生长繁殖（微生物与食品原料、工艺、环境的关系）等生命活动规律，从而在食品制造中充分利用有益微生物的作用生产多种多样的发酵食品，在食品保藏过程中控制有害微生物的生长繁殖，防止食品腐败变质、食物中毒及食源性疾病的发生。尽管人类对食品微生物研究的历史很长，但作为微生物学的一门独立的分支学科——食品微生物学，其仍属一门新兴学科。尤其在我国，人们对食品科学的重视仅是改革开放以来人们解决了温饱问题之后的事情，食品微生物学是随着食品科学的发展而产生的一门重要的学科。

（一）食品微生物学研究的内容

食品微生物学以研究防止食品腐败变质及与微生物相关的食品安全问题为主要特色，其主要内容包括以下几个方面。

1.与食品相关的微生物基础

食品在生产、加工、储藏、运输和销售等各个环节中会涉及各种类型的微生物，其在食品中存在的数量、类群及与食品品质、人类健康的关系，和这些微生物本身的生物学特性有关，因此食品微生物学要对相关微生物类群进行重点分析，研究它们的形态特征和分类、生理学、生态学以及遗传学等特点。

研究与食品相关的微生物的形态特征和分类有助于人们识别它们，检验它们在食品中存在的状态和数量。微生物的生理学、生态学和遗传学特性也是检测微生物类群的基础，同时对控制有害微生物的生长繁殖，防止食品腐败变质和食源性微生物疾病的发生和传播以及食品发酵优良菌种的选育等都有重要的意义。

2.食品保藏过程中引起食品变质的微生物及其防控

食品原料主要来源于动植物组织和某些器官，正常情况下就带有许多微生物，一旦条件适宜，这些微生物即可利用食品的营养成分，大量生长繁殖，进而破坏食品感官状态和营养结构，引起食品腐败变质，使其丧失应有的食用价值。世界上每年因为食品腐败变质而造成大量的经济损失，仅就水果和蔬菜而言，每年有约20%是因微生物引起变质而浪费。引起食品变质的微生物主要是细菌、霉菌和酵母菌类，尽管病毒常引起动植物病害，随原料污染食品，因为其必须在活细胞内寄生，很难在食品上生长繁殖而破坏食品，所以一般认为病毒不是引起食品变质的主要微生物类群。微生物引起的食品变质主要取决于食品的营养特点和所处的环境条件与其污染的微生物的适应性，由于食品种类繁多，不同食品腐败变质的现象、机理和保藏措施不尽相同。

3. 与微生物相关的食品安全问题

随着生活水平的提高，人们不仅对食品色、香、味等感官指标等有越来越高的要求，更重要的是要求食品符合安全标准。有些微生物是人类的致病菌，有些微生物可产生毒素，如果人们食用了含有大量致病菌和毒素的食物，则会引起食物中毒或疫病传播。因此，需要研究这些病原微生物和毒素的特性、致病的机理及预防措施和检验技术，从而减少或避免这些有害微生物对食品的污染，控制其在食品上生长繁殖，并对食品进行检验和安全监督。

4. 在食品工业中有益的微生物及其应用

这是食品微生物学的重要部分，这部分微生物中主要是霉菌、细菌和酵母菌中的部分菌种，它们有的是通过产生有益的次级代谢产物应用于发酵工业（如柠檬酸和氨基酸等发酵生产菌），有的是自身能改变或赋予食品独特的风味或具有益生保健作用而应用于食品的制造（如利用乳酸菌生产各种发酵乳制品和风味泡菜以及酱油、甜面酱、食醋等调味品），并且随着食品微生物学研究的深入和发展，微生物在食品工业上的应用途径和范围都在不断拓宽与扩大。

（二）食品微生物学的研究任务

根据食品微生物学的研究内容可知，食品微生物学的任务是：研究有益微生物及其在食品加工制造中的应用，为人类提供营养丰富、有益健康的食品。同时，避免食品在生产、保藏、流通中受有害微生物的污染，防止食品的腐败变质和食物中毒，保证食品的安全性。

七、粮食微生物学的研究任务与进展

（一）粮食微生物学研究任务

粮食微生物是指存在于粮食籽粒的外部和内部的微生物，它们可以从粮食作物的田间生长期、收获期及储藏、运输和加工等各个环节上污染粮食。

粮食微生物学是研究粮食及其制品在储藏、加工等流通过程中的微生物作用、影响和防控的科学。它是食品微生物学的一个直接分支，也是粮食工程专业研究中的一门学科。就其研究范围而言，还与医用微生物学、工业微生物学、植物病理学、食品安全学和谷物化学等密切关联。由此可见，粮食微生物学是一门涉及多学科的应用微生物学。

粮食微生物学的研究范围，主要包括：研究粮食微生物的生物学特性和活动规律及其对粮食品质和安全储藏的作用和影响；研究粮食及其制品的霉变规律和防、控霉技术，确保粮食品质和食品安全；研究污染粮食的真菌毒素及去毒方法；研究粮食微生物分析技术，进行粮食及其制品的微生物学检验和安全学评价；研究和开展粮食种子病原菌的检疫检验。

粮食微生物学的任务，即通过上述研究内容，切实查明粮食微生物区系特征，阐明粮食微生物在粮食储藏等过程中的活动规律和作用机理，探索有效地防控粮食微生物活动的方法和途径，减少和避免粮食微生物的有害作用，防止粮食霉变发热、毒素污染和病原菌的传播，从而增加粮食的储藏稳定性，保护粮食品质，维护食品安全。

（二）粮食微生物学的形成

近代工业和农业发展推动了粮食和食品科学的研究。同时，近代粮食的大规模集中储藏，微生物所引起的储粮霉变和防霉问题，也突出起来。在许多有关微生物学科发展的基础上，对粮食微生物的专门研究也得到了促进。虽然早在19世纪后期，就开始积累了若干资料，但对粮食微生物较为系统的研究，应始于20世纪20年代。20～30年代，欧美各国从保持粮食品质的一般研究开始，对粮食中微生物种类和数量进行简单分析，进而研究了微生物与粮食品质变化的关系。20世纪30年代，吉尔曼（Gilman）发现储粮发热主要是由真菌生长引起的，这一发现为储粮微生物学研究奠定了基础。40～50年代以后，进一步研究了粮食微生物区系和演替情况，证明了霉菌在粮食霉变、发热中的作用；从微生物生理学和生物化学角度研究了粮食霉变过程中导致粮食发热的机理，并进行了防霉技术的研究。粮食微生物学的历史虽短，但由于生产实践活动的推动，发展很快，自20世纪50年代以后，已经发展成为现代微生物学中一个新的分支学科。

我国是世界文明发展最早的国家之一，在长期的生产实践中，创造和积累了许多关于控制粮食微生物危害的经验，例如干燥和密闭储藏等方法。

20世纪50～60年代，各项科学事业都得到了蓬勃发展，对粮食微生物的研究也取得了飞速发展，我国粮食微生物学也逐步形成。

在50年代我国粮食储藏工作中，1954年出现了"无霉粮仓"。1955年粮食系统开展了以"无虫、无霉、无鼠雀、无事故"为内容的"四无粮仓"活动，为我国储粮防霉工作总结了大量经验，如清仓消毒、低温、干燥、压盖、密闭以及合理通风等储藏或防霉技术。这不仅大大地丰富了储粮防霉的业务内容，同时，在粮食工作中也提出了许多微生物学的新课题。在粮食部的重视下，我国各地粮食部门积极会同有关单位，开展了对粮食微生物的科研工作。在1954—1955年，由中国科学院植物生理研究所、复旦大学和粮食部上海粮食干部学校等单位协作进行了稻谷储藏安全水分的试验，分离和鉴定出粳稻上的微生物共50余种，其中主要是霉菌，并开展了小麦和稻谷在长期安全储藏条件下微生物活动规律的研究以及大米和玉米的微生物区系及储粮品质关系的研究。随后，我国粮食、卫生、商检、农业、科研等有关部门和院校，相继对小麦、玉米、稻米、油料、甘薯以及赤霉病麦、黄变米等专题开展了一系列的微生物学研究。这些研究成果集中体现在王鸣岐等主编的《粮食微生物手册》这本专著中，这是我国储粮微生物研究的开端，给后人一定的启迪和参考。

与此同时，有关粮食微生物的课程，于1956年首先在粮食部直属的干部学校中开设起来。粮食部科研所在北京专门举办了粮食微生物训练班。1959年又在上海召开了专业会议，讨论了粮食微生物的研究工作。1961年，在广泛吸收和综合国内外已有研究成果的基础上，由粮食部南京粮食学校主编了《粮食微生物学》，作为当时我国粮食学校的正式教材。

(三）粮食微生物学的进展

我国粮食微生物学研究，包括微生物区系调查，储粮技术措施对储粮微生物的影响，微生物与储粮品质的关系，储粮微生物检测技术及预测预报，以及粮食真菌毒素等，这些研究都取得了明显进展，推动了粮食微生物学的发展。

1.粮食微生物区系调查

研究粮食微生物区系及其演替规律是保障粮食品质优良和食品安全的前提。我国从1980年开始，全面、系统地开展了主要粮食和油料微生物区系调查，共查出霉菌属50个，霉菌282种。殷蔚申等（1984年）报道我国稻谷真菌区系及演替规律：从田间黄熟期到储藏两年，共分离出真菌30属84种，其中优势菌26种，常见菌39种，少见菌19种，黄熟期和新收获稻谷均以兼性寄生的田间霉菌为优势菌，腐生的储藏真菌极少，储藏两年后田间真菌减少甚至消失，而储藏真菌先增加后减少。项琦等（1984年）报道我国新收获和储藏一年小麦微生物区系及演替规律，共分离出霉菌30属101种，酵母菌3属，放线菌1属，品质正常的新收获小麦真菌量为 $10^2 \sim 10^3$ CFU/g，细菌量为 $10^3 \sim 10^4$ CFU/g，真菌中田间真菌占优势，主要是细链格孢霉和腊叶芽枝霉，储藏一年后，真菌量减少，除保持部分田间真菌外，逐步为灰绿曲霉、白曲霉、烟曲霉和黄曲霉等储藏真菌代替，小麦籽粒内部比外部菌量低，甚至可低至一个数量级。随后研究发现小麦皮下菌丝大致分为两类，一类是来源于田间半寄生真菌的菌丝，另一类为腐霉真菌的菌丝，最主要是曲霉，其次为青霉。黄坊英等（1982年）报道我国南方地区储藏玉米区系，从141份样品中共分离得到真菌69种，其中黄曲霉、黑曲霉、烟曲霉、薛氏曲霉、杂色曲霉、赤曲霉、米根霉、稻恶苗霉是储藏玉米表面及内部优势菌。徐怀幼等（1986年）对我国花生主产区的微生物区系分布开展调研，从花生仁上分离出19属共44种真菌，其中曲霉属、青霉属、根霉属是主要的菌属，三个不同生态条件产地花生均以储藏真菌为主；徐怀幼等（1982年）对四川省宜宾、乐山、温江、绵阳等地区新入库油菜籽微生物区系分布开展调查，分离出油菜籽内外部微生物19属30多个种，油菜籽外部以草假单胞菌为优势菌，内部以细链格孢霉为优势菌。全国范围内的调研结束后，陆续有科研人员选取我国特定的省份，针对单一粮仓研究粮食真菌区系，如郭钦等（2006年）报道高大平房仓稻谷粮堆不同部位微生物活动的特性，结果表明粮堆四周靠墙处、冬季粮堆中层和夏季粮堆下层都是微生物容易生长活动的部位。

这一时期的粮食微生物区系调研，主要通过分离、纯培养获得菌株，基于菌落和菌体形态特征比对进行菌种鉴定，受当时菌种鉴定资料及技术限制，只有部分分离菌株鉴定到种，很多分离菌株只能鉴定到属，研究结果最终以种、属混合列出。时隔30多年，我国粮食种植环境、耕种习惯、收储条件以及气候因素等均发生了较大变化。因此，有必要重新对全国粮食微生物区系特别是真菌组成及多样性进行深入研究。

随着分子生物学的发展，真菌物种的基因数据库不断扩充完善，利用核酸序列构建系统发育树使真菌的分类和鉴定更加客观高效。2003年，Sugita等对28S rDNA与内转录间隔区（internal transcribed spacer，ITS）序列在真菌鉴定方面的可靠性进行了比较，表明28S rDNA相对于ITS序列可包含更多信息，且28S rDNA能更好地反映真菌的种属。近些年，粮食行业研究人员逐渐将真菌的分子系统分析方法引入粮食真菌研究中。都立辉等（2016年）研究了淮稻5号的真菌群落组成，对稻谷上分离培养得到的菌株，在传统形态学鉴定的基础上，选择ITS区及28S rDNA两种基因片段比对，将大部分菌株鉴定到种水平并构建了系统发育树，明确了物种之间的亲缘关系。葛志文等（2019年）以湖南和湖北仓储稻谷为研究对象，对稻谷储藏期间主要优势菌进行了分离纯化，通过观察其形态特征，结合ITS区分子测序结果，明确湖南和湖北仓储稻谷的主要优势菌为黄曲霉、黑曲霉、亮白曲霉和灰绿曲霉等。祁智慧等（2020年）基于形态学和分子生物学鉴定首次对我国13个稻谷主产省收储环节的稻谷系统地开展真菌组成和多样性的调研，共分离到600多株菌，这些菌株分属于17属，73个物种。研究发现南方收获期稻谷主要优势种为黄曲霉和黑曲霉，进入储藏期后仍保持优势比例，导致储藏期间潜在的毒素污染风险增加，而北方收获期稻谷主要优势菌为芽枝状枝孢霉和 *Cladosporium anthropophilum*，进入储藏期后，储藏微环境相对稳定，干生性真菌阿姆斯特丹曲霉和多育曲霉成为优势菌。针对收获和储藏环节真菌群落组成的研究及优势菌分析，能够准确了解粮食真菌污染情况，对粮食真菌及毒素污染危害风险评估及防控提供有效的参考。

2.储粮技术措施对储粮微生物的影响研究

不同储藏生态条件、储藏方法和储藏技术措施均会影响储粮微生物区系的变化，进而影响粮食储存的稳定性。储藏生态条件包括温度、湿度、通风、密封；储藏方法包括常规储藏、低温储藏、气调储藏（自然缺氧、充氮、充二氧化碳）；储藏技术措施包括通风（自然通风、机械通风）、干燥（就仓干燥等）、冷却、防治（化学防治：熏蒸剂、防护剂；非化学防治：物理防治、生物防治）等。

（1）储藏生态条件对储粮微生物的影响

粮食微生物的生长与粮食自身的水分和储藏温、湿度等密切相关。通过改变储藏条件，可分析储藏环境对微生物区系的影响。

田海娟等（2006年）报道稻谷储藏中温、湿度变化与微生物活动相关性，稻谷在30℃、相对湿度70%～80%条件下储藏42天，微生物活动的水平相对较低，没有对储藏稻谷的品质造成明显的影响；当储藏环境相对湿度超过80%后，稻谷中的微生物活动明显增加；特别是当环境相对湿度大于90%时，储藏稻谷的品质受到显著的影响。高相对湿度环境主要影响储藏稻谷表层的微生物活动，粮层对湿度的扩散有显著的阻挡作用。周建新等（2008年）报道模拟储藏调节储藏温度与水分，发现当储藏温度高于25℃时霉菌量增加，随温度的升高霉菌数量增加越快，且曲霉为优势菌；在相同温度下，随着稻谷水分的提高，霉菌数量增加越快，发生霉变的时间缩短，进一步研究表明稻谷霉菌量或细菌量与储藏温度和时间有极显著相关性，呈显著二元线性关系。周建新等（2010年）在温湿度对储藏小麦粉霉菌区系影响的研究中发现，温度是影响小麦粉中霉菌量的显著性因素，在55%湿度下，霉菌量与温度、储藏时间呈显著二元非线性关系；在储藏温度≥20℃条件下，湿度是影响小麦粉霉菌量的显著性因素。唐芳等（2008年）通过孢子计数法对不同含水量的玉米在储藏期间主要危害真菌生长规律进行了研究，发现玉米储藏主要危害真菌以灰绿曲霉和白曲霉两种为主，储藏玉米水分在16%左右为两种曲霉生长优势的转折点，灰绿曲霉生长由强变弱，白曲霉生长由弱变强，它们的生长呈一个动态的过程。

（2）气调储藏对储粮微生物的影响

常规储藏和低温储藏对储粮微生物区系的影响，直接体现在粮堆温度和湿度对其影响上。而气调对储粮微生物的影响略有不同。

张冬生等（1976年）报道采用自然脱氧、燃烧脱氧、充氮和充二氧化碳等方式，使大米堆内氧气含量降至2%，可抑制霉菌繁殖，防止粮食发热。罗建伟等（2003年）进行了不同CO_2气体浓度、粮食水分和温度条件下储粮真菌区系变化的实验室和实仓研究。结果表明，CO_2对水分在15%以内、15～35℃的温度范围内储粮真菌具有很好的抑制作用，可用于低水分粮的长期储藏；60%高浓度的CO_2对水分在15%～16%的高水分粮于15～25℃温度范围短时间内（品质较差的粮食15天、品质较好的粮食140天左右）有较好的防霉作用，但粮食感官品质有所下降；35%以下浓度的CO_2对高水分粮在15～35℃温度范围内均不能较好地抑制粮食真菌的生长，粮食储藏一段时间后就发生霉变；CO_2不适于高水分粮在常温下的长期储藏，即使是60%以上浓度的CO_2也不能很好地抑制高水分粮上着生的引起粮食霉变的储藏性真菌。

王若兰等（2011年）报道98% N_2和40% CO_2气调储藏糙米较常规储藏相比，有显著的抑菌防霉效果。

（3）防霉剂和熏蒸剂对储粮微生物的影响

文永昌（1980年）利用5种农用抗生素、3株自小麦上分离出的与真菌拮抗的芽孢细菌以及3种不同性质的抑菌化合物对高水分小麦（21%）的防霉效果展开研究。表明5种农用抗生素当中以春雷霉素表现最好，药效随使用浓度的增大而提高，浓度为300mg/kg时在夏季气温中保持不生霉的天数为7天；小麦上分离出的几株拮抗细菌对霉菌生长产生抑制作用，能保持5～7天不生霉；储藏期间优势菌及霉菌区系演替的规律基本相同，开始时灰绿曲霉居多，或者白曲霉同时出现，随后白曲霉大量发展，占据优势，黄曲霉有所增多，其他曲霉和青霉在夏季温度里很少出现。广东省微生物研究所的陈松意等（1983年）报道氧浓度及熏蒸剂对储藏大米真菌生长的影响，发现氧浓度降低，真菌数量显著减少，在低氧（1%）条件下磷化氢熏蒸后真菌数量减少，但真菌种类没有变化。在低氧（5%）条件下采用环氧乙烷熏蒸大米，储藏220天后，真菌量从4000 CFU/g减少到＜10CFU/g，环氧乙烷有很强的杀菌力。周建新等（2015年）通过模拟储藏，研究臭氧处理高水分稻谷在不同温度储藏过程中细菌和霉菌的变化规律，结果表明臭氧处理能明显降低稻谷微生物数量。

3. 微生物与储粮品质之间关系的研究

有关储藏真菌对储粮品质劣变的影响，王鸣岐等早在1957年报道过。周德安等（1982年）对浙江、湖南、吉林三省1981年新入库的稻谷在27℃、相对湿度85%条件下进行人工陈化，结果表明随储藏时间延长，田间真菌减少，储藏真菌急剧增加，稻谷品质劣变。引起稻谷品质劣变的主要真菌为白曲霉、灰绿曲霉、黄曲霉。廖权辉等（1987年）报道将8种储藏真菌孢子单一或混合接种到大米上研究储藏真菌对大米品质的影响，发现储藏真菌引起大米品质发生劣变，尤以白曲霉明显。Prom（2004年）发现产黄色镰刀菌（*Fusarium thapsinum*）和新月弯孢霉（*Curvularia lunata*）的侵染能使粮食籽粒丧失活力，导致发芽率降低，并且侵染与种子发芽率下降之间存在高度相关性。Mustafa等（2017年）报道禾谷镰刀菌（*F. graminearum*）和黑附球菌（*Epicoccum nigrum*）等均能引起粮食变色。Schmidt等（2016年）报道利用扫描电子显微镜显示真菌菌丝能穿透到小麦胚乳中，代谢产生蛋白酶和淀粉酶，降解营养成分（淀粉和蛋白质）为己所用，从而加速储粮干物质损失。Magan等（2000年）研究表明，腐生真菌会产生挥发性物质，引起粮食产生霉味。Park等（2012年）报道真菌生长会呼吸产生热量，热量在粮堆中聚集后，会引起粮堆温度升高。高温会使粮食脂肪酸值等指标发生变化，加速品质劣变。

4.储粮微生物生长繁殖检测技术研究

对于储粮微生物生长繁殖情况的准确检测可采用传统的平板计数法，该方法便于菌落计数及菌种分离纯化与鉴定，但耗时长，工作量大，且对操作人员专业性要求高，难以满足储粮经常性监测的需要。

（1）测定温度间接反映微生物生长繁殖

粮食储藏过程中微生物特别是霉菌生长时，会进行有氧呼吸，释放热量，因为粮堆是热的不良导体，造成热量在粮堆中积累，使粮堆温度升高，借助粮堆温度检测的方法可以发现储粮的异常状态，间接反映微生物生长繁殖情况，所以国内外粮食仓储行业对储粮微生物特别是霉菌危害活动的监测普遍采用温度检测法。从1998年起，我国对大型储备粮库开始进行重点建设，粮仓仓容、结构、设施以及管理手段都上了一个新台阶，粮温检测系统被进一步推广和普及，成为储备粮库中标配的储粮工艺之一。

（2）测定CO_2浓度间接反映微生物生长繁殖

环境中CO_2的体积分数为0.03%，有人类或其他生物活动的环境，CO_2浓度略高一些。在常规储粮条件下，霉菌的呼吸强度比粮食本身要高10多倍，因此，通过检测粮堆中CO_2浓度，可反映粮堆中微生物的活动情况。解娜等（2011年）研究发现粮堆局部发霉时，霉菌呼吸产生的CO_2占主导地位；当密封粮仓中无发霉现象时，整个粮堆内CO_2浓度变化不显著，而有发霉现象时，粮堆局部范围内CO_2会显著增高。依据霉菌呼吸产生CO_2气体这一生理特性，已研发出多种CO_2气体传感器。唐芳等（2011年）研究发现，实仓稻谷储藏中，危害真菌的生长与粮堆和仓内环境中CO_2浓度均具有良好的相关性，随后研制出新型储粮生物危害早期检测仪，实仓检测表明，粮堆CO_2浓度变化与主要霉菌生长有显著相关性。目前，针对仓房条件和储粮地域的差异性，正处于实仓数据积累及储粮状况评价对应关系的仪器完善阶段，有待实际仓储的推广应用。胡元森等（2014年）针对检测CO_2浓度监测储粮粮仓中霉菌危害活动的特点，开发了一种粮仓中粮堆多通路二氧化碳浓度在线自动巡测装置，该装置具有结构简单，操作和维护方便，检测准确可靠的特点。

粮食中CO_2浓度变化要先于温度的变化，CO_2变化幅度也远大于温度。由此可见，利用检测粮食中CO_2浓度变化对真菌生长情况进行预测，要比测温的方法灵敏度更高。

（3）储粮微生物生长活动的快速检测

为了及时反映储粮微生物的生长繁殖情况，一些新型技术用于粮食微生物的快速检测。蔡静平等（2004年）以微生物细胞中与代谢活动密切相关的酶活力变化为依据，建立储粮微生物活性的新概念，通过特殊设计的电子传感器，检测微生物与化学试剂反应后的产物量，研制出微生物活性快速检测仪。试验结果表明，微生物活性检测值每单位（U）平均相当于灰绿曲霉$3.3×10^6$个分生孢子。检测不同体积储粮洗涤液的微生物活性值，从而快速、准确地检测微生物在粮食中的存在情况，并能够判断微生物是否处于活动状态，为粮食的安全储藏提供重要信息。

程树峰等（2011年）在传统的细胞显微镜计数方法基础上，建立了适合于储藏真菌的检测方法——真菌孢子计数法。该方法的原理是基于储粮真菌生长过程中伴有真菌孢子产生的规律，通过检测真菌孢子数量，对储粮真菌生长情况进行判定。"孢子计数法"可在肉眼尚无法观察到粮食霉变的情况下，借助孢子提取、显微观察计数，对粮食上早期生长危害真菌进行直接观察、定量检测。该项检测技术已制定了粮食行业标准 LS/T 6132《粮油检验 储粮真菌的检测 - 孢子计数法》。为了便于方法及标准的推广应用，尽早服务于储粮行业霉变发热的早期预警，该团队开发了"储粮真菌自动检测仪"，以真菌孢子图库为基础，用神经网络图像自动识别算法代替人工识别，消除人为误差，无需无菌条件，具有灵敏度高、检测快速、可操作性强、检测人员要求低等特点，实现储粮真菌的自动检测，单个样品检测时间由传统微生物检测方法 3 ～ 5 天缩短到 3 ～ 5min，可满足粮油仓储企业实仓粮食样品的霉菌危害检测和评价。

随着新型检测设备的研发与技术的支持，更多高新技术和设备开始应用于粮食中微生物的检测。唐芳等（2018 年）基于扫描电镜观察研究真菌孢子检测对稻谷霉变判定，发现糙米表面真菌孢子菌丝分布密度与原粮真菌孢子检出水平呈正相关。沈飞等（2016 年）利用电子鼻气体传感技术研发花生有害霉菌污染的快速检测方法，并建立花生中有害霉菌污染程度定性定量分析模型，为利用气味信息实现粮食霉菌污染的在线监测提供理论依据。潘磊庆等（2017 年）基于计算机视觉对稻谷霉变程度进行检测，分别采用支持向量机（SVM）和偏最小二乘法（PLS-DA）构建模型，分别用于无霉变稻谷与霉变稻谷的区分及稻谷霉变类型区分。模型验证表明 SVM 模型区分效果优于 PLS-DA 模型，基于计算机视觉对稻谷霉变的检测是可行的。丛苑等（2014 年）用 ATP 发光法快速检测玉米中的霉菌，发现霉菌总数与霉菌 ATP 发光强度间的相关性系数高达 0.9554，且实验操作仅需 5min，证明了 ATP 发光法测定玉米中霉菌数量的可行性。

5.储粮微生物预测预报研究

粮食微生物生长模型的建立对于霉变的防控至关重要。Marc 等（2001 年）以产黄青霉、黄曲霉、枝状枝孢霉、链格孢霉为实验菌，建立了水活度与真菌生长率间的模型，此模型可用于预测真菌生长的最佳水活度及最高生长率，实验数据与模型预测间呈现极好的相关性。Griffiths 等（2016 年）对 Baranyi、Weibull、Gompertz、Richard 和 Buchanan 等动力学模型成功进行优化并进行非线性拟合，预测了不同储藏条件下霉菌数量，相关性系数达到 0.65 ～ 0.76。陈畅等（2012 年）对小麦储藏水分、温度和真菌生长危害进程预测，首次提出了小麦储藏水分、温度和真菌最初生长关系曲线，以及小麦在不同温度下储藏，真菌危害进程所需的时间。唐芳等（2015 年）对储藏稻谷水分、温度与真菌起始生长时间进行幂函数分析，得出稻谷储藏水分、温度与真菌危害早期预测曲线，通过本曲线可进行高水分稻谷短期储藏安全期预测。邓玉睿等（2019 年）研究了基于朴素贝叶斯和 BP 神经网络进行粮食霉变预测技术的研究。王鹏杰等（2020 年）建立了储藏真菌生长数量与稻谷水分、储藏温度及储藏时间的多元线性回归模型，以储粮安全等级作为评价标准，实仓储粮真菌危害程度预测准确率在 80% 以上，为实仓储粮安全状况预测提供了一个新的方法和途径。未来通过监测环境和粮堆中温湿度，通过预测模型计算，即可实现粮堆中霉变的早期预警，提前采取防控措施，减少粮食损失。

6.粮食真菌毒素研究

粮食上携带的真菌种类繁多，有些真菌物种能产生具有强烈毒性和致癌性的真菌毒素，严重威胁人畜健康，引发严重的食品安全问题。污染粮食及其制品的产毒真菌主要属于曲霉属、青霉属和镰刀菌属。在粮食、油料和饲料上发现的真菌毒素主要包括黄曲霉毒素、赭曲霉毒素、单端孢霉烯族毒素、玉米赤霉烯酮、伏马菌素、杂色曲霉毒素等。

我国从20世纪50年代开始研究小麦赤霉病，80年代初开展了真菌毒素的系统研究，殷蔚申等（1980年）通过对黄粒米粗提杂色曲霉毒素，进一步证明有些黄粒米中确实含有杂色曲霉毒素。四十多年来在以下三个方面取得了重要进展。

（1）真菌毒素调查

稻谷（水稻）中最主要的真菌毒素污染物为黄曲霉毒素B_1（AFB_1）和玉米赤霉烯酮（ZEN）。其中黄曲霉毒素B_1在各省市样品中的检出率较高，但极少超过国家限量。在我国南方部分地区水稻样品中ZEN毒素的污染普遍存在，这与南方一些水稻种植区在雨季极度潮湿，十分有利于真菌繁殖与毒素产生有关。此外，研究指出稻谷颖壳和米糠中的毒素含量通常高于胚乳，因此砻谷及碾米等加工工艺可以降低毒素的污染水平。

污染小麦的真菌毒素主要为镰刀菌毒素和链格孢毒素，如玉米赤霉烯酮（ZEN）、脱氧雪腐镰刀菌烯醇（DON）、雪腐镰刀菌烯醇（NIV）、恩镰孢素B（ENB）、腾毒素（TEN）、交链孢酚单甲醚（AME）以及交链孢菌酮酸（TeA）等，其中DON和ZEN的污染程度最高。研究也表明，湿润的气候条件十分有利于镰刀菌毒素的产生，样品中DON和ZEN的污染程度与当年的降雨量成正比。统计发现，不论田间采集的小麦籽粒还是流通环节的小麦粉样品均存在DON及ZEN超标的现象。有研究表明真菌毒素的污染通常更多存在于小麦的麸皮中，且籽粒研磨过程可以将麸皮中DON、ZEN等毒素除去一部分，而降低含量，因此小麦制粉工艺可以降低毒素污染水平。相较于稻谷等其他粮食谷物，小麦中真菌毒素的检出率明显高于其他谷物。国内外均对小麦及其制品中DON含量制定了严格的限量标准。

我国大部分玉米作为饲料原料，真菌毒素污染物种类较多，主要包括黄曲霉毒素、ZEN、DON和伏马菌素（FUM）等。

目前我国针对黄曲霉毒素B_1和M_1、玉米赤霉烯酮（ZEN）、脱氧雪腐镰刀菌烯醇（DON）、赭曲霉毒素A等真菌毒素颁布了限量标准。

（2）毒素检测方法

近些年随着国家对粮食真菌毒素污染的重视，有关粮食真菌毒素污染检测方法的研究也备受重视，特别是针对粮食收购环节的快检技术如雨后春笋快速发展起来。

粮油和饲料中真菌毒素检测常用技术主要有仪器分析法、免疫分析法和化学分析法。仪器分析法是以色谱分离分析为基础对粮食中提出的毒素组分进行准确定量检测，包括高压液相色谱、高效液相色谱-串联质谱等。免疫分析法是利用抗原抗体反应原理，对真菌毒素进行精准净化，对待测组分进行定性或定量检测的方法，常用的有酶联免疫吸附测定法、胶体金试纸快速检测等方法。化学分析法主要指薄层色谱法，是一种早期经典的真菌毒素检测方法，但因其操作过程复杂、检测灵敏度低、重现性差等问题，近几年粮食行业毒素检测应用较少。上述方法可较好满足粮油和饲料质量安全监测的需要。

（3）真菌毒素脱毒

近年来人们对粮食安全问题愈发重视，真菌毒素降解脱毒的研究日益增加。粮食中真菌毒素脱毒方法主要包括物理方法、化学方法和生物方法。主要集中在粮食常见的真菌毒素（黄曲霉毒素、呕吐毒素、玉米赤霉烯酮等）的降解脱毒上。

（四）粮食微生物学发展趋势

我国作为粮食生产与消费大国，粮食安全问题关系到国计民生。微生物活动会引起粮食霉变导致品质降低，甚至产生毒素，可能威胁到人畜的健康。粮食微生物学作为研究粮食及其制品在收、储、运等多环节中微生物作用、影响和控制的科学，已引领粮食产后质量安全进入快速发展期。未来，结合现代传感技术、物联网、大数据分析等的粮食收、储、运环节真菌及毒素污染的监测、检测、预警及防控技术将成为粮食微生物学的发展方向。

1. 建立粮食储藏环节粮堆发热霉变监测和预警系统

目前我国储粮主要通过测温系统对粮堆霉变进行监测，温度检测存在滞后性，且测温电缆间距较大，存在检测盲区。利用预测微生物学理论，建立粮食储藏环节粮堆发热霉变快速、精准监测和预警系统，实现粮堆中霉变的早期预警，提高我国储备粮储藏安全的保障能力。

2. 推广粮食储藏环节的绿色防霉技术

依托现有粮食仓储资源，因地制宜升级改造仓储设施，提升仓房的气密和保温隔热性能，推广应用气调、机械或热泵制冷控温、内环流控温等绿色防霉（储粮）技术，完善粮情在线监测和智能化控制功能，提高储藏环节粮食品质保障能力。

3. 加强真菌毒素的产前防控和产后削减的联合控制

真菌毒素对粮食的污染通常是一个具有连续效应的过程，霉菌在田间开始侵染，随后在收获、干燥和储藏过程中逐步增加。因此真菌毒素可以通过抑制产真菌毒素真菌生长以及抑制毒素生物合成来控制。

粮食真菌毒素的产前防控主要通过抗真菌育种、田间管理、生物与化学农药的使用等实现。粮食真菌毒素的污染程度与环境气候条件、成熟期温湿度、粮食籽粒真菌组成、产毒真菌产毒能力、真菌共生与竞争的生物驱动等多个因素存在复杂的关系，系统开展我国不同区域粮食真菌群落结构及多样性调查，分析对收获前粮食籽粒真菌及毒素污染的关键影响因素，建立区域性毒素污染监测预警模型，是确保我国粮食源头安全的有效措施。

粮食真菌毒素的产后削减主要通过改进干燥、储存条件和脱毒等方法实现。通过改进粮食干燥、储存条件，将有效控制产毒霉菌的生长和真菌毒素的产生。目前我国真菌毒素脱毒技术的研究仍处于发展阶段，在创新性和实用性上仍需加强。真菌毒素的物理、化学脱毒法有破坏营养、去毒不彻底和成本高等缺点，应用受到限制。自然界中许多种类微生物具有将真菌毒素转变为无毒或低毒物质的能力，因此应加强这方面的研究与应用，为粮食中真菌毒素的削减提供安全绿色技术支撑。

4. 重视粮食收购环节真菌毒素快检技术的研究与应用

粮食收购环节真菌毒素快检技术是把好国家储备粮入库质量安全关口的关键技术。近些年，粮食真菌毒素的快检技术取得了一系列突破性的进展，但针对粮食收购入库前污染限量检测环节，待检样品量非常大，因此，需开发低成本、高效准确的真菌毒素快检方法，以满足粮食入库环节的食品卫生安全检测。

总之，深入开展对真菌毒素进行生物脱毒的研究，推广绿色防霉技术，开发低成本、高效的粮堆霉变监测预警及精准防控一体化装备和技术体系，是满足我国当前正全面推进"优质粮食工程"和"粮食绿色仓储工程"的战略需求。

第二章
微生物形态与分类

　　微生物种类繁多，根据有无细胞结构可分为细胞型微生物与非细胞型微生物。根据细胞核类型，细胞型微生物还可分为原核微生物和真核微生物。原核微生物不具有核膜，核区为裸露DNA，通常包括细菌、放线菌、蓝细菌、衣原体、支原体、立克次氏体等。真核微生物形态结构较为复杂，分化出许多由膜包围的功能专一的细胞器，核膜包围的细胞核中存在着结构复杂的染色体，主要包括真菌、显微藻类和原生动物等。与粮食和食品有关的微生物主要有原核微生物中的细菌和放线菌、真核微生物中的酵母菌和霉菌以及非细胞型微生物病毒。各类微生物的形态结构与分类系统方面有显著的差异。

第一节　细　菌

　　广义细菌是指整个原核生物界（monera），即细胞核无核膜包裹（核区）的单细胞生物，根据外表特征分成"三菌"和"三体"。"三菌"是指真细菌（狭义细菌，本节所指）、放线菌和蓝细菌；"三体"是指立克次氏体、支原体和衣原体。狭义细菌（bacteria）是指进行裂殖，菌体为球状、杆状和螺旋状的单细胞原核生物。

　　当人类还未研究和认识细菌时，病原细菌曾经猖獗一时，夺走无数生灵的生命，随着人类对它们的深入研究，由这些病原细菌引起的人类传染病基本得到控制。同时许多细菌引起食物尤其是动物性食物的腐败变质和食物中毒。2011年欧洲特别是德国发生的由豆芽引起的出血性大肠杆菌O104∶H4感染暴发事件，近4000人发病，50人死亡；同年，美国疾病的大暴发则被报道与沙门氏菌污染的火鸡有关。另一方面越来越多的有益细菌被挖掘并应用于工业、农业、医药和环保等生产实践中，给人类带来巨大的经济效益、社会效益和生态效益。例如在工业上，酸牛奶、各种氨基酸、丁醇、乳酸和酶制剂等重要产品的生产；在农业上，杀虫剂、杀菌剂、沼气发酵和细菌肥料的生产；在医药上，各种菌苗、代血浆和微生物制剂的生产；在环境保护中，细菌在环境污染物监测、降解和生物修复等方面有着极其重要的作用。此外，细菌还可在重大基础研究时作为模式生物，如大肠杆菌，更是生命科学研究中的明星。

一、细菌的基本形态与大小

（一）细菌的基本形态

细菌菌体具有三种基本形态，即球状、杆状和螺旋状，分别称为球菌（coccus）、杆菌（bacillus）和螺旋菌（spirochaeta）（图2-1）。仅少数为其他形状，如丝状、三角形、方形和圆盘形。细菌的菌体形态是细菌分类和鉴定的重要指标。球菌按分裂的方向及分裂后细胞的排列方式可分为六类：单球菌、双球菌、四链球菌、八叠球菌、链球菌和葡萄球菌；杆菌常沿垂直于菌体长轴方向进行分裂，根据分裂后菌体的存在形式可分为单杆菌、双杆菌、链杆菌等；螺旋菌细胞呈弯曲状，根据弯曲情况不同可分为弧菌、螺菌和螺旋体。在自然界存在的细菌中，以杆菌最多，球菌次之，螺旋菌最少。

| 球菌 | 杆菌 | 螺旋菌 |

图2-1　细菌的基本形态

（二）细菌的大小

细菌细胞的大小通常以微米（μm）为量度单位。球菌大小以其直径来表示，一般约在 0.5～1μm 之间；杆菌、螺旋菌大小以长×宽来表示，杆菌一般长度为 1～5μm，宽度为 0.5～1μm，螺旋菌一般长度为 1～50μm，宽度为 0.3～1μm。形象地说，1500 个杆菌的长径相连，约等于一粒芝麻的长度（3mm）；120 个细胞横向紧挨在一起，才抵得上人一根头发的粗细（60μm）。至于细菌的质量更是微乎其微，大约 10^9 个大肠杆菌细胞才能达到 1mg。

世界上最大的细菌被称为纳米比亚嗜硫珠菌（*Thiomargarita namibiensis*），是1997年4月德国海洋生物学家舒尔斯（H. N. Schulz）在非洲西南面的纳米比亚海海床沉积物中发现的，因含有微小的硫黄颗粒，所以会发出闪烁的白光。当它们排列成一行的时候，就好像一串闪亮的珍珠链。用肉眼就能看到，球形，直径为 0.32～1.0mm。

（三）细菌的染色

由于细菌微小，在光学显微镜下为透明状态，为便于观察必须增加反差，因此要对细菌进行染色。染色还有助于鉴别细菌。细菌的染色方法很多，如图2-2所示。

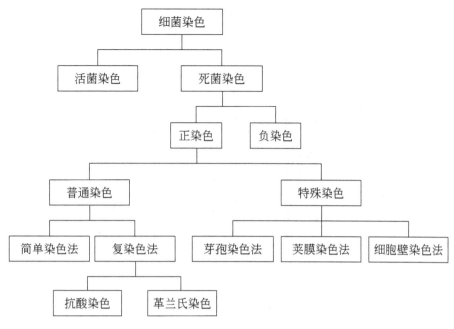

图2-2 细菌的染色方法

1.简单染色法

微生物可以用简单染色法染色，即使用一种染料，单染色的优势在于简单易用。在固定涂片上加入染色液静置1～3min，用水冲洗掉多余的染色液，并将载玻片吸干。结晶紫和亚甲基蓝等常用于单染色，可以用来确定细菌细胞的大小、形状和排列。虽然大多数染色液是直接染色细胞或目标物，但也有一些染色液是负染色，即染色的是背景而不是细胞，在黑暗的背景下能够观察到明亮的、未染色的细胞。

2.复染色法

复染色法，即用两种或两种以上染料染色，有帮助鉴别细菌之用。最常用的是革兰氏染色法，由丹麦医生革兰（H. C. Gram）于1884年创立。该方法可将几乎所有细菌分为革兰氏阳性（G⁺）菌和革兰氏阴性（G⁻）菌两大类。其主要过程分为结晶紫初染、碘液媒染、95%乙醇脱色和番红复染四步。染色后呈紫色的为G⁺细菌，红色的为G⁻细菌。

抗酸染色是另一种重要的鉴别染色方法，可用于结核分枝杆菌和麻风分枝杆菌的鉴定。该方法利用加热和苯酚将碱性品红导入细胞。一旦碱性品红渗透，结核分枝杆菌和麻风分枝杆菌不易被酸化乙醇脱色，因此被称为抗酸细菌。非耐酸细菌被酸化乙醇脱色，进而被亚甲基蓝复染成蓝色。

二、细菌的细胞结构

细菌是单细胞生物，因此一个细胞就能够代表整个生物体的结构和功能。其结构可分为基本结构和特殊结构两部分。基本结构是任何一种细菌都具有的细胞结构，包括细胞壁、细胞膜、细胞质、核区。特殊结构是指某些种类的细菌特有的或在特殊环境条件下才形成的细胞结构，如糖被（荚膜）、鞭毛、菌毛和芽孢等，它们是细菌分类鉴定的重要依据。

细菌细胞结构模式图如图2-3所示。

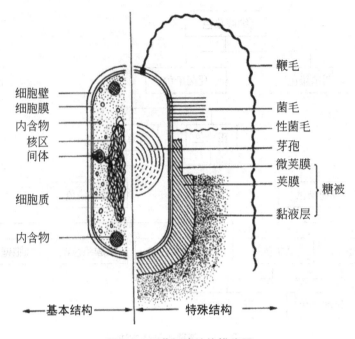

图2-3　细菌细胞结构模式图

图中标注（从上到下、从左到右）：
鞭毛、菌毛、性菌毛、芽孢、微荚膜、荚膜、黏液层、糖被
细胞壁、细胞膜、内含物、核区、间体、细胞质、内含物
基本结构　特殊结构

（一）细菌细胞的基本结构

1. 细胞壁（cell wall）

细胞壁位于细胞最外层，具有坚韧而略具弹性的结构，占细胞干重的10%～25%，厚度为10～80nm。其功能有：① 固定菌体细胞外形（失去细胞壁的细菌称为原生质体，呈球形）和提高机械强度，保护菌体免受机械性或渗透压的破坏；② 阻拦大分子有害物质（某些抗生素和水解酶）进入细胞；③ 为细胞的生长、分裂和鞭毛运动必需，失去了细胞壁的原生质体，也就丧失了这些功能；④ 决定细菌抗原性、致病性及对抗生素和噬菌体的敏感性。细胞壁与细菌的革兰氏染色结果密切相关。

（1）革兰氏阳性菌的细胞壁

革兰氏阳性菌细胞壁的特点是厚度大，组分简单（仅含90%肽聚糖和10%磷壁酸），从而与厚度薄，层次较多，成分较复杂的革兰氏阴性菌的细胞壁有明显的差别（图2-4）。

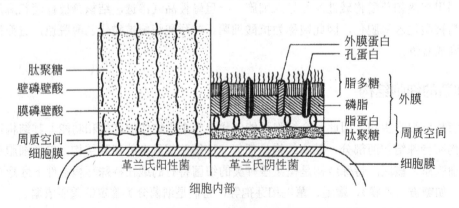

图2-4　革兰氏阳性菌和阴性菌细胞壁的结构与组成

图中标注：
肽聚糖、壁磷壁酸、膜磷壁酸、周质空间、细胞膜
外膜蛋白、孔蛋白、脂多糖、磷脂、脂蛋白（外膜）、肽聚糖（周质空间）、细胞膜
革兰氏阳性菌　革兰氏阴性菌　细胞内部

肽聚糖（peptidoglycan），又称为黏肽（mucopeptide）、胞壁质（murein）或黏质复合物（mucocomplex），是细菌细胞壁中特有的成分。金黄色葡萄球菌具有典型的肽聚糖，其肽聚糖厚 $20 \sim 80nm$，由 $25 \sim 40$ 层肽聚糖的网格状分子交织成的网套覆盖在整个细胞上，肽聚糖分子由聚糖和肽两部分组成。其中的聚糖由 N-乙酰葡糖胺和 N-乙酰胞壁酸以 β-1,4-糖苷键相互间隔连接成长链，构成细胞壁的骨架，β-1,4-糖苷键很容易被一种广泛存在于卵清、人的泪液和鼻腔、部分细菌和噬菌体中的溶菌酶水解，从而使细菌因细胞壁肽聚糖的"散架"而死亡。肽则有四肽尾和肽桥两种，四肽尾一般由 4 个氨基酸分子按 L 型和 D 型交替的方式连接在 N-乙酰胞壁酸分子上，在金黄色葡萄球菌中，四肽尾为 L-Ala → D-Glu → L-Lys → D-Ala，其中两种 D 型氨基酸在细菌细胞壁外很少出现。肽桥将相邻四肽尾交联形成高强度的肽聚糖网状结构。目前已知的 100 多种不同的肽聚糖中，它们的最大变化主要表现在肽桥的不同，由此形成"肽聚糖的多样性"。

磷壁酸（teichoic acid）是 G^+ 细菌特有的一种酸性多糖，主要成分为甘油磷酸或核糖醇磷酸。按照其在细胞壁上的结合部位可分为壁磷壁酸（与肽聚糖分子共价结合）和膜磷壁酸（跨越肽聚糖层与细胞膜的脂质层分子共价结合）。磷壁酸的主要生理功能有：通过分子上的大量负电荷吸附环境中的 Mg^{2+}、Ca^{2+} 等二价阳离子，有助于提高离子浓度，维持细胞膜上某些合成酶的高活性；调节细胞内自溶素活力，防止细胞因自溶死亡；作为某些噬菌体特异性吸附受体；赋予 G^+ 细菌特异性的表面抗原，可用于菌种鉴定；增强某些致病菌与宿主间的粘连，避免被白细胞吞噬。

（2）革兰氏阴性菌的细胞壁

革兰氏阴性菌的肽聚糖结构可以大肠杆菌为典型代表，细胞壁薄（10nm），其肽聚糖层埋藏在外膜层内，仅由 $1 \sim 2$ 层肽聚糖的网状分子组成的薄层（$2 \sim 3nm$），含量占细胞壁质量的 $5\% \sim 15\%$，故机械强度较低。肽聚糖的单体结构与 G^+ 细菌基本相同，差别仅在于：① 四肽尾的第 3 个氨基酸分子为内消旋二氨基庚二酸（m-DAP），而不是 L-Lys；② 没有特殊的肽桥，其前后两个单体间的连接仅由甲四肽尾的第 4 个氨基酸 D-丙氨酸的羧基与乙四肽尾的第 3 个氨基酸 m-DAP 的氨基直接相连，形成了较稀疏、机械强度较差的肽聚糖网套。

外膜（outer membrane）是 G^- 细菌细胞壁所特有结构，它位于壁的最外层，是由脂多糖、磷脂和脂蛋白等若干种蛋白质组成的膜。

脂多糖（lipopolysaccharide，LPS）是 G^- 细菌外膜中的一类脂多糖类物质，由类脂 A、核心多糖和 O-特异性侧链 3 部分组成。其主要功能有：类脂 A 是 G^- 细菌内毒素的物质基础；能够吸附 Mg^{2+}、Ca^{2+} 等二价阳离子提高相关离子在细胞表面的浓度；脂多糖组成和结构的变化决定了 G^- 细菌表面抗原决定簇的多样性；是许多噬菌体在细菌细胞表面的吸附受体。

在革兰氏阴性菌中，其外膜与细胞膜之间的狭窄空间（$12 \sim 15nm$）呈胶状，称为周质空间。肽聚糖薄层夹在其中。在周质空间中，含有多种周质蛋白，包括水解酶类、合成酶类、运输蛋白（具有运送营养物质的作用）和受体蛋白（与蛋白质的趋化性有关）。

（3）缺壁细菌

虽然细胞壁是细菌细胞的基本构造，但在特殊情况下也可发现细胞壁缺损或无细胞壁的细菌。原生质体是指在人工条件下用溶菌酶除尽原有细胞壁或用青霉素抑制细胞壁的合成后，所留下的仅由细胞膜包裹着的圆球状渗透敏感细胞，一般由 G^+ 细菌形成；球状体是指还残留部分细胞壁的原生质体，一般由 G^- 细菌形成；L 型细菌是英国 Lister 研究所的克兰伯格

（E. Klieneberger）在1935年研究念珠状链杆菌自发突变时首次发现的，严格来说专指在实验室中通过自发突变形成的遗传性质稳定的细胞壁缺陷菌株；支原体是指在长期进化过程中形成的、适应自然生活条件的无细胞壁的原核生物，因其细胞膜内含有一般原核生物所没有的甾醇，导致细胞膜机械强度较高。

（4）革兰氏染色的原理

革兰氏染色反应与细菌细胞壁的结构和化学组成有着密切的关系。通过初染和媒染后，在细菌细胞内形成结晶紫与碘的大分子复合物，G$^+$细菌因细胞壁较厚，网状结构紧密和肽聚糖含量多，在乙醇洗脱时细胞壁孔径会因脱水而缩小，通透性降低，加上G$^+$细菌的细胞壁基本不含脂类，乙醇处理无法在壁上溶出缝隙，导致复合物阻碍在细胞壁内，故不脱色而显紫色。反之，G$^-$细菌壁薄，肽聚糖层薄、交联度低、结构松散，加入乙醇后网孔不易收缩。同时因为G$^-$细菌细胞壁脂类含量高，乙醇将脂类溶解后使其通透性增大，所以复合物被释放出来，这时再用番红等红色染液复染，就会呈红色。

2.细胞膜（cell membrane）

细胞膜又称为细胞质膜、原生质膜或质膜。它是紧贴在细胞壁内侧的一层由磷脂和蛋白质组成的柔软而富有弹性的半透性膜，厚度为7～8nm。通过质壁分离、鉴别性染色或原生质体破裂等方法可在光学显微镜下观察到细胞膜。细胞膜作为细胞内外物质交换的主要屏障和介质，具有选择吸收和运送物质、维持细胞内正常渗透压的功能；是原核生物细胞产生能量的主要场所，细胞膜上含有呼吸酶和ATP合成酶；是合成细胞壁各种组分和糖被（荚膜）大分子等的重要场所；是鞭毛的基本着生部位，并可提供其运动所需能量。此外细胞膜上还存在着若干受体分子，能够接受外界刺激信号并发生构象变化，从而引起细胞内一系列代谢变化和产生相应的反应。

细胞膜的化学成分主要有磷脂（20%～30%）和蛋白质（50%～70%），除此之外还有少量糖类。关于细胞膜结构和功能的解释，较多学者倾向于1972年由Singer和Nicolson提出的液态镶嵌模型（图2-5）：在液态的磷脂双分子层中，镶嵌着或漂浮着可以移动的周边蛋白和整合蛋白，这些具有不同功能的蛋白质可在磷脂双分子层表面或内侧做侧向运动。

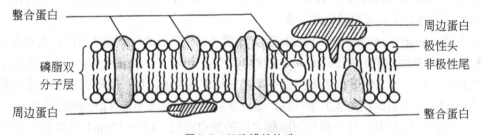

图2-5 细胞膜的构造

3.细胞质（cytoplasm）

细胞膜包围着的除核区以外的一切半透明、胶体状或颗粒状的物质统称为细胞质，含水量约80%。它是细菌赖以生存的物质基础，其主要成分为核糖体、质粒、贮藏物、各种酶类等。核糖体是合成蛋白质的部位；质粒与细菌的遗传变异（1%的遗传物质）有关，可作为基因工程载体；贮藏物主要有糖原、聚-β-羟基丁酸等为主的不溶性颗粒，可作为主要的碳源和能源物质；有的细菌细胞质中还存在伴孢晶体，对昆虫有致病和毒杀作用。

4.核区（nuclear region）

细菌为原核生物，仅含有比较原始的细胞核，无核膜包裹、无固定形态。核区的化学成分主要是一个大型的环状双链DNA分子，与细菌的遗传和变异有密切关系。

（二）细菌细胞的特殊结构

细菌的特殊结构主要有糖被、鞭毛、菌毛和芽孢。

1.糖被（glycocalyx）

某些细菌在其生命活动过程中向细胞壁表面分泌一层黏液状或胶质状的物质，称为糖被（图2-6）。根据有无固定层次、层次厚薄又可细分为荚膜、微荚膜、黏液层和菌胶团等数种。当黏液物质具有固定层次附着于细胞外壁时，称为细胞荚膜，厚度小于0.2μm的荚膜称为微荚膜。产生荚膜的细菌通常是每个细胞外面包围一个荚膜，但也有多个细菌的荚膜相互融合，形成多个细胞被包围在一个共同的荚膜中，称为菌胶团。荚膜含水量很高，主要成分是多糖、多肽及它们的复合物，具体因菌种而异。当黏液物质未固定在细胞壁上，无明显边缘，可以扩散到周围环境中，称为黏液层。糖被的主要功能有：① 保护细胞免受干燥的影响；② 一些动物致病菌的糖被可保护其不易被白细胞吞噬；③ 贮藏养料，以备营养缺乏时重新利用；④ 堆积某些代谢产物；⑤ 细菌间的信息识别作用；⑥ 表面附着作用。

糖被在科学研究和生产实践中的应用：用于菌种鉴定；用作药物或生化试剂，如在医学上提取葡聚糖用于生产代血浆；用作工业原料，如提取黄原胶用于石油开采、印染及食品工业；用于污水处理，形成菌胶团的细菌，有助于污水中有害物质的吸附和沉降。但在食品工业中，会影响制糖和食品企业的生产，造成食糖、面包或牛奶质量下降。

2.鞭毛（flagellum）

某些细菌在其表面生长有长的呈波浪形弯曲的丝状物，称为鞭毛，其数目为一至数十条，具有运动功能。鞭毛长15～20μm，直径为0.01～0.02μm，通过电子显微镜可以直接清楚地观察到鞭毛的形态（图2-7），但经过特殊的鞭毛染色法染色后也可以用普通的光学显微镜进行观察。

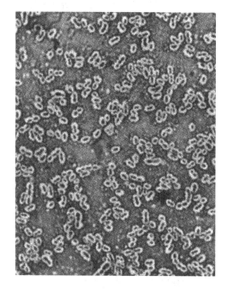

图2-6　肺炎链球菌荚膜

一般螺旋菌、大多数杆菌普遍长有鞭毛，而球菌一般没有，仅个别属如动球菌属才长有鞭毛。原核生物的鞭毛有共同的构造，由基体、鞭毛钩（钩型鞘）和鞭毛丝3部分组成。根据鞭毛数量及着生位置，细菌可分为三种类型：单毛菌、丛毛菌和周毛菌（图2-8）。鞭毛运动是细菌实现趋性最有效的方式。单毛菌及丛毛菌主要的运动方式为翻滚运动，方向多变，速度较快；周毛菌则主要做直线运动，速度较慢。

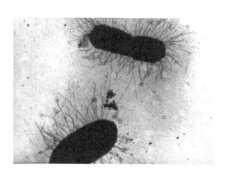

图2-7　细菌的鞭毛

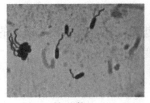

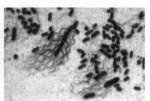

| 单毛菌 | 丛毛菌 | 周毛菌 |

图2-8 鞭毛的类型

鞭毛的有无和着生位置在细菌分类和鉴定工作中，是一项重要的形态学指标。

3. 菌毛（fimbria）

菌毛是由从细胞菌体表面延伸出来的蛋白质组成的丝状结构。与鞭毛相比，菌毛的结构比较简单，无基体等复杂构造。菌毛能使细胞菌体黏附在物体表面。每个细菌会有250～300根菌毛，但由于它们体积小，只能在电子显微镜中看到。它们是由螺旋排列的蛋白质亚基组成的细管，直径约3～10nm。菌毛有两个非常重要的功能：一是促进细胞间的基因交换，这一过程称为接合；二是促进病原体与特定宿主组织的黏附以及随后的侵袭。后者的功能在革兰氏阴性病原体如奈瑟球菌属（*Neisseria*）中得到很好的证实，这种病原体会借助其菌毛黏附于人体泌尿生殖道的上皮细胞上，引起淋病。但是菌毛也存在于某些革兰氏阳性病原体上，如化脓性链球菌，会引起链球菌性咽喉炎和猩红热。

一种重要的菌毛，叫作Ⅳ型菌毛，可帮助细胞黏附。Ⅳ型菌毛直径为6nm，只存在含有它们的杆状细胞的两极。Ⅳ型菌毛被认为是某些人类病原体的关键定植因子，包括霍乱弧菌（霍乱病原体）和奈瑟球菌（淋病病原体）。Ⅳ型菌毛也被认为通过在某些细菌中的转化过程来介导基因转移，这与接合和转导一起，是原核生物中已知的三种水平基因转移方式。

4. 芽孢（endospore）

1876年，科赫在研究炭疽芽孢杆菌时首先发现了细菌芽孢。某些细菌在其生长发育后期，在细胞内形成一个圆形或椭圆形、壁厚、折光性强、含水量极低、抗逆性极强的休眠构造，称为芽孢（图2-9）。每一个营养细胞仅能形成一个芽孢，而一个芽孢也只能萌发为一个新的营养细胞，故芽孢无繁殖功能。芽孢具有厚而致密的壁、使生物大分子稳定的DPA-Ca（吡啶2,6-二羧酸钙）复合物、抗热性的酶等，具含水量低等特点，所以其呈现高度的耐热性和抵抗其他不良环境的能力，成为整个生物界抗逆性最强的生命体之一。如肉毒梭状芽孢杆菌在100℃水中经过5～9.5h或121℃下10min才能被杀死。巨大芽孢杆菌的芽孢比大肠杆菌的抗辐射能力强36倍。而芽孢的休眠能力更为突出，有文献报道，某些芽孢可休眠数百至数千年，具有2500万～4000万年历史的琥珀内的蜜蜂肠道中甚至可以分离到有生命力的芽孢，经过鉴定，属于球形芽孢杆菌。

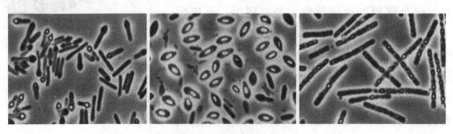

图2-9 细菌的芽孢

（1）产芽孢细菌的种类

能形成芽孢的细菌种类较少，最主要的是属于好氧性的芽孢杆菌属（*Bacillus*）和厌氧性的梭状芽孢杆菌属（*Clostridium*）。此外，还发现少数其他杆菌可产生芽孢。在球菌和螺菌中，只有少数种类有芽孢，球菌中只有芽孢八叠球菌（*Sporosarcina*），螺菌中芽孢螺菌属（*Sporospirillum*）也产芽孢。

（2）芽孢的构造和形成

产芽孢细菌的营养细胞外壳称为芽孢囊。芽孢的结构较为复杂，由外到内依次为芽孢外壁、芽孢衣、皮层和核心。

当产芽孢的细菌所处的环境中营养缺乏、温度不适宜或代谢产物积累过多时，就会引起细胞停止生长，形成芽孢。从形态上看，芽孢的形成过程主要分为7个阶段：① DNA浓缩，束状染色质形成；② 细胞膜内陷，细胞发生不对称分裂，其中小体积部分即为前芽孢；③ 前芽孢的双层隔膜形成，使芽孢的抗辐射性提高；④ 上述双层隔膜间充填芽孢肽聚糖后，合成DPA-Ca，开始形成皮层，再经脱水，使折光率增高；⑤ 芽孢衣合成结束；⑥ 皮层合成结束，芽孢成熟，抗热性出现，此时已具有芽孢的特殊结构及抗性；⑦ 芽孢囊裂解，成熟的芽孢释放。

（3）芽孢萌发

芽孢形成后处于休眠状态，由休眠状态的芽孢变成营养状态细菌的过程，称为芽孢萌发。此过程主要包括3个阶段：活化、出芽和生长。活化作用可由短时间的加热或低pH、氧化剂处理引起，如在80 ～ 85℃条件下处理5min可促进芽孢萌发，使得芽孢吸收水分、盐类和营养物质，体积膨大。某些化学物质可显著促进芽孢的发芽，芽孢萌发时，芽孢衣中富含半胱氨酸的蛋白质的三维空间结构发生可逆变化，使芽孢透性增加，与发芽有关的酶开始活动，随后芽孢衣上的蛋白质逐步降解，外界阳离子不断进入皮层，于是皮层发生膨胀、溶解和消失。水分不断进入芽孢核心，使之膨胀、酶类活化，开始合成细胞壁，进入生长阶段。此时核心部分迅速合成DNA、RNA和蛋白质，逐渐发育成新的营养细胞。在芽孢萌发过程中，DPA-Ca、氨基酸和多肽逐步释放，芽孢所特有的高耐热性、光密度、折射率等特性都逐步下降。

（4）研究芽孢的意义

研究细菌的芽孢有重要的理论和实践意义：① 芽孢的有无、形态、大小和着生位置等是细菌分类和菌种鉴定的重要形态学指标；② 芽孢的存在，有利于提高菌种的筛选效率和菌种的长期保藏；③ 是否能杀灭一些代表菌的芽孢是衡量和制定消毒杀菌标准的主要依据，有些能形成芽孢的细菌是食品的腐败菌或人类的病原菌，在食品、医药以及发酵工业都要彻底消灭细菌的芽孢；④ 有些芽孢菌可用来杀灭害虫，如苏云金芽孢杆菌等在形成芽孢时，还产生伴孢晶体，对鳞翅目昆虫有强大的毒杀作用，因而这些芽孢杆菌可制成杀虫剂，实行以菌治虫，并称为细菌或生物农药；⑤ 芽孢也是研究形态发生和遗传控制的好材料。

三、细菌的繁殖与菌落

（一）细菌的繁殖

当细菌生活在合适的条件下，通过其连续的生物合成和平衡生长，细胞体积、质量不断增大，最终导致繁殖。一般一个细菌通过分裂形成两个子细胞的过程，称为裂殖（fission），少数种类通过芽殖（budding）进行分裂。而近年来通过电子显微镜手段和遗传学研究发现，在部分肠杆菌科细菌中还存在频率较低的有性接合。

细菌裂殖主要有二分裂、三分裂和复分裂三种，其中最主要的是二分裂，又包括二等分裂和二不均等分裂。绝大多数的细菌都通过二等分裂进行繁殖，表现为一个细胞进行核复制、伸长后，在对称中心形成隔膜，进而分裂成两个形态、大小和构造完全相同的子细胞（图2-10）。但有少数细菌通过二不均等分裂进行繁殖，产生两个形态、构造上有明显差别的子细胞。

绿色硫细菌（*Pelodictyon*），大部分细胞能进行正常的二分裂繁殖，部分细胞能够进行成对的"一分为三"方式的三分裂，形如一对"Y"形细胞。之后仍然进行二分裂，最后，能够形成特殊的网眼状结构。复分裂是寄生于细菌细胞的小型弧状细菌所具有的繁殖方式。

芽殖是芽生细菌如芽生杆菌属，在母细胞表面先形成一个小突起，逐步长大到与母细胞相仿后再相互分离并独立生活的一种繁殖方式。

（二）细菌的菌落

1.细菌在固体培养基上的培养特征

细菌的菌落（clone）是指由单个或少量活细胞在适宜的固体培养基表面生长繁殖，形成肉眼可见的、具有一定形态的子细胞群体（图2-11）。如果菌落是由一个单细胞发展而成，则它就是一个纯种细胞群或克隆；如果将某一纯种的大量细胞接种在固体培养基表面，使得长成的菌落互相连成一片，称为菌苔。

各种细菌在一定条件下于固体培养基上形成的菌落具有一定的稳定性和专一性，这是确定菌种纯度、鉴定和识别菌种的重要依据。菌落特征一般包括大小、形状、边缘、光泽、质地、颜色、隆起、透明度和表面状态等。多数细菌的菌落呈黏稠状、表面湿润、圆形，较透明、颜色一致，有臭味。

在固体培养基上菌落形态与个体形态的相关性：细菌是原核微生物，因此形成的菌落较小；细菌个体之间充满着水分，故整个菌落显得湿润；有鞭毛的细菌常形成边缘不规则的菌落，运动能力强的细菌还会出现树根状甚至能移动的菌落；具有糖被的菌落表面较透明，边缘光滑整齐；有芽孢的菌落表面干燥有皱褶；有些能产生色素的细菌菌落还显出鲜艳的颜色；仅生长在固

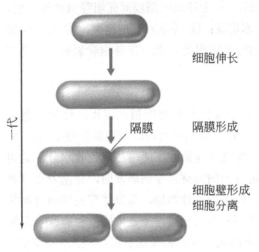

图2-10 细菌二分裂繁殖过程模式图

细胞伸长

隔膜 隔膜形成

细胞壁形成 细胞分离

一代

图2-11 在固体培养基上细菌的菌落

体培养基表面，即与培养基结合不紧密，可用接种工具将其全部挑起。

2.细菌在半固体培养基上的培养特征

在半固体培养基中穿刺接种，细菌会出现许多特有的培养性状。若使用半固体琼脂培养基，可根据穿刺部位的生长状态及扩散现象来判断细菌有无运动能力；若使用明胶穿刺培养基，则可根据观察明胶是否产生溶解区及相应的形状判断细菌能否产生蛋白酶。

3.细菌在液体培养基中的培养特征

细菌在液体培养基中生长时，会因细胞特征、相对密度、运动能力和对氧气的需要程度的不同产生不同的培养特征。多数细菌表现为混浊，部分表现为沉淀，一些好氧性细菌会在液面大量生长形成菌膜等。

四、细菌的分类

（一）细菌分类指标

1.细菌分类的经典指标

（1）培养特征

在固体培养基上观察菌落的外观、形状、大小、颜色、厚度、质地、边缘状态等特征，并注意菌落形成过程中的性状表现；在液体培养基中观察菌体的表面生长状态、沉淀物、颜色、液体中的分布情况和有无气泡等；在半固体培养基上观察穿刺接种后的生长情况，判断有无扩散现象等。

（2）形态特征

利用显微镜观察细菌菌体细胞的形状、大小、排列等特点，借助各种染色制片方法，判断菌体鞭毛、荚膜和芽孢等特征，革兰氏染色和抗酸染色反应等。

（3）生理生化特征

观察细菌的营养、代谢和对环境的适应性特征，生长所需碳源、氮源及生长因子的种类，代谢产物的种类、产量、显色、产气等特征；判断能量来源是光能还是化能；判断属于专性好氧、微需氧、兼性厌氧还是专性厌氧。

（4）生态学特征

生长所需温度、酸碱度、嗜盐性、致病性及寄生、共生关系等。

（5）血清学特征

通过是否与抗血清发生特异性的血清学反应来判断血清型。

2.细菌分类的现代方法

一些遗传及化学特征也可以成为细菌分类的依据，如通过16S rRNA同源性、GC含量及DNA分子杂交等遗传分析或是通过电泳、色谱及质谱等化学分析等对细菌进行分类。

（二）细菌分类系统

国际上最具权威性、应用最广泛的细菌分类系统是《伯杰氏鉴定细菌学手册》，1923年出版第1版，后续的每个版本都反映了当时细菌学发展的新成就。近年来，由于细胞学、遗传学和分子生物学的渗透，大大促进了细菌分类学的发展，使分类系统与真正反映亲缘关系的自然体系日趋接近。第9版开始更名为《伯杰氏系统细菌学手册》（简称《伯杰氏手册》），并于1984年至1989年间分4卷出版，极大地提高了手册的实用性。《伯杰氏手册》的第2版在2001年至2007年间分5卷出版，该版本把原核生物分为古菌域和细菌域，它们分属于三域学说中的两个域。古菌域包括2门，289个种；而细菌域包括25门，6740个种，至今所记载的原核生物共有7029个种。

第二节 真 菌

真菌（fungi）与人类的生活、工农业生产具有密切关系。真菌主要是腐生生物，具有高度分解和合成多种复杂有机物质的能力，特别对分解纤维素、半纤维素和木质素等更具特色。因而在自然界，它们与细菌等共同协力，进行着缓慢而持续不断的转化作用，将动物、植物，特别是植物的残体分解为简单的物质，重新归还给大自然，成为绿色植物的养料，帮助植物界自我施肥，使绿色植物不断地茂盛生长，间接地为人类提供必需的生活资源。同时，绿色植物光合作用所需要的二氧化碳，主要来自微生物包括真菌对有机物的分解；有的真菌能与植物结成"菌根"，帮助植物吸收水分和养料；有的真菌则能消灭或抑制危害植物的其他生物，如昆虫、线虫和一些对植物有害的真菌等；有的能产生生长素和抗生素，以促进动物、植物的生长发育。但是，真菌也会引起人、畜疾病和农作物病害，影响人类的健康和农作物的产量。

真菌除了应用于酿酒、制酱等发酵食品外，在近代工业和医药业等方面作用也很可观。由于真菌能产生多种酶，它在工业方面发挥非同小可的作用，涉及国民经济的各个领域，从甘油发酵、有机酸和酶制剂生产，到纺织、造纸、制革和石油发酵等，有机酸主要有柠檬酸和葡萄糖酸。现已发现400多种酶与真菌有关，如淀粉酶、蛋白酶、果胶酶和纤维素酶，这些酶制剂已广泛应用于食品、制药、纺织和制革等行业。在医药业，真菌所产生的抗生素有150余种，以青霉素、灰黄霉素和头孢霉素等为代表，为人类健康作出了贡献。但有些真菌也能引起农产品、工业原料的霉腐，产生真菌毒素，危害人体健康。

真菌种类较多，按其作用通常可分为4类，即霉菌、酵母菌、大型真菌（蕈菌）和病原真菌。霉菌是引起物质霉腐的丝状真菌；酵母菌是以出芽繁殖为主的单细胞真菌；大型真菌，包括食用菌和药用菌，能形成肉质或胶质的子实体或菌核，很多种类具有较高的营养价值和药用价值，具有开发应用前景；病原真菌是指可以寄生在动植物上并引起病害的真菌。

真菌是最重要的真核微生物，其主要特征有：① 无叶绿素或其他光合色素，不能进行光合作用，需要从外界吸收营养物质，有腐生、寄生和共生三种异养型的营养方式；② 营养体除酵母菌为卵形单胞体外，大多为发达菌丝体；③ 细胞壁多数含几丁质，有的为纤维素；④ 繁殖时产生各种类型的孢子。真菌的概念是主要以孢子繁殖，营养体为丝状体（或卵形单胞体）的异养型真核生物。

一、真菌的细胞结构

真菌具有真核细胞结构，与原核细胞相比，其形态更大、结构更为复杂、细胞器的功能更为专一。真菌的细胞结构由细胞壁、细胞膜、细胞质及细胞器和细胞核构成。

（一）细胞壁（cell wall）

真菌细胞壁的功能与细菌相似，厚度为 100～250nm，占细胞干物质的 30%，通常含80%～90%的多糖，多糖构成了细胞壁中有形的微纤维和无定形基质的成分，微纤维部分可比作建筑物中的钢筋，可使细胞壁保持坚韧性，它们都是单糖的聚合物，另外少量的蛋白质、脂质、多聚磷酸盐和无机离子组成细胞壁胶结基质和上述的无定形基质的成分，犹如混凝土等填充物。多糖的种类因种不同：低等真菌以纤维素为主，霉菌以几丁质为主，酵母菌以葡聚糖为主。同一真菌，在不同生长阶段或部位，成分也有明显不同。外界环境因素对真菌细胞壁的组成成分影响也很大。

（二）细胞膜（cell membrane）

真菌细胞膜的基本构架也是由磷脂双层分子组成，因此其结构和功能与原核细胞类似，但在膜的功能上与原核细胞有所差异：不含与呼吸有关的酶和电子传递链，因而不是细胞代谢活动的中心（在线粒体中）；另外无法通过基团转位方式吸收营养物质；含有甾醇（原核细胞细胞膜中没有）。

（三）细胞核（nucleus）

真菌细胞核是一种形态完整、有核膜包裹的细胞核，每个细胞一般只含有一个细胞核，有的含两个或多个，这是与原核细胞结构的本质区别，在真菌的菌丝顶端细胞中，常常找不到细胞核。酵母是一种单细胞真菌，只有一个细胞核，它可以通过芽殖和横向分裂进行无性繁殖，也可以通过孢子形式进行有性繁殖。

真菌细胞核由核膜、染色体、核仁和核基质等构成，膜上有核孔，是细胞核和细胞质进行物质交换的通道。核膜是由双层单位膜构成，厚 8～20nm。核内有一中心稠密区的颗粒状构造，称为核仁，被一层均匀的无明显结构的核基质包围，表面无膜，富含蛋白质和 RNA，具有合成核糖体 RNA 和装配核糖体的功能。细胞核以染色体为载体，储存细胞内绝大部分的遗传信息，真菌的生长、发育、繁殖及遗传和变异均由细胞核控制。

（四）细胞质（cytoplasm）及细胞器（organelles）

位于细胞膜和细胞核间的透明、黏稠、不断流动并充满各种细胞器的溶胶，称为细胞质。在真核细胞中，由微管（microtubule）和微丝（microfilament）构成了细胞骨架（cytoskeleton），维持了细胞器在细胞质中的位置。除细胞器外的溶胶，含有丰富的酶等蛋白质、各种内含物以及中间代谢物等，是各种细胞器存在的必要环境和细胞代谢活动的重要基地。

在细胞质内的细胞器包括线粒体、内质网等。

1. 线粒体（mitochondrion）

在细胞质内存在的线粒体，呈粒状或棒状，排列成线状，具有双层膜，内部充满液态基

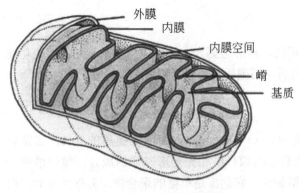

图2-12 线粒体结构模式图

质，外膜平整，内膜向内延伸成嵴，极大地扩展了内膜进行生物化学反应的面积（图2-12）。

线粒体内分布着与呼吸产能有关的酶和电子传递链，因而是细胞产能的"中心"。内膜上有细胞色素、NADH脱氢酶、琥珀酸脱氢酶和ATP磷酸化酶，以及三羧酸循环的酶类、蛋白质合成酶和脂肪酸氧化的酶类；外膜上也有多种酶类，如脂肪酸代谢的酶等。一般地说，生长旺盛需要能量多的细胞内，线粒体的数目也多。细胞的不同生长周期，如在分裂、生长、分化各个不同过程中，线粒体也有变化。同时，线粒体拥有自己的DNA、核糖体和蛋白质合成系统。

2. 内质网（endoplasmic reticulum）

在细胞质中的内质网，由脂质双分子层围成，呈管状、片状、袋状和泡状，与核膜相连（图2-13），其功能是细胞内各物质的运送和传递信息，同时还是合成蛋白质或脂类的场所。其类型有粗糙型内质网（膜外附着有核糖体）和光滑型内质网（表面没有附着的颗粒）。

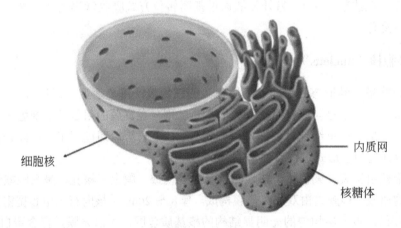

图2-13 内质网

3. 核糖体（ribosome）

核糖体又称核蛋白体，是存在于一切细胞中的少数无膜包裹的颗粒状细胞器，类型有内质网核糖体和细胞质核糖体。具有合成蛋白质功能，直径20～25nm，由约40%蛋白质和60% RNA共价结合而成。真核细胞的核糖体比原核细胞的大，其沉降系数一般为80S，它由60S和40S的两个小亚基组成。核糖体除分布在内质网和细胞质中外，还存在于线粒体和叶绿体中，但都是一些与原核生物相同的70S核糖体。

4. 液泡（vacuole）

液泡是存在于真菌和藻类等真核微生物细胞中的细胞器，由单位膜分隔，其形态、大小因细胞年龄和生理状态而变化，一般在老龄细胞中的液泡大而明显。在真菌的液泡中，主要含糖原、脂肪和多磷酸盐等贮藏物，精氨酸、鸟氨酸和谷氨酰胺等碱性氨基酸，以及蛋白酶、酸性和碱性磷酸酯酶、纤维素酶和核酸酶等各种酶类。液泡不仅有维持细胞的渗透压和储存营养物的功能，还有细胞内消化作用。

5.储藏物（reserve materials）

作为营养物储藏的，主要有肝糖原、脂肪滴、异染颗粒和麦角固醇。

二、真菌的营养体

（一）真菌营养体的类型

真菌在营养生长阶段中，用于吸收水分和养料并进行营养增殖的菌体称为营养体。真菌的营养体主要分为两种类型。

1.菌丝（hypha）与菌丝体（mycelium）

菌丝是由真菌孢子萌发形成的管状丝状体，并产生分枝，相互交错成一团，则称为菌丝体（图2-14）。菌丝宽度一般为5～10μm，比细菌或放线菌粗10倍左右。

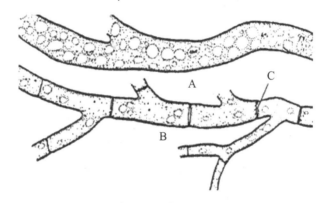

图2-14 菌丝结构
A：无隔菌丝；B：有隔菌丝；C：隔膜

菌丝从结构上可分为无隔菌丝和有隔菌丝。无隔菌丝：无隔膜、单细胞、多核，一般低等真菌属于此类。有隔菌丝：具隔膜、可供物质流通、多细胞、单核或多核，一般高等真菌属于此类。

菌丝也可按生长位置分为营养菌丝和气生菌丝。营养菌丝是伸入固体营养基质内部，主要执行吸收营养物功能；而气生菌丝则是伸向空间，发育到一定程度后形成繁殖器官。

2.单胞体（uniocell）

酵母菌的营养体，单细胞，或者单细胞上类似假根，一般呈圆形、椭圆形、卵圆形和腊肠形等，直径为细菌的10倍左右。某些酵母菌经出芽繁殖后，子细胞结成长链，并有分枝，细胞间连接处较为狭窄，如藕节状，一般没有隔膜，称为假菌丝（pseudomycelium），如假丝酵母（图2-15）。

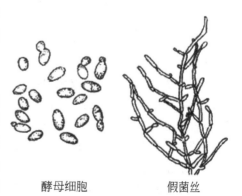

酵母细胞　　　　假菌丝

图2-15 酵母菌形态

（二）菌丝的特化形态

不同的真菌在长期进化中，因其自身的生理功能和对各自所处的环境条件产生了高度的适应性，其营养菌丝体和气生菌丝体的形态与功能会发生相应的变化。

1.营养菌丝的特化形态

营养菌丝的特化形态主要是为了更好地从基质中吸收营养，如假根和吸器。此外，还有其他功能，如附着（附着胞和附着枝）、休眠（菌核和菌索）、捕食（菌环和菌网）、蔓延（匍匐枝）等功能。

（1）假根和匍匐枝

假根是根霉属等低等真菌的匍匐枝与固体基质接触处分化形成的根状结构，它起固着和吸收营养的作用（图2-16）。

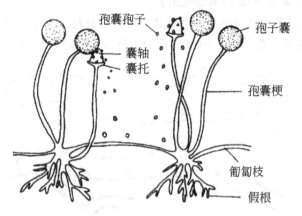

图2-16 黑根霉的假根、匍匐枝和孢子囊

匍匐枝又称匍匐菌丝，毛霉目真菌在固体基质上常形成与表面平行，具有延伸功能的菌丝，其中以根霉属最为典型，其匍匐菌丝在固体基质表面每隔一段距离就长出伸入基质的假根和伸进空间生长的孢囊梗，新的匍匐菌丝在不断向前延伸，逐渐形成蔓延生长的菌苔。

（2）吸器

大多数丝状真菌靠菌丝表面吸收营养物质，但有些专性寄生真菌，可在菌丝侧生旁枝，侵入寄主细胞内分化成指状、球状、丝状构造，用以吸收养料，这种特殊的菌丝结构称为吸器。锈菌目、霜霉菌目、白粉菌目等真菌的一些种能产生吸器。

（3）菌核和菌索

菌核是一种休眠的菌丝组织，可耐高温、低温及干燥。真菌生长到一定阶段，菌丝体不断地分化，相互纠结在一起形成一个外层较坚硬、色深，而内层疏松的菌丝体组织颗粒即为菌核。当条件适宜时能萌发出菌丝，生出分生孢子梗和子实体等。菌核具有各种形状、色泽和大小。药用的茯苓、猪苓、雷丸和麦角都是真菌的菌核。菌核大小差别很大，大型菌核如茯苓直径可达30cm，而小型菌核只有小米粒大小。

菌索是指有些高等真菌的菌丝体平行排列组成长条状，类似绳索的状态，菌索周围有外皮，尖端是生长点，多生在树皮下或地下，根状，白色或其他各种颜色。有帮助真菌迅速运送物质和蔓延侵染的功能。菌索在不适宜的生长环境下呈休眠状态，当遇到适宜的条件它就会在生长点恢复生长或从菌索上生出繁殖体。

（4）附着枝和附着胞

若干寄生真菌由菌丝细胞生出1～2个细胞的短枝，将菌丝附着于宿主上，这种特殊的结构称为附着枝。

许多植物寄生真菌在其芽管或老菌丝顶端发生膨大，并分泌黏性物，借以牢固地黏附在宿主的表面，这一结构就是附着胞。附着胞上再形成纤细的针状感染菌丝，以侵入宿主的角质层而吸取营养。

（5）菌环与菌网

生长在土壤中的捕虫菌目的真菌由菌丝分枝形成圈环结构，即为菌环，由菌环构成的网状组织称为菌网，这是在长期的自然进化中形成的特化结构，可以捕捉小型原生动物或无脊椎动物如线虫，捕获物死后，菌丝伸入其体内吸收营养，直至虫体被消耗殆尽。现在已有能够捕捉线虫的真菌制剂投入农业生产中，因此研究捕虫真菌对农业生产意义重大。

2.气生菌丝的特化形态

气生菌丝主要特化成各种形态的子实体（产孢器官），子实体是指在其内部或表面产生无性或有性孢子，具有一定形状和构造的菌丝体组织，它是由真菌的气生菌丝和繁殖菌丝缠结而成。子实体形态因种而异。

（1）结构简单的子实体

产生无性孢子的结构简单子实体有几种类型。常见的如根霉属和毛霉属等的孢子囊（图2-16）、曲霉属的分生孢子头（图2-17）、青霉属的帚状枝（图2-18）等。产生有性孢子的结构简单的子实体如担子菌的担子。

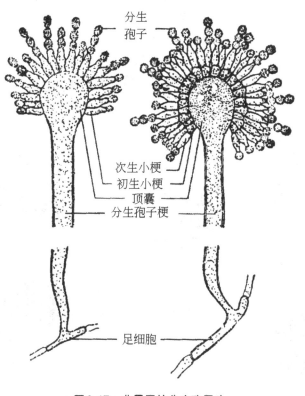

图2-17　曲霉属的分生孢子头

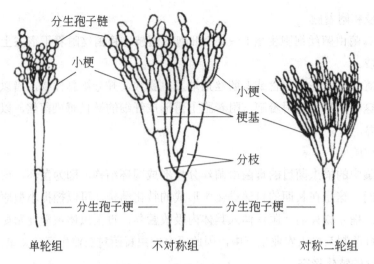

图2-18　青霉属的帚状枝

（2）结构复杂的子实体

产生无性孢子的结构复杂的子实体主要有分生孢子器、分生孢子座和分生孢子盘等结构（图2-19）。分生孢子器是一个球形或瓶形结构，在器的内壁四周表面或底部长有极短的分生孢子梗，在梗上产生分生孢子；分生孢子座是由分生孢子梗紧密聚集成簇而形成的垫状结构，分生孢子长在梗的顶端；分生孢子盘则是分生孢子梗在寄主角质层或表皮下簇生形成的盘状结构，有时其中还夹杂着刚毛。

在子囊菌中，能产生有性孢子、结构复杂的子实体，称为子囊果（ascocarp）。在子囊和子囊孢子发育过程中，从原来的雌器和雄器下面的细胞上生出许多菌丝，有规律地将产囊菌丝包围，形成了有一定结构的子囊果。子囊果按其外形可分成3类：闭囊壳、子囊壳和子囊盘（图2-20）。闭囊壳，为完全封闭式，呈圆球形，它是不整子囊菌纲，如部分青霉和曲霉所具有的特征；子囊壳，有开口的烧瓶形，它是核菌纲真菌的典型特征；子囊盘，有开口，呈盘状，它是盘菌纲真菌的特有构造。

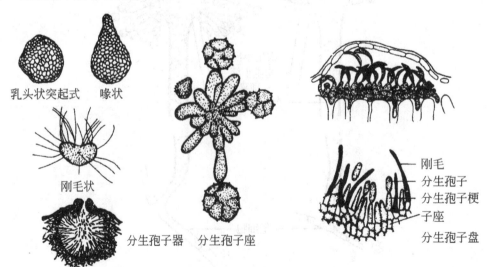

图2-19　分生孢子器、分生孢子座和分生孢子盘

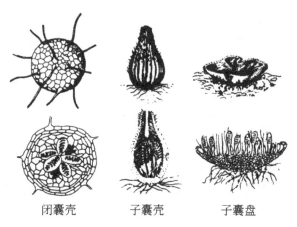

闭囊壳　　　　　子囊壳　　　　　子囊盘

图2-20　三种子囊果

三、真菌的繁殖与菌落

（一）真菌的繁殖

真菌有很强的繁殖能力，大部分真菌都能进行无性与有性繁殖，并且以无性繁殖为主。

1.无性繁殖

无性繁殖是指营养体不经过核配和减数分裂产生后代个体的繁殖。真菌的无性繁殖有以下3种方式：① 菌丝体的断裂片段可以产生新个体，大多数真菌都能进行这种无性繁殖，实验室"转管"接种便是利用这一特点来繁殖菌种；② 营养细胞进行有丝分裂，产生子细胞，通过中央收缩形成新的细胞壁，分裂成两个子细胞，如裂殖酵母菌的无性繁殖就像细菌一样，母细胞一分为二地繁殖；③ 直接由菌丝分化产生无性孢子，每个孢子可萌发为新个体。无性孢子的形成往往伴随着无性繁殖，通常被用作一种传播手段。真菌经过无性繁殖产生的孢子，称为无性孢子，这是真菌的主要无性繁殖方式。无性孢子的类型主要有游动孢子、孢囊孢子、分生孢子、芽孢子、厚垣孢子和节孢子（图2-21）。

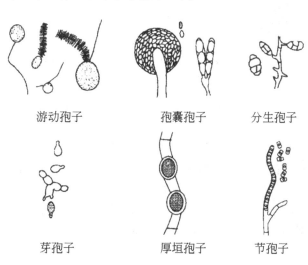

游动孢子　　　　　孢囊孢子　　　　　分生孢子

芽孢子　　　　　厚垣孢子　　　　　节孢子

图2-21　真菌的无性孢子

（1）游动孢子（zoospore）

由菌丝或孢囊梗顶端膨大形成游动孢子囊，游动孢子形成于游动孢子囊内，里面的原生质体分隔成许多小块，小块变圆并围以薄膜即成游动孢子，后又萌发为新个体。游动孢子无细胞壁，具1～2根鞭毛，释放后能在水中游动。产生这类无性孢子的主要代表菌种是鞭毛菌亚门的真菌。

（2）孢囊孢子（sporangiospore）

孢囊孢子形成于孢子囊内。菌丝发育到一定阶段，气生菌丝形成孢囊梗，其顶端膨大，形成圆形、椭圆形或梨形的"囊状结构"，称为孢子囊，孢子囊内的原生质体割裂成许多小块，每一块结合细胞核发育成一个孢囊孢子，数量一般都相当大。孢囊孢子有细胞壁，圆形或椭圆形。产生这类无性孢子的主要代表菌种是接合菌亚门的真菌。

（3）分生孢子（conidium）

分生孢子产生于由菌丝分化而形成的分生孢子梗上，顶生、侧生或串生，形状、大小多种多样，单胞或多胞，无色或有色，成熟后从分生孢子梗上脱落。有些真菌的分生孢子和分生孢子梗还着生在分生孢子器内。产生这类无性孢子的主要代表菌种是子囊菌亚门和半知菌亚门的真菌。

（4）芽孢子（budding spore）

芽孢子又称酵母状孢子，是由出芽方式形成的无性孢子。在无性繁殖过程中，首先在母细胞上出芽，然后芽体逐渐膨大，最后芽体与母细胞脱离，就形成了芽孢子。产生这类无性孢子的主要代表菌种是酵母菌。

（5）厚垣孢子（chlamydospore）

有些真菌在一定的条件下通过菌丝中间或顶端的细胞膨大、原生质浓缩、细胞壁加厚而形成厚垣孢子，其细胞壁与母细胞壁紧密融合，由断裂方式产生，能抗御不良外界环境，待条件适宜时可以萌发产生菌丝。如毛霉属中的总状毛霉产生的厚垣孢子。

（6）节孢子（arthrospore）

菌丝生长到一定阶段时出现横隔膜，然后从隔膜处断裂而形成的细胞称为节孢子。外形呈柱形，各孢子同时形成，具有进行繁殖和摆脱不适宜环境的作用。如白地霉产生的节孢子。

2. 有性繁殖

真菌生长发育到一定时期（一般到后期）就进行有性繁殖。有性繁殖是经过两个性细胞结合后细胞核产生减数分裂产生孢子的繁殖方式。多数真菌由菌丝分化产生性器官即配子囊，通过雌、雄配子囊结合形成有性孢子。其整个过程可分为质配、核配和减数分裂三个阶段。真菌经过有性繁殖而产生的孢子，称为有性孢子，有性孢子主要有卵孢子、接合孢子、子囊孢子和担孢子（图2-22）。

（1）卵孢子（oospore）

卵孢子由两个异型配子囊雄器和藏卵器接触后，雄器的细胞质和细胞核经受精管进入藏卵器，与卵球核配，最后受精的卵球发育成厚壁的、双倍体的卵孢子。鞭毛菌亚门的真菌所产生的有性孢子即为卵孢子。

卵孢子

接合孢子

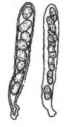

子囊孢子

担孢子

图2-22　真菌的有性孢子

（2）接合孢子（zygospore）

接合孢子是由菌丝生出形态相同或略有不同的两个配子囊接合而成。根据产生接合孢子菌丝来源或亲和力不同，一般可分为同宗配合和异宗配合两类。首先，两个邻近的菌丝相遇时，各自向对方伸出极短的侧枝，成对地相互吸引，并在它们的顶部融合形成融合膜，顶端膨大，形成原配子囊。而后，在靠近每个原配子囊的顶端形成一个隔膜，使二者都分隔成两个细胞，即一个顶生的配子囊柄细胞，随后融合膜消解，两个配子囊发生质配，最后核配，形成原接合配子囊，其再膨大发育成厚而多层的壁，变成颜色很深、体积较大的接合孢子囊，在它的内部产生一个接合孢子。接合孢子经过一定的休眠期，在适宜的环境条件下，萌发成新的菌丝。接合菌亚门的真菌所产生的有性孢子即为接合孢子。

（3）子囊孢子（ascospore）

子囊孢子通常是由两个异型配子囊雄器和产囊体相结合，经质配、核配和减数分裂而形成的单倍体孢子。子囊孢子着生在无色透明、棒状或卵圆形的囊状结构即子囊内。每个子囊中一般形成8个子囊孢子。子囊通常产生在具包被的子囊果内。子囊菌亚门的真菌所产生的有性孢子即为子囊孢子。

（4）担孢子（basidiospore）

担孢子通常是直接由"+""−"菌丝结合形成双核菌丝，双核菌丝的顶端细胞膨大成棒状的担子。在担子内的双核经过核配和减数分裂，最后在担子上产生4个外生的单倍体的担孢子。担子菌亚门的真菌所产生的有性孢子即为担孢子。

真菌孢子的特点是小、轻、干、多，以及形态色泽各异，休眠期长和有较强的抗逆性，每个个体产生的孢子极多，孢子的这些特点有利于它们在自然界中的散播和生存，这导致了真菌的广泛分布。无性孢子和有性孢子都很重要，使真菌能够在诸如干燥、营养限制和极端温度等环境压力下生存，尽管它们不像细菌芽孢那样能够抵抗外界压力。另外，孢子的大小、形状、颜色和数量也可以应用在真菌种类的鉴定中。

（二）真菌的菌落

真菌在固体培养基上有不同的菌落特征，可分为菌丝型和酵母型。

1.菌丝型

丝状真菌，特别是霉菌在固体培养基上的质地呈绒状、絮状、羊毛状或棉絮状。正反面都有颜色，有时产生的色素使培养基也染上颜色，大小有扩展型和局限型，一般有霉味。菌落特征因种而异，是分类鉴定的重要依据之一。

2.酵母型

酵母型的菌落特征与细菌的菌落相似，但比细菌厚而大，质地呈黏稠状，多数为乳白色，少数为红色或粉红色或黑色，一般有酒香味。

四、真菌的生活史

真菌的生活史是指真菌从孢子萌发开始，经过一定的生长发育阶段，最后又产生同一种孢子的过程。真菌生活史的两个阶段包括无性繁殖阶段和有性繁殖阶段。

由于真菌生理过程的多样性，不同真菌的生活史差别也很大。一般分成完全世代和不完全世代两种类型：无性繁殖阶段和有性繁殖阶段交替，生活周期完整的生活史类型，称为完全世代，具有完全世代的菌称为完全菌，如鞭毛菌亚门、接合菌亚门和子囊菌亚门的真菌（图2-23）；只有无性繁殖或有性繁殖阶段，生活周期不完整的生活史类型，称为不完全世代，具有不完全世代的菌称为不完全菌，如担子菌亚门和半知菌亚门的真菌。

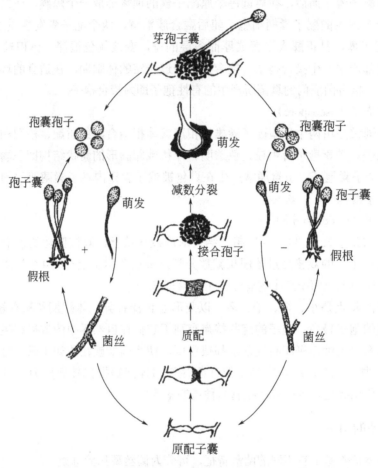

图2-23　黑根霉的生活史

五、真菌的分类

（一）真菌分类系统

　　自1729年米凯利（Micheli）首次对真菌进行分类以来，有代表性的菌物分类系统不下10余个。目前得到学术界较广泛应用的是1973年正式发表，后载于《安·贝氏菌物词典》第7版（1983年）的分类系统，它把菌物界（Mycetalia）分成黏菌门和真菌门，后者根据它们的有性繁殖结构又分成5个亚门，即鞭毛菌亚门、接合菌亚门、子囊菌亚门、担子菌亚门和半知菌亚门。其中鞭毛菌亚门、接合菌亚门是低等真菌，菌丝是无隔的；子囊菌亚门、担子菌亚门和半知菌亚门是高等真菌，菌丝是有隔的。该词典2008年出版了第10版，把真菌界（Fungi）分成壶菌门、芽枝霉门、新丽鞭毛菌门、球囊菌门、接合菌门、子囊菌门、担子菌门。考虑到实用性，本书基本采用第7版。

（二）粮食和食品中常见真菌的分类地位

粮食和食品中真菌目前基本按《安·贝氏菌物词典》第7版（1983年）的分类系统。因此常见霉菌和酵母菌的分类地位主要属于3个亚门：接合菌亚门接合菌纲中的根霉属和毛霉属；子囊菌亚门中不整囊菌纲中的散囊菌属和红曲霉属以及半子囊菌纲中的酵母属（真酵母）；半知菌亚门丝孢纲中的曲霉属、青霉属、镰刀菌属、交链孢霉和芽枝霉属以及芽孢纲中的假丝酵母属、红酵母属、丝孢酵母属和球拟酵母属等（假酵母）。

六、产大型子实体的真菌

产大型子实体的真菌是指具有肉质或胶质子实体的大型真菌，在陆生条件气生菌丝有特化与高度发展形式。在分类学上大多数属于担子菌亚门，少数属于子囊菌亚门。产大型子实体的真菌的通俗名称为蕈菌（mushroom）。

蕈菌广泛分布于地球各处，在森林落叶地带更为丰富。目前已鉴定的食用菌（edible mushroom）已有980余种，其中人工栽培的约有70余种，大规模生产的20余种。如常见的双孢蘑菇、木耳、银耳、香菇、平菇、草菇、金针菇和竹荪等；新品种有杏鲍菇、珍香红菇、柳松菇、茶树菇、阿魏菇、榆黄蘑和真姬菇等；还有许多种可供药用，例如灵芝、云芝、马勃、茯苓和猴头等；少数有毒或引起木材朽烂的种类则对人类有害。

蕈菌一直被认为是"化腐朽为神奇"的生物，食用菌产业是非耕地生产、农业生产废弃物循环利用、经济效益高、市场潜力大、建设资源节约型和环境友好型产业，已被证明是"五不争"的产业（不与人争粮，不与粮争地，不与地争肥，不与农争时，不与其他行业争资源）。近年来，我国食用菌产业获得了较快的发展，从而使食用菌成了我国继粮、棉、油、果、菜后的第六大农产品，并使我国一跃成为全球第一食用菌生产和出口大国（2020年产量超过4000万吨，占世界产量的70%以上，出口量为65万吨）。

（一）形态结构

典型的蕈菌一般由菌丝体、子实体和有性孢子组成（图2-24）。菌丝体是由无数菌丝组成的无色丝状物，它是食用菌的营养器官，相当于绿色植物的根、茎、叶，是食用菌的主体。它能利用自己巨大的表面积从土壤、树木或其他基质内分解、吸收和输送无机与有机营养物质以及水分，来同化成为自身的物质，供食用菌生长发育的需要。当菌丝体在基质中蔓延扩张到一定的阶段，达到生理成熟后，在环境适宜时，就形成子实体。子实体是生长在土壤或其他基质上的部分，也就是人们食用的部分，是食用菌的繁殖器官，相当于绿色植物的果实、种子，主要功能是产生有性孢子，繁殖后代。典型的伞菌子实体是由菌盖和

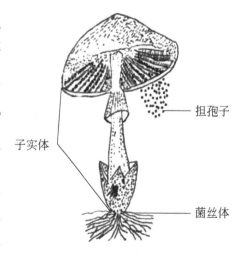

图2-24 蕈菌的典型构造

菌柄组成。

（二）菌丝的分化

在蕈菌的发育过程中，其菌丝的分化可明显地分成5个阶段。① 形成一级菌丝：担孢子（basidiospore）萌发，形成由许多单核细胞构成的菌丝，称一级菌丝；② 形成二级菌丝：不同性别的一级菌丝发生接合后，通过质配形成了由双核细胞构成的二级菌丝，它通过独特的"锁状联合"（clamp connection），即形成喙状突起而连接两个细胞的方式不断使双核细胞分裂，从而使菌丝尖端不断向前延伸；③ 形成三级菌丝：到条件合适时，大量的二级菌丝分化为多种菌丝束，即为三级菌丝；④ 形成子实体：菌丝束在适宜条件下会形成菌蕾，然后再分化、膨大成大型子实体；⑤ 产生担孢子：子实体成熟后，双核菌丝的顶端膨大，其中的两个核融合成一个新核，此过程称核配，新核经两次分裂（其中有一次为减数分裂），产生4个单倍体子核，最后在担子细胞的顶端形成4个独特的有性孢子，即担孢子。

（三）生长环境条件

食用菌生长所需要的环境条件有适宜的温度、湿度和空气等。

1.温度

温度是食用菌生长最主要的环境条件，不同的品种，不同的生长发育阶段，对温度的要求不同。菌丝体生长阶段要求温度较高，一般在20～26℃，子实体生长阶段要求的温度较低，一般在13～18℃之间。温度的高低影响发菌的时间、出菇的时间和质量，因此温度决定着生产的成败和经济效益。根据食用菌菌丝所需的最适温度，可分成3类。低温型：最适温度24～28℃，最高温度30℃，如朴菇、滑菇、松菇；中温型：最适温度24～30℃，最高温度32～34℃，如香菇、蘑菇、银耳、黑木耳；高温型：最适温度28～34℃，最高温度36℃，如草菇、茯苓。

2.湿度

湿度有两个方面，一个是基质的含水量，用百分比计算，另一个是空气相对湿度。不同的品种对基质含水量要求不同，一般要求60%左右，如平菇和香菇需要60%，草菇则需要65%～70%，在菌丝体生长阶段，空气相对湿度在75%以下为宜，这样菌种不易感染，在出菇阶段，要求空气相对湿度90%以上，否则影响子实体的生长。

3.空气和通风

食用菌是好氧菌，氧气不足则不能正常发育，食用菌生命过程是吸收氧气、放出二氧化碳。在菌丝体生长阶段，一定浓度的CO_2有刺激菌丝生长的作用，超过一定浓度则有抑制作用；在子实体生长阶段，提高CO_2的浓度影响子实体的生长，即降低产量和品质，而充足的氧气，则利于子实体的分化和发育，提高产量和品质。

4.光照

多数食用菌菌丝体生长阶段，不需要光，弱光也无不良反应，强光则影响菌丝体生长。在子实体生长阶段则需要一定的散射光，不需要直射光。

（四）食用和药用价值

食用菌不仅味美，而且营养丰富，常被人们称作健康食品，如香菇不仅含有各种人体必需的氨基酸，还具有降低血液中胆固醇、治疗高血压和增强人体抗癌能力等功能。

1.食用价值

食用菌含有丰富的蛋白质和氨基酸，其含量是一般蔬菜和水果的几倍到几十倍。如鲜蘑菇含蛋白质为1.5%～3.5%，是大白菜的3倍，萝卜的6倍，苹果的17倍。1kg干蘑菇所含蛋白质相当于2kg瘦肉，3kg鸡蛋或12kg牛奶的蛋白量。食用菌中含有组成蛋白质的18种氨基酸，谷物食品中含量少的赖氨酸，食用菌中含量也相当丰富。食用菌脂肪含量很低，约占干品质量的0.2%～3.6%，而其中74%～83%是对人体健康有益的不饱和脂肪酸。食用菌还富含维生素B_1、维生素B_{12}、维生素C和维生素D原及多种矿质元素。

2.药用价值

食、药用菌中含有多种生物活性物质，如多糖、β-葡萄糖和RNA复合体、天然有机锗、核酸降解物、cAMP和三萜类化合物等，对维护人体健康有重要的药用价值。食用菌的药用保健价值主要有：① 抗癌作用。香菇、树舌和灵芝等中的多糖，能刺激抗体的形成，提高并调整机体内部的防御能力。能降低某些物质诱发肿瘤的发生率，并对多种化疗药物有增效作用。此外栗蘑中富含有机硒，可作补硒食品，若长期食用，可以防止癌变。② 抗菌和抗病毒作用。冬虫夏草含有虫草素，能抑制葡萄球菌、链球菌、结核杆菌、羊毛状小芽孢癣菌及须疮癣菌等致病菌的生长，香菇中双链核糖核酸（d-RNA）能使小鼠体内诱导生成干扰素，并进一步阻止鼠体内流感病毒（A/SW15）和兔口炎病毒的增殖。③ 降血压、降血脂作用。双孢蘑菇中含有的酪氨酸酶和香菇中含有的酪氨酸氧化酶都有降血压作用，干香菇中的香菇素有明显降低血清胆固醇的作用，比著名的降血脂药物安妥明要强10倍。④ 健胃、助消化作用。猴头菇对消化不良、胃溃疡、十二指肠溃疡及慢性胃炎等有较好的治疗效果，羊肚菌有健胃补脾、助消化、理气化痰等功效。⑤ 止咳平喘、祛痰作用。⑥ 利胆、保肝、解毒。⑦ 降血糖。⑧ 通便利尿。⑨ 免疫调节。

因此，以食用菌为原料生产加工的保健食品、保健饮料、酒及药品大量用于医疗临床及投入保健品市场。

第三节　放线菌

放线菌是一类主要呈菌丝状生长、以孢子繁殖、革兰氏阳性的陆生性较强的多核单细胞原核生物。其营养体的无隔分枝丝状、靠孢子繁殖、菌落呈丝绒状等特征与霉菌相似，而菌丝直径与杆菌宽度相仿，细胞构造和细胞壁成分主要是肽聚糖，又与细菌相似，因此放线菌是一类介于真菌和细菌之间的微生物，但由于其细胞中是原核，故属于原核生物界。

放线菌与人类的关系极为密切，绝大多数为有益菌，对人类健康的贡献尤为突出。放线菌能够产生大量的、种类繁多的抗生素。目前报道应用的近万种抗生素有大半都是放线菌产生；放线菌的次级代谢产物还可作为抗癌剂、酶抑制剂、免疫抑制剂和杀虫杀菌剂等生化药物；放线菌还能够产生多种酶与维生素。此外，放线菌在非豆科植物的共生固氮、甾体转化、石油脱蜡和污水处理中也有重要应用，由于许多放线菌具有能够分解纤维素、石蜡、角蛋白、琼脂和橡胶等物质的能力，它们在自然界的物质循环、提高土壤肥力和环境保护中起着重要作用。少数放线菌能引起人类和动植物病害。

一、放线菌的形态和构造

放线菌种类繁多，形态构造、生理生态多样，这里以分布最广、形态特征最为典型的，与人类关系最为密切的链霉菌属为例阐明放线菌的一般形态和构造。

链霉菌细胞呈丝状分枝，菌丝直径大小约1μm，根据菌丝的形态和功能一般可分为基质（基内）菌丝、气生菌丝和孢子丝（图2-25）。

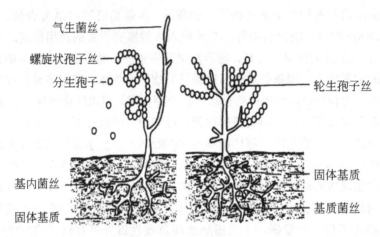

图2-25　链霉菌形态和构造模式图

基质菌丝生长在培养基内或表面，色浅、较细，主要作用是吸收营养和排泄代谢废物；气生菌丝长出培养基表面伸向空中，色深、较粗，主要作用是形成孢子丝，传递营养物质和繁殖后代；孢子丝形态随菌种而异，有直、波曲、钩状和螺旋状等形态，可产生成串的分生孢子，形态多种多样，有球形、椭圆形、杆形、瓜子形等。在电镜下观察到的表面结构也各有不同，有光滑、褶皱、刺状或毛发状等。另外由于孢子含有不同色素，其颜色也十分丰富，且在一定条件下比较稳定。

二、放线菌的菌落特征

放线菌在固体培养基中培养时，形成的菌落与细菌有明显差别：由菌丝体构成，一般为圆形平坦或有许多褶皱的地衣状，形成的菌落质地较密、呈丝绒状或干燥、坚实多皱（图2-26）。由于产生大量分枝状菌丝，菌落与培养基连接紧密而不易挑取或挑取后不易破碎。一些菌丝或孢子含有的色素会使菌落正反两面呈现不同的颜色，正面是气生菌丝和孢子的颜色，而背面呈现的是基质菌丝的颜色。如图2-26（左）菌落正面呈灰白色，绒毛状，中心略凸，气生菌丝弯曲并螺旋，孢子圆形；图2-26（右）菌落正面呈红色，质地光滑，孢子链直，孢子卵圆形、椭圆形。

放线菌在液体培养基中静置培养时，能在液面与瓶壁交界处形成斑或膜状菌落，或沉在瓶底使培养基清而不混；而振荡培养时则会发现有许多球状菌丝团悬浮在瓶中。

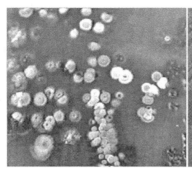
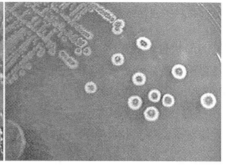

图2-26　放线菌的菌落

三、放线菌的繁殖

放线菌在多数情况下以产无性孢子的方式进行繁殖。大多数放线菌在生长过程中，气生菌丝发育成孢子丝，孢子丝成熟后通过横割分裂的方式分化形成分生孢子。有些放线菌可以在菌丝上形成孢子囊，然后在其中形成孢囊孢子，孢子囊成熟后释放出大量的孢囊孢子。放线菌在液体培养时很少形成孢子，但其菌丝片段均具有繁殖功能，在工业化发酵生产抗生素时，此功能就尤为重要。

第四节　病　毒

病毒（virus）是一类由核酸和蛋白质等少数几种成分组成的超显微非细胞生物，其本质是一类含DNA或RNA的特殊遗传因子。病毒的基本特点有：① 个体极其微小，一般能通过细菌滤器，需在电镜下才能观察到；② 无细胞结构，一般仅由核酸和蛋白质组成，故又称为"分子生物"；③ 每一种病毒仅含有一种核酸，即单链或双链的DNA或RNA；④ 无产能和蛋白质及核酸合成酶系统，必须依赖宿主活细胞的代谢系统合成自身的核酸和蛋白质，再通过这些"元件"的装配即复制实现其大量增殖；⑤ 在离体条件下，能以无生命的生物大分子状态存在，并可长期保持其侵染能力；⑥ 对一般抗生素不敏感，但对干扰素敏感；⑦ 有些病毒的核酸还能整合到宿主基因组中，并诱发潜伏性感染。

病毒与人类实践的关系极为密切。由它们引起的宿主病害既会危害人类健康，也对农业、畜牧业和发酵工业带来不利影响，又可利用其特性进行生物防治。此外，还可以利用病毒进行疫苗生产和作为遗传工程中的外源基因载体，为人类创造出巨大的经济效益、社会效益和生态效益。

食品中的病毒学主要研究的是通过食物传播的病毒，通常称为肠道病毒。肠道病毒通过粪-口或粪-水-口途径传播，具有高度传染性。感染的病人通过粪便排出大量病毒颗粒（可达10^9个/g）或通过呕吐物排出少量病毒颗粒。病毒感染的机制通常为人传人或粪口传播，传染剂量大约为10～100个颗粒，主要特征为腹泻、恶心和呕吐，类似细菌性食物中毒。

一、病毒的形态与结构

病毒常见的形状有螺旋对称、二十面体对称和复合对称。通过电子显微镜观察及通过膜过滤器的能力判断，多数病毒的直径在20~300nm之间。例如，最小的病毒是小核糖核酸病毒（20~30nm），该病毒是口蹄疫的病原体（手足口病）。一些较大的病毒有牛痘病毒（约300nm）、尼帕病毒（500nm）和埃博拉病毒（1200nm）等。这些病毒结构各异，小核糖核酸病毒呈二十面体对称，烟草花叶病毒（TMV）呈螺旋状，疱疹病毒、牛痘病毒和脊髓灰质炎病毒呈球形。

一个成熟、结构完整、有感染性的病毒被称作病毒颗粒或病毒粒子，其主要由核酸和蛋白质组成（图2-27）。核酸位于中心部位，被称为核心，与病毒遗传有关，外面被"蛋白质外壳"衣壳包围。衣壳是病毒颗粒的主要支架结构和抗原成分，由衣壳粒组成。核心和衣壳合称为核衣壳，是所有病毒（特指真病毒）都具有的基本结构。在某些情况下，蛋白质外壳还会被脂质双分子层和附属蛋白质分子组成的包膜所包围。包膜携带特定的表面分子，能够帮助病毒与宿主细胞受体进行相互作用。例如，人流感病毒或禽流感病毒中的血凝素（H）和神经氨酸酶（N）会与宿主上皮细胞上的糖苷受体结合。

图2-27　病毒结构示意图

二、病毒的复制

病毒的复制是在活体宿主中的繁殖过程，其繁殖过程既有共同规律又有各自特点，一般来讲其生命周期主要有七个步骤：① 附着于宿主受体；② 侵入到细胞内部；③ DNA/RNA脱壳；④ 转录和/或翻译；⑤ 核酸复制；⑥ 病毒核酸与外壳蛋白组装；⑦ 释放成熟病毒颗粒。

能够侵染细菌、放线菌和蓝细菌的病毒称为噬菌体，作为原核生物的病毒，自然界中凡是有原核生物存在的地方几乎都有噬菌体的存在。噬菌体感染细胞后，在短时间内进行胞内增殖，并导致细胞裂解的噬菌体，称为烈性噬菌体；而侵入细胞后与宿主细胞同步复制，并随宿主细胞的生长繁殖而传代下去，在一般情况下不引起宿主细胞裂解的噬菌体则称为温和噬菌体，这种寄主细胞称为溶源菌。

烈性噬菌体的生长周期可概括为吸附、侵入、增殖、装配和释放5个阶段（图2-28）。以大肠杆菌的T噬菌体为例，介绍噬菌体的复制过程。

吸附：噬菌体与敏感的寄主细胞相遇后，与寄主细胞的特异性受体吸附，随之刺突和基板固定在细胞表面。吸附过程受到许多内外因素的影响，如噬菌体数量、pH、温度等。

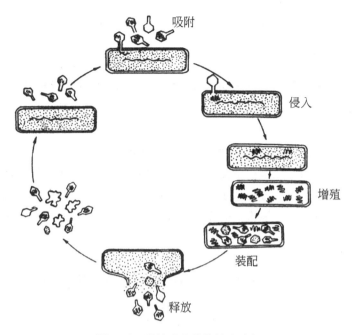

图2-28　烈性噬菌体的繁殖过程

侵入：噬菌体以尾部吸附到敏感菌表面后，将尾丝展开并固着于细胞。尾部携带的溶菌酶可把细胞壁上的肽聚糖水解，使细胞壁产生小孔，噬菌体头部的核酸借此进入细胞内，蛋白质外壳则留在细胞外。通常一种细菌可以被几种噬菌体吸附，但细菌只允许一种噬菌体的入侵。首先进入细胞内的噬菌体可以排斥或抑制后来者侵入，即使侵入了也不能增殖。

增殖：噬菌体核酸进入寄主细胞后，会逐渐控制细胞的代谢。整个过程会以寄主个体、细胞降解物及培养基介质为原料，大量复制噬菌体核酸并合成蛋白质外壳。噬菌体的增殖具有时序性，按照早期、次早期、晚期基因的顺序进行转录、翻译和复制。最开始利用细菌原有的RNA聚合酶对早期基因进行转录及翻译产生早期蛋白，早期蛋白可与细菌原有RNA聚合酶结合后改变其性质，使其只能转录次早期基因，随后翻译形成次早期蛋白。次早期蛋白包括一些分解宿主细胞DNA的DNA酶、复制噬菌体DNA的DNA聚合酶及用于晚期基因表达的RNA聚合酶等。晚期基因表达形成的晚期蛋白则包含了大批用于子代噬菌体装配的部件，如头部蛋白、尾部蛋白和溶菌酶等。

装配：当噬菌体的核酸及蛋白质分别合成完成之后，开始装配为成熟的、有侵染能力的噬菌体粒子。DNA收缩聚集，被蛋白质外壳包围形成头部，尾部部件装配完成后与头部连接，最后装配完毕，形成子代噬菌体。

释放：宿主细胞内大量子代噬菌体成熟过程中可以诱导形成脂酶和溶菌酶，分别作用于细胞膜和细胞壁，使细胞破裂并释放出噬菌体粒子。

三、病毒的分类

最初病毒的分类是根据病毒的寄主特性将病毒分为动物病毒、植物病毒、昆虫病毒和细菌病毒（噬菌体）四大类。

动物病毒能寄生在人体和动物体内引起人和动物患病，如引起人患流行性感冒、水痘、麻疹、腮腺炎、乙型脑炎、脊髓灰质炎、甲型肝炎、乙型肝炎等，引起动物包括家禽、家畜的瘟疫病。

植物病毒能寄生在植物体内使其患病，绝大多数的种子植物，尤其是禾本科、葫芦科、豆科、十字花科和蔷薇科植物都易患病毒病。植物患病毒病会因叶绿体被破坏或不能合成叶绿素，而使叶片发生花叶、黄化或红化症状，或者致使植株发生矮化、丛枝或畸形以及形成枯斑或坏死。

昆虫病毒是指以昆虫为宿主的病毒。昆虫病毒在形态、结构上比较特殊，其突出的特点是它们大都在宿主细胞内形成蛋白结晶性质的包含体，成分为碱溶性结晶蛋白，其内包裹着数目不等的病毒粒。只有当病毒粒从包含体中释放出来以后，才有侵染宿主细胞的能力。包含体具有保护病毒免受不良环境影响的作用。除了形成包含体的病毒外，还有许多不形成包含体的昆虫病毒。

能够侵染细菌、放线菌和蓝细菌的病毒称为噬菌体。噬菌体具有病毒的一些特性：个体微小。噬菌体基因组含有许多个基因，但所有已知的噬菌体都是在细菌细胞中利用细菌的核糖体、蛋白质合成时所需的各种因子、各种氨基酸和能量产生系统来实现其自身的生长和增殖。一旦离开了宿主细胞，噬菌体既不能生长，也不能复制。

根据病毒的宿主特性分类的方法并没有反映出病毒的本质特征。随着电镜技术的发展以及分离、纯化病毒新方法的应用，对病毒本身的结构特征、化学组成的研究使得病毒的分类朝着更加系统的方向发展。目前病毒分类中常用的鉴定指标有：宿主特征、病毒粒子特征（核酸性质与结构、衣壳对称性、有无包膜、病毒粒子形状大小）、免疫学特性和生物学特性（繁殖方式、宿主范围、传播途径和致病性）等。

国际病毒分类委员会（International Committee on Taxonomy of Viruses，ICTV）在2005年公布的病毒分类和命名第8次报告中将病毒分类系统设立了3个病毒目、73个科和289个属。肠道病毒一般为无包膜RNA病毒，属于腺病毒科、杯状病毒科、肝病毒科、小核糖核酸病毒科和呼肠孤病毒科中的一种。

第三章
粮食和食品中常见与常用微生物

第一节　粮食和食品中常见与常用细菌

与食品有关的细菌种类很多，对食品的影响各不相同。许多细菌引发食品尤其是动物性食品的腐败变质、导致食物中毒和食源性传染病。在日常生活、生产实践和科学研究中人们经常利用细菌制造一些食品，如发酵乳制品、食醋和味精等，体现了细菌的有益方面。

一、埃希氏菌属

埃希氏菌属（*Escherichia*）细菌为革兰氏阴性，杆状，大小为（1.1～1.5）μm×（2.0～6.0）μm，周生鞭毛，能运动或不运动，不产生芽孢，单个或成对存在，有些菌株有荚膜或微荚膜，兼性厌氧。属中温性菌，最适生长温度为30～37℃，抗热性差。在简单的培养基上容易生长，在营养琼脂上的菌落光滑或粗糙、低凸、湿润、灰白色、表面有光泽，在生理盐水中容易分散。

具有有氧呼吸和发酵两种代谢类型。能发酵乳糖和葡萄糖产酸产气，即产生丙酮酸，再进一步转化为乳酸、乙酸和甲酸，甲酸部分可被甲酸脱氢酶分解为等量的CO_2和H_2，甲基红试验阳性，V-P试验阴性，氧化酶阴性，乙酸盐可作为唯一碳源，但不以柠檬酸盐作为唯一碳源。DNA中（G+C）含量为48%～52%。

本属的模式种为大肠埃希氏菌（*Escherichia coli*），俗称大肠杆菌，是人和哺乳动物肠道中的正常菌群，婴儿出生后即随哺乳进入肠道，与人是共生关系，终身相伴，几乎占粪便干重的1/3。故在人和家畜粪便中极易分离到，常随肠道传染病菌排出体外污染食品。大肠杆菌和类似于大肠杆菌的产气杆菌称为大肠菌群，通常应用大肠菌群作为食品和饮用水的粪便污染指标菌，推测该食品和饮用水中存在肠道致病菌污染的可能性。

大肠杆菌是应用最广泛、最成功的基因工程表达体系，常作高效表达的首选体系。作为外源基因表达的宿主，遗传背景清楚，技术操作简单，培养条件简单，大规模发酵经济，备受遗传工程专家的重视。

大肠杆菌还广泛分布于水、土壤、谷物和乳制品中，是引起食品腐败的常见细菌之一。有些特殊血清型的大肠杆菌对人和动物有病原性，统称致病性大肠杆菌，能引起食物中毒，尤其对婴儿和幼畜（禽），常引起严重腹泻和败血症。

二、假单胞菌属

假单胞菌属（Pseudomonas）细菌为革兰氏阴性，呈杆状或略弯杆状，大小为（0.5～1.0）μm×（1.5～4.0）μm。无芽孢，有糖被，具有端生鞭毛，能运动，专性需氧。大多数菌的最适生长温度为30℃。很多种在普通培养基上可以生长并能产生水溶性黄绿色或蓝绿色荧光色素，不发酵糖类。DNA中（G+C）含量为58%～70%。

本属菌主要存在于土壤、水及各种植物体上，有许多种是植物病原菌。如玉米假单胞菌（P. maidis）可引起玉米细菌性茎腐病。也有少数种对动物或人类致病，如铜绿假单胞菌（P. aeruginosa）是医院感染最常见的病原菌之一。它是一种条件致病菌，当机体免疫力低下时可引起多种感染，如大面积烧伤的创面感染。铜绿假单胞菌在水中增殖快，并且可能因大量饮水冲淡胃酸而逃避人体消化道防御屏障，所以在我国桶装饮用水的国家安全标准中铜绿假单胞菌是不允许检出的。荧光假单胞菌（P. fluorescens）是植物根际最普遍的微生物类群，许多菌株能产生活性物质，抗多种植物病害，具有诱人的生防效果。

本属菌在小麦、稻谷和玉米及食品中常见，在污染的食品表面可迅速生长，引起腐败变质。有些种是嗜冷菌，能在5℃的低温下生长，是导致冷藏肉类、蛋类、乳及乳制品腐败变质的重要细菌。

三、黄单胞菌属

黄单胞菌属（Xanthomonas）细菌为革兰氏阴性，杆状，大小为（0.4～0.7）μm×（0.7～1.8）μm，无芽孢、具一根端生鞭毛，能运动。过氧化氢阳性，氧化酶阴性，但仅有一部分种氧化酶阳性，专性好氧，营养琼脂上的菌落圆形，隆起，黏稠，一般蜜黄色，大部分菌株产生一种不溶于水的黄色色素即类胡萝卜素。不能还原硝酸也无脱氮作用，最适生长温度25～30℃，DNA中（G+C）含量为63%～71%。

本属菌基本上是植物病原菌，如作为模式种的野油菜黄单胞菌（X. campestriss），可引起一些十字花科植物病害。在新收获的粮食中数量较多，但随着储藏时间的延长，数量迅速下降，也不影响储粮品质，因此有时将这类细菌作为粮食新鲜度的指标。

四、醋酸杆菌属

醋酸杆菌属（Acetobacter）细菌幼龄为革兰氏阴性，老龄常变为阳性。椭圆形至杆状，直或稍弯曲，大小为（0.4 ~ 2.5）μm×（1.22 ~ 10）μm，以单个、成对或成链存在。以周生鞭毛运动或不运动，无芽孢，专性好氧。菌落灰白色，大多数菌株不产生色素，少数菌株产生褐色水溶性色素，或由于细胞内含卟啉而使菌落呈粉红色。有些菌株经常出现菌落光滑型退化至粗糙型现象。最适生长温度为25 ~ 30℃，最适生长pH为5.4 ~ 6.3。DNA的（G+C）含量是39% ~ 43%。

该属菌中的纹膜醋酸杆菌（*A. aceti*）在食品工业上可用于食醋酿造。镇江香醋和山西陈醋，都是驰名中外的佳品。但在造酒时如果条件掌握不好，醋酸杆菌就会将美酒中的乙醇氧化成醋酸而使酒变酸。有些菌株能够合成纤维素，当这些菌株生长在静止的液体培养基中时，会在表面形成一层纤维素薄膜。

醋酸杆菌属细菌主要分布在粮食、水果、葡萄酒、啤酒、苹果汁、醋和果园土壤等环境中，并可引起菠萝的粉红病和苹果、梨等水果的腐烂。

五、沙门氏菌属

沙门氏菌属（*Salmonella*）细菌为革兰氏阴性，杆菌，大小为（0.7 ~ 1.5）μm×（2.0 ~ 5.0）μm，通常周生鞭毛，能运动，无芽孢，无糖被，菌落直径一般为2 ~ 4mm，兼性厌氧。不液化明胶，不分解尿素，不产生吲哚，不发酵乳糖和蔗糖，能发酵葡萄糖、甘露醇、麦芽糖等，大多产酸产气，少数只产酸不产气。V-P试验阴性，有赖氨酸脱羧酶。最适生长温度为35 ~ 37℃，最适生长pH为6.5 ~ 7.5。沙门氏菌对热抵抗力不强，在60℃、15min可被杀死。在水中存活2 ~ 3周。在5%的石炭酸中，5min死亡。沙门氏菌的DNA的（G+C）含量为50% ~ 53%。

沙门氏菌对人致病，引起伤寒、肠胃炎和败血症，也可能传染人类以外的其他多种动物。它的抗原结构一般可分为菌体（O）抗原、鞭毛（H）抗原和表面（Vi）抗原3种。感染沙门氏菌的人或带菌者的粪便污染食品，尤其是动物性食品，可使人发生食物中毒。据统计在世界各国的细菌性食物中毒中，沙门氏菌引起的食物中毒往往列第一位。我国也以沙门氏菌食物中毒为首位。因此它是食品国家安全标准需要检验的安全指标之一。

沙门氏菌分布广泛，主要存在于水、土壤和食品等基质中。

六、志贺氏菌属

志贺氏菌属（*Shigella*）细菌为革兰氏阴性，短小杆菌，大小为（0.5 ~ 0.7）μm×（2.0 ~ 3.0）μm，无芽孢，无糖被，无鞭毛，多数有菌毛，兼性厌氧，能在普通琼脂培养基上经过24h生长，形成直径达2mm、无色半透明的光滑型菌落。志贺氏菌的DNA的（G+C）含量为49% ~ 53%。对理化因素的抵抗力较其他肠道菌为弱。对酸敏感，耐寒，一般56 ~ 60℃经10min即被杀死。在37℃水中存活20天，在冰块中存活96天，蝇肠内可存活9 ~ 10天，对化学消毒剂敏感，1%石炭酸处理15 ~ 30min死亡。

痢疾志贺氏菌（*Shigella dysenteriae*）是人类细菌性痢疾最为常见的病原菌，主要流行于发展中国家。志贺氏菌污染食品和饮用水，引起食物中毒，它也是食品国家安全标准需要检验的安全指标之一。

七、欧文氏菌属

欧文氏菌属（*Erwinia*）细菌为革兰氏阴性，细胞直杆状，大小为（0.5～1.0）μm×（1.0～3.0）μm，单生或成对，有时成链。以周生鞭毛运动，无芽孢，最适生长温度27～30℃，兼性厌氧，但有些种厌氧生长微弱。氧化酶阴性，接触酶阳性，发酵葡萄糖、果糖、半乳糖、蔗糖、D-葡萄糖和β-甲基葡萄糖苷，产酸不产气。可利用丙二酸盐、延胡索酸盐、葡萄糖酸盐、苹果酸盐作为唯一碳源和能源，但不能利用苯甲酸盐、草酸盐或丙酸盐。DNA的（G+C）含量为50%～58%。

本属菌为植物病原菌和腐生菌，它带有果胶多聚半乳糖醛酸酶，因而侵害植物，引起植物坏死、溃疡、萎蔫、叶斑、流胶及软腐症状。引起粮食作物的病害主要有水稻细菌性基腐病、马铃薯软腐病和玉米细菌性枯萎病等。有些种是植物体表的附生菌，其典型种是草生欧文氏菌（*E. herbicola*），在新收获小麦上的细菌区系中占优势，可占细菌量的80%～100%，但至今尚未发现它对储粮的危害作用。随着小麦储藏时间的延长，草生欧文氏菌逐渐减少甚至消失，常把它作为判断储粮新鲜程度的指标。

八、黄杆菌属

黄杆菌属（*Flavobacterium*）细菌为革兰氏阴性，细胞从球杆状到细长杆状，端圆，通常大小为0.5μm×（1.0～3.0）μm，周身鞭毛，能运动或不运动，无芽孢，专性好氧。细胞内不含聚β-羟基丁酸盐。在固体培养基上生长，产生典型的色素（黄色或橙色或黄棕色脂溶性色素），但有些菌株不产色素。菌落半透明（偶尔为不透明），圆形，直径1～2mm，隆起或微隆起，光滑且有光泽。接触酶、氧化酶、磷酸酶均阳性，DNA的（G+C）含量为31%～45%。在低浓度蛋白胨培养基中分解碳水化合物产酸不产气。大部分菌株最适生长温度为20～30℃，嗜冷黄杆菌最适生长温度为15～18℃。黄杆菌属细菌对氯、氯己定等消毒剂有一定抵抗力，在42℃时即可被杀死。

本属菌广泛分布在土壤、水和植物中，除在新收获稻谷等粮食上常见到外，也常见于生乳制品和蔬菜以及其他食品中，引起这些食品的腐败变质。感染该属菌患者的呼吸道分泌物是环境污染源。

九、葡萄球菌属

葡萄球菌属（*Staphylococcus*）细菌为革兰氏阳性，球菌，裂殖后细胞不分开而成葡萄串状，不运动，无芽孢，许多种能产生黄色色素，兼性厌氧，在有氧条件下氧化水解多种糖，产生乙酸和CO_2，在无氧条件下进行发酵，发酵葡萄糖主要生成乳酸。多数菌株耐盐达15%，最适生长温度35～40℃。

本属菌可从动物的生乳、干酪或者酿造食品中分离到，其中最重要的是金黄色葡萄球菌（*S. aureus*），除具有上述特征外，可产生肠毒素等多种毒素及血浆凝固酶等，金黄色葡萄球菌污染食品后，可在其中增殖并产毒，人食入含该毒素的食物后，发生食物中毒，引起恶心、呕吐、下痢。同样也是食品国家安全标准检验中的安全指标之一。该菌经其他途径感染人或动物后，可引起各种化脓性疾病、肺炎和败血症等。

十、微球菌属

微球菌属（*Micrococcus*）细菌为革兰氏阳性，细胞球形，直径0.5～3.5μm，单生、双生或形成四联球，但不成链。罕见运动，不生芽孢，严格好氧。菌落光滑，常产生黄色或红色色素，微凸起，具有整齐的边缘。DNA的（G+C）含量为64%～75%。代谢为严格的有氧呼吸型，可将碳水化合物完全分解为二氧化碳和水，还可利用丙酸盐和乙酸盐等。该菌属的细菌营养要求不一致，最适生长温度25～37℃。接触酶和氧化酶均为弱阳性，耐盐，可在含有5%氯化钠的培养基中生长。

该属菌分布广泛，存在于土壤、水中，在人、畜的皮肤上也常见，在陈粮中较多。

十一、链球菌属

链球菌属（*Streptococcus*）细菌为革兰氏阳性，菌体球形或卵圆形，直径不超过2.0μm，呈双球和链状排列，无芽孢，大多数无鞭毛，不运动，幼龄菌（培养2～3h）常有糖被，多数好氧或兼性厌氧，少数厌氧。过氧化氢酶阴性，适宜生长温度37℃，最适生长pH为7.4～7.6。营养要求较高，培养基中需加入血清、血液或腹水，在固体培养基上形成细小、表面光滑、圆形、灰白色、半透明或不透明的菌落，在血平板上生长的菌落周围，可出现性质不同的溶血圈。在液体培养基中常出现沉淀，但也有的呈均匀混浊生长（如肺炎链球菌）。DNA中的（G+C）含量为36%～46%。

链球菌广泛分布于自然界，从水、乳、尘埃、人和动物粪便以及健康人的鼻、咽部位皆可检出。根据细胞壁多糖抗原不同，可分为A、B、C等20个群，其中对人致病的主要为A群，其他各群对动物致病。

本属中的嗜热链球菌（*S. thermophilus*）被认为是"公认安全性（GRAS）"成分，广泛用于生产一些重要的发酵乳制品，包括酸奶和奶酪（如瑞士、林堡干酪）。嗜热链球菌也可以产生一些功能活性物质，比如生产胞外多糖、细菌素和维生素。另外，嗜热链球菌也可以作为潜在的有益菌，实验证明了其具有保健效果、转运活性和一定的胃肠道黏附性。

十二、乳酸杆菌属

乳酸杆菌属（*Lactobacillus*）细菌为革兰氏阳性，细胞形态变化很大，从球杆状到细长杆状，大小为（0.5～1.2）μm×（1.0～10）μm，单生或链生，少数有双歧分枝或原始分枝。通常不运动，运动者具有周生鞭毛，无芽孢，微好氧或厌氧，有些菌株严格厌氧。营养要求严格，生长中需要多种氨基酸、维生素等生长因子，在实验室常用的很多细菌培养基上生长非常微弱或不生长。其DNA中（G+C）含量为32%～53%。

乳酸杆菌最适生长温度30～40℃，嗜酸性，最适生长pH为5.0～5.5，在pH为3.0～4.5的环境中仍然能生存，它是无芽孢杆菌中耐酸力最强的。多数菌可发酵碳水化合物（主要指乳糖和葡萄糖）并产生大量乳酸，有的种进行同型乳酸发酵，有的种进行异型乳酸发酵。

本属菌在自然界分布广泛，动物和人类从口腔到直肠始终都有该菌存在。乳酸杆菌的生理功能主要表现为：阻止病原菌对肠道的入侵和定植，抑制病原菌，抗感染，维持肠道的微生态平衡，预防和抑制肿瘤的发生，增强机体免疫力，促进消化，合成氨基酸和维生素，降低胆固醇，抑制内毒素的产生，延缓衰老和抗辐射等。所以增加机体肠道中乳酸杆菌的数量是预防和治疗某些疾病的一种重要措施。在乳制品工业上，利用保加利亚乳酸杆菌（*L. bulgaricus*）和嗜热链球菌混合培养，生产酸奶、奶酪等。

本属菌也常见于粮食、蔬菜、发酵面团、酒、麦芽汁、水和泡菜中。

十三、芽孢杆菌属

芽孢杆菌属（*Bacillus*）细菌为革兰氏阳性，杆菌，常成对或链状排列，大小为（0.5 ～ 2.5）μm×（1.2 ～ 10）μm，周生鞭毛，运动，形成芽孢，芽孢呈圆形或卵圆形。好氧或兼性厌氧，接触酶阳性。

本属菌广泛存在于土壤、水、植物表面及其他环境中。在粮食上普遍存在尤其是陈粮或发热粮中较多。其中有人和动物的致病菌，如炭疽芽孢杆菌（*B. anthracis*）；能产生多种毒素引起人类胃肠炎的食物中毒性细菌，如蜡样芽孢杆菌（*B. cereus*）；引起粮食霉变和食品变质的腐败性细菌，如枯草芽孢杆菌（*B. subtilits*）。

十四、梭状芽孢杆菌属

梭状芽孢杆菌属（*Clostridium*）细菌简称梭菌，幼龄时革兰氏常呈阳性，杆菌，端部圆或渐尖，常成对或短链状排列，大小为（0.3 ～ 2.0）μm×（1.5 ～ 2.0）μm，多数种周生鞭毛，运动，形成芽孢，芽孢呈圆形或卵圆形，直径大于菌体，位于菌体中央、极端或次极端，使菌体膨大呈梭状，故得名。严格厌氧。DNA 中（G+C）含量为 22% ～ 54%。

本属菌在自然界分布广泛，常存在于土壤、人和动物肠道以及腐败物中。少数种为致病菌，能分泌外毒素和侵袭性酶类，引起人和动物患病。如破伤风梭菌（*C. tetani*）、产气荚膜梭菌（*C. perfringens*）、肉毒梭菌（*C. botulinum*）和艰难梭菌（*C. difficile*）等，分别引起破伤风、气性坏疽、食物中毒和伪膜性结肠炎等人类疾病。

本属菌大多为腐生菌，可污染发酵的豆制品、麦制品、肉及肉制品、鱼类、乳制品和水果罐头等。嗜热解糖梭菌（*C. thermosaccharolyticum*）可分解糖类引起罐装水果、蔬菜等食品的产气性变质；腐败梭菌（*C. putrefaciens*）可引起蛋白质食物的变质；生孢梭菌（*C. sporogenes*）可引起乳清蛋白粉变质。肉类罐装食品中最重要的是肉毒梭菌，其芽孢耐热性极高，能产生很强的毒素，因此它是低酸性食品加工时热杀菌的指标菌。

第二节　粮食和食品中常见与常用霉菌

霉菌在自然界中分布极为广泛，种类繁多，与人们日常生活或工业生产密切相关。很多霉菌能够引起多种物质霉腐变质和产生真菌毒素，对粮食和食品的安全储藏和食品安全构成威胁；另一方面，霉菌具有强大的分解和合成能力，许多霉菌成为食品工业生产菌，广泛应用于传统酿造、制酱及发酵食品上，在乙醇、柠檬酸、抗生素、酶制剂和食品添加剂生产等方面也被广泛应用。

一、根霉属

根霉属（*Rhizopus*）在分类上属于接合菌亚门，接合菌纲，毛霉目，毛霉科。

根霉属的菌落为扩展型，质地呈棉絮状，灰白色，其中密布小黑点，即为孢子囊。菌丝为灰白色，无隔膜，在培养基或自然基质上时，依靠营养菌丝产生的匍匐菌丝即匍匐枝与基质面平行作跳跃式蔓延，并与基质接触处产生假根深入基质，于假根相对方向生出孢囊梗，单生或丛生，分枝或不分枝，顶端膨大形成孢子囊，初呈白色，后变为黑色，半球形或球形，孢子囊成熟后壁消失或成块破裂，释放出孢囊孢子，即为无性孢子。破裂的孢子囊露出囊轴，呈球形或近球形，囊轴基部与孢囊梗连接处形成囊托，孢囊孢子无色或褐色，单细胞，呈球形或近球形，有线纹或刺状突起（图2-16）。有性繁殖产生接合孢子。

该属是中温、高湿性霉菌。生长适宜温度25～38℃，孢子萌发相对湿度84%～92%。在自然界分布广泛，土壤和空气中最多，是实验室最常见的污染菌。易引起食品和高水分粮食霉变。另一方面，因其对淀粉、蛋白质分解能力很强，广泛用于发酵和酿造行业。

常见与常用的根霉菌种有：黑根霉（*R. nigricans*）、米根霉（*R.oryzae*）、小孢根霉（*R. microsporus*）等。

米根霉（图3-1）是中国药曲和酒曲中的重要霉菌之一，经常被用于发酵工程，主要是利用它分泌的淀粉糖化酶，将淀粉转化为葡萄糖。在马铃薯葡萄糖琼脂培养基（PDA）或麦芽汁琼脂培养基（MEA）上菌落正反面均为灰白色，产生大量绒状气生菌丝；菌丝匍匐爬行，无色，假根发达，呈褐色；孢囊梗直立或稍弯曲，2～4株成束，与假根对生，呈褐色；孢子囊初呈白色，后变为褐色，半球形或球形，孢子囊成熟后壁消失或成块破裂，释放出孢囊孢子；孢囊孢子褐色，单细胞，呈椭圆形或近球形，有线纹突起。

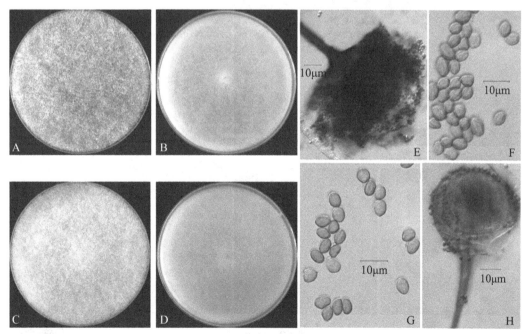

图3-1　米根霉

A：PDA培养基菌落正面；B：PDA培养基菌落反面；C：MEA培养基菌落正面；
D：MEA培养基菌落反面；E、H：孢囊梗与孢子囊；F、G：孢囊孢子

二、毛霉属

毛霉属（*Mucor*）在分类上属于接合菌亚门，接合菌纲，毛霉目，毛霉科。

毛霉属的菌落为扩展型，质地呈棉絮状，呈灰白色或带褐色，菌丝无隔膜，不产生假根和匍匐枝，孢囊梗直接由菌丝生出，单生或有分枝，顶端产生孢子囊，球形，表面有草酸钙结晶，孢子囊成熟后壁消失或破裂，释放出孢囊孢子，即为无性孢子，留下囊领，露出囊轴，囊轴呈球形或近球形。孢囊孢子呈球形、椭圆形、卵圆形或不规则形，壁薄而光滑，单细胞，大多无色。某些种如总状毛霉（*M. racemosus*，图3-2）在气生菌丝中产生厚垣孢子，顶生或间生，幼时为椭圆形，在衰老的培养物中通常为近球形，无色，平滑。最适生长温度为20～25℃，生长所需最低水分活度A_w为0.92。有性繁殖产生接合孢子。

毛霉种类多而且分布广，腐生，在土壤、粪便、植物残体、酒曲及空气等环境中存在。在高温、高湿以及通风不良的条件下生长良好。能参与高水分粮食的发热霉变，也可使密闭的高水分粮食发生发酵变质。

毛霉的用途很广，常出现在酒药中，能糖化淀粉并能生成少量乙醇；能产生蛋白酶和脂肪酶，常用于制作腐乳和豆豉，将豆腐中的蛋白质分解成可溶性的小分子多肽和氨基酸，将其中的脂肪分解成甘油和脂肪酸，使腐乳产生芳香物质或具鲜味的蛋白质分解物；许多毛霉能产生草酸、乳酸、琥珀酸及甘油等。另外毛霉具有较强的糖化能力，可用于乙醇和有机酸等工业原料的糖化。

常见与常用的毛霉菌种有：高大毛霉（*M. mucedo*）、鲁氏毛霉（*M. rouxianus*）和总状毛霉。

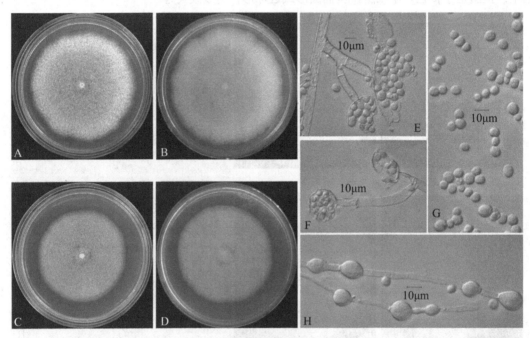

图3-2　总状毛霉

A：PDA培养基菌落正面；B：PDA培养基菌落反面；C：MEA培养基菌落正面；
D：MEA培养基菌落反面；E、F：孢囊梗与孢子囊；G：孢囊孢子；H：厚垣孢子

三、红曲属

红曲属（Monascus）在分类上属于子囊菌亚门，不整囊菌纲，散囊菌目，红曲科。

红曲属菌落为局限型，质地呈绒状或绒毛状，初为白色，后期变成粉红色、紫红色或浅棕色或深棕色等；菌丝有隔膜、多核，分枝甚繁而且不规则。菌丝体不产生与营养菌丝有区别的分生孢子梗。分生孢子着生在菌丝及其分枝的顶端，单生或成链。闭囊壳球形、有柄，内散生十多个子囊，子囊球形，内含8个子囊孢子，成熟后壁解体，子囊孢子则留在薄壁的闭囊壳里，子囊孢子呈椭圆形，透明，壁光滑。

红曲霉生长温度范围为26～42℃，最适生长温度32～35℃。最适pH 3.5～5.0，能耐pH 2.5和10%的乙醇。

此菌分布很广，常出现在乳制品中，最早是从我国红曲中发现的，在各地酿酒大曲中常见。有些种能产生鲜艳的红曲霉红素和红曲霉黄素，我国常用其制作红曲（又名丹曲），红曲是传统的药、食两用品，在中国已有上千年使用历史，药学巨著《本草纲目》记载：红曲甘、温、无毒，主治消食活血，健脾燥胃，治赤白痢、下水谷。红曲也作为酿酒、食品的红色染色剂和调味剂使用。此外，红曲霉还能产生淀粉酶、麦芽糖酶、蛋白酶、柠檬酸和乙醇等。

重要的红曲霉菌种有：紫色红曲霉（Monascus purpureus）和红色红曲霉（Monascus ruber）。红色红曲霉在察氏酵母膏琼脂培养基（CYA）和麦芽汁琼脂培养基（MEA）上的菌落及显微形态特征如图3-3所示。据报道，红色红曲霉Mr-99菌株具有胞外多糖产量高、生长速度快、抗高温等多种优良特性。通过液体发酵，胞外多糖产量最高可达18.6g/L。

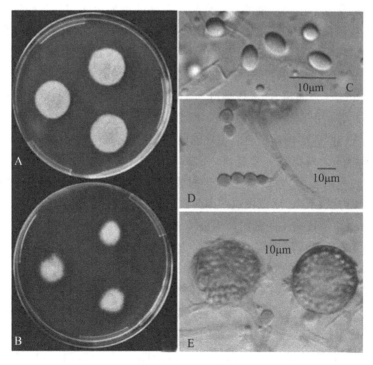

图3-3　红色红曲霉

A：CYA培养基菌落正面；B：MEA培养基菌落正面；C：子囊孢子；D：子囊；E：闭囊壳

四、曲霉属

曲霉属（*Aspergillus*）在分类学上属于半知菌亚门，丝孢纲，丝孢目，丛梗孢科。由于少数种的曲霉已经发现有性繁殖阶段，应归属于子囊菌亚门、不整囊菌纲、散囊菌目、散囊菌科的不同属内。

本属菌的菌落为局限型，一般呈绒状，初为白色或灰白色。长出孢子后，颜色因种而不同，有些曲霉可产生水溶性的色素，在培养时可分泌并扩散到培养基中。具有发达的有隔菌丝，多分枝，一般无色或淡色，由营养菌丝上某些细胞膨大形成厚壁的足细胞，垂直向上生出分生孢子梗，大都无横隔，光滑、粗糙或有麻点，梗的顶端膨大为顶囊，顶囊呈球形、半球形、椭圆形、棍棒形。在顶囊表面着生一层或两层小梗，双层小梗的下一层，即直接着生在顶囊上的小梗叫初生小梗（又称梗基），每个初生小梗上再着生一个或几个小梗，叫次生小梗（又称小梗），从每个小梗的顶端生出一串分生孢子，叫分生孢子链。顶囊、小梗和分生孢子链组成一个头状体的结构，称为分生孢子头（图2-17）。一个带梗的分生孢子头就是曲霉属无性繁殖体的基本特征和主要方式。曲霉属中只有少数种形成有性阶段，产生颜色鲜艳的闭囊壳，内生多个子囊，子囊内形成子囊孢子。闭囊壳成熟时，子囊破裂，释放出子囊孢子。某些种产生菌核或菌核结构，少数种可产生不同形状的壳细胞。

曲霉属是自然界分布最普遍的腐生菌类之一，几乎是到处存在。它们是土壤和大气微生物区系的正常组成部分，参与自然界多种物质的分解过程。由于其能产生大量的孢子和具有多种多样的生化活性，有的菌种适应高温或高渗透压，使它们能在不同的环境和基质中生长，是引起多种物质霉腐的主要微生物之一，同时也是引起粮食或食品霉变的主要霉菌，特别是低水分的粮食的霉变几乎都是由曲霉活动所致。有些曲霉如黄曲霉的某些菌株能产生致癌作用的毒素，使粮食和食品带毒，危害人畜健康。也有少数曲霉如烟曲霉能侵害家禽、家畜甚至人体内脏特别是呼吸器官，引起曲霉症。另一方面，以米曲霉为主的曲霉，与酒、豆酱和酱油等的酿造有密切关系，也有很多种曲霉可被用于各种有益物质的工业生产，如蛋白酶（酱油曲霉）、柠檬酸（黑曲霉）、洛伐他汀（土曲霉）、衣康酸（土曲霉、解乌头酸曲霉）以及曲酸（黄曲霉）等，所以是重要的食品、酿造和医药工业微生物。因此近年来人们对曲霉的开发利用、毒素检测、曲霉病的防范越来越重视。

曲霉是真菌中的大属也是一个老属，1726年由米凯利（Micheli）建立。过去在曲霉菌中发现有性繁殖过程的较少，所以一直作半知菌处理。由于陆续发现许多曲霉的有性繁殖阶段，以形成子囊果方式出现，所以把这些菌归属于子囊菌亚门。根据瑞波（K. P. Raper）和菲内尔（D. I. Fennell）合著的《曲霉属》（The Genus *Aspergillus*，1965年）一书，主要以形态分类为依据，为了研究和应用方便，在属与种之间的分类等级使用"群"（group），即形态相似的种集合成群，将所承认的150个种及变种划分为18个群。由于"群"不是《国际植物命名法规》中规定的分类术语，不具有正式的分类学地位。因此，该分类体系虽然广泛应用，但一直存在很大争议，并被不断修改和完善。2020年，Houbraken等根据系统发育分析结合表型、生理型、代谢物结果进行最为系统的总结更新，同时曲霉也达到446种，形成了包括亚属（subgenus）、组（sections）、系（series）、种的曲霉属真菌最新现代分类系统。灰绿曲霉（*A. glaucus*）为曲霉属模式种，属下包含6个亚属，即曲霉亚属（subgenus *Aspergillus*）、巢状亚属（subgenus *Nidulantes*）、环绕亚属（subgenus *Circumdati*）、烟色亚属（subgenus

Fumigati)、淡黄亚属（subgenus *Cremei*）和多拟青霉亚属（subgenus *Polypaecilum*），共27个组，75个系。现将粮食和食品中常见和常用的亚属分述如下。

（一）曲霉亚属（subgenus *Aspergillus*）

1.赤曲霉（*Aspergillus ruber*）

赤曲霉属于曲霉亚属曲霉组（*Aspergillus* section *Aspergillus*），菌落在高盐察氏琼脂培养基（SCA）上生长迅速，生出大量分生孢子头和闭囊壳，呈橙红色，反面暗红褐色。但在麦芽汁琼脂培养基（MEA）上生长较为局限，形成较小的灰白色菌落。分生孢子梗壁光滑，顶囊呈烧瓶形，全部表面可育。产孢结构单层，分生孢子呈椭圆形、梨形或球形，如为梨形或椭圆形，其大小为（6.0～9.0）μm×（5.0～6.0）μm，如为球形，其直径为5.0～6.0μm，壁粗糙，有小刺。分生孢子头初为球形，后期为辐射形，直径达100～300μm。闭囊壳球形或近球形，直径为70～200μm。子囊孢子双凸镜形，"赤道"部分具沟，两侧有明显的脊。其菌落及显微形态特征如图3-4所示。

赤曲霉与阿姆斯特丹曲霉等均属于耐旱性霉菌，典型的粮食储藏真菌，它们是导致低水分粮食和食品霉变的主要菌种。同时，也有耐低氧的能力。

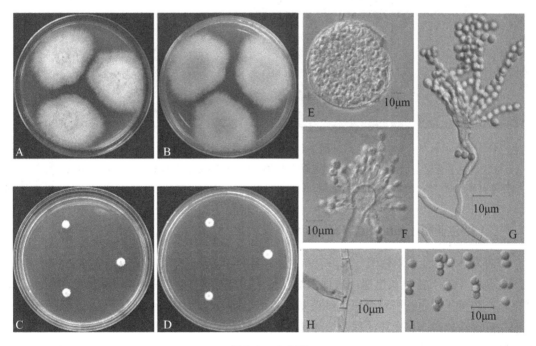

图3-4　赤曲霉

A：SCA培养基菌落正面；B：SCA培养基菌落反面；C：MEA培养基菌落正面；D：MEA培养基菌落反面；E：闭囊壳；F：分生孢子头；G：分生孢子梗；H：足细胞；I：分生孢子

2.阿姆斯特丹曲霉（*Aspergillus amstelodami*）

阿姆斯特丹曲霉又称蒙地曲霉（*A. montevidensis*）属于曲霉亚属曲霉组。在高盐察氏琼脂培养基（SCA）上菌落生长较为迅速，正面为橄榄绿色，呈颗粒状，反面为黄绿色；在麦芽汁琼脂培养基（MEA）上生长缓慢，呈淡黄色，丝绒状，菌落反面为橙黄色。无性繁殖产生辐射状或疏松柱状的分生孢子头，大多呈灰绿色。产孢结构为单层，分生孢子球形或卵形至洋梨形，大小约为（4.0～6.5）μm×（3.0～5.0）μm，大多带绿色，表面粗糙，具小刺。阿姆斯特丹曲霉种内不同菌株外观差异较大，存在没有分生孢子的亮黄色菌株，也存在有大量分生孢子结构的灰绿色菌株。子囊果原基明显，在营养菌丝上形成螺旋状的产囊体。子囊果为闭囊壳型，通常为黄色球形或近球形，具一层细胞厚的拟薄壁组织的壁，光滑、裸露或被稀疏的菌丝围绕，直径为75～220μm。其菌落及显微形态特征如图3-5所示。

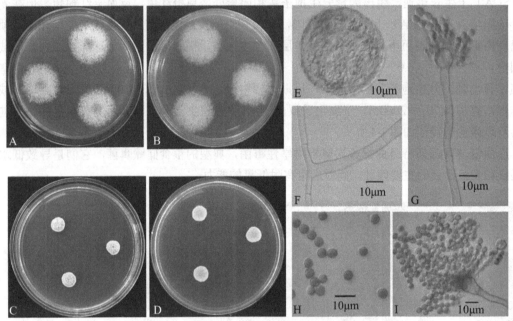

图3-5　阿姆斯特丹曲霉

A：SCA培养基菌落正面；B：SCA培养基菌落反面；C：MEA培养基菌落正面；D：MEA培养基菌落反面；E：闭囊壳；F：足细胞；G：分生孢子梗；H：分生孢子；I：分生孢子头

（二）烟色亚属（subgenus *Fumigati*）

烟曲霉是烟色亚属烟色组（*Aspergillus* section *Fumigati*）中最常见的一个种。菌落在察氏琼脂培养基（CA）上生长迅速，质地为绒状或呈一定絮状，有的菌株呈颗粒状，中心稍凸起或平坦，菌落正面为近于百合绿色或蓝灰绿色，老时颜色加深，反面为无色或淡黄色，无渗出液和可溶性色素；在麦芽汁琼脂培养基（MEA）上生长更快，平坦或中心稍凸起，表面有不规则的浅纹，菌落正面近于常春藤色或百合绿色，反面无色或呈浅黄色。分生孢子头幼时为球形或半球形，成熟时为短柱形，较为致密。分生孢子梗发生于基质，少量发生于气生菌丝，长短差异较大，无色，壁光滑。顶囊烧瓶形，直径一般为20～30μm，1/2～3/4的表面可育。小梗单层并密集。分生孢子球形或近球形，直径为2～3μm，壁稍粗糙或粗糙。其菌落及显微形态特征如图3-6所示。

烟曲霉普遍存在于土壤、谷物、食品及霉腐物中。适应温度相当广泛，喜高温，在45℃或更高温度时生长良好，常出现在发热的粮食中，可促使粮堆温度不断升高而霉变。同时可侵染苹果等，引起果实腐烂。

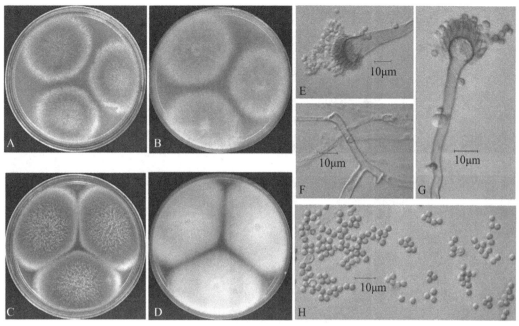

图3-6　烟曲霉

A：CA培养基菌落正面；B：CA培养基菌落反面；C：MEA培养基菌落正面；D：MEA培
养基菌落反面；E：分生孢子头；F：足细胞；G：分生孢子梗；H：分生孢子

同时烟曲霉也是自然环境中广泛存在的条件致病真菌，其产生的分生孢子可被吸入人体的呼吸道末端，引起曲霉致敏相关的疾病，例如过敏性哮喘、过敏性肺炎、变异性支气管炎、肺曲霉病等。

（三）环绕亚属（subgenus *Circumdati*）

1. 黄曲霉（*Aspergillus flavus*）

黄曲霉属于环绕亚属黄曲组（*Aspergillus* section *Flavi*）。黄曲霉菌落在察氏琼脂培养基（CA）上生长迅速，质地主要为致密丝绒状，有时中间部分为絮状，边缘平坦或出现辐射状至不规则的沟纹，分生孢子结构比较多，颜色为黄绿色或草绿色，初期颜色较淡，老后稍深近于深绿色，有的菌株初期菌落为黄色，而后变绿。一般无渗出液，有的菌株形成少量或大量的菌核，大量时影响菌落外观，伴随有渗出液，无色至淡褐色，菌落反面无色至淡褐色，产生菌核的菌株，在形成菌核处的反面显现黑褐色斑点。在麦芽汁琼脂培养基（MEA）上，质地呈丝绒状至絮状，较厚，黄绿色，近木犀绿色至浅水芹绿色，菌落反面无色。分生孢子头最初为球形，后呈辐射形或裂成几个疏松的柱状体，也有少数呈短柱状者。分生孢子梗厚，无色，粗糙或很粗糙，具小刺。顶囊近球形至烧瓶形，直径9.0～65μm，大部分表面可育，小顶囊仅上部可育。产孢结构单层或双层，小顶囊上一般为单层，罕见同一顶囊上单层和双层同时存在。分生孢子在小梗上呈链状着生，多为球形或近球形，大小为2.5～6.5μm，壁稍粗糙或粗糙，具小刺。有的菌株产生菌核，初时白色，老后呈褐黑色，球形或近球形，大小或数量各异，一般为280～980μm。菌落及显微形态特征如图3-7所示。

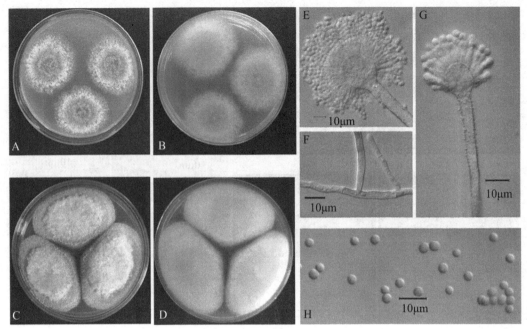

图3-7　黄曲霉

A：CA培养基菌落正面；B：CA培养基菌落反面；C：MEA培养基菌落正面；D：MEA
培养基菌落反面；E：分生孢子头；F：足细胞；G：分生孢子梗；H：分生孢子

　　黄曲霉在自然界中分布极广，多见于土壤、粮油及其制品及其他霉腐的有机物上。是引起粮食和食品霉变的主要菌种。黄曲霉的有些菌株能产生黄曲霉毒素，不仅能引起人及禽畜中毒致死，亦有致癌作用。在我国广西地区的产毒黄曲霉菌株最多，产毒量也大。

　　2. 米曲霉（*Aspergillus oryzae*）

　　米曲霉与黄曲霉一样，也属于环绕亚属黄曲组。菌落在察氏琼脂培养基（CA）上生长迅速，质地丝绒状，中央呈絮状或全部呈絮状，薄或厚。分生孢子结构多或少，初为浅黄绿色至黄绿色，老后呈淡褐橄榄色，菌落反面无色或呈淡粉红色至淡褐色。有的菌株会有无色的渗出液。在麦芽汁琼脂培养基（MEA）上质地丝绒状至厚絮状，生长较稀疏，黄绿色，近于黄橄榄色，老后变为淡褐橄榄色，菌落反面无色。分生孢子梗较长，壁通常粗糙，也有近于光滑者。顶囊为近球形或烧瓶形，直径12～50μm，全部或四分之三的表面可育。小梗单层或双层，甚至同一顶囊上两种情况兼有。分生孢子头球形，后呈辐射形，也有少数呈短柱形。分生孢子球形至近球形，直径为3.0～10μm，壁近于光滑或稍粗糙。菌落及显微形态特征图如图3-8所示。

　　米曲霉主要存在于粮食、发酵食品、腐败有机物和土壤等处。会引起粮食等工农业产品的霉变。米曲霉是我国传统酿造食品酱和酱油的生产菌种，又是一类产复合酶的菌株，除产蛋白酶外，可产淀粉酶、糖化酶、纤维素酶、植酸酶、果胶酶等，有的已经制成酶制剂用于工业生产。有些米曲霉菌株可以产生多种有机酸，如柠檬酸、苹果酸和曲酸等。

　　米曲霉是理想的生产大肠杆菌不能表达的真核生物活性蛋白的载体。米曲霉基因组所包含的信息可以用来寻找最适合米曲霉发酵的条件，这将有助于提高食品发酵工业的生产效率和产品质量。米曲霉基因组的破译，也为研究由曲霉属真菌引起的曲霉病提供了线索。

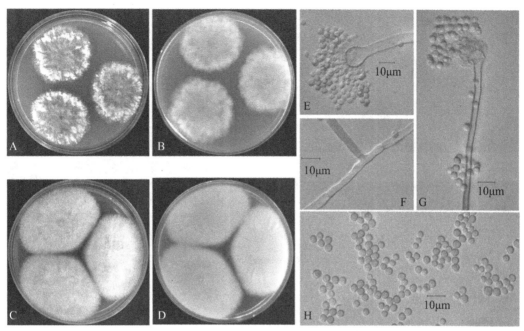

图3-8 米曲霉

A：CA培养基菌落正面；B：CA培养基菌落反面；C：MEA培养基菌落正面；D：MEA培养基菌落反面；E：分生孢子头；F：足细胞；G：分生孢子梗；H：分生孢子

3.黑曲霉（*Aspergillus niger*）

黑曲霉属于环绕亚属黑色组（*Aspergillus* section *Nigri*）。菌落在察氏琼脂培养基（CA）上生长迅速，菌落表面呈暗褐黑色至炭黑色，平坦或中心稍凸起，质地主要为致密丝绒状。渗出液有时有，有时无，无色。有的菌株会产生菌核，菌落反面无色或呈不同程度的黄色。菌落在麦芽汁琼脂培养基（MEA）上生长更快，呈褐黑色至炭黑色，有规则或不规则的辐射状沟纹，质地丝绒状，偶或有不育性过度生长，比在CA培养基上产生的菌丝更多。具少量的渗出液或无，菌落反面为无色或呈不同程度的黄褐色。分生孢子头初期为球形，老后分裂成几个圆柱状结构。分生孢子梗壁光滑，初期无色，老时黄色或黄褐色。顶囊球形或近球形，直径为30～80μm，老时褐色，全部表面可育。小梗双层，分生孢子球形或近球形，直径3.0～5.5μm，壁明显粗糙，有小刺及不规则的脊状突起或纵向条纹，偶有近于平滑者，如有菌核则为球形或近球形，奶油色至淡黄色。菌落及显微形态特征如图3-9所示。

黑曲霉广泛分布于世界各地的粮食、植物性产品和土壤中。生长最适温度37℃，最低相对湿度为88%，能导致水分较高的粮食霉变，对粮食种子的发芽率的影响很大。在高温、高湿环境下，黑曲霉容易大量生长繁殖或生于多汁的果实上引起腐烂或软腐，侵染洋葱鳞片表面生大量黑粉，梅雨季节亦容易引起衣物发霉等。干酪成熟中污染会使干酪表面变黑、变质，也会使奶油变色。

黑曲霉是重要的发酵工业菌种，参与酿酒、制酱和醋，也是生产酶制剂（如淀粉酶、酸性蛋白酶、纤维素酶、果胶酶和葡萄糖氧化酶）及有机酸（如柠檬酸和葡萄糖酸等）的菌种。农业上黑曲霉用作生产糖化饲料的菌种。

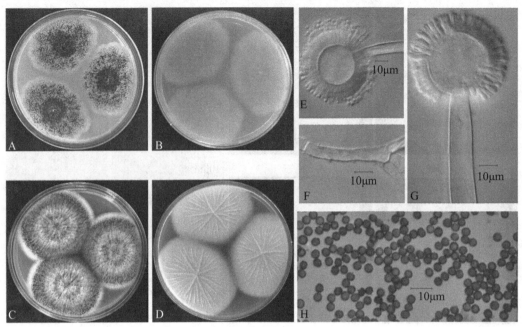

图3-9 黑曲霉

A：CA培养基菌落正面；B：CA培养基菌落反面；C：MEA培养基菌落正面；D：MEA
培养基菌落反面；E：分生孢子头；F：足细胞；G：分生孢子梗；H：分生孢子

4. 赭（棕）曲霉（*Aspergillus ochraceus*）

赭（棕）曲霉属于环绕亚属环绕组（*Aspergillus* section *Circumdati*）。菌落在察氏琼脂培养基（CA）上生长7天，质地丝绒状或稍现絮状，平坦或具不明显的辐射状沟纹，分生孢子结构淡黄褐色，近于鹿皮色至肉桂色，菌丝体白色，有时形成无色至褐色的渗出液，有的菌株能形成菌核，菌落反面无色或呈不同程度的绿褐色至紫褐色。在麦芽汁琼脂培养基（MEA）上生长迅速，质地丝绒状至絮状，中央部分凸起，具明显或不显的辐射状沟纹。分生孢子结构量中等或很大，颜色为淡黄褐色，有的菌株形成菌核，数量较少，菌落在反面呈淡黄色至淡褐色。分生孢子头，初为球形，老时常裂开成几个分叉的致密柱状体。分生孢子梗一般多呈褐色，粗糙，顶囊球形或近球形，全部表面可育，偶有小顶囊存在，仅顶部可育。小梗双层，分生孢子多为球形或近球形，直径2.0～4.0μm，壁近于光滑或细密粗糙。若有菌核则为球形或卵形，初为白色，后呈紫褐色。菌落及显微形态特征如图3-10所示。

赭（棕）曲霉广泛分布于谷物、饲料、豆类、饮料、坚果和水果等农产品中，引起霉变。由赭（棕）曲霉及一些青霉菌等产毒菌株可产生赭曲霉毒素，赭曲霉毒素广泛存在于各种食物，如谷物及其副产品、可可、咖啡、肉类、乳汁、干果、调味品、酒类等中，可导致受试动物的肾萎缩，胎儿畸形、流产及死亡，并具有高度的致癌性，国际癌症研究机构在1993年将赭曲霉毒素A定为人类可能的致癌物。因此赭曲霉毒素受到了全世界的广泛关注。

赭（棕）曲霉产孢能力很强，其孢子散落在空气中能够诱导儿童哮喘和人类肺病。还可能与巴尔干地方性肾病和泌尿系统肿瘤有关。

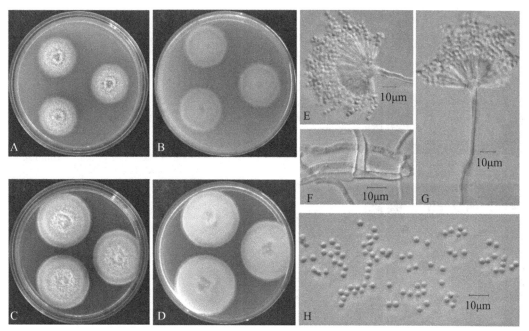

图3-10 赭（棕）曲霉

A：CA培养基菌落正面；B：CA培养基菌落反面；C：MEA培养基菌落正面；D：MEA
培养基菌落反面；E：分生孢子头；F：足细胞；G：分生孢子梗；H：分生孢子

5.亮白曲霉（*Aspergillus candidus*）

亮白曲霉属于环绕亚属亮白组（*Aspergillus* section *Candidi*）。菌落在察氏琼脂培养基（CA）上生长较局限，有的菌株分生孢子结构较少。质地呈絮状，另一些菌株分生孢子结构较多，并有致密的基部菌丝，质地呈丝绒状至絮状。表面持久地呈白色至极淡的黄色，近于奶油色，有少量无色的渗出液或无，有的菌株可产生菌核，菌落反面无色或呈不同程度的黄色。在麦芽汁琼脂培养基（MEA）上生长较快，菌落平坦，或中部较厚，具少量的辐射状沟纹或无。有的菌株分生孢子结构较少，质地呈索状，微黄白色。有的菌株分生孢子结构较多，质地呈丝绒状至絮状，白色。无渗出液，菌落反面淡黄到浅黄褐色。分生孢子头，幼时呈近球形，老的大头分裂成几个疏松的柱状体，分生孢子梗光滑，无色，有的菌株老时带淡黄色。顶囊球形或近球形，较大者，直径为 20 ~ 50μm，全部表面可育；较小者，直径只有 5.0 ~ 15μm，仅顶部表面可育。产孢结构为双层，分生孢子球形或近球形，直径 2.8 ~ 3.5μm，壁薄且光滑。有的菌株产生菌核，球形或近球形，幼时白色，老后变成紫红到紫黑色，直径 400 ~ 500μm。菌落及显微形态特征如图3-11所示。

亮白曲霉属干生性菌，是粮食中比较常见的储藏真菌。能引起含水量低的粮食发热霉变，在低水分的陈粮上容易分离到。同时亮白曲霉也是乳糖酶生产菌种。

五、青霉属

青霉属（*Penicillium*）在分类学上属于半知菌亚门，丝孢纲，丝孢目，丛梗孢科。由于少数种的青霉已经发现具有有性繁殖阶段，应归属于子囊菌亚门、不整囊菌纲、散囊菌目、散囊菌科。

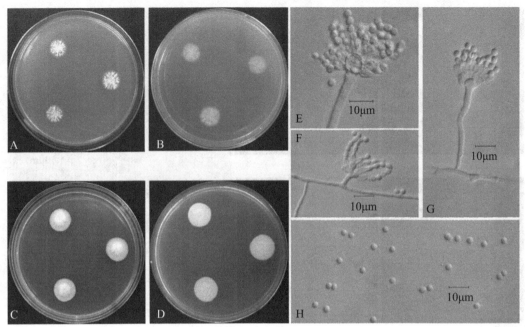

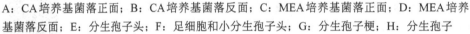

图3-11　亮白曲霉

A：CA培养基菌落正面；B：CA培养基菌落反面；C：MEA培养基菌落正面；D：MEA培养基菌落反面；E：分生孢子头；F：足细胞和小分生孢子头；G：分生孢子梗；H：分生孢子

　　本属菌的菌落为局限型，质地一般呈绒状、絮状、绳状或束状，菌落边缘通常明确、整齐，很少有不规则者。初为白色或灰白色，长出孢子后，颜色因种而不同，如黄色、绿色、蓝色、灰色、白色、橄榄色等，颜色往往随着培养时间的延长而变得较深或较暗。有些青霉可产生水溶性的色素，可分泌并扩散到培养基中。具有发达的有隔菌丝，较细，不规则多分枝，形成不同致密程度的菌丝体，一般无色或淡色，有颜色者较少，更不会有暗色。无性繁殖体产生独特的帚状枝结构。分生孢子梗由基质菌丝或气生菌丝生出，直立，基部不形成足细胞，常具隔膜，壁平滑或呈现不同程度的粗糙，某些种在其顶端呈现不同程度的膨大，在顶部或顶端产生不同类型的分枝，形成帚状枝。这些分枝依部位自上而下称为小梗、梗基和分枝，它们彼此紧密、不紧密或近于平行，呈烧瓶形或披针形，圆柱形和近圆柱形者少，通常直而不弯。分生孢子通常较小，球形、近球形、椭圆形、近椭圆形、卵形，壁平滑或近于平滑、不同程度的粗糙，形成孢子链（图2-18）。

　　青霉属依据帚状枝的不同，可分为四种类型：单轮青霉组、对称二轮青霉组、不对称青霉组和多轮青霉组。单轮青霉组：帚状枝由分生孢子梗上轮生一层小梗组成。对称二轮青霉组：帚状枝由在分生孢子梗上紧密轮生的梗基和每个梗基上着生几个细长尖锐的小梗组成，全部帚状枝对分生孢子梗而言大体对称。不对称青霉组：包括一切帚状枝做两次或更多次分枝，对分生孢子梗而言不对称的种。多轮青霉组：帚状枝极为复杂，做多次分枝，而且常是对称的，此组菌种极少。

　　青霉属在自然界分布十分普遍，土壤、空气、腐败的有机质及粮食和食品上均可见到。有些青霉会污染粮食或食品，引起霉变，造成其变色变味或产生真菌毒素。主要产毒青霉有橘青霉、橘灰青霉、灰黄青霉和鲜绿青霉，这些青霉可能产生橘青霉素、圆弧偶氮酸、展青霉素等真菌毒素。根据早期国外学者对粮食真菌的分类，青霉属因对水活度要求相对较低，能在粮食储藏期间侵染粮粒，属于储藏真菌。有些种与人及动物疾病有关。但有些种能产生多种代谢产物，如有机酸、抗生素等，被广泛应用于工业领域。

下面介绍几种粮食或食品上常见的青霉。

（一）常现青霉（*Penicillium frequentans*）

常现青霉又称常见青霉，属于单轮青霉组，菌落质地绒状，青绿色，有时色淡，分生孢子梗壁光滑或细密粗糙，顶端稍膨大，帚状枝单轮，小梗密集，分生孢子为球形。

常现青霉在土壤内、空气中及腐烂的有机质上到处存在，分布在柑橘及其他水果上。营腐生生活，其营养来源极为广泛，可生长在任何含有有机物的基质上。工业中用于生产有机酸和酶制剂（如β-半乳糖苷酶）。

（二）岛青霉（*Penicillium islandicum*）

岛青霉属于对称双轮青霉组。菌落在察氏琼脂培养基（CA）上生长平坦或有少量放射状沟纹和几道同心环纹，质地绒状兼有绳状，菌落为橙黄色或橙红色，反面为橙红色。有少量黄色至橘红色渗出液。菌落在麦芽汁琼脂培养基（MEA）上生长较为迅速，平坦或中心有脐状突起，质地绒状兼有绳状，黄橙色，菌落边缘呈粉红色，反面为红褐色。无渗出液和可溶性色素。分生孢子梗主要由气生菌丝生出。帚状枝为双轮对称，小梗为披针形。分生孢子为椭圆形，壁平滑。菌落及显微形态特征如图3-12。

此菌在我国稻谷主产区都有分布，稻谷在收获后如未及时脱粒干燥就堆放很容易引起发

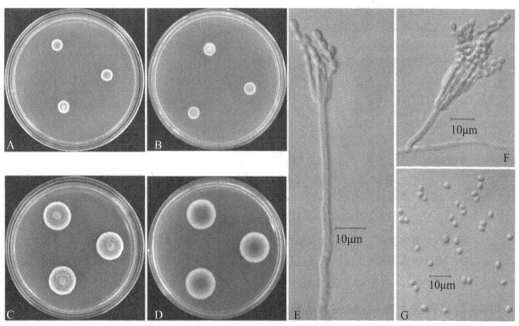

图3-12 岛青霉

A：CA培养基菌落正面；B：CA培养基菌落反面；C：MEA培养基菌落正面；
D：MEA培养基菌落反面；E：分生孢子梗；F：帚状枝；G：分生孢子

霉。发霉谷物脱粒后即形成有毒的"黄变米"或"沤黄米"，会引起中毒（肝坏死和肝昏迷）和肝硬化。这主要是由于岛青霉污染并产生岛青霉素所致。黄变米在我国南方、日本和其他热带或亚热带地区比较普遍。

（三）橘青霉（*Penicillium citrinum*）

橘青霉属于不对称青霉组，菌落在察氏琼脂培养基（CA）上平坦，质地为绒状，有放射状沟纹，蓝绿色或灰绿色，菌落边缘呈白色，反面为浅黄色。通常会产生淡黄色渗出液和可溶性色素。菌落在麦芽汁琼脂培养基（MEA）上通常中心有脐状突起，并且有放射状沟纹，质地为绒状，中心兼有絮状，近于暗绿橄榄色，边缘部分白色，反面为锑黄色。渗出液和可溶性色素为淡黄色至黄褐色或无。分生孢子梗从基质菌丝生出，帚状枝双轮生，偶有三轮生或单轮生，同轮中的长短通常相差较大，显著叉开，分生孢子为球形或近球形，较小，直径为2.5～3.5μm，壁平滑。菌落及显微形态特征如图3-13所示。

橘青霉在自然界分布广泛，土壤内、空气中及腐烂的有机质上到处存在，是粮食、食品和饲料上常见的霉腐霉菌之一。橘青霉也形成有毒的"黄变米"，某些菌株可产生橘青霉素。

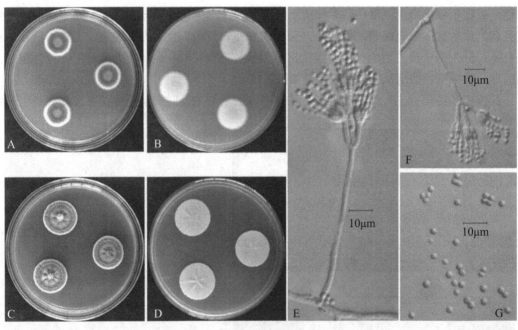

图3-13 橘青霉
A：CA培养基菌落正面；B：CA培养基菌落反面；C：MEA培养基菌落正面；
D：MEA培养基菌落反面；E、F：帚状枝及分生孢子梗；G：分生孢子

（四）鲜绿青霉（*Penicillium viridicatum*）

鲜绿青霉原名纯绿青霉，属于不对称青霉组，菌落在察氏琼脂培养基（CA）上平坦，质地绒状，分生孢子结构产生较慢，呈黄绿色，反面呈现黄色或黄红褐色，边缘颜色稍浅，中部颜色较深。能产生淡黄褐色的渗出液和可溶性色素。菌落在麦芽汁琼脂培养基（MEA）上

有大量放射状的沟纹，中心有脐状突起，质地为颗粒状或粉末状，分生孢子结构大量产生，近于叶绿色，反面为黄褐色。分生孢子梗产生于基质菌丝，分生孢子梗壁粗糙。帚状枝三轮生，偶有双轮生或四轮生，彼此紧贴或较紧贴。分枝1～2个，梗基每轮2～5个，（8.0～16）μm×（3.0～3.5）μm；小梗每轮5～8个，（7.0～11）μm×（2.0～3.0）μm，瓶状。分生孢子呈球形或近球形，直径为3.0～4.5μm，壁平滑。分生孢子链通常呈现圆柱状或不规则的圆柱状。菌落及显微形态特征如图3-14所示。

　　鲜绿青霉常在谷物、水果、蔬菜、坚果和肉类等食品成熟和储藏过程中生长繁殖。某些菌株可产生赭曲霉毒素和橘青霉素。

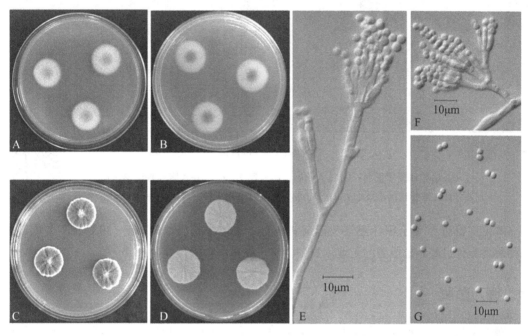

图3-14　鲜绿青霉
A：CA培养基菌落正面；B：CA培养基菌落反面；C：MEA培养基菌落正面；
D：MEA培养基菌落反面；E、F：帚状枝及分生孢子梗；G：分生孢子

（五）产黄青霉（*Penicillium chrysogenum*）

　　产黄青霉属于不对称青霉组，菌落在察氏琼脂培养基（CA）上平坦，质地绒状，分生孢子结构大量产生，蓝绿色，反面呈现不同程度的黄色或黄褐色。产生黄色或橘黄色的渗出液和可溶性色素。菌落在麦芽汁琼脂培养基（MEA）上通常有大量放射状沟纹，质地绒状，分生孢子结构大量产生，近于深灰蓝绿色，反面为淡黄色。产生黄色的渗出液和可溶性色素。分生孢子梗产生于基质菌丝，分生孢子梗壁平滑。帚状枝三轮生，少量双轮生，彼此稍叉开或叉开。分枝1～2个，梗基每轮2～5个，（10～16）μm×（2.5～3.0）μm；小梗每轮4～8个，（7.0～9.0）μm×（2.0～2.5）μm。分生孢子呈现椭圆形或近球形，蓝绿色或灰蓝绿色，大小为（3.0～3.5）μm×（2.5～3.0）μm，壁平滑。分生孢子链通常呈现叉开的圆柱状或不规则的圆柱状。菌落及显微形态特征如图3-15所示。

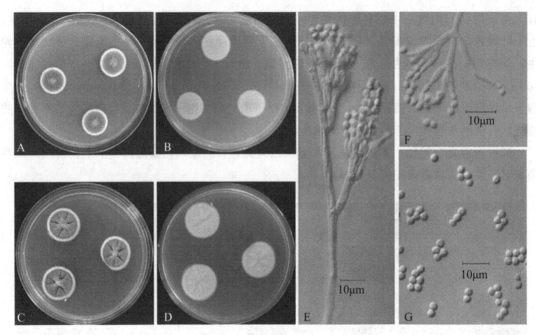

图 3-15　产黄青霉

A：CA培养基菌落正面；B：CA培养基菌落反面；C：MEA培养基菌落正面；
D：MEA培养基菌落反面；E、F：吊状枝及分生孢子梗；G：分生孢子

　　该菌广泛分布于土壤、空气及霉腐材料上。最适生长温度为20～30℃。产生青霉素、多种酶类及有机酸，是重要的工业用真菌，也产生真菌毒素。

六、镰刀菌属

　　镰刀菌属（Fusarium）又名镰孢霉属，在分类上属于半知菌亚门，丝孢纲，瘤座孢目，瘤座孢科。由于少数种的镰刀菌已经发现有性繁殖阶段，产生闭囊壳，应归属于子囊菌亚门、核菌纲、赤霉属（Gibberella）。

　　镰刀菌菌落呈扩展型，在相同培养基上菌落形态和颜色因种差异很大，在马铃薯葡萄糖琼脂培养基（PDA）上大多会产生色素，菌丝多致密，有隔，分枝。分生孢子梗分枝或不分枝。分生孢子有两种形态，小型分生孢子呈卵圆形至柱形，有1～2个隔膜；大型分生孢子呈镰刀形、弯月形、纺锤形或长柱形，有较多的横隔。

　　镰刀菌广泛分布在各种环境条件下，属内许多物种可营腐生生活，有些物种在动植物体上营寄生生活，可侵染多种动植物体引起病害，通常会引起禾本科植物植株根部和穗茎部病变，是常见病原菌之一。水稻恶苗病、小麦赤霉病、玉米穗茎腐病等是镰刀菌的某些种侵染导致的。根据早期国外学者对粮食真菌的分类，镰刀菌因对水活度要求相对较高，主要在田间侵染粮粒，属于田间真菌。本属的许多种，如禾谷镰刀菌、串珠镰刀菌、雪腐镰刀菌、三线镰刀菌、梨孢镰刀菌、拟枝孢镰刀菌、尖孢镰刀菌、茄病镰刀菌和木贼镰刀菌等能产生真菌毒素，其中粮食上最为常见的为单端孢霉烯族毒素（T-2毒素）和脱氧雪腐镰刀菌烯醇（DON）、伏马菌素（FB）和玉米赤霉烯酮（ZEN）等，严重影响粮食的卫生安全。

（一）禾谷镰刀菌（*Fusarium graminearum*）

禾谷镰刀菌的菌落在马铃薯葡萄糖琼脂培养基（PDA）上气生菌丝旺盛，质地为棉絮状，颜色为白色至紫红色，中央可产生浅驼色至黄褐色菌丝，反面为黄褐色，可产生紫红色色素。在麦芽汁琼脂培养基（MEA）上菌落正反面均为紫红色，质地为棉絮状。产孢细胞为单瓶梗，缺乏小型分生孢子。大型分生孢子多为镰刀形，较直，脚胞明显，顶细胞稍尖，略弯曲，一般为3～6隔，大小为（35～60）μm×（3.0～5.0）μm，厚垣孢子稀少，球形或近球形，直径为5.0～6.0μm。菌落及显微形态特征如图3-16所示。

禾谷镰刀菌是赤霉病麦的主要病原菌，主要引起田间小麦、大麦和元麦等粮食作物的赤霉病，侵染麦粒后，生出白色絮状或绒状菌丝，后至玫瑰色、粉红色或砖红色。禾谷镰刀菌还可以感染玉米和水稻等。能产生DON、ZEN和T-2等毒素。

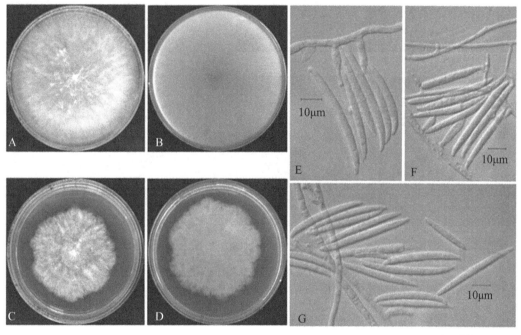

图3-16　禾谷镰刀菌

A：PDA培养基菌落正面；B：PDA培养基菌落反面；C：MEA培养基菌落正面；
D：MEA培养基菌落反面；E～G：分生孢子梗及大型分生孢子

（二）串珠镰刀菌（*Fusarium verticillioides*）

串珠镰刀菌菌落在马铃薯葡萄糖琼脂培养基（PDA）上呈蛛网状，气生菌丝羊毛状，初期为白色或浅粉色，反面有色素的地方为紫色，无色素的地方为黄褐色；菌落在麦芽汁琼脂培养基（MEA）上呈绒状，比较疏松，浅粉色，反面为粉色。分生孢子梗生于菌丝或菌丝束上，单生或简单分枝，单瓶梗。小型分生孢子较多，主要为假头生或串生，常见小型分生孢子链断裂后聚集在一起形成的类似假头状的孢子堆。小型分生孢子为卵形、椭圆形或纺锤形，顶端略膨大，通常为0～1隔，尺寸多为（4.0～12）μm×（2.0～4.0）μm，厚垣孢子缺乏。大型分生孢子，细长，较直，略弯曲，孢子的背腹两侧近似平行，不常见，在培养后期能产生。菌落及显微形态特征如图3-17所示。

串珠镰刀菌主要分布在水稻上，还可存在于玉米、甘蔗及柑橘、棉、洋葱等植物的根、茎、穗、种子及土壤中。由于串珠镰刀菌具有兼性寄生的特点，谷物收获后如未及时干燥就堆放，该菌生长而危害谷物品质。串珠镰刀菌还能产生串珠镰刀菌素和玉米赤霉烯酮等毒素。

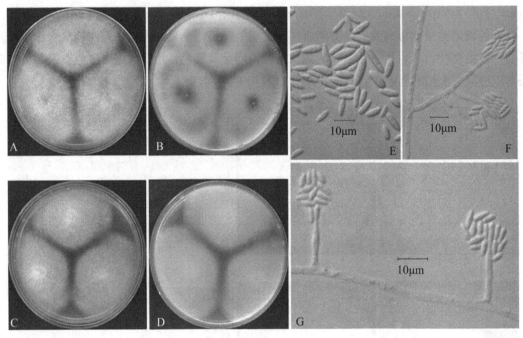

图3-17　串珠镰刀菌

A：PDA培养基菌落正面；B：PDA培养基菌落反面；C：MEA培养基菌落正面；
D：MEA培养基菌落反面；E～G：分生孢子梗及小型分生孢子

七、链格孢霉属

链格孢霉属（*Alternaria*）又名交链孢霉属。在分类上属于半知菌亚门，丝孢纲，丝孢目，暗色孢科。

链格孢霉属的菌落呈扩展型，在马铃薯葡萄糖琼脂培养基（PDA）上呈褐色或黑褐色，不育菌丝匍匐，有隔，分生孢子梗单生或成簇，大多数不分枝，较短，与营养菌丝几乎无区别，在分生孢子梗上向顶发育产生典型的链状分生孢子，暗色的分生孢子倒棒状、倒梨形或椭圆形，既有横隔又有纵隔，基部钝圆，顶端延长成喙状。

链格孢霉属是土壤、空气和工业材料上常见的腐生菌，是低温环境下导致水果、蔬菜等农产品腐烂变质的主要微生物；同时链格孢霉属内很多种是植物的寄生菌，可在多种植物的组织中分离到。一些种常寄藏于粮食种子内部或外部，在收获、储藏和运输过程中产生链格孢酚（AOH）、链格孢酚甲基乙醚（AME）和细交链孢霉酮酸（TeA）等10多种毒素，威胁人畜健康，毒性机理和对人的危害程度尚不明确，因此在粮食行业受到的关注较少。近些年，粮食或食品中隐蔽性真菌毒素的研究越来越多，链格孢霉属在后期粮食隐蔽性真菌毒素的研究中可能会越来越受到研究学者们的重视。链格孢霉属真菌有一个典型特征，即属级特征醒目而种级特征变异较大，易于鉴定到属而难于鉴定到种。根据早期国外学者对粮食真菌的分类，链格孢霉属因对水活度要求相对较高，主要在田间侵染粮粒，属于田间真菌。

（一）细链格孢霉（*Alternaria tenuissima*）

细链格孢霉分生孢子梗单生或数根簇生，直立或略弯曲，具分隔，分隔处不隘缩，偶有分枝，基部略膨大，大小为（26～65）μm×（4.0～5.5）μm。分生孢子单生或链生，可形成较长的分生孢子链，形状有倒棍棒形、椭圆形，成熟的孢子具4～10个横隔、1～6个纵隔，分隔处略隘缩。分生孢子中部的隔膜明显较厚，黑褐色，隘缩更为明显，分生孢子的大小为（24～45）μm×（9.0～16）μm，顶端有喙。菌落及显微形态特征如图3-18所示。

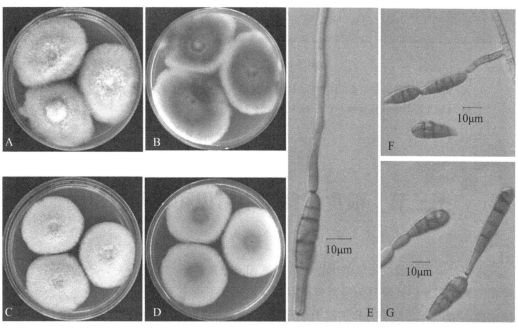

图3-18　细链格孢霉
A：PDA培养基菌落正面；B：PDA培养基菌落反面；C：MEA培养基菌落正面；
D：MEA培养基菌落反面；E～G：分生孢子梗及分生孢子

（二）互隔链格孢霉（*Alternaria alternata*）

互隔链格孢霉分生孢子梗单生或数根簇生，直立或略弯曲，具分隔，分隔处不隘缩，多分枝，大小为（30～75）μm×（4.0～5.5）μm。分生孢子单生或链生，可形成较长的分生孢子链，形状有倒棍棒形、椭圆形、卵形，成熟的孢子具3～8个横隔、1～4个纵隔，分隔处不隘缩或略隘缩。分生孢子的大小为（20～40）μm×（8.0～14）μm，顶端有喙。菌落及显微形态特征如图3-19所示。

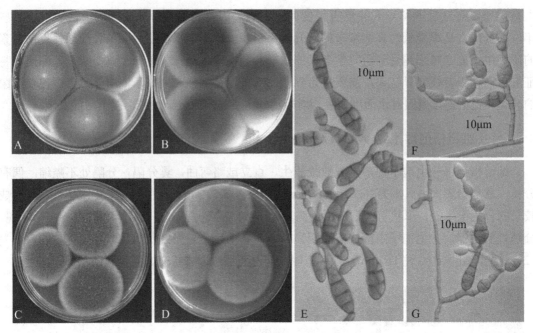

图3-19　互隔链格孢霉

A：PDA培养基菌落正面；B：PDA培养基菌落反面；C：MEA培养基菌落正面；
D：MEA培养基菌落反面；E～G：分生孢子梗及分生孢子

第三节　粮食和食品中常见和常用酵母菌

　　酵母菌是典型的兼性厌氧微生物，在有氧和无氧条件下都能够存活，一般能将糖发酵成乙醇和二氧化碳。根据酵母菌是否有产生有性孢子（子囊孢子和担孢子）的能力，可将酵母分成两类：形成有性孢子的分别属于子囊菌和担子菌，称为"真酵母"；不形成有性孢子但主要通过出芽生殖来繁殖的称为不完全真菌，或者叫"假酵母"，属于半知菌。酵母菌主要的生长环境是潮湿或液态环境，有些酵母菌也会生存在生物体内。

　　酵母菌是人类文明史中被应用得最早的微生物，可用于酿酒，发面，生产蛋白质、有机酸、酶、核苷酸、维生素，石油发酵与脱蜡等各个方面。但有些酵母菌是有害的，一些发酵工业的污染菌可消耗乙醇和产生不良气味；一些耐高渗透压的酵母可导致果酱、蜂蜜及蜜饯等变质；少数寄生性酵母具有致病作用。

一、酵母属

　　酵母属（*Saccharomyces*）在分类上属于子囊菌亚门、半子囊菌纲、内孢霉目、酵母科。

　　酵母菌属在麦芽汁琼脂培养基上，菌落质地呈黏稠状，白色或奶酪色，湿润，有光泽，平坦，边缘整齐，并有典型的酵母气味（酒香味）。细胞为圆形、椭圆形、腊肠形、卵圆形或洋梨形，无假菌丝或有不典型的假菌丝。无性繁殖行多边芽殖，产生芽孢子，有性繁殖产生子囊，内有1～4个圆形、光滑的子囊孢子，子囊成熟时不破裂。

酵母菌属中的典型种为啤酒酵母（*Saccharomyces cerevisiae* Hansen），即指用于酿造啤酒的酵母，多为酿酒酵母的不同品种。啤酒酵母在啤酒生产上作为上面发酵酵母。菌体维生素、蛋白质含量高，可作食用、药用和饲料酵母，还可以从其中提取细胞色素C、核酸、谷胱甘肽、凝血质、辅酶A和三磷酸腺苷等。在维生素的微生物测定中，常用啤酒酵母测定生物素、泛酸、硫胺素、吡哆醇和肌醇等。

啤酒酵母能发酵葡萄糖、麦芽糖、半乳糖和蔗糖，但不能发酵乳糖和蜜二糖。啤酒酵母按细胞长与宽的比例，可分为三组。

第一组：细胞多为圆形、卵圆形或卵形（细胞长/宽＜2），主要用于乙醇发酵、酿造饮料酒和面包生产。

第二组：细胞形状以卵形和长卵形为主，也有圆或短卵形细胞（细胞长/宽≈2）。这类酵母主要用于酿造葡萄酒和果酒，也可用于啤酒、蒸馏酒和酵母生产。

第三组：细胞为长圆形（细胞长/宽＞2）。这类酵母比较耐高渗透压和高浓度盐，适合于用甘蔗糖蜜为原料生产乙醇。

二、毕赤氏酵母属

毕赤氏酵母属（*Pichia*）在分类上属于子囊菌亚门、半子囊菌纲、内孢霉目、酵母科。

细胞有不同形状，多边芽殖，多数种能形成假菌丝。子囊形成前进行同形或异形接合或不接合。子囊孢子球形、帽形或星形，常有一油滴在其中，子囊孢子表面光滑，有的有疣点。每个子囊通常含有1～4个孢子，子囊容易破裂而释放孢子。发酵或不发酵，不同化硝酸盐。

此属菌对正葵烷、十六烷的氧化能力强，可用石油和农副产品或工业废料培养毕赤酵母来生产蛋白质。

三、汉逊氏酵母属

汉逊氏酵母属（*Hansenula*）在分类上属于子囊菌亚门、半子囊菌纲、内孢霉目、酵母科。

可从树木渗出物、土壤和污水中分离到。依据种和培养条件的不同，营养体可以为单个的椭球形或伸长的细胞、假菌丝体或真菌丝体。无性繁殖为出芽。每个子囊含1～4个表面光滑的球形、半球形、土星形或圆顶礼帽形子囊孢子。同宗配合或异宗配合。同化硝酸盐。多数营发酵或氧化代谢。不发酵的种有温奇汉逊酵母。

四、红酵母属

红酵母属（*Rhodotorula*）在分类上属于半知菌亚门、芽孢纲、隐球酵母目、隐球酵母科。

细胞为圆形、卵形或长形，为多边芽殖，多数种类没有假菌丝，其特点是，有明显的红色或黄色色素，很多种因形成荚膜而使菌落呈黏质状，如黏红酵母。

红酵母菌没有酒精发酵的能力，少数种类为致病菌，在空气中时常发现。有的菌，如黏红酵母，能产生脂肪，其脂肪含量可达干物质量的50%～60%。但合成脂肪的速度较慢，如培养液中添加氮和磷，可加快其合成脂肪的速度。产1g脂肪大约需4.5g葡萄糖。此外，黏红酵母还可产生丙氨酸、谷氨酸、甲硫氨酸等多种氨基酸。红酵母是一类腐生菌，抗逆性较强，广泛存在于自然界，分布于各种生态环境中，从赤道到两极，从陆地到海洋均有红酵母菌存在。在陆地红酵母可存在于各种基质上，如土壤、粪肥、动植物体及一些低等生物；在海洋中红酵母亦为大量存在的酵母菌种类。除此之外，其他水域如江河、湖泊均有红酵母菌存在。据Allen等人报道，在水生酵母菌的生态学研究中，红酵母是最常见的种类，所占比例为50%，尤其是在海水和淡水等营养相对缺乏的环境中出现的比例较大。

红酵母属酵母的形态：红酵母属酵母细胞呈圆形、卵形或长杆形，多边芽殖，有明显的红色或黄色色素，很多种因荚膜而形成黏质状菌落，某些菌株能产生假菌丝。

培养条件：红酵母属酵母对周围环境的适应能力很强，在VBA、VBAA和营养琼脂培养基中，培养温度27～36℃都能生长。

生理特性：红酵母属的菌种均不能发酵，但能同化某些糖类，无酒精发酵能力，能合成脂肪、葡萄糖。

分布范围：红酵母在淡水中的分布十分广泛，来自我国4个地区的淡水水域的水体、沿岸基物及鱼体上均有红酵母的分布。我国淡水水域红酵母主要有3个种，其中深红酵母是我国淡水红酵母的优势种，黏红酵母次之，小红酵母数量较少，与我国渤海、黄海红酵母的种群分布情况基本一致。深红酵母和黏红酵母广泛分布于各种基物上，但在数量上深红酵母大大高于黏红酵母，其次小红酵母分布范围也比较广泛，但数量较少。而在鱼类、虾类和贝类上小红酵母的数量和在其他基物上相近。

红酵母属酵母对啤酒的影响：红酵母属酵母对啤酒的危害较其他野生酵母小，但也是不可忽略的。脂肪在脂肪酶的作用下，生成脂肪酸和甘油，而乙酰辅酶A是脂肪酸代谢的中间体，是酯类合成的关键物质，从而生成乙酸乙酯。

由于红酵母属酵母具有合成脂肪、葡萄糖的特性，被红酵母属酵母污染的酒液，会产生过多的脂肪酸和乙酸乙酯，也使糖含量偏高。啤酒中脂肪酸含量高，形成不愉快的异香味；此外，啤酒污染红酵母属酵母后，也会导致啤酒总酸偏高，双乙酰难还原，也会使酵母的死灭温度高。

实验中发现：被污染过的发酵液总酸偏高，双乙酰还原缓慢，易浑浊，伴有不愉快的气味；被污染的麦汁在27℃培养48h后，变混浊，而未污染的麦汁在27℃培养48h仍是澄清的。

红酵母属酵母的污染渠道：红酵母属酵母的污染渠道很多，最主要的是风、原料、管道、回收酵母等。

控制红酵母属酵母的污染，酿造车间要保持清洁卫生，对糖化和酿造系统的风、管道、发酵罐、清酒罐严格杀菌，定期更换杀菌剂，这样可比较有效地防止红酵母属酵母对啤酒的污染。

五、假丝酵母属

假丝酵母属（Candida）在分类上属于半知菌亚门、芽孢纲、隐球酵母目、隐球酵母科。

假丝酵母属的菌在麦芽汁琼脂培养基上，菌落质地呈黏稠状，乳白色，平坦，边缘整齐或有菌丝状。在加盖玻片的玉米粉琼脂培养基上有假菌丝或有不典型的假菌丝。无性繁殖行多边芽殖，产生芽孢子，有性繁殖不产生子囊孢子。

假丝酵母能利用正烷烃为碳源进行石油发酵脱蜡，并产生有价值的产品。其中氧化正烷烃能力较强的有解脂假丝酵母（*C. lipolytica*）或热带假丝酵母（*C. tropicalis*）。有些种类可利用农副产品、糖蜜、工业废水等生产富含蛋白质和维生素的食用和饲料蛋白，如产朊假丝酵母（*C. utilis*，又名产朊圆酵母或食用圆酵母）和热带假丝酵母；个别种类能引起人或动物的疾病，如白色假丝酵母（*C. albicans*，又名白色念珠菌）通常存在于正常人口腔、上呼吸道、肠道及阴道中，当机体免疫功能或一般防御力下降时可引起疾病。

六、球拟酵母属

球拟酵母属（*Torulopsis*）在分类上属于半知菌亚门、芽孢纲、隐球酵母目、隐球酵母科。

球拟酵母属在麦芽汁琼脂培养基上菌落为乳白色，表面皱褶，无光泽，边缘整齐或不整齐，不产色素。细胞为球形、卵形或略长形，无假菌丝或仅有很原始的假菌丝，营养繁殖为芽殖。

有些种具有发酵能力，用于生产不同比例的甘油、甘露醇和赤藓醇以及有机酸和油脂，在适宜条件下能将40%的糖转化为多元醇。因为甘油是重要的化工原料，所以这个属的酵母菌是工业中的重要种类。其代表菌种为白色球拟酵母（*T. candida*）。

本属菌具有耐高渗透压的特性，可在高糖或高盐浓度的基质如蜜饯、蜂蜜等食品上生长。如杆状球拟酵母（*T. bacillaris*）。

第四章
微生物生理学

第一节 微生物的营养

　　微生物个体小且比表面积大的特点，使得微生物存在一个巨大的与环境交流的接受面。正是因为这样，微生物在其生命活动过程中，可以有选择性地从外界自然环境吸收营养物质，并加以分解利用，同时向外界释放代谢产物。这种微生物从环境中吸收并利用营养物质的过程称为营养（nutrition），满足其生长繁殖和各种生理代谢活动所需的物质称为营养物质（nutrient）。微生物对各种营养物质的需求量及吸收方式不同，各营养物质的生理功能也不尽相同。因此，实验室或发酵工业中通常配制不同培养基以满足不同微生物对营养物质的需求。

一、微生物细胞的化学组成

（一）微生物细胞的化学元素组成

　　微生物细胞的化学元素组成与其他生物细胞基本相同，都含有碳（C）、氢（H）、氧（O）、氮（N）、磷（P）、硫（S）、钾（K）、钠（Na）、钙（Ca）、镁（Mg）、氯（Cl）、铁（Fe）等主要元素，占细胞干重的97%。同时微生物细胞内也含有一些微量元素，例如锰（Mn）、锌（Zn）、钴（Co）、钼（Mo）、镍（Ni）及铜（Cu）等。各类元素的比例常因微生物的种类、菌龄及培养条件的不同而在一定范围内变化（表4-1）。

表4-1 微生物细胞中各主要元素含量（以干重计） %

微生物种类	C	O	N	H
细菌	50	20	15	8.0
酵母菌	50	32	12	6.0
霉菌	48	40	5.0	7.0

（二）微生物细胞的化合物组成

不同元素组成微生物细胞中化学物质并进一步形成相应的大分子化合物。微生物细胞的化学物质组成与其他生物细胞并没有本质上的差异。其细胞中的各类化学元素主要以有机物、无机物以及水的形式存在于细胞中（表4-2）。其中水分占微生物细胞质量的70%～90%。

表4-2 组成微生物细胞物质的主要组分含量（以干重计） %

微生物种类	蛋白质	糖类	脂类	核酸	灰分
细菌	50～80	12～18	5.0～20	10～20	2.0～30
酵母菌	32～75	27～63	2.0～15	6.0～8.0	3.8～7.0
霉菌	14～15	7.0～40	4.0～40	1.0	6.0～12

除去水分后即为干物质，其中90%左右的干物质是有机物，包括：蛋白质、糖类、脂类、核酸、维生素等。剩余10%左右的干物质是无机物（也称为灰分或矿质元素），指与有机物相结合或单独存在于细胞中的无机盐等物质。

二、营养物质及其生理功能

微生物的营养要求与摄食型的动物（包括人类）和光合自养型的绿色植物十分接近，它们之间存在着"营养需求上的统一性"。在元素水平上都需要20种左右，在营养物质水平上都需要碳源、氮源、能源、生长因子、无机盐和水这六种营养要素。组成微生物细胞的化学元素均来自微生物从外界环境中所摄取的营养物质，并且细胞中某种元素含量越高，则微生物对这种元素的需要量也越大。

（一）碳源

1.生理功能

一切满足微生物生长繁殖所需碳元素的营养物质，称为碳源（carbon source）。微生物细胞的含碳量约占细胞干重的50%，因此除水分外，碳源是微生物需要量最大的营养物。碳源的生理功能主要是构成细胞组分，对于化能异养微生物来说，碳源还可作为能源物质为其提供能量。

2.碳源谱

根据碳元素来源的不同，可将碳源物质分为有机和无机碳源物质两种，如表4-3所示。

表4-3　微生物的碳源谱

类型	元素水平	化合物水平	培养基原料水平
有机碳	$C \cdot H \cdot O \cdot N \cdot X$	复杂蛋白质、核酸等	牛肉膏、蛋白胨、花生饼粉等
	$C \cdot H \cdot O \cdot N$	多数氨基酸、简单蛋白质等	一般氨基酸、明胶等
	$C \cdot H \cdot O$	糖类、有机酸、醇、脂类等	葡萄糖、蔗糖、各种淀粉、糖蜜等
	$C \cdot H$	烃类	天然气、石油及其不同馏分、石蜡油等
无机碳	$C \cdot O$	CO_2	CO_2
	$C \cdot O \cdot X$	$NaHCO_3$、$CaCO_3$等	$NaHCO_3$、$CaCO_3$、白垩等

注：X指C、H、O、N外的其他任何一种或几种元素。

从表4-3中可以看出，从元素水平、化合物水平直至培养基原料水平来看，微生物的碳源谱是非常广泛的，且大大超过了动物界或植物界所能利用的范围。有人认为，至今人类已发现或合成的1亿种有机物几乎都能被微生物分解或利用，从简单的无机含碳化合物例如二氧化碳、碳酸盐等，到复杂的天然有机碳化合物例如糖类、脂类、蛋白质等，都可作为微生物的碳源物质。

不同的微生物对不同碳源的分解和利用情况是不一样的。自养微生物以无机碳源作为唯一或主要碳源。例如具有光合色素的蓝细菌、绿硫细菌、紫硫细菌等可利用太阳光能将二氧化碳还原成糖类，一些化能自养型微生物例如硝化细菌和硫化细菌，还可利用无机物作为氢供体来还原二氧化碳同时产生能量。然而异养微生物，包括绝大多数细菌以及全部真菌，是以各种有机碳化合物作为碳源的。这些有机碳源物质被微生物吸收后，先降解为小分子前体，同时产生能量，再用于代谢产物的合成，也可彻底氧化生成二氧化碳和能量，因此有机碳源物质既能提供碳素营养又能提供能量，被称为"双功能"营养物。此外，一些对其他生物有毒的含碳化合物，例如氰化物、酚等，也能被个别种类的微生物利用，这类微生物常被用于处理工业上的"三废"。

在各种形式的碳源物质当中，"$C \cdot H \cdot O$"型碳源是异养微生物的最适碳源，其中糖类利用最广泛，其次是有机酸和醇类。此外，几乎所有微生物都能利用葡萄糖和果糖等单糖，从微生物对碳源的利用率角度来看，单糖优于双糖（蔗糖、麦芽糖等）和多糖（淀粉、纤维素等）。

3.常用的碳源物质

实验室中常用的碳源主要有葡萄糖、果糖、蔗糖、麦芽糖、淀粉，其次是有机酸、醇和脂类等。在发酵工业中，常用的碳源大多来自农副产品，主要有玉米粉、米糠、麦麸、马铃薯、糖蜜以及各种野生植物的淀粉等，习惯上把它们当作碳源使用，实际上它们却几乎包含了微生物所需的全部营养要素，只是各要素间的比例不一定合适而已。

（二）氮源

1.生理功能

凡能提供微生物生长繁殖所需氮元素的营养源称为氮源（nitrogen source）。氮元素占微生物干重的5%～15%，是构成重要生命物质（如蛋白质和核酸等）的主要元素。

2.氮源谱

与碳源谱类似，氮源谱也是非常广泛的（表4-4），从微生物所能利用的氮源种类来看，可分为3种类型。① 分子态氮（N_2）：存在于空气中，只有少数固氮微生物（例如固氮菌和根瘤菌）能利用。② 无机氮化合物：如铵态氮（NH_4^+）、硝态氮（NO_3^-）和简单的有机氮化合物（如尿素），可被大多数微生物利用。其中尿素需经微生物先分解成铵态氮以后再加以利用。③ 有机氮化合物：大多数寄生性微生物和一部分腐生性微生物需以有机氮化合物（蛋白质、氨基酸）为必需的氮素营养。氨基酸能被微生物直接吸收利用，而蛋白质等复杂的有机氮化合物则需先经微生物分泌的胞外蛋白酶水解成氨基酸等简单小分子化合物后才能被吸收利用。

与碳源物质不同的是，氮源物质一般仅可为微生物提供氮素来源用以合成细胞中的含氮物质，不可作为能源物质。只有少数自养微生物能利用铵盐、硝酸盐同时作为氮源与能源，例如硝化细菌和亚硝化细菌可从NH_3和NO_2^-等还原态无机氮化合物的氧化过程中获得能量。因此对于硝化细菌来说，NH_3和NO_2^-是双功能营养物质。一般来说，在各种形式的氮源物质中，异养微生物对氮源的利用顺序为：N·C·H·O·X与N·C·H·O类优于N·H类，更优于N·O类，最不易被微生物利用的是N类。

表4-4　微生物的氮源谱

类型	元素水平	化合物水平	培养基原料水平
有机氮	N·C·H·O·X	复杂蛋白质、核酸等	牛肉膏、酵母膏、饼粕粉、蚕蛹粉等
	N·C·H·O	尿素、一般氨基酸、简单蛋白质等	尿素、蛋白胨、明胶等
无机氮	N·H	NH_3、铵盐等	$(NH_4)_2SO_4$等
	N·O	硝酸盐等	KNO_3等
	N	N_2	空气

3.常用的氮源物质

实验室中常用蛋白胨、牛肉膏、酵母浸汁等作为氮源。在发酵工业中，常用鱼粉、蚕蛹粉、各种饼粉（例如豆饼粉、花生饼粉）、血粉、玉米浆等作为氮源。

（三）能源

凡能为微生物提供最初能量来源的营养物或辐射能称为能源（energy source）。微生物的能源谱为：

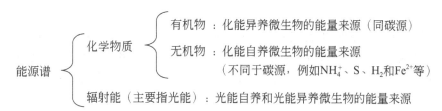

对于化能异养微生物来说能源就是碳源，因此它们的能源谱十分简单。化能自养微生物的能源十分独特，一般是以一些还原态的无机物为能源，例如NH_4^+、NO_2^-、S、H_2S、H_2和Fe^{2+}等，一般是原核微生物，包括亚硝酸细菌、硝酸细菌、硫化细菌、硫细菌、氢细菌和铁细菌等。而光能自养和异养微生物则利用太阳光作为能源。

（四）生长因子

生长因子（growth factor）是指维持微生物正常生命活动不可缺少的，且微生物不能自行合成的微量有机营养物质。微生物对生长因子的需要量一般很少，然而缺乏就会影响各种酶的活性，导致新陈代谢不能正常进行。狭义的生长因子一般仅指维生素，与微生物生长相关的维生素主要是B族维生素，只有少数微生物需要维生素K。广义上的生长因子除了包含维生素外，还包括了碱基（嘌呤、嘧啶）、卟啉及其衍生物、胺类、$C_4 \sim C_6$的分支或直链脂肪酸，有时还包括氨基酸营养缺陷突变株所需要的氨基酸。生长因子的功能主要是两个方面：① 合成微生物细胞的前体物质，例如嘌呤、嘧啶用于合成核酸，氨基酸用于合成蛋白质或酶；② 调节代谢，维持正常的生命活动，例如许多维生素和碱基是各种酶的辅基或辅酶成分，直接影响酶的活性。

值得注意的是，自然界中并不是所有微生物都需要生长因子，自养型细菌和大多数腐生型细菌、多数真菌和放线菌都能自己合成许多生长辅助物质，不需要从外界吸收任何生长因子就能正常生长发育，如大肠杆菌，这类微生物属于生长因子自养型微生物（auxoautotroph）。某些微生物需要从外界吸收多种生长因子才能维持正常生长，例如乳酸菌、各种动物致病菌、原生动物和支原体等，这类微生物称为生长因子异养型微生物。其中乳酸菌需要多种维生素、流感嗜血杆菌（*Haemophilus influenzae*）需要卟啉及其衍生物作为其生长因子。少数微生物在其代谢活动中，能合成并大量分泌某些维生素等生长因子，常作为有关维生素的生产菌种，这类微生物称为生长因子过量合成型微生物。例如阿舒假囊酵母（*Eremothecium ashbya*）或棉阿舒囊霉（*Ashbya gossypii*）可用于生产维生素B_2等。

在配制培养基时，一般可用生长因子含量丰富的天然物质作为原料以保证微生物对它们的需要，例如酵母膏、蛋白胨、麦芽汁、玉米浆、动植物组织或细胞浸液以及微生物生长环境的提取液等物质。

（五）无机盐

无机盐（mineral salt）或矿质元素是微生物生长必不可少的一类营养物质，占细胞干重的3% ~ 10%，是微生物细胞结构物质不可缺少的组成成分。按照微生物细胞对无机盐需要量的多少，可将无机盐分为两大类。生长所需浓度在$10^{-4} \sim 10^{-3}$mol/L范围内的元素称为大量元素（macroelements），包括P、S、K、Mg、Na、Ca和Fe；生长所需浓度在$10^{-8} \sim 10^{-6}$mol/L范围内的元素称为微量元素（microelements，trace elements），如Cu、Zn、Mn、Mo、Co、Ni、Sn、Se、B、Cr等。

无机盐在机体中的生理功能主要是：① 构成细胞的组成成分，如磷是核酸的组成元素之一；② 作为酶活性中心的组成部分或酶的激活剂，例如铁是过氧化氢酶、细胞色素酶的组成成分，钙是蛋白酶的激活剂；③ 调节微生物生长的物理化学条件，包括维持生物大分子和细胞结构的稳定性、调节并维持细胞的渗透压平衡、控制细胞的氧化还原电位等，例如磷酸盐是重要的缓冲剂；④ 作为某些微生物生长的能源物质，例如硫细菌以硫作为能源。

在配制微生物培养基时，对于大量元素，可加入相关化学试剂，例如K_2HPO_4及$MgSO_4$，可同时提供4种大量矿质元素。对于微量元素，一般不需添加，因为在水中、化学试剂中、玻璃器皿或其他天然成分的杂质中已含有可满足微生物生长需要的各种微量元素。

（六）水

水是细胞生命活动必不可少的物质，微生物不能脱离水而生存，不同种类微生物细胞含水量不同。细菌、霉菌和酵母菌的营养体含水量分别为80%、75%和85%左右，霉菌孢子约含39%的水分，而细菌芽孢核心部分的含水量则低于30%。同种微生物处于发育的不同时期或不同的环境时其水分含量也有差异，幼龄菌含水量高于衰老的菌体或其休眠体。微生物细胞内的水分主要以结合水和自由水两种形式存在，二者生理作用不同。结合水与细胞中其他物质紧密结合，直接参与细胞结构组成；自由水通常以游离态存在，可作为溶剂，不仅可以帮助水溶性物质进出细胞，还为细胞内新陈代谢提供液态环境。总体来说，水在微生物细胞中的生理功能包括：① 细胞的重要组成成分，占微生物细胞鲜重的70%～90%；② 起到溶剂与运输介质的作用，营养物质的吸收与代谢产物的分泌必须以水为介质才能完成；③ 参与细胞内一系列化学反应；④ 维持蛋白质、核酸等生物大分子稳定的天然构象；⑤ 维持细胞内渗透压稳定；⑥ 充足的水分可维持细胞正常形态；⑦ 比热容高，是热的良好导体，能有效吸收代谢过程中放出的热并散发出去，避免细胞内温度突然升高，起到有效控制细胞内温度变化的作用。

三、微生物的营养类型

微生物的营养类型通常按照能源以及碳源的不同来分类。根据微生物代谢所需能量来源的不同，可分为光能营养型（phototroph）和化能营养型（chemotroph），其中光能营养型吸收光能来维持其生命活动，而化能营养型则是利用所吸收营养物质产生的化学能进行能量代谢。根据所需碳源的不同，可将微生物分为自养型（autotroph）和异养型（heterotroph），其中自养型微生物以无机碳化合物（如CO_2、碳酸盐）为碳源，异养型微生物以有机碳化合物为碳源。将碳源和能源结合起来可将微生物分为4种营养类型：光能自养型、光能异养型、化能自养型和化能异养型，它们的区别见表4-5。

表4-5　微生物四种营养类型比较

营养类型	能源	氢供体	基本碳源	实例
光能自养型	光	无机物	CO_2	蓝细菌、紫硫细菌、绿硫细菌、藻类
光能异养型	光	有机物	CO_2及简单有机物	红螺菌科的细菌（即紫色非硫细菌）
化能自养型	无机物[①]	无机物	CO_2	硝化细菌、硫化细菌、铁细菌、氢细菌、硫黄细菌等
化能异养型	有机物	有机物	有机物	绝大多数细菌、全部放线菌真菌和原生动物

① NH_4^+、NO_2^-、S、H_2S、H_2、Fe^{2+}等。

（一）光能自养型

光能自养型微生物也称为光能无机营养型微生物，这类微生物利用光能作为能源，通过光合磷酸化将光能转化为化学能（ATP）供细胞利用，以CO_2作为唯一碳源或主要碳源，以无机物（水、硫化氢、硫代硫酸钠等）作为氢供体，还原CO_2以合成细胞生长所需的复杂有机物质。这类微生物主要是一些蓝细菌、紫硫细菌、绿硫细菌等少数具有光合色素（例如叶绿素等）的微生物，一般分布于水质较清、可透光等的湖水中。以蓝细菌、绿硫细菌为例，还原CO_2的供氢体分别是H_2O和H_2S，并在还原过程中分别产生O_2和单质S，反应式如下。

$$蓝细菌 \quad CO_2 + \boxed{2H_2O} \xrightarrow[\text{叶绿素}]{\text{光}} \boxed{[CH_2O]} + H_2O + O_2\uparrow$$

$$绿硫细菌 \quad CO_2 + \boxed{2H_2S} \xrightarrow[\text{菌绿素}]{\text{光}} \boxed{[CH_2O]} + H_2O + 2S$$

（氢供体；有机物）

（二）化能自养型

化能自养型微生物也称为化能无机营养型微生物，它们既不依赖阳光，也不依赖有机营养物，可完全生活于无机环境中，利用CO_2或可溶性碳酸盐（CO_3^{2-}）作为唯一碳源或主要碳源，生长所需能量来自无机物氧化过程中释放的化学能，利用化学能还原CO_2或可溶性碳酸盐（CO_3^{2-}）合成有机物质，供氢体是某些特定的无机物，如NH_3、NO_2^-、H_2S、H_2、Fe^{2+}等。这类微生物包括硝化细菌（Nitrifying bacteria）、硫化细菌（Sulfide bacteria）、铁细菌（Iron bacteria）、氢细菌（Hydrogen bacteria）等，都是原核微生物，一般分布于土壤和水体中，对自然界中无机营养物的循环起重要作用。例如甲烷细菌可利用H_2还原CO_2产生甲烷，反应式如下。

$$CO_2 + 4H_2 \longrightarrow CH_4 + 2H_2O$$

（三）光能异养型

光能异养型微生物也称光能有机营养型，是以光能作为能源，以有机物作为氢供体和碳源，还原CO_2，合成其细胞中有机物质的一类微生物。以红螺菌（*Rhodospirillum rubrum*）为例，其以简单有机物异丙醇为氢供体，在光照厌氧条件下能够进行光合作用，还原CO_2并积累丙酮，反应式如下。

$$2[CH_3]_2CHOH + CO_2 \xrightarrow[\text{菌绿素}]{\text{光能}} 2CH_3COCH_3 + [CH_2O] + H_2O$$

（四）化能异养型

化能异养型微生物也称为化能有机营养型微生物，利用有机物作为能源和碳源，能源来自有机物氧化磷酸化产生的ATP，碳源和氢供体来自有机化合物。自然界中绝大多数细菌、全部的放线菌和真菌以及原生动物都属于化能异养型。主要反应式如下。

$$C_6H_{12}O_6 + 6O_2 \longrightarrow 6CO_2 + 6H_2O + 能量$$

根据生态习性又可将此类微生物分为腐生型和寄生型两种。其中腐生型微生物可以从无生命（或休眠）的有机物获得营养物质，这类微生物主要指引起食品腐败变质的某些霉菌和细菌，例如梭状芽孢杆菌、毛霉、根霉、曲霉等。寄生型微生物必须寄生在活的有机体内，从寄主体内获得营养物质，使机体致病甚至死亡，例如多数病原微生物。

值得注意的是，上述营养类型的划分并非绝对的，自养和异养型之间、光能和化能型之间存在一些过渡类型。例如氢细菌就是一种兼性自养型微生物，在完全无机的环境中进行自养生活，利用氢气的氧化获得能量，将CO_2还原合成细胞物质，但环境中如果存在有机物时又能直接利用有机物进行异养生活。

四、营养物质的吸收

微生物在其生命活动过程中，不断有选择性地从外界自然环境中吸收营养物质，并将体内代谢物排出，这种选择性是通过微生物细胞膜来实现的。细胞膜上有含水小孔，其大小和形状对被扩散的营养物质分子的种类、大小有一定的选择性，一般分子量小、脂溶性和极性小的物质容易吸收。微生物细胞膜运送营养物质有4种方式，即单纯扩散、促进扩散、主动运输和基团移位。

（一）单纯扩散

单纯扩散（simple diffusion）也称为被动扩散（passive diffusion），是细胞膜进行内外物质交换最简单的一种方式。营养物质通过其分子的随机运动透过微生物的细胞膜，膜内外营养物质的浓度不同，由高浓度区向低浓度区扩散（顺浓度梯度），这是一种非特异性的、单纯的物理扩散作用，不需要任何载体蛋白（渗透酶）和能量的参与，扩散速度较慢，扩散的物质也不会发生改变。随着时间推移，扩散速度越来越慢，最后细胞膜内外两侧营养物质浓度趋于平衡，此时浓度梯度消失，达到动态平衡状态（图4-1）。通过单纯扩散的营养物质主要是一些小分子物质，例如一些气体（CO_2、O_2）、水、某些无机离子以及一些水溶性小分子（甘油、乙醇和氨基酸等）。

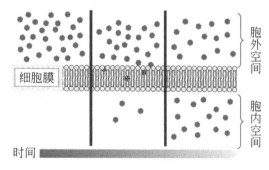

图4-1　单纯扩散过程

（二）促进扩散

促进扩散（facilitated diffusion）也称为协助扩散，其基本原理与被动扩散相似，也是一种被动的物质跨膜运输方式，运输过程依赖于细胞膜内外营养物质浓度差的驱动，顺浓度梯度进行，在扩散过程中不需要消耗能量。与被动扩散不同的是，促进扩散需要载体蛋白（carrier protein）参与，这些载体蛋白也称为渗透酶（permease），是一种存在于细胞膜上的蛋白质，它们具有专一性，每一种载体蛋白都可以特异性地选择与其相对应的营养物质并在接受位点与其结合，然后释放到细胞内，由于载体蛋白的参与，营养物质的运输速度与单纯扩散相比有大幅度提高（图4-2）。促进扩散是可逆的，它也可以把细胞内浓度较高的某些营养物运送至细胞外。通过促进扩散进入细胞的营养物质主要有氨基酸、单糖、维生素及无机盐等，例如酵母菌对糖的运输、细菌对甘油的运输、产芽孢细菌将钙离子运输进芽孢等都属于这类运输方式。

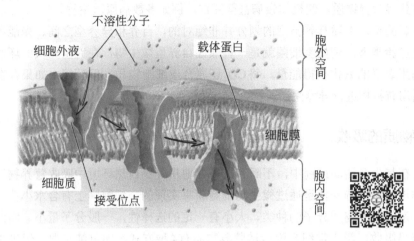

图4-2　促进扩散过程

（三）主动运输

主动运输（active transport）是微生物吸收营养物质的主要方式，指一类须提供能量（ATP等）并通过细胞膜上特异性载体蛋白将膜外环境中低浓度区溶质运送入膜内高浓度区的运输方式。与促进扩散不同，主动运输过程中载体蛋白需要消耗能量对营养物质进行逆浓度梯度运输，因而可以在低浓度的营养物环境中吸收营养物，这对于贫养菌（oligophyte）的生存极为重要。这种方式运送的营养物主要有无机离子（例如细胞膜对Na^+、K^+的转运）、氨基酸和一些糖类（如乳糖、蜜二糖或葡萄糖）等，如大肠杆菌对乳糖、阿拉伯糖、氨基酸、核苷酸等物质的吸收。以调节细胞内外Na^+、K^+浓度的钠钾泵（Na^+，K^+ pump）为例（图4-3），钠钾泵即为$Na^+ \sim K^+$-ATP酶，当ATP与它接触时，ATP分解为ADP和磷酸，释放出能量供钠钾泵利用。钠钾泵可逆浓度梯度泵出Na^+，同时泵入K^+，这一过程需要消耗ATP。

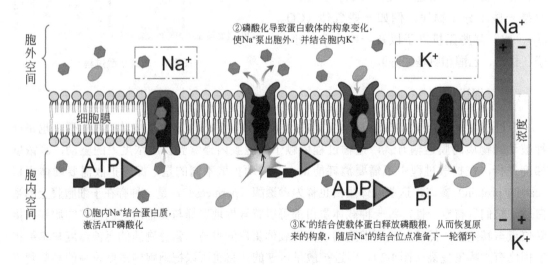

图4-3　钠钾泵转运细胞内外Na^+及K^+的过程

（四）基团移位

基团移位（group translocation）是一种特殊类型的主动运输，与主动运输相同的是，基团移位过程也需要特异性载体蛋白与能量的参与，可逆浓度梯度进行营养物质的转运。然而不同的是，营养物质在转运前后会发生化学结构变化，消耗的能量不是来源于ATP，而是由磷酸烯醇式丙酮酸（PEP）提供，具体过程如图4-4所示。

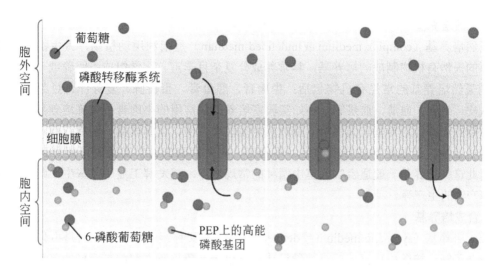

胞外空间
葡萄糖
磷酸转移酶系统
细胞膜
胞内空间
6-磷酸葡萄糖
PEP上的高能磷酸基团

图4-4 基团移位过程

PEP上的高能磷酸基团被转移给葡萄糖形成6-磷酸葡萄糖，紧接着进入胞内，进入后不能再被运出细胞膜外。参与转运的磷酸转移酶系统是由两种酶（E-Ⅰ和E-Ⅱ）和一个低分子量的热稳定蛋白（HPr）组成，其中E-Ⅰ、E-Ⅱ是催化糖磷酸化的酶，对糖的识别力高，属于诱导酶。E-Ⅰ和HPr均存在于细胞质中，E-Ⅱ结构多变，常由3个亚基或结构域组成。PEP起着高能磷酸键载体的作用。当微生物在含有葡萄糖的培养基中进行培养时，可诱导生成相应的E-Ⅱ，催化将磷酸基团从P-HPr转移到葡萄糖的反应过程中，形成6-磷酸葡萄糖。E-Ⅱ的变构作用使磷酸化的糖进入细胞。此种转运系统是兼性和专性厌氧微生物吸收糖分的方式，例如大肠杆菌对葡萄糖的吸收、金黄色葡萄球菌对乳糖的吸收过程。

五、培养基的类型及其应用

培养基（culture medium）是指由人工配制的、含有六大营养素且比例合适、供微生物生长繁殖或产生代谢产物所用的营养基质。培养基是微生物学研究的基础，可用于微生物的分离、培养、鉴定以及发酵产物积累等方面。

在选用和设计培养基时，应遵循以下4个原则。① 目的明确。在设计新培养基前，首先要明确配制该培养基的目的，例如，要培养何菌，获取什么产物，用于实验室做科学研究还是用于大规模的发酵生产，做生产中的"种子"还是用于发酵，等等。② 营养协调。对微生物细胞组成元素进行调查或分析，是设计培养基时的重要参考依据。例如，真菌需C/N比较高的培养基，而细菌尤其是动物病原菌需要C/N比较低的培养基等。③ 物理化学条件适宜。这些理化条件包括培养基的pH值、渗透压、水活度和氧化还原电位等。④ 经济节约。

在设计大规模生产用的培养基时，该原则显得十分重要，大体可以从"以粗带精""以野代家""以废代好""以简代繁""以氮代肮""以纤代糖""以烃代粮""以国代进"这几个方面实施经济节约这一原则。

培养基的种类非常多。按照不同分类标准，可将培养基分为若干类型。

（一）根据培养基成分的来源划分

1.天然培养基

天然培养基（complex medium 或 undefined medium）是指利用动植物、微生物或其提取物来源的天然有机物制成的培养基，其营养成分复杂且丰富、化学组成不明确或不恒定。用于配制天然培养基的常见有机物包括：牛肉膏、酵母膏、蛋白胨、麦芽汁、豆芽汁、玉米粉、麸皮、牛乳、血清、血浆等。例如实验室培养细菌常用的牛肉膏蛋白胨培养基、培养酵母菌常用的麦芽汁培养基。天然培养基的优点是取材方便、营养丰富、配制方便、培养效果好、价格低廉，但是化学成分不确定、不稳定，在做精确的科学实验时可能导致数据不稳定。因此这类培养基一般适合实验室中菌种的常规培养，或发酵工业中某些生产菌种的培养和发酵产物的生产等。

2.合成培养基

合成培养基（synthetic medium 或 defined medium）又称组合培养基，它是由化学成分及含量完全了解，按微生物营养要求精确设计后，用所需药品及试剂配制而成的培养基。常用的合成培养基包括：用于分离培养放线菌的淀粉硝酸盐培养基（常称为高氏一号培养基）、用于培养细菌如大肠杆菌的葡萄糖铵盐培养基、用于培养真菌的蔗糖硝酸盐培养基（常称为察氏培养基）。这类培养基的优点是成分精确、重复性好，但是价格较贵、配制麻烦，微生物在其上生长较慢，因此只适用于营养、代谢、生理、生化、遗传、育种、菌种鉴定或生物测定等对定量要求较高的研究工作。

3.半合成培养基

半合成培养基（semi-synthetic medium 或 semi-defined medium）又称半组合培养基，是指一类主要用已知成分和用量的化学试剂、同时还加入了某些未知成分的天然物质配制而成的培养基。换言之，它是在合成培养基中加入天然成分，或在天然培养基中加入已知成分的化学试剂配制而成的，即介于合成培养基与天然培养基之间的一类培养基。例如，培养霉菌的马铃薯蔗糖培养基等。半合成培养基营养成分更加全面均衡，能充分满足微生物对营养物质的需要，因此是实验室和发酵工业最常用的一类培养基。

（二）根据培养基物理状态划分

根据物理状态可将培养基分为液体、固体、半固体培养基三种。

1.液体培养基

液体培养基（liquid medium）是指呈液态的培养基，其中的成分基本上溶于水，不添加任何凝固剂，没有明显固形物。实验室中液体培养基主要用于各种生理、代谢研究和获得大量菌体用；在生产实践上，主要用于发酵工业的大规模生产。

2.固体培养基

在液体培养基中加入适量凝固剂即成固体培养基（solid medium），常用的凝固剂有琼脂、明胶、硅胶等。其中最常用的是琼脂，一般用量为1.5% ～ 2%。琼脂也是最理想的凝固剂，因其一般不易被微生物所分解和利用、在微生物生长的温度范围内能保持固体状态，且透明度好、黏着力强。固体培养基根据固体的性质又可分为4种。

（1）凝固培养基

向液体培养基中加入1.5% ～ 2%的琼脂或者5% ～ 12%的明胶可制成遇热可熔化、冷却后凝固的培养基，这种培养基称为凝固培养基，广泛运用于微生物学的实验工作中。

（2）非可逆性凝固培养基

由血清凝固成的固体培养基或由无机硅胶配制成、凝固后就不能再熔化的固体培养基。其中硅胶培养基专门用于化能自养菌的分离和纯化。

（3）天然固体培养基

由天然固态营养基质制备而成的培养基，常用的固态营养基质有麦麸、米糠、木屑、纤维、稻草粉等。例如食用菌生产常用以植物秸秆纤维粉为主要原料的天然固体培养基。

（4）滤膜

将一种坚韧且带无数微孔（孔径0.22 ～ 0.45μm）的醋酸纤维薄膜制成圆片状覆盖在营养琼脂或浸有培养液的纤维素衬垫上，就形成了具有固体培养基性质的培养条件。滤膜主要用于对含菌量很少的水中微生物进行过滤、浓缩及含菌量测定。

固体培养基广泛运用于科研和生产实践，例如菌种分离、鉴定、菌落计数、检验杂菌、选种、育种、菌种保藏、生物活性物质的生物测定，获取大量真菌孢子，以及用于微生物的固体培养和大规模生产等。

3. 半固体培养基

半固体培养基（semi-solid medium）是在液体培养基中加入少量凝固剂而制成的坚硬度较低的固体培养基，一般常用的琼脂浓度为0.2% ～ 0.7%。半固体培养基常用于细菌运动性观察、噬菌体效价测定、微生物趋化性研究、各种厌氧菌的培养以及菌种保藏等。

4. 脱水培养基

脱水培养基（dehydrated culture medium）又称脱水商品培养基或预制干燥培养基，指含有除水以外的一切成分的商品培养基，使用时只要加入适量水分并加以分装、灭菌即可，是一类既有成分精确又有使用方便等优点的现代化培养基。如用于霉菌和酵母菌计数的孟加拉红琼脂培养基等。

（三）根据培养基用途划分

根据培养基的用途可分为基础培养基、加富培养基、选择培养基和鉴别培养基等。

1. 基础培养基

基础培养基（general purpose medium）也称为普通培养基，是根据某一类微生物共同的营养需求而配制的，含有一般微生物生长繁殖所需的基本营养物质，可用于普通微生物的菌体培养，也可作为一些特殊营养培养基的基础成分。常用的基础培养基有牛肉膏蛋白胨培养基、营养肉汤培养基、高氏一号培养基、察氏培养基等。

2. 加富培养基

加富培养基（enriched medium）是在基础培养基中加入某些特殊营养成分（例如血液、血清、酵母浸膏、动植物组织液、生长因子等）来满足某些营养要求比较苛刻的微生物生长而制成的一类营养丰富的培养基。例如某些霉菌缺乏一种或几种氨基酸的合成能力，培养时可在察氏培养基中加入相应的氨基酸或适量的蛋白胨来满足其生长需要。此外，加富培养基还可用来富集和分离微生物，这是因为加富培养基中含有某种微生物需要的特殊营养成分，可使该种微生物在培养基中较其他微生物更快生长，并逐渐富集而占优势，逐步淘汰其他微生物，从而容易达到分离该种微生物的目的。

3.选择培养基

选择培养基（selective medium）是根据某种微生物的特殊营养要求或对某种化学、物理因素的抗性而设计的培养基，具有使混合菌样中的劣势菌变成优势菌的功能，并广泛用于菌种筛选等领域的一类培养基。选择培养基配制时可根据不同的用途选择特殊的营养成分或添加特定的抑制剂，使得它只适合某种或某一类微生物的生长，而抑制另一些微生物的生长繁殖，从而有效分离目的微生物。例如，含有青霉素或链霉素可抑制原核微生物生长；制霉菌素、灰黄霉素可抑制真核微生物的生长等。

选择培养基是19世纪末由荷兰的拜耶林克（M. W. Beijerinck）和俄国的S. N. Vinogradsky发明的，然而在我国12世纪的宋代就已根据红曲霉耐酸和耐高温特性，采用明矾调节酸度和用酸米抑制杂菌的高温培养法，获得了纯度很高的红曲，这实际上就是应用选择培养基的先例。目前常用的选择培养基有4种：① 酵母菌富集培养基；② Ashby无氮培养基（富集好氧性自生固氮菌）；③ Martin培养基（富集土壤真菌）；④ 含糖酵母膏培养基（在厌氧条件下富集乳酸菌用）。

需要注意的是，选择培养基与加富培养基具有一定的相似性，都可用于微生物的分离，而二者区别在于，加富培养基是用来增加所要分离的微生物的数量，使其形成生长优势，从而分离该种微生物，而选择培养基一般是抑制不需要的微生物的生长，使所需要的微生物增殖，从而达到分离所需微生物的目的。

4.鉴别培养基

鉴别培养基（differential medium）是指一种在培养基中加入能与目的菌种的无色代谢产物发生显色反应的指示剂，通过肉眼就能辨别颜色，从而方便地找到目的菌落的培养基，主要用于微生物的分类鉴定和分离，或筛选产生某种代谢产物的微生物菌株。最常见的鉴别培养基是伊红美蓝乳糖（eosin methylene blue，EMB）培养基，这种培养基可用于检查饮用水或食品中是否含有肠道致病菌。伊红和美蓝指示剂，可以抑制革兰氏阳性细菌和一些难培养的革兰氏阴性细菌的生长，不仅如此，大肠杆菌和产气杆菌能发酵乳糖产生混合酸，并和伊红与美蓝结合发生显色反应。其中大肠杆菌能够形成较小的紫黑色菌落，并带有绿色金属光泽，产气杆菌能够形成较大的棕色菌落，而肠道致病菌由于不发酵乳糖则不被着色，呈乳白色菌落，这样根据菌落颜色就可以初步判断待检测样品中是否含有肠道致病菌。其他鉴别性培养基还包括用于测定细菌是否产生硫化氢的硫酸亚铁琼脂培养基，用于临床病原菌检验的麦康凯琼脂（MC）培养基以及沙门氏菌、志贺氏菌琼脂（SS）培养基等。

以上关于选择培养基和鉴别培养基的区分只是人为及理论上的。在实际应用中，这两种功能常结合在一种培养基中，例如上述EMB培养基，既可以鉴别不同菌落，同时又具有可以抑制革兰氏阳性细菌和选择革兰氏阴性细菌的作用。

（四）根据培养基用于生产的目的划分

在发酵工业中，根据培养基的用途和生产阶段的不同又可分为种子培养基和发酵培养基。

1.种子培养基

种子培养基（seed medium）是为保证发酵工业获得大量优质菌种而设计的培养基，目的是在短时间内就能获得大量优良菌种，因此种子培养基的营养总是较为丰富，尤其是氮源比例较高。

2.发酵培养基

发酵培养基（fermentation medium）是为了满足生产菌种大量生长繁殖累积大量代谢产物而设计的培养基。发酵培养基的用量大，因此除了要满足菌体需要的营养物质并适合其积累大量代谢产物之外，还要求原料来源广泛，成本低廉。所以这种培养基一般都比较粗，碳源比例较高。

第二节　微生物的代谢

代谢是新陈代谢（metabolism）的简称，是指微生物细胞与外界环境不断进行物质交换的过程，它是活细胞内一切有序化学反应的总和。新陈代谢是推动生物一切生命活动的动力源和各种生命物质的"加工厂"，是所有生物体表现其生命活动的重要特征之一，贯穿于它们生命活动的始终。

代谢通常分为分解代谢（catabolism）和合成代谢（anabolism）两部分。分解代谢又称异化作用，是指细胞在分解酶的催化下将大分子物质降解成小分子物质，并在这个过程中产生能量和还原力。其中，所产生的能量一部分以热能的形式散失，一部分以高能磷酸键的形式贮存在三磷酸腺苷（ATP）中，主要用于维持微生物的生理活动或供给合成代谢需要，还原力（reducing power）也称还原当量，一般以[H]表示。合成代谢又称同化作用，它的功能与分解代谢正好相反，是指细胞在合成酶系的催化下利用简单的小分子物质合成新的细胞物质、贮藏物、代谢产物等复杂大分子的过程，这个过程需要消耗能量，所利用的小分子物质来源于分解代谢过程中产生的中间代谢物或环境中的小分子营养物质。分解代谢与合成代谢的关系为：

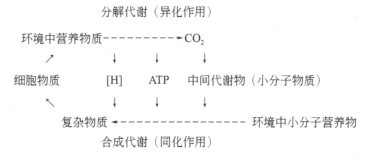

分解代谢为合成代谢提供所需能量、还原力和小分子原料，而合成代谢产生的细胞物质又是分解代谢得以进行的基础。

微生物代谢的特点是：① 由于代谢是酶催化的反应，所以可在温和条件下进行；② 反应步骤繁多，但相互配合、有条不紊、彼此协调，且逐步进行，具有严格的顺序性；③ 对内外环境具有高度的调节功能和适应功能。

微生物细胞内的化学反应离不开酶，微生物能产生2500种不同的酶。酶按国际系统分类法分为氧化还原酶、转移酶（激酶）、水解酶、裂合酶、异构酶和合成酶等6类；按作用部位分为胞外酶和胞内酶。胞外酶是由细胞膜合成，再释放到胞外活动的酶，如各种水解酶；胞内酶是在微生物细胞内起作用的酶；按合成与代谢物的关系分为组成酶（又称固有酶或结构酶）和诱导酶。组成酶在细胞中天然存在，含量稳定，而诱导酶是在特定的诱导物（如酶底物）存在下才能产生的酶。

一切生物，在其代谢的本质上既存在高度的统一性，又存在明显的多样性。前者主要在生物化学课程中介绍，后者即微生物代谢的多样性或特殊性问题，则是本节讨论的重点。

一、微生物的能量代谢

一切生命活动都是耗能反应，因此能量代谢就成了代谢的核心。微生物的生命活动不仅以物质代谢为基础，同时也需要能量，以能量代谢为动力，例如微生物的主动运输、生物合成、细胞分裂、鞭毛运动、分解代谢等都要利用能量。微生物生命活动所需的化学能都是由微生物对环境所提供的能源（或本身储存的能源）进行能量形式的转化而获得的，这种微生物体内的能量转化过程称为微生物的能量代谢。对微生物而言，它们可利用的最初能源包括有机物、还原态无机物和日光辐射三大类，即：

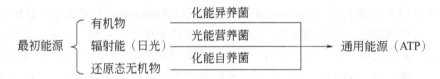

由于粮食和食品上的微生物都是属于化能异养型，这里仅介绍化能异养型微生物能量代谢，即基质（化能异养型微生物为有机物，如葡萄糖）在微生物活细胞内经过一系列连续的氧化反应，逐步分解并释放能量的过程，这是一个产能代谢的过程，又称生物氧化。在生物氧化过程中释放的能量可被微生物直接利用，也可通过能量转换储存在高能化合物（如ATP）中，以便逐步被利用，还有部分能量以热的形式释放到环境中。

（一）化能异养型微生物的产能代谢

化能异养型微生物的生物氧化过程包括底物脱氢（或电子）、递氢（或电子）和受氢（或电子）3个阶段。

1.底物脱氢

葡萄糖作为生物氧化的典型底物，脱氢有4条途径，即EMP途径、HMP途径、ED途径和TCA循环。

（1）EMP途径

EMP途径（Embden-Meyerhof-Parnas pathway）也称为己糖二磷酸途径或糖酵解途径。整个EMP途径大致分为两个阶段10个反应步骤，关键酶是磷酸己糖激酶和二磷酸果糖醛缩酶（图4-5）。第一阶段葡萄糖分子转化成1,6-二磷酸果糖，在醛缩酶的催化下，裂解成2个三碳化合物分子，这是一个能量释放的准备阶段，不涉及氧化还原反应，消耗2分子ATP；第二阶段是3-磷酸甘油醛氧化成1,3-二磷酸甘油酸后，经一系列酶的作用转化成丙酮酸，同时通过底物水平磷酸化产生4分子ATP以及2分子NADH$_2$，总计1分子葡萄糖通过EMP途径合成2分子ATP，产能水平较低。总反应式为：

$$C_6H_{12}O_6+2NAD^++2(ADP+Pi)\longrightarrow 2CH_3COCOOH+2ATP+2NADH_2$$

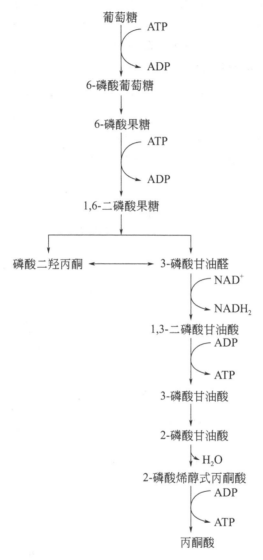

图4-5　EMP途径

EMP途径是绝大多数生物所共有的基本代谢途径，其产能效率虽低，但生理功能很重要：① 供应ATP形式的能量和NADH$_2$形式的还原力；② 作为桥梁连接其他几个重要代谢途径，包括三羧酸（TCA）循环、HMP途径以及ED途径等；③ 为生物合成提供多种中间代谢产物；④ 通过逆向反应可进行多糖合成。

好氧微生物和兼性厌氧微生物在有氧条件下经EMP途径产生的丙酮酸可进一步通过三羧酸（TCA）循环被彻底氧化，生成CO$_2$和水，1分子葡萄糖经EMP途径和TCA循环最终可产生38个分子的ATP。

厌氧微生物及兼性厌氧微生物在无氧条件下经EMP途径生成的丙酮酸可进行乳酸发酵（乳酸菌）或乙醇发酵（酵母菌）等。

（2）HMP途径

HMP途径（hexose monophosphate pathway）又称磷酸己糖途径、磷酸己糖支路、戊糖磷酸途径、磷酸葡萄糖酸途径或WD途径。整个HMP途径可分为三个阶段：第一个阶段为葡萄糖分子通过几步氧化反应产生5-磷酸核酮糖和CO_2；第二个阶段为5-磷酸核酮糖发生结构变化形成5-磷酸核糖和5-磷酸木酮糖；第三个阶段为几种磷酸戊糖在无氧参与的条件下发生碳架重排，产生磷酸己糖和磷酸丙糖（图4-6）。后者既可通过EMP途径转化成丙酮酸而进入TCA循环进行彻底氧化，也可通过二磷酸果糖醛缩酶和二磷酸果糖酶的作用而转化为磷酸己糖。HMP途径的特点是葡萄糖不经EMP途径和TCA循环而得到彻底氧化，并能产生大量$NADPH_2$形式的还原力以及多种重要中间产物，总反应式为：

$$6\ 6\text{-磷酸葡萄糖} + 12NADP^+ + 6H_2O \longrightarrow 5\ 6\text{-磷酸葡萄糖} + 12NADPH_2 + 6CO_2 + Pi$$

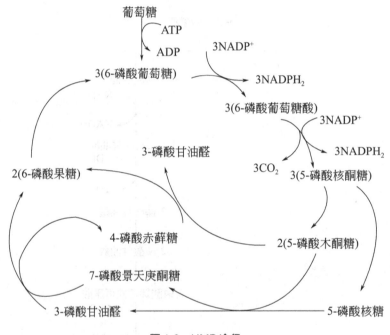

图4-6　HMP途径

在多数好氧菌和兼性厌氧菌中都存在HMP途径，而且通常还与EMP途径同时存在。HMP途径在微生物生命活动中意义重大，主要有：① 供应合成原料。为核酸、核苷酸、NAD（P）$^+$、FAD（FMN）和CoA等的生物合成提供磷酸戊糖；途径中的4-磷酸赤藓糖是合成芳香族、杂环族氨基酸（苯丙氨酸、酪氨酸、色氨酸和组氨酸）的原料。② 产生还原力。产生大量$NADPH_2$形式的还原力，不仅可供脂肪酸、固醇等生物合成之需，还可供通过呼吸链产生大量能量之需。③ 扩大碳源利用范围。为微生物利用$C_3 \sim C_7$多种碳源提供了必要的代谢途径。④ 连接EMP途径。通过与EMP途径的连接（在1, 6-二磷酸果糖和3-磷酸甘油醛处），可以调剂戊糖供需关系。

（3）ED途径

ED途径（Entner-Doudoroff pathway）又称2-酮-3-脱氧-6-磷酸葡糖酸（KDPG）途径。这是存在于某些缺乏完整EMP途径的微生物中的一种替代途径，为微生物所特有，特点是葡萄糖只经4步反应即可快速获得由EMP途径须经10步反应才能形成的丙酮酸。ED途径的总反应式为：

$$C_6H_{12}O_6+ADP+Pi+NADP^++NAD^+ \longrightarrow 2CH_3COCOOH+ATP+NADPH_2+NADH_2$$

这条途径的概貌及其中的关键反应步骤如图4-7和图4-8所示。ED途径的特点是：① 具有一特征性反应，即2-酮-3-脱氧-6-磷酸葡萄糖酸（KDPG）裂解为3-磷酸甘油醛和丙酮酸；② 存在一特征性酶，即KDPG醛缩酶；③ 其终产物2分子丙酮酸的来源不同，其一由KDPG直接裂解形成，另一则由3-磷酸甘油醛经EMP途径转化而来；④ 产能效率低，1分子葡萄糖仅产生1分子ATP。

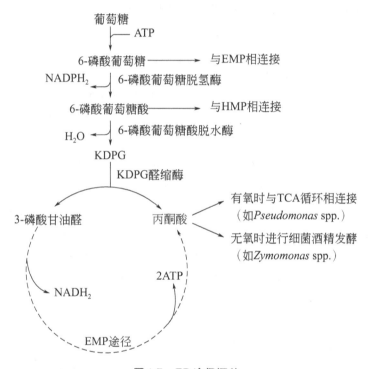

图4-7　ED途径概貌

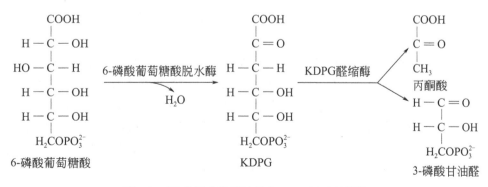

图4-8　ED途径中的关键反应——KDPG的裂解

ED途径是少数EMP途径不完整的细菌所特有的利用葡萄糖的替代途径，也是这类细菌降解葡萄糖的主要途径。由于它可与EMP途径、HMP途径和TCA循环等代谢途径相连，故可相互协调，满足微生物对能量、还原力和不同中间代谢产物的需要。

具有ED途径的细菌有嗜糖假单胞菌、铜绿假单胞菌、荧光假单胞菌、林氏假单胞菌和真养产碱菌等。此外，运动发酵单胞菌（*Zymomonas mobilis*）在本途径中所产生的丙酮酸，可脱羧成乙醛，进一步被$NADH_2$还原为乙醇，这种经ED途径发酵生产乙醇的方法称为细菌乙醇发酵，与酵母菌通过EMP途径形成乙醇的机制不同，可用于工业生产。与传统的酵母菌乙醇发酵相比其优点为代谢速率高、产物转化率高、菌体生成少、代谢副产物少、发酵温度较高以及不必定期供氧等。其缺点则是生长要求的pH值较高（细菌的pH值约为5，酵母菌的pH值约为3），较易染杂菌，并且细菌对乙醇的耐受力比酵母菌低。

（4）TCA循环

TCA循环（tricarboxylic acid cycle）也称为三羧酸循环，又称柠檬酸循环或Krebs循环。由丙酮酸脱羧形成乙酰辅酶A（乙酰-CoA）中的乙酰基氧化成CO_2、H_2O和还原当量的酶促反应的循环系统，该循环的第一步是由乙酰-CoA与草酰乙酸缩合形成柠檬酸。反应物乙酰-CoA（1分子辅酶A和1个乙酰相连）是糖类、脂类、氨基酸代谢的共同的中间产物，进入循环后会被分解最终生成产物CO_2并产生[H]，[H]将传递给NAD^+和FAD，使之成为$NADH_2$和$FADH_2$，$NADH_2$和$FADH_2$携带[H]进入呼吸链，呼吸链将电子传递给O_2产生水，同时偶联电子传递磷酸化产生ATP，提供能量（图4-9）。总反应式为：

$$丙酮酸+4NAD^++FAD+GDP+Pi+3H_2O \longrightarrow 3CO_2+4NADH_2+FADH_2+GTP$$

真核微生物的线粒体和原核微生物的细胞质是TCA循环的场所。

TCA循环特点：① 氧虽不直接参与反应，但TCA循环必须在有氧条件下运转（因为NAD^+和FAD再生时需要氧）；② 每分子丙酮酸可产生4分子$NADH_2$、1分子$FADH_2$和1分子GTP，共相当于15分子ATP，产能效率高；③ TCA循环位于一切分解代谢和合成代谢中的枢纽地位，所产生的多种中间产物不仅可为微生物的生物合成提供各种碳架原料，而且还与人类的发酵生产（如柠檬酸、谷氨酸和琥珀酸发酵生产等）密切相关。

2. 递氢和受氢

储存在微生物细胞内的葡萄糖等有机物中的化学能，经过上述4条途径脱氢后，通过电子传递链（也有可能不需要），最终与氧、无机或有机氧化物等受氢体结合而进一步释放其中的能量。根据递氢特点尤其是在底物进行氧化时电子转移的最终电子受体不同，化能异养型微生物的生物氧化可以分为三个类型：有氧呼吸、无氧呼吸及发酵（图4-10）。

（1）有氧呼吸

以分子氧为最终电子受体的生物氧化过程称为有氧呼吸（aerobic respiration），这是化能异养型微生物最普遍、最重要的生物氧化或产能方式。以有机物作为底物，按常规方式脱氢后，脱下的氢（通常以还原力[H]形式存在）经过完整的电子传递链传递，最终被外源分子氧接受，产生水并释放能量。这是一种递氢和受氢都必须在有氧条件下完成的生物氧化作用，是一种高效的产能方式。以底物葡萄糖为例，通过EMP途径及TCA循环途径脱氢和电子传递链被彻底氧化成CO_2和水，生成38个ATP，其化学反应式为：

$$C_6H_{12}O_6+6O_2+38ADP+38Pi \longrightarrow 6CO_2+6H_2O+38ATP$$

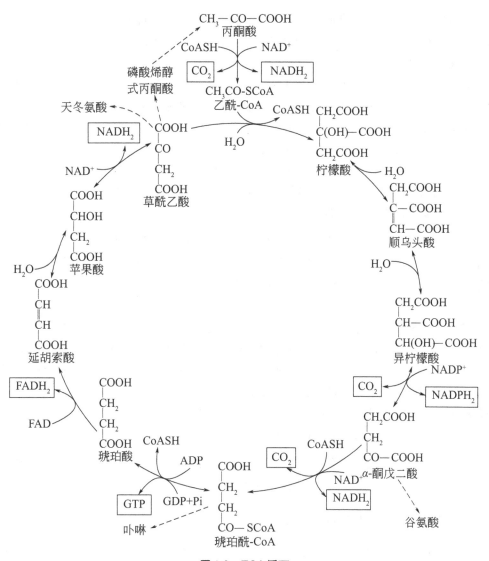

图4-9 TCA循环

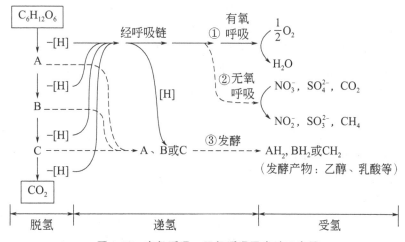

图4-10 有氧呼吸、无氧呼吸及发酵示意图

有氧呼吸是好氧微生物或兼性厌氧微生物在有氧条件下进行的产能方式，其特点是以分子态氧作为最终电子受体和受氢体，基质氧化彻底，产生的能量多。

（2）无氧呼吸

以外源性的无机氧化物（例如硫酸盐、硝酸盐和碳酸盐）或有机物（例如延胡索酸）作为呼吸链末端的最终电子受体的生物氧化过程称为无氧呼吸（anaerobic respiration）。这是一种在无氧条件下进行、产能效率较低的产能方式。以有机物作为底物，按常规方式脱氢后，脱下的氢经过部分呼吸链传递，最终被氧化态的无机物或有机物受氢，并释放能量。根据受氢体的不同，无氧呼吸可分成多种类型：硝酸盐呼吸、硫酸盐呼吸、碳酸盐呼吸、硫呼吸、铁呼吸和延胡索酸呼吸。如脱氮小球菌可利用葡萄糖氧化成CO_2和水，而把硝酸盐还原成亚硝酸盐（故称反硝化作用），反应式为：

$$C_6H_{12}O_6+12NO_3^- \longrightarrow 6CO_2+6H_2O+12NO_2+1.8\times10^6J$$

无氧呼吸是某些厌氧和兼性厌氧微生物在无氧条件下进行的产能方式，其特点是以氧化态的无机物或有机物作为最终电子受体，基质氧化彻底或不彻底，产生能量较少。

（3）发酵

发酵（fermentation）是指在无氧条件下，底物脱氢后所产生的还原力[H]未经电子传递链传递而直接交给某一内源性的中间代谢物受氢，以实现底物水平磷酸化产能的一类生物氧化反应。由于在发酵过程中，电子供体和最终电子受体都是有机化合物的生物氧化过程，实际上是一种基质的氧化不彻底过程。一般发酵类型是根据其主要的产物命名，例如酵母菌利用葡萄糖进行乙醇发酵时，只产生2个ATP，反应式如下：

$$C_6H_{12}O_6+2ADP+2Pi \longrightarrow 2C_2H_5OH+2CO_2+2ATP$$

发酵是某些厌氧和兼性厌氧微生物在无氧条件下进行的产能方式，其特点是以内源性有机物作为最终电子受体，基质氧化不彻底，产能少。

（二）化能异养型微生物的能量转换

在产能代谢过程中微生物可通过底物水平磷酸化和电子传递链磷酸化。将某种物质氧化而释放的能量储存在ATP等高能化合物中。ATP是生物体内能量的主要传递者，是生物界普遍使用的能量物质。ATP分子中含有两个高能磷酸键，均能水解供能。当微生物获得能量后，先将它们转化成ATP，需要能量时，ATP分子上的高能键水解，重新释放出能量。这些能量在体内很好地和起催化作用的酶发生偶联作用，既可利用，又可重新贮存。在pH 7.0的情况下，ATP的自由能变化ΔG是-3×10^4J，这种分子既比较稳定，又能比较容易引起反应，是微生物体内理想的能量传递者。因此，ATP对于微生物的生命活动具有重大的意义。

1.底物水平磷酸化

底物水平磷酸化是指底物在生物氧化的过程中，形成了某些含有高能磷酸键的化合物，而这些化合物可直接偶联ATP或GTP的合成。底物水平磷酸化是微生物捕获能量的一种方式，底物水平磷酸化和氧的存在与否无关，它是以发酵进行生物氧化获取能量的唯一方式。

2.电子传递链磷酸化

物质在生物氧化过程中形成的$NADH_2$和$FADH_2$可通过位于线粒体内膜和细胞膜上的电子传递链将电子传递给氧或其他氧化型物质，在这个过程中偶联ATP的合成，如图4-11所示，这种产生 ATP 的方式称为电子传递链磷酸化。1 分子 $NADH_2$ 和 $FADH_2$ 可分别产生 3 分子和 2 分子 ATP。

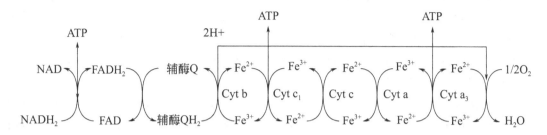

图 4-11　电子传递链与 ATP 产生

微生物从底物脱下的氢和电子向最终电子受体传递过程中，要经过一系列的中间传递体，它们相互"连控"如同链条一样，故称为电子传递链（又称呼吸链或生物氧化链）。电子传递链是由一系列氢和电子传递体组成的多酶氧化还原体系，主要由 $NADH_2$ 脱氢酶、黄素蛋白、琥珀酸、细胞色素还原酶和细胞色素氧化酶等构成。在原核微生物中，其组成酶系位于细胞膜上，在真核微生物中，这些酶系则位于线粒体的基质中，但琥珀酸脱氢酶例外，它位于真核细胞的线粒体内膜或原核细胞的细胞膜上。电子传递链具有 2 种基本功能：① 传递氢和电子；② 将电子传递过程中释放的能量合成 ATP。

（三）化能异养型微生物的耗能代谢

微生物进行的一切生理活动都需要消耗能量，生长时需要消耗能量，不生长时因维持生命状态也需要消耗能量。化能异养型微生物利用生物氧化产生的能量主要用于如下方面。

1. 细胞物质的合成

能量主要用于蛋白质、核酸、脂类和多糖等各种细胞物质和储藏物的合成，使微生物得以生长和繁殖。并且细胞内蛋白质和核酸等大分子的不停降解和合成状态的维持，也需要能量。

2. 其他耗能反应

能量除用于新的细胞组分合成外，其他一些生命活动也消耗能量。如细菌鞭毛的运动、营养物质吸收中主动运输和基团移位、细胞渗透压的维持、生物发光和孢子的释放等也是重要的生物耗能过程。

二、工业发酵

通过发酵，对有些微生物来说可获取其生命活动的能量，而对人类实践来说，就可通过工业发酵手段大规模生产代谢产物。发酵工业上所讲的发酵泛指利用微生物生产工业原料和工业产品的过程，它既可以在有氧条件下（如谷氨酸的发酵）也可以在无氧条件下（如乙醇发酵）进行。由于微生物种类繁多，能在不同条件下对不同物质或对基本相同的物质进行不同发酵。而不同微生物对不同物质发酵时可以得到不同的产物，不同的微生物对同一种物质进行发酵，或同一种微生物在不同条件下进行发酵都可得到不同的产物，这些都取决于微生物本身的代谢特点和发酵条件。现将食品工业中常用的发酵类型及其途径进行介绍。

（一）由EMP途径中丙酮酸出发的发酵

丙酮酸是EMP途径的关键产物，由它出发，在不同微生物中可进入不同发酵途径，例如由酿酒酵母（*Saccharomyces cerevisiae*）进行的酵母菌同型乙醇发酵，由德氏乳杆菌（*Lactobacillus delbruckii*）、嗜酸乳杆菌（*L. acidophilus*）、乳酸乳球菌（*Lactococcus lactis*）和粪肠球菌（*Enterococcus faecalis*）进行的同型乳酸发酵，由谢氏丙酸杆菌（*Propionibacterium shermanii*）等进行的丙酸发酵，由多种肠杆菌进行的混合酸发酵，由产气肠杆菌（*Enterobacter aerogenes*）等进行的2,3-丁二醇发酵，以及由多种厌氧梭菌例如丁酸梭菌（*Clostridium butyricum*）、丁醇梭菌（*C. butylicum*）和丙酮丁醇梭菌（*C. acetobutylicum*）等所进行的丁酸发酵等。现把从EMP途径中关键中间产物丙酮酸出发的6条发酵途径概貌及其相互联系总结在图4-12中。

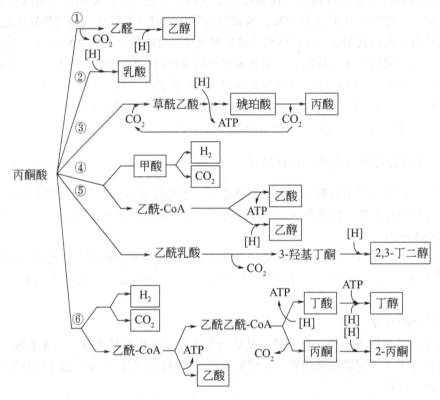

图4-12　自丙酮酸出发的6条发酵途径及其相应最终发酵产物

1.乙醇发酵

乙醇发酵是酿酒工业的基础，它与酿造白酒、果酒、啤酒以及乙醇的生产等有密切关系。进行乙醇发酵的微生物主要是酵母菌，如酿酒酵母等。酵母菌在无氧条件下，将葡萄糖经EMP途径分解为2分子丙酮酸，然后在乙醇发酵的关键酶丙酮酸脱羧酶的作用下脱羧生成乙醛和CO_2，最后乙醛被还原为乙醇。总反应式为：

$$C_6H_{12}O_6 + 2ADP + 2Pi \longrightarrow 2CH_3CH_2OH + 2CO_2 + 2ATP$$

2.同型乳酸发酵

乳酸是细菌发酵最常见的最终产物，一些能够产生大量乳酸的细菌称为乳酸菌。在乳酸发酵过程中，发酵产物中只有乳酸的称为同型乳酸发酵。引起同型乳酸发酵的乳酸菌，称为同型乳酸发酵菌，有双球菌属（*Diplococcus*）、链球菌属（*Streptococcus*）及乳酸杆菌属（*Lactobacillus*）等。其中工业发酵中最常用的菌种是乳酸杆菌属中的一些种类，如德氏乳酸杆菌（*L. delbruckii*）、保加利亚乳酸杆菌（*L. bulgaricus*）、干酪乳酸杆菌（*L. casei*）等。

同型乳酸发酵的基质主要是己糖，同型乳酸发酵菌发酵己糖是通过EMP途径产生乳酸的。其发酵过程是葡萄糖经EMP途径降解为丙酮酸后，不经脱羧，而是在乳酸脱氢酶的作用下，直接被还原为乳酸。总反应式为：

$$C_6H_{12}O_6+2ADP+2Pi \longrightarrow 2CH_3CHOHCOOH+2ATP$$

（二）由HMP途径的发酵

由HMP途径的发酵主要是异型乳酸发酵。凡葡萄糖经发酵后除主要产生乳酸外，还产生乙醇、乙酸和CO_2等多种产物的发酵，称异型乳酸发酵。有些乳酸菌因缺乏EMP途径中的醛缩酶和异构酶等若干重要酶，故其葡萄糖降解须完全依赖HMP途径。能进行异型乳酸发酵的乳酸菌有肠膜明串珠菌（*Leuconostoc mesenteroides*）、乳脂明串珠菌（*L. cremoris*）、短乳杆菌（*Lactobacillus brevis*）、发酵乳杆菌（*L. fermentum*）和两歧双歧杆菌（*Bifidobacterium bifidum*）等，它们虽都进行异型乳酸发酵，但其途径和产物仍稍有差异，因此又被细分为两条发酵途径。

1.异型乳酸发酵的"经典"途径

异型乳酸发酵的"经典"途径（"classical" pathway）常以肠膜明串珠菌为代表。它在利用葡萄糖时，发酵产物为乳酸、乙醇和CO_2，并产生1分子ATP；利用核糖时的产物为乳酸、乙酸，并产生2分子ATP。具体反应如图4-13所示。

2.异型乳酸发酵的双歧杆菌途径

这是一条在20世纪60年代中后期才发现的双歧杆菌（bifidobacteria）通过HMP发酵葡萄糖的新途径。特点是2分子葡萄糖可产3分子乙酸、2分子乳酸和5分子ATP，总反应式为：

$$2C_6H_{12}O_6+5ADP+5Pi \longrightarrow 2CH_3CHOHCOOH+3CH_3COOH+5ATP$$

由上可知，每分子葡萄糖产ATP数在不同乳酸发酵途径中是不同的（表4-6）。

表4-6　同型乳酸发酵与两种异型乳酸发酵的比较

类型	途径	产物/1葡萄糖	产能/1葡萄糖	菌种代表
同型	EMP	2乳酸	2ATP	*Lactobacillus delbruckii*（德氏乳杆菌） *Enterococcus faecalis*（粪肠球菌）
异型	HMP	1乳酸 1乙醇 1CO_2	1ATP	*Leuconostoc mesenteroides*（肠膜明串珠菌） *L. fermentum*（发酵乳杆菌）
		1乳酸 1乙酸[①] 1CO_2	2ATP	*Lactobacillus brevis*（短乳杆菌）
		1乳酸 1.5乙酸	2.5ATP	*Bifidobacterium bifidum*（两歧双歧杆菌）

① 由乙酰磷酸与ADP反应后直接产生乙酸和ATP。

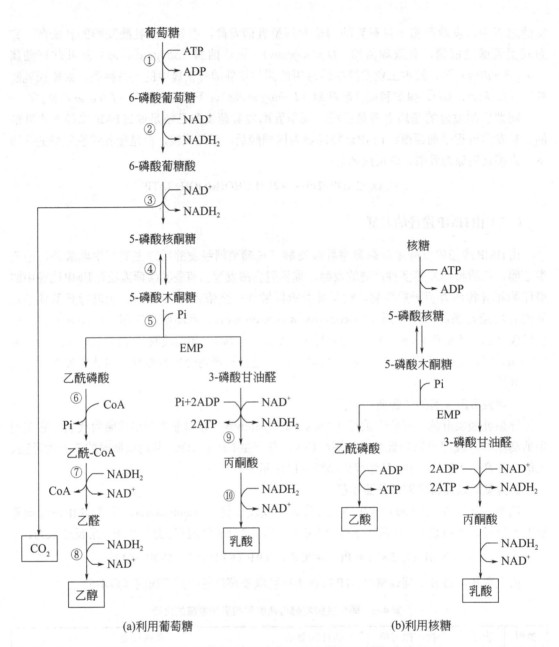

(a)利用葡萄糖   (b)利用核糖

图4-13　肠膜明串珠菌异型乳酸发酵的"经典"途径

（三）由ED途径进行的发酵

通过ED途径的发酵就是指细菌乙醇发酵（详见前述ED途径）。

三、微生物的物质代谢

微生物细胞内的物质代谢是一个完整而统一的过程，这些物质代谢过程密切地相互促进和制约。分解代谢为合成代谢提供能量及原料，合成代谢又是分解代谢的基础，它们在生物体中偶联进行，相互对立而又统一。

（一）微生物的分解代谢

1.糖类物质的分解代谢

自然界中微生物赖以生存的物质主要是糖类物质，食品加工和工业发酵也是以糖类物质为主要碳源和能源物质。以多糖的分解加以说明，多糖包括淀粉、纤维素、果胶等。

淀粉是多种微生物用作碳源的原料。它是葡萄糖的多聚物，有直链淀粉和支链淀粉之分。微生物对淀粉的分解是由微生物分泌的淀粉酶催化进行的。淀粉酶是水解淀粉糖苷键类酶的总称，它的种类有以下几种：① 液化型淀粉酶（又称α-淀粉酶）。这种酶可以任意分解淀粉的α-1,4-糖苷键，而不能分解α-1,6-糖苷键。淀粉经该酶作用以后，黏度很快下降，液化后变为糊精，最终产物为糊精、麦芽糖和少量葡萄糖。由于这种酶能使淀粉液化，淀粉黏度急速下降，故称液化酶，又由于生成的麦芽糖在光学上是α型，所以又称为α-淀粉酶。细菌、霉菌、放线菌中的许多种都能产生这种酶。② 糖化型淀粉酶。这类酶可将淀粉水解为麦芽糖或葡萄糖，故称糖化型淀粉酶。③ β-淀粉酶（又称淀粉1,4-麦芽糖苷酶）。此酶作用方式是从淀粉分子的非还原性末端开始，逐次分解。分解物以麦芽糖为单体，但不能作用于也不能越过α-1,6-糖苷键，这样分解到最后，仍会剩下较大分子的极限糊精。由于生成的麦芽糖，在光学是上β型，所以称为β-淀粉酶。④ 糖化酶（又称淀粉1,4-葡萄糖苷酶、1,6-葡萄糖苷酶）。此酶能作用于α-1,4-糖苷键，也能分解α-1,6-糖苷键，所以最终产物几乎全是葡萄糖。常用于生产糖化酶的菌种有根霉、曲霉等。⑤ 异淀粉酶（又称淀粉1,6-糊精酶）。此酶可以分解淀粉中的α-1,6-糖苷键生成较短的直链淀粉。异淀粉酶用于水解由α-淀粉酶产生的极限糊精和由β-淀粉酶产生的极限糊精。异淀粉酶存在于产气杆菌、中间型埃希氏杆菌、软链球菌、链霉菌等中。

纤维素是葡萄糖由β-1,4-糖苷键组成的大分子化合物。它广泛存在于自然界，是植物细胞壁的主要组成成分。人和动物均不能消化纤维素，但是很多微生物，例如木霉、青霉、某些放线菌和细菌均能分解利用纤维素，原因是它们能产生纤维素酶。纤维素酶是一类纤维素水解酶的总称。纤维素由C_1酶、C_x酶水解成纤维二糖，再经过β-葡萄糖苷酶作用，最终变为葡萄糖。

果胶是植物细胞的间隙物质，使邻近的细胞壁相连，是半乳糖醛酸以α-1,4-糖苷键结合成的直链大分子化合物。其羧基大部分形成甲基酯，而不含甲基酯的称为果胶酸。果胶酶含有不同的酶系，它们在果胶分解中起着不同的作用。果胶首先在果胶酯酶的作用下生成甲醇和果胶酸，然后果胶酸在聚半乳糖醛酸酶的作用下生成半乳糖醛酸。

2.蛋白质及氨基酸的分解

蛋白质是由氨基酸组成的分子巨大、结构复杂的化合物，它们不能直接进入细胞。微生物利用蛋白质，首先分泌蛋白酶至体外，将其分解为大小不等的多肽或氨基酸等小分子化合物后再进入细胞。产生蛋白酶的菌种很多，细菌、放线菌、霉菌等中均有。不同的菌种可以产生不同的蛋白酶，例如黑曲霉主要产生酸性蛋白酶，短小芽孢杆菌产生碱性蛋白酶。不同的菌种可产生功能相同的蛋白酶，同一个菌种也可产生多种性质不同的蛋白酶。

微生物对氨基酸的分解，主要是脱氨作用和脱羧作用。

3.脂肪和脂肪酸的分解

脂肪是脂肪酸的甘油三酯。在脂肪酶作用下，可水解生成甘油和脂肪酸。脂肪酶成分较为复杂，作用对象也不完全一样。不同的微生物产生的脂肪酶作用也不一样。能产生脂肪酶的微生物很多，有根霉、圆柱形假丝酵母、小放线菌、白地霉等。

微生物分解脂肪酸主要是通过β-氧化途径。β-氧化是由于脂肪酸氧化断裂发生在β-碳原子上而得名。在氧化过程中，能产生大量的能量，最终产物是乙酰-CoA。而乙酰-CoA是进入三羧酸循环的基本分子单元。

（二）微生物的合成代谢

微生物利用能量代谢所产生的能量、中间产物以及从外界吸收的小分子物质，合成复杂的细胞物质的过程称为合成代谢。因此，能量、还原力与小分子前体物质是细胞合成代谢的三要素。合成代谢所需要的能量由ATP和质子动力提供。还原力是指还原型的烟酰胺腺嘌呤二核苷酸（NADH$_2$）和烟酰胺腺嘌呤二核苷酸磷酸（NADPH$_2$），它们在糖酵解和TCA循环中生成。产生的NADH$_2$在微生物里有3个去向：第一个是通过发酵使糖分解产生的某些中间产物还原成相应的发酵产物；第二个是通过呼吸链产生ATP；第三个去向是用于细胞物质合成，不过利用细胞物质合成的NADH$_2$通常要先经过转氢酶作用转变成NADPH$_2$之后才被用于细胞物质合成。小分子前体物质通常是指糖代谢过程中产生的中间体碳架物质，这些物质是可以直接用来合成生物分子的单体物质，如磷酸甘油醛、丙酮酸、乙酰-CoA、草酰乙酸等。

微生物的合成代谢主要指与细胞结构、生长和生命活动有关的生物大分子物质的合成，这些物质包括蛋白质、核酸、多糖、维生素及脂类等化合物。在微生物的合成代谢中有许多过程与其他生物是基本相同的，如蛋白质和核酸等物质的合成。这里仅介绍微生物特有的细菌细胞壁物质肽聚糖的合成。

肽聚糖是绝大多数原核微生物细胞壁所含有的独特成分，在细菌的生命活动中有重要功能，是许多重要抗生素如青霉素、头孢霉素、万古霉素等呈现其选择毒力的物质基础。

肽聚糖的合成机制复杂，步骤多，且合成部位几经转移。各类细菌肽聚糖的合成过程基本相同，根据它们反应部位的不同，可分成细胞质中、细胞膜上和细胞膜外3个阶段。

1.在细胞质中合成

在细胞质中由葡萄糖合成肽聚糖的前体物质"park"核苷酸。此反应分2步完成。首先由葡萄糖合成UDP-N-乙酰葡萄糖胺和UDP-N-乙酰胞壁酸（图4-14）。

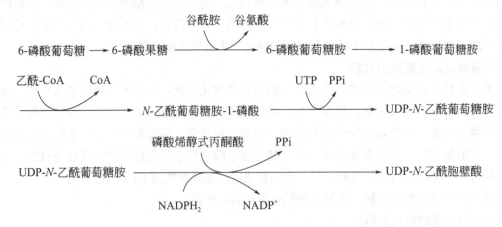

图4-14　UDP-N-乙酰葡萄糖胺和UDP-N-乙酰胞壁酸的合成途径

由UDP-*N*-乙酰胞壁酸合成"park"核苷酸（图4-15）。

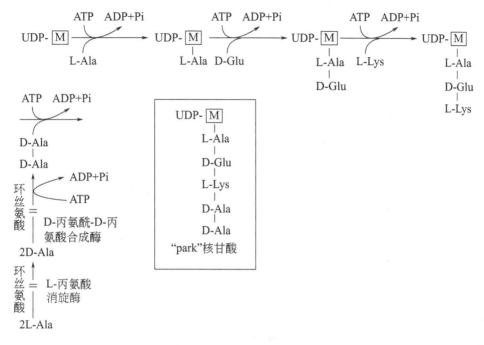

图4-15 金黄色葡萄球菌由UDP-*N*-乙酰胞壁酸合成"park"核苷酸的过程

（在大肠杆菌中，L-Lys被mDAP所代替；M：*N*-乙酰胞壁酸）

2.在细胞膜上合成

由"park"核苷酸合成肽聚糖单体是在细胞膜中进行，要使在细胞质中合成的亲水性化合物"park"核苷酸穿过细胞膜至膜外，并进一步接上*N*-乙酰葡萄糖胺和甘氨酸五肽桥（如果是金黄色葡萄球菌的肽聚糖合成，则有5个甘氨酸接到短肽的L-Lys上），最后把肽聚糖单体插入到细胞壁生长点处，必须依靠一种称为细菌萜醇的类脂载体来运送（图4-16）。类脂载体是十一异戊烯磷酸，它可通过磷酸基与UDP-*N*-乙酰胞壁酸分子的磷酸基相接，使糖的中间代谢物呈现很强的疏水性，从而能顺利通过疏水性很强的细胞膜。

3.在细胞膜外合成

从焦磷酸类脂载体上转移下来的肽聚糖单体，通过两步反应转移到正在延伸的肽聚糖受体（细胞壁）上。一是肽聚糖单体先是插入细胞壁生长点上作为引物的肽聚糖骨架（至少含6～8个肽聚糖单体分子）中，通过转糖基作用使多糖链延伸一个双糖单位；二是通过转肽酶的转肽作用，使肽聚糖上邻近的多糖链之间相互连接起来形成一个完整的网状结构。

一些抗生素能抑制细菌细胞壁的合成，但是它们的作用位点和作用机制是不同的。

（1）环丝氨酸

环丝氨酸与D-丙氨酸结构相似，因此它能够作为D-丙氨酸的拮抗物而影响D-丙氨酰-D-丙氨酸二肽的合成，进而影响"park"核苷酸的合成。

（2）万古霉素

可抑制肽聚糖分子的延长。

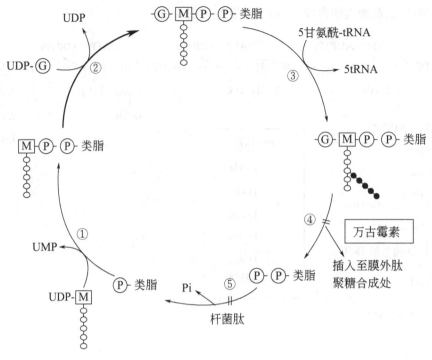

图4-16　在细胞膜上进行的由"park"核苷酸合成肽聚糖单体

（"类脂"即细菌萜醇，G为N-乙酰葡萄糖胺，反应
④与⑤可分别被万古霉素和杆菌肽所抑制）

（3）杆菌肽

由于杆菌肽能够与十一异戊烯-P-P络合，抑制了焦磷酸酶的作用，也就阻止了十一异戊烯磷酸载体的再生，从而使肽聚糖的合成受阻。

（4）青霉素

青霉素是肽聚糖单体五肽尾末端的D-丙氨酰-D-丙氨酸的结构类似物，它们两者可相互竞争转肽酶的活力中心。当转肽酶与青霉素结合后，因前后两肽聚糖单体间的肽桥无法交联，所以只能合成缺乏正常机械强度的缺损"肽聚糖"，从而形成了细胞壁缺损的细胞。

第三节　微生物的生长

微生物在适宜的环境条件下不断地从外界吸收营养物质进行新陈代谢，转化为构成细胞物质的组分和结构，当个体细胞的同化作用超过了异化作用，细胞原生质的量便开始增加，个体质量或体积不断增大，即表现为个体的生长现象。当生长到一定程度便开始分裂，而这种分裂伴随着个体数目的增加即称为繁殖。无分枝的单细胞微生物如细菌的生长，往往伴随着数量的增加，在一般情况下生长和繁殖始终交替进行。从生长到繁殖，是生物的构造和机能从简单到复杂、从量变到质变的发展变化过程，这一过程称为发育。对于分枝的多细胞微生物如某些霉菌来说，细胞分裂后主要表现为菌丝的伸长和分枝，而不是个体数目的增加，也只能称为生长。只有通过形成无性孢子或有性孢子等使个体数目增加，才能称为繁殖。

$$个体生长→个体繁殖→群体生长$$
$$群体生长=个体生长+个体繁殖$$

由于微生物的个体极小且繁殖快，尤其是单细胞微生物（如细菌、酵母菌等）个体生长很难测定，在微生物的研究和应用中，研究其个体生长存在着技术上的困难，因此只有群体的生长才有意义。在微生物学中，提到"生长"一词时，如没有特别说明，一般均指群体生长，这一点与研究大型生物有所不同。

微生物的生长繁殖是其在内外各种环境因素相互作用下的综合反映，生长繁殖的情况可以作为研究各种生理、生化和遗传等问题的重要指标，同时，生产实践中的各种应用以及人类对致病微生物和霉腐微生物的防治与其生长繁殖和抑制密切相关。

一、生长繁殖的测定方法

（一）生长量的测定

通常测定微生物的生长是测定群体的增加量，即测定单位时间里微生物群体数量或生物量（biomass）的变化，适用于绝大多数微生物。微生物生长量的测定可根据菌体细胞数量、菌体体积或质量做直接测定，也可用某种细胞物质的含量或某个代谢活性的强度做间接测定，可根据研究的目的和条件来选择性使用。

1.直接法

（1）质量法

质量法可用于单细胞、多细胞微生物生长的测定，尤其适合于丝状微生物且浓度较高样品生长量的测定，对于细菌来说，一般在实验室或生产实践中较少使用。

此方法包括湿重法和干重法。湿重法是将微生物培养液离心或过滤，收集细胞沉淀物后直接称重。干重法则是在离心或过滤的基础上进行干燥处理后测定，一般干重为湿重的10%～20%。离心法是将待测培养物置于离心管中，用清水离心洗涤1～5次后干燥称重。在过滤法中，实验室针对不同微生物采用的过滤介质不同，一般丝状真菌可用滤纸过滤，细菌选择用醋酸纤维膜等滤膜进行过滤。

当要测定固体培养基上生长的放线菌或丝状真菌，可先加热使琼脂熔化，过滤得菌丝体，再用生理盐水洗涤菌丝，然后按上述方法求出菌丝体的湿重或干重。

（2）测体积法

通过测定一定体积培养液中所含菌体的量来反映微生物的生长状况。这种方法比较粗放、简便、快速，适用于初步比较。取一定量的待测培养液放在有刻度的离心管中，设定离心时间和转速，离心后测出菌体体积。

2.间接法

（1）比浊法

在一定范围内，菌悬液中的细胞浓度与浊度成正比，菌量越大，浊度越高。比浊法主要有两种常用的方法，一是麦氏比浊法，二是分光光度计法。麦氏比浊法是由马克法兰（McFarland）发明的一种利用不同浊度的标准浊度管进行细菌计数的方法。其原理是稀 H_2SO_4 和 $BaCl_2$ 混合生成白色沉淀 $BaSO_4$，将其摇匀呈白色混浊状，似菌悬液。根据 H_2SO_4 和 $BaCl_2$ 的反应浓度和比例不同，可生成不同浓度的 $BaSO_4$，其浊度可代表不同浓度的菌悬液，制成不同浓度的麦氏标准管。若待测菌悬液的浊度与其中一比浊管浊度相当，即可目测出该菌的大致浓度。

分光光度计法是借助于分光光度计，在一定波长下（450～650nm）测定菌悬液的光密度，就可反映出菌液的浓度，可对溶液中总的细胞计数。检测时需先采用显微镜计数法或平板活菌计数法制作标准曲线，并控制待测菌悬液的细胞浓度在合适的范围内。在对某一培养物内的菌体生长作动态监测时，可采用不必取样的侧臂三角瓶做原位检测。该方法简便、快速、不干扰或不破坏样品，但存在灵敏度差的缺陷。目前广泛应用于细菌生长曲线的测定、微生物培养过程中数量的消长情况观察和控制等。

（2）生理指标法

与微生物生长相平行的生理指标很多，均可用作生长测定的相对值。蛋白质是细胞的主要组成物质，且含量稳定，而氮是蛋白质的主要成分，因此可用凯氏定氮法等测其氮总量，用含氮量乘以6.25即为粗蛋白含量。因此，通过测含氮量就可推知微生物的浓度，蛋白质含量越高，说明菌体数和细胞物质量越高。一般而言，细菌的含氮量为其干重的12.5%、酵母菌为7.5%、霉菌为6.5%。这类方法适用于细胞浓度较高的样品，但操作比较麻烦，主要用于科学研究中。

另外，碳、磷、DNA、RNA、ATP、DAP（二氨基庚二酸）、几丁质或 N-乙酰胞壁酸等含量，或者耗氧量、底物消耗量、产 CO_2 量，产酸、产热、黏度等，均可用于生长量的测定。实践中可以借助特定的仪器（如瓦勃氏呼吸仪、微量量热计等）来测定相应的指标。这类测定方法主要用于科学研究、分析微生物生理活性等，有些方法也被用于食品加工过程中微生物数量的快速检测，如ATP生物发光法。

ATP生物发光法的原理是ATP存在于所有活性微生物内，ATP生物发光分析是基于ATP分子中的能量通过荧光酶复合物的作用，转化为光，这种光能可用光度计定量测定。在一定条件下，光的能量与原始样品中ATP的数量有关，因而可以推算出被检样品中的微生物数量。该法可用于食品加工条件的快速评估和食品中微生物的快速检测，同时在HACCP管理中也可被用于关键控制点的检测。

（二）计数法

计数法是指计算微生物的个体数目，适于测定处于单细胞状态的细菌和酵母菌，对放线菌和霉菌等丝状生长的微生物只能计数其孢子数。微生物细胞数目的检测方法包括直接法（显微镜直接计数法）和间接法（平板菌落计数法、液体稀释法、薄膜过滤计数法）。

1.显微镜直接计数法

本法仅适用于细菌、酵母等单细胞微生物或真菌孢子。测定时需要用到细菌计数器（Petroff-Haussser counter，适用于细菌）或血细胞计数板（适用于酵母、真菌孢子等），在普通光学显微镜或相差显微镜下直接观察细胞，并计算一定容积里样品中微生物的数量，换算出供测样品的细胞数。

显微镜直接计数法简便、直接、快速，但测定结果为微生物个体的总数，不能区分死菌与活菌及形状与微生物类似的杂质。在需对活菌数进行计数时，可配合其他方法如采用特殊染色方法染活菌后再在光学显微镜下观察计数。例如，采用美蓝染色法对酵母菌染色后，光学显微镜观察活菌为无色，死菌为蓝色；细菌经吖啶橙染色后，在紫外光显微镜下可观察到活细胞发出橙色荧光，而死菌发出绿色荧光。另外，该方法也不适于对运动细菌的计数，活跃运动的细菌应先用甲醛杀死固定或适度加热停止其运动；用于直接测数的菌悬液浓度不宜过低或过高，一般细菌数应控制在 $10^7 \sim 10^{10}$ 个/mL，酵母菌和真菌孢子应为 $10^5 \sim 10^7$ 个/mL。

2. 平板菌落计数法

平板菌落计数法是一种食品中细菌或霉菌与酵母菌总数检测最常用的活菌计数法。理论是基于在适宜稀释条件下，每一个活细胞在适宜的培养基和良好的生长条件下均能繁殖成一个单菌落，即菌落形成单位（colony-forming units，CFU），通过计数平板上出现的菌落数来推算出样品中的活菌数。标准方法是可采用稀释平板法，选择3个连续的稀释度，每个稀释度取一定量的稀释液倾注平板或涂布在平板表面，在最适条件下培养，统计平板上长出的菌落数，乘上菌液的稀释倍数，即可计算出原菌液的含菌数。此法对操作技术有着较高的要求。首先，应使样品充分混匀，操作熟练快速（15～20min完成操作），严格无菌操作；其次，同一稀释度做2个以上重复，取其平均值，并且每个平板上的菌落数目合适，便于准确计数。该方法能测出样品中微量的菌数，结果较为精准，仍是教学、科研和生产上常用的一种测定细菌数的有效方法，但操作烦琐、费工费时，且只能测定样品中的在供试培养基上生长的优势微生物类群。为了克服此缺点，目前国内外已经出现多种微型、快速、商品化的菌落计数纸片或密封琼脂板等，它利用加在培养基中的指示剂TTC（2,3,5-三苯基氯化四氮唑）使菌落在微小的状态下就被染成玫瑰红色，便于观测；法国生物梅里埃集团公司还开发了细菌总数快速测定仪，但设备成本高。

3. 液体稀释法

液体稀释培养计数法是基于利用待测微生物生理功能的选择性来排除其他类群的干扰，并通过该生理功能的表现来判断该群微生物的存在和丰度的一种最大或然数法。首先对未知样品进行10倍稀释，然后根据估算取3个连续的稀释度平行接种多支试管，经培养后，记录每个稀释度出现生长的试管数，长菌的为阳性，未长菌的为阴性。根据未生长的最低稀释度和出现生长的最高稀释度，应用"或然率"理论，然后查最大近似数（most probable number，MPN）表，根据样品稀释倍数就可计算出其中的活菌含量。主要适用于只能进行液体培养的微生物，或采用液体鉴别培养基进行直接鉴定并计数的微生物。

4. 薄膜过滤计数法

常用该法测定菌数很低的空气和水中的微生物数目。测定时让样品通过特殊的微生物收集装置（如硝化纤维素薄膜、醋酸纤维素薄膜等），菌体被阻留在滤膜上，从而富集了其中的微生物，然后将收集到的微生物洗脱后测数，或取下滤膜直接转到相应的培养基上进行培养，再换算成原来水或空气中的数量，即可求出样品中所含菌数。

二、单细胞微生物群体生长规律

（一）单细胞微生物的典型生长曲线

把少量纯种单细胞微生物接种到恒定容积的新鲜液体培养基中，在培养条件保持稳定的状况下，定时取样测定细胞数量，以培养时间为横坐标，以单细胞微生物数目的对数值或生长速率为纵坐标作图，得到一条反映单细胞微生物在整个培养期间菌数变化规律的曲线，称为典型生长曲线（growth curve）。说其"典型"，是因为它只适合单细胞微生物如细菌和酵母菌，而对丝状生长的真菌或放线菌而言，只能画出一条非"典型"生长曲线。

根据微生物的生长速率常数，即每小时分裂代数的不同，一般可把典型生长曲线划分为延滞期、指数期（对数期）、稳定期和衰亡期4个阶段，如图4-17所示。

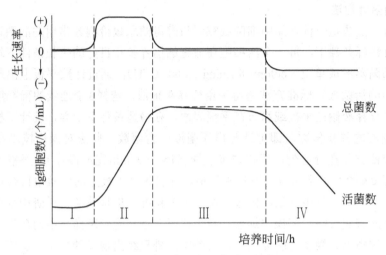

图4-17　单细胞微生物典型生长曲线
Ⅰ—延滞期；Ⅱ—指数期；Ⅲ—稳定期；Ⅳ—衰亡期

1. 延滞期（lag phase）

延滞期又称为适应期、缓慢期或调整期，是指将少量微生物接种到新鲜培养基后，通常不会出现立即生长，或增加很少，生长速度接近于零的一段时期。该阶段具有如下特点：① 生长速率常数为零；② 细胞的体积和质量增长快，细胞质均匀，贮藏物质消失；③ 细胞内蛋白质、DNA、RNA含量增加，尤其是rRNA含量高；④ 合成代谢旺盛，核糖体、酶类的合成加快，易产生诱导酶；⑤ 对不良环境因素如pH值、NaCl溶液浓度、温度和抗生素等比较敏感。

延滞期出现的原因，可能是为了重新调整代谢。在细胞接种到新的环境后，需要重新合成必需的酶类、辅酶或某些中间代谢产物，以适应新的环境，为细胞分裂做准备，因此，需经过一段时间的自身调整而出现生长延滞的现象。

延滞期的长短与菌种的遗传性、菌龄、接种量和接种前后所处的环境条件等因素有关。在生产实践中，这个时间越短越好。为了提高生产效率，在发酵工业中常常要采取措施来尽量缩短延滞期，主要的方法有：① 以指数期的菌体作种子菌。指数期的菌体生长代谢旺盛，繁殖力强，抗不良环境和噬菌体的能力强，因此，生产上常以指数期的菌体作为种子菌以缩短延滞期。② 适当增大接种量。根据生产上的具体情况，一般采用3% ～ 8%的接种量可缩短延滞期，提高设备利用率，最高不超过10%。③ 尽量使发酵培养基和种子培养基成分接近。为此常常在种子培养基中加入发酵培养基的某些营养成分。④ 通过遗传学方法改变菌种的遗传特性使延滞期缩短。

2. 指数期（logarithmic phase）

指数期又称对数期，是微生物经过延滞期的调整后，细胞数目以几何级数增加的时期。

此时期特点为：① 生长速率常数最大，即细胞分裂快、代时最短；② 细胞平衡生长，菌体大小、形态、生理特征、化学组成等方面比较一致；③ 酶系活跃、生长迅速、代谢最旺盛。由于此时期的菌种比较健壮、生理特性比较一致等，故为生理代谢及遗传研究或进行染色、形态观察等的良好材料。在发酵工业上常选用该时期菌种接种以缩短延滞期，并采取措施尽量延长对数期，以达到较高的菌体密度。食品贮藏过程中尽量控制有害微生物进入该时期。

在指数期，有3个参数尤为重要，分别是繁殖代数、生长速率常数和代时。以分裂增殖时间除以分裂增殖代数（n），即可求出每增殖一代所需的时间（G），生长速率常数（R）为代时（G）（或称倍增时间）的倒数。

以二分裂的细菌为代表，假设细菌培养体在对数期t_1时的总菌数为N_1，那么到t_2时的菌数$N_2 = N_1 \times 2^n$，式中n为t_1到t_2这段时间内细菌的繁殖代数。如果用G来表示代时（或倍增时间），即群体细胞数量增加一倍所需要的时间，则：

$$G = \frac{t_2 - t_1}{n}$$

$$N_2 = N_1 \times 2^n \tag{4-1}$$

$$\lg N_2 = n\lg 2 + \lg N_1$$

$$n = \frac{\lg N_2 - \lg N_1}{\lg 2} = 3.322(\lg N_2 - \lg N_1) \tag{4-2}$$

将式（4-2）代入式（4-1）得：

$$G = \frac{t_2 - t_1}{3.322(\lg N_2 - \lg N_1)} \tag{4-3}$$

代时能够反映细菌的生长速率，代时短，生长速率快；代时长，生长速率慢。在一定条件下（如营养成分、温度、pH值和通气量等），每种菌的代时是相对稳定的，这是微生物菌种的一个很重要的特征。影响微生物代时的因素很多，主要有菌种、营养成分、营养物浓度和培养温度4个方面。这些因素的影响规律，对发酵生产实践、食品保藏等具有很重要的参考价值。

（1）菌种

代时在不同种微生物中的差异很大，有些微生物的代时还不到10min，有些微生物的代时却可长达几小时甚至几天，多数微生物的代时为1～3h（表4-7）。

（2）营养成分

从表4-7中还可看出，同一种菌的代时也会受到培养基成分的影响。培养基营养越丰富，其代时越短，反之则长。

表4-7　不同细菌的代时

细菌	培养基	温度/℃	代时/min
漂浮假单胞菌（*Pseudomonas nitrigenes*）	肉汤	37	9.8
大肠杆菌（*Escherichia coli*）	肉汤	37	17
	牛奶	37	12.5
蜡样芽孢杆菌（*Bacillus cereus*）	肉汤	30	18

细菌	培养基	温度/℃	代时/min
嗜热芽孢杆菌（*Bacillus thermophilus*）	肉汤	55	18.3
产气肠杆菌（*Enterobacter aerogenes*）	肉汤或牛奶	37	16～18
	组合	37	29～44
乳酸链球菌（*Streptococcus lactis*）	牛奶	37	26
	乳糖肉汤	37	48
蕈状芽孢杆菌（*Bacillus mycoides*）	肉汤	37	28
霍乱弧菌（*Vibrio cholerae*）	肉汤	37	21～38
金黄色葡萄球菌（*Staphylococcus aureus*）	肉汤	37	27～30
枯草芽孢杆菌（*Bacillus subtilis*）	肉汤	25	26～32
巨大芽孢杆菌（*Bacillus megaterium*）	肉汤	30	31
嗜酸乳杆菌（*Lactobacillus acidophilus*）	牛乳	37	66～87
丁酸梭菌（*Clostridium butyricum*）	玉米	30	51
结核分枝杆菌（*Mycobacterium tuberculosis*）	合成	37	792～932
梅毒密螺旋体（*Treponema syphilis*）	家兔	37	1980
褐球固氮菌（*Azotobacter chroococcus*）	葡萄糖	25	240

（3）营养物浓度

营养物浓度会影响微生物生长速度和最终菌体产量。在营养物浓度很低的情况下，营养物的浓度才会影响生长速率，随着营养物浓度的逐步增高，生长速率不受影响，而只影响最终的菌体产量。如果进一步提高营养物的浓度，则生长速率和菌体产量两者均不受影响。在培养基中，凡处于较低浓度范围内，可影响生长速率和菌体产量的某营养物，就称为生长限制因子。

（4）培养温度

温度变化影响营养物质的吸收与代谢产物的分泌，是影响微生物的生长速率的重要因素，处在最适的生长温度范围时，代时最短。大肠杆菌在不同温度下的代时如表4-8所示。

表4-8　大肠杆菌在不同温度下的代时

温度/℃	代时/min	温度/℃	代时/min
10	860	35	22
15	120	40	17.5
20	90	45	20
25	40	47.5	77
30	29		

3.稳定期（stationary phase）

稳定期又称恒定期或最高生长期。其特点在于生长速率常数 R 逐渐趋向于零，即新繁殖的细胞数与衰亡细胞数几乎相等，或处于正生长与负生长的动态平衡之中，此时培养液中活菌数最高并维持稳定；菌体分裂速率降低，代时逐渐延长，细胞代谢活力减退，开始出现形态和生理特征的改变；细胞内开始贮存糖原、异染颗粒和脂肪等内含物；多数芽孢菌在此阶段开始形成芽孢；有些微生物开始以初级代谢产物作前体，通过复杂的次级代谢途径合成抗生素等多种重要的对人类有用的次级代谢产物，这些次级代谢产物在此时大量积累并达到高峰。

出现稳定期的原因主要有：① 营养物质尤其是生长限制因子的耗尽；② 营养物质的比例失调，如C/N比值不合适等；③ 酸、醇、毒素或过氧化氢等有害代谢产物的累积；④ pH值、氧化还原电势等环境条件越来越不适宜等。

稳定期的生长规律对生产实践有着重要的指导意义。稳定期是以生产菌体或与菌体生长相平行的代谢产物，如单细胞蛋白、乳酸等为目的的一些产物的最佳收获期，也是对某些生长因子例如维生素和氨基酸等进行生物测定的必要前提。微生物处于稳定期的长短与菌种特性和环境条件有关。生产中常采用通气、补料、调节温度和pH值或移出代谢产物等措施延长稳定期，以积累更多的菌体物质或代谢产物。通过对稳定期产生原因的研究，还促进了连续培养技术的设计与创建。

4. 衰亡期（decline phase 或 death phase）

衰亡期是指稳定期过后，微生物死亡数超过新增殖的细胞数，群体中的活菌数目出现"负生长"的时期。这时，细胞内颗粒更明显，出现多形态、畸形或衰退形态，生理、生化出现异常现象，芽孢开始释放；细胞代谢活力明显下降，由于代谢产物的积累和蛋白水解酶活力增强，菌体死亡、自溶，释放代谢产物。在衰亡期的后期，由于部分细菌产生抗性也会出现细菌死亡的速率降低的现象。

衰亡期产生的原因主要是营养物质耗尽和有毒代谢产物的大量积累，生长环境持续恶化，从而引起细胞内的分解代谢超过合成代谢，继而导致菌体的死亡。

值得注意的是，不同的微生物或同一种微生物对不同物质的利用能力是不同的。有的物质可直接被利用（例如葡萄糖或NH_4^+等）；有的需要经过一定的适应期后才能获得利用能力（例如乳糖或NO_3^-等）。前者通常称为速效碳源（或氮源），后者称为迟效碳源（或氮源）。当培养基中同时含有这两类碳源（或氮源）时，微生物在生长过程中会形成二次生长现象。

正确地认识和掌握细菌群体的生长特点和规律，对于科学研究和微生物工业发酵生产具有重要意义。

（二）微生物的个体生长和同步生长

微生物个体生长是微生物群体生长的基础。在分批培养中，细菌群体能以一定速率生长，但群体中每个个体细胞并非同时进行分裂，不处于同一生长阶段，它们的生理状态和代谢活动等特性不一致，出现生长与分裂不同步的现象。要研究每个细胞所发生的变化是很困难的，为了解决这一问题，发展了单细胞的同步培养技术。

同步培养（synchronous culture）是使群体中不同步的细胞转变为同时进行生长或分裂的培养方法，通过同步培养方法获得的细胞被称为同步细胞或同步培养物。同步细胞或同步培养物是研究微生物生理与遗传特性的理想材料。获得同步培养的方法很多，主要有机械筛选法与环境条件控制技术两大类。其中，机械筛选法包括密度梯度离心法、过滤分离法和硝酸纤维素滤膜法等；环境条件控制技术包括温度、培养基成分和其他条件（如光照和黑暗交替培养等）的控制。

1. 机械筛选法

机械筛选法是一类根据微生物细胞在不同生长阶段的细胞体积与质量不同或根据它们同某种材料结合能力不同的原理，利用物理方法从不同步的细菌群体中筛选出同一阶段的细胞。

（1）密度梯度离心法

将不同步的细胞培养物悬浮在不被这种细菌利用的糖或葡聚糖的不同梯度溶液里，通过密度梯度离心将大小不同细胞分布成不同的细胞带，每一细胞带的细胞大致是处于同一生长期的细胞，分别将它们取出进行培养，就可以获得同步细胞。

（2）过滤分离法

将不同步的细胞培养物通过孔径大小不同的微孔滤器，从而将大小不同的细胞分开，分别将滤液中的细胞取出进行培养，获得同步培养物。

（3）硝酸纤维素滤膜法

根据硝酸纤维素微孔滤膜能与其带相反电荷的细菌紧密吸附的原理，将不同步的培养液通过微孔滤膜，不同生长阶段的细胞均吸附于膜上，然后将滤膜倒置于滤器中，让无菌的新鲜培养液滤过滤膜，没有粘牢的细胞先被洗脱下来，再将起始洗脱液除去后便可得到刚刚分裂下来的新生细胞。这是因为刚分裂后的子细胞不与薄膜直接接触，由于菌体本身的质量，加之它所附着的培养液的质量，便很容易下落到收集器内，用这种细菌接种培养，便能得到同步培养物。

2. 环境条件控制技术

环境条件控制技术（又称诱导法）主要是根据细菌生长与分裂对环境因子要求不同的原理，通过控制环境温度、营养物质等来诱导细菌同步生长，获得同步细胞。

（1）温度

通过适宜生长温度与允许生长的亚适宜温度的交替处理，可使不同步生长细菌转为同步分裂菌。在亚适宜温度下细胞物质合成照常进行，但细胞不分裂，使群体中分裂准备较慢的个体逐渐赶上，当转为最适温度时所有细胞均能同步分裂。

（2）培养基成分控制

通过控制营养物的浓度或培养基的组成以达到同步生长。培养基中的碳源、氮源或生长因子不足，可导致细菌缓慢生长直至生长停止。将不同步的细菌在营养不足的条件下培养一段时间，使细胞只能进行一次分裂而不能继续生长，从而获得了刚分裂的细胞群体，然后将其转移到营养丰富的培养基中培养，以获得同步细胞。另外，将不同步的细胞接种到含有一定浓度能抑制蛋白质等生物大分子合成的化学物质（如抗生素等）的培养基中，培养一段时间后，再转接到完全培养基里培养也能获得同步细胞。

（3）营养条件调整法

对营养缺陷型菌株可以通过控制它所缺乏的某种营养物质以达到同步化的目的。例如，肠杆菌胸腺嘧啶（thymine）缺陷型菌株，先将其培养在不含胸腺嘧啶的培养基内一段时间，由于缺乏胸腺嘧啶，新的DNA无法合成而停留在DNA复制前期，随后在培养基中加入适量的胸腺嘧啶，可让所有的细胞都处于同步生长状态。

除上述各种方法外，还可通过抑制DNA合成法达到同步化的目的；对于光合细菌可以通过控制光照和黑暗交替培养的方式获得同步细胞；对于不同步的芽孢杆菌培养至绝大部分芽孢形成，然后经加热处理，杀死营养细胞，最后转接到新的培养基里，经培养可获得同步细胞；用稳定期的培养物接种，再移入新鲜培养基中，同样可得到同步生长的细胞。

在各种获得同步生长的方法中，机械筛选法对细胞正常生理代谢影响很小，但对那些同是成熟细胞，个体大小悬殊者不宜采用。环境条件控制技术虽然方法较多，应用较广，但使用此技术可能导致与正常细胞循环周期不同的周期变化，所以不及机械法好，这在生理学研究中尤其明显。

值得注意的是，保持同步生长的时间因菌种和条件而变化。由于同步群体的细胞个体差异，在培养的过程中会很快丧失其同步性。同步生长最多能维持2～3个世代，又逐渐转变为随机生长。如何使不同步转变为同步，以及如何使同步细胞能较长时间地保持同步状态，这是同步培养中要研究的课题。

（三）微生物的连续培养

连续培养（continuous culture）又叫开放培养（open culture），是相对分批培养或密闭培养而言的。基于在研究典型生长曲线时，已认识到了稳定期到来的原因，连续培养是为了使微生物细胞的生长速度、代谢活性长时间处于恒定状态，在微生物培养到指数期后期时，以一定速度连续供给新鲜的营养物质并搅匀，同时以同样的流速流出含菌体及代谢产物的发酵液，促使培养物达到动态平衡的一种培养方法（图4-18）。这样，其中的微生物可长期处于指数期的平衡生长状态和稳定的生长速率，达到稳定、高速培养微生物或产生大量代谢产物的目的。

连续培养不仅可随时为微生物的研究工作提供一定生理状态的实验材料，还可提高发酵工业的生产效益和自动化水平，此法已成为目前发酵工业的发展方向。连续培养方法主要有两种，即恒浊连续培养和恒化连续培养。

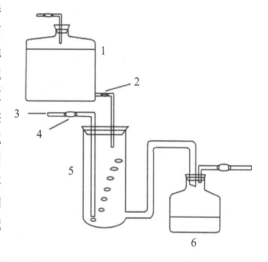

图4-18　实验室连续培养装置结构示意图

1—新鲜培养基；2—流速控制阀；
3—空气输入；4—空气过滤；
5—培养瓶；6—收集器

1.恒浊连续培养

恒浊法是根据培养液中微生物的浓度，通过光电系统（浊度计）来检测培养液中的浊度即菌液浓度，并控制培养液的流速，使微生物高密度地以恒定的速度生长的一种培养方式。在这一系统中，借助光电池来检测培养室中的浊度（即菌液浓度），并根据光电效应产生的电信号强弱变化自动调节新鲜培养基流入和培养物流出培养室的流速。当培养器中浊度增加时，可通过光电控制系统的调节促使培养液流速加快，反之亦然，以此来维持培养器中细胞密度恒定。如果所用培养基中含有过量的必需营养物，就可使菌体维持最高的生长速率。在恒浊连续培养中，细菌生长速率不仅受流速的控制，也与菌种种类、培养基成分以及培养条件有关。

恒浊法的特点是基质过量，微生物始终以最高速率进行生长，并可在允许范围内控制不同的菌体密度。在生产实践上，为了获得大量菌体或与菌体生长相平行的某些代谢产物（如乳酸、乙醇）时，可以采用恒浊法。

2. 恒化连续培养

恒化法是控制培养液流速恒定，使微生物始终在低于最高生长速率条件下进行生长繁殖的一种连续培养方法。通过控制某一种必需营养物的浓度（如碳源、氮源、生长因子等），使其始终成为生长限制因子，而其他营养物均为过量，这样微生物的生长速率将取决于限制性因子的浓度，并低于最高生长速率。

恒化法的特点是维持营养成分的亚剂量，菌体生长速率恒定，菌体均一、密度稳定，产量低于最高菌体产量。恒化器通常用于微生物学的研究，筛选不同的变种。从生理学方面看，能帮助我们观察细菌在不同生活条件下的变化，尤其是DNA、RNA及蛋白质合成的变化；同时它也是研究自然条件下微生物生态体系比较理想的实验模型。因为生长在自然界的微生物一般都处于低营养浓度条件下，生长较慢，而恒化连续培养正好可通过调节控制系统来维持培养基成分的低营养浓度，使之与自然条件相类似，这与恒浊器不同（表4-9）。无论是恒浊法还是恒化法，最基本的连续培养装置包括：培养室、无菌培养基容器以及可自动调节流速的控制系统，必要时还装有通气、搅拌设备。

表4-9　恒浊器与恒化器的比较

装置	控制对象	培养基	培养基流速	生长速率	产物	应用范围
恒浊器	菌体密度（内控制）	无生长限制因子	不恒定	最高	大量菌体或与菌体形成相平行的产物	生产为主
恒化器	培养基流速（外控制）	有生长限制因子	恒定	低于最高	不同生长速率的菌体	实验室为主

连续发酵与分批发酵相比，其优点显著，首先是高效，它简化了装料、灭菌、出料、清洗发酵罐等多个单元操作，从而减少了非生产时间，提高了设备的利用率；其次是自动化控制，节约了大量的动力、人力、水和蒸汽，减轻劳动强度，更重要的是得到的产品质量也比较稳定。当然，其缺点也比较明显，主要存在以下几个方面的问题：① 菌种易于退化，微生物长期处于高速生长繁殖的状态下，即使自发突变率很低，也难以避免变异的发生。② 易遭杂菌污染，在连续发酵中，要保持各种设备无渗漏，通气系统完好，不出任何故障比较困难。因此，连续发酵的生产时间受上述因素的限制，一般只能维持数月或1～2年。③ 营养物质的利用率一般低于分批培养。

（四）微生物的高密度培养

微生物的高密度培养，一般指微生物在液体培养条件下细胞群体密度超过常规培养10倍的生长状态或培养技术。现代高密度培养技术主要是在用基因工程（尤其是*E.coli*）生产多肽类药物的实践中逐步发展起来的。*E.coli*在生产各种多肽类药物中具有极其重要的地位，其产品都是高产值的贵重药品，例如人生长激素、胰岛素、白细胞介素和人干扰素等。若能提高菌体培养密度，提高产物的比生产率，不仅可减少培养容器的体积、培养基的消耗和提高"下游工程"中分离、提取的效率，而且还可缩短生产周期、减少设备投入和降低生产成本，因此具有重要的实践价值。

　　不同菌种和同种不同菌株间，在达到高密度的水平上差别极大。据报道，理想条件下，*E. coli* 的理论高密度值可达200g/L（湿重），甚至可达400g/L。由于微生物高密度生长的研究时间尚短，理论研究还待深入，被研究过的微生物种类还十分有限，目前主要局限于*E. coli*和酿酒酵母等少数兼性厌氧菌上。若进一步加强对其他好氧菌和厌氧菌高密度生长的研究，并扩大对各大类、各种生理类型微生物的深入研究，则对微生物学基础理论和有关生产实践都有很大的意义。

三、霉菌群体生长规律

　　丝状真菌的生长与繁殖的能力很强，而且方式各种各样，菌丝的断片可以生长繁殖，发育成新个体，一般称此为断裂增殖，而在自然界，主要靠形成各种无性和（或）有性孢子生长繁殖。将少量霉菌纯培养物接种于一定容积的深层通气液体培养基中，在最适条件下（营养基质、温度、湿度、pH、呼吸环境）培养，定时取样测定菌丝细胞物质的干重。以细胞物质的干重为纵坐标，培养时间为横坐标，即可绘出霉菌的非典型生长曲线，大致可分为3个时期，即生长迟缓期、快速生长期、生长衰退期（图4-19）。

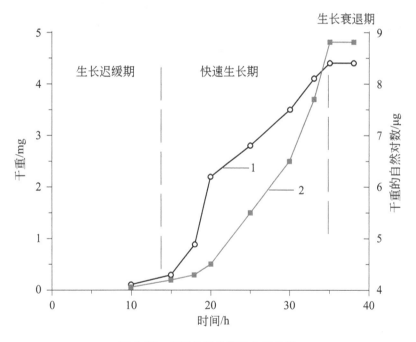

图4-19　无冠构巢曲霉的生长曲线

1—对应于线性纵坐标（左）；2—对应于对数纵坐标（右）

（一）生长迟缓期

　　生长迟缓期是指培养初始菌丝干重没有明显增加的时期。导致生长迟缓期出现的原因有两种：一种是孢子萌发前的真正的迟缓期，另一种是生长已开始但却无法测量。对霉菌细胞的生长迟缓期的特性缺乏详细研究。

（二）快速生长期

在快速生长期内菌丝干重迅速增加，其干重的立方根与时间呈直线关系。因为霉菌不是单细胞，其繁殖不以几何倍数增加，所以不存在对数生长期。霉菌的生长是以菌丝尖端的伸长和菌丝的分枝进行，因此会受到邻近细胞竞争营养物质的影响。尤其在静置培养时，许多菌丝在空气中生长，必须从其邻近处吸收营养物质供生长需要。在快速生长期中，碳、氮、磷被迅速利用，呼吸强度达到顶峰，可能出现有机酸等代谢产物。静置培养时，在快速生长期的后期，菌膜上将出现孢子。

（三）生长衰退期

生长衰退期的标志是菌丝体干重下降。一般在短期内失重很快，以后则不再变化，但有些霉菌发生菌丝体自溶。这是其自身所产生的酶类催化几丁质、蛋白质、核酸等分解，同时释放氨、游离氨基酸、有机磷和有机硫化合物等所致。处于衰退期的菌丝体细胞，除顶端较幼细胞的细胞质稍稠密均匀外，多数细胞都出现大的空泡。此期生长停止的原因主要有两种。一是在高浓度培养基中，可能因为有毒代谢产物的积累阻碍了霉菌生长。如在高浓度糖类的培养基中可积累有机酸，在含有机氨多的培养基中则可能积累氨；在生长后期可能产生多种次级代谢物质如抗生素等。二是在浓度较低的营养物质平衡良好的培养基中，生长停止的主要原因是糖类的耗尽。当生长停止后，菌丝体的自溶裂解的程度因菌种的特性和培养条件而异。

第五章
环境因素对微生物生长的影响

生长与繁殖是微生物同环境相互作用的结果。这些环境因素包括温度、水活度等物理因素和pH值、氧气、表面活性剂等化学因素以及生物因素。一方面微生物受到环境条件的制约，需要从环境中摄取营养物质，需要在适宜环境条件下才能正常生长和繁殖，否则会受到抑制或变异甚至死亡；另一方面微生物也通过向环境排泄代谢产物等改变、抵抗和适应环境变化。

在食品生产加工及储藏过程中，引起食品腐败变质或危及人类生命健康的微生物，均属于有害微生物，需要通过改变上述环境因素来抑制这些有害微生物的生长与繁殖，从而控制其对食品品质及人类健康的影响。反之，对于有利于人体健康或食品生产加工的微生物，则属于有益微生物，通常需改变环境因素来促进这些有益微生物的生长繁殖以达到适宜数量从而满足实际生产与应用的需求。

第一节　物理因素对微生物生长的影响

影响微生物生长的物理因素，主要包括温度、基质水活度、氧化还原电位、辐射和超声波等。

一、温度

（一）微生物生长的基本温度

温度是影响微生物生长繁殖的最重要因素之一。微生物生长的温度范围较广，已知的微生物在–12～100℃均可生长，而每一种微生物只能在一定的温度范围内生长，不同的微生物其生长温度存在很大的差别。根据微生物生长的最适温度不同，可将微生物分为嗜冷微生物、兼性嗜冷微生物、嗜温微生物、嗜热微生物和超嗜热微生物等五种类型，它们有各自的最低、最适和最高生长温度范围（表5-1）。

表5-1 微生物生长的温度范围

微生物类型	生长温度/℃		
	最低	最适	最高
嗜冷微生物（psychrophiles）	< 0	15	20
兼性嗜冷微生物（psychrotrophs）	0	20～30	35
嗜温微生物（mesophiles）	15～20	20～45	45左右
嗜热微生物（thermophiles）	45	55～65	80
超嗜热微生物（hyperthermophiles）	65	80～90	> 100

最低生长温度、最适生长温度和最高生长温度分别是微生物生长温度的三基点，也称为微生物的基本温度，反映了每一类型微生物的生长特征，但并不完全固定，因其可能受培养基成分等环境因素的影响而发生微弱改变。在生长温度三基点内，微生物都能生长。最低生长温度指微生物能进行生长繁殖的最低温度界限。微生物细胞处于最低生长温度时，其生长速率最低，若低于最低生长温度则其生长会完全停止。相比之下，最高生长温度是指微生物生长繁殖的最高温度界限，微生物细胞处于最高生长温度时，则易于衰老和死亡。最适生长温度则是指微生物细胞分裂代时最短或生长速率最高时的培养温度，其介于最低生长温度和最高生长温度之间。通常情况下，微生物生长的最适生长温度更偏向于最高生长温度，而偏离于最低生长温度（图5-1）。

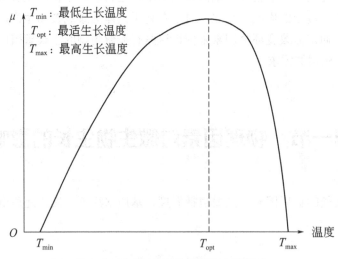

图5-1 温度对微生物生长速率的影响
图中μ为生长速率

某一微生物，生长温度范围有的很宽，有的则很窄。如一些生活在土壤中的芽孢杆菌生长温度范围为15～65℃，属于宽温微生物；而专性寄生在人体泌尿生殖道中的致病菌淋病奈瑟球菌生长温度范围为36～40℃，属于窄温微生物。任一微生物都有生长温度的三基点，如酿酒酵母最低生长温度为1～3℃，最适生长温度为28℃，最高生长温度为40℃。

微生物之所以具有较宽的生长温度范围，与其在长期进化过程中形成的一系列自我保护措施有关。微生物在低于或高于其最适生长温度一定水平条件下培养时，其会对生长环境温度做出相应的应答以适应生存。

（二）温度对微生物生长影响的表现

温度对微生物生长的影响具体体现在3个方面。

1.影响微生物细胞内酶的活性

微生物在生长过程中发生着一系列的生物化学反应，绝大多数都是在特定酶的催化作用下完成，且每种酶都有其最适的酶促反应温度，故温度变化直接影响酶促反应速率，从而影响微生物细胞内物质的合成及其代谢产物的产生。

2.影响微生物细胞膜的流动性

温度越高，细胞膜的流动性越大，有利于物质的运输，反之则不利于物质的运输。因此，温度变化不仅会影响微生物细胞对营养物质的吸收，还会影响细胞代谢产物的分泌。

3.影响物质的溶解度

微生物生长繁殖时所需的营养物质，只有溶于水才能被微生物细胞吸收利用，产生的代谢产物只有溶于水才能被细胞分泌。除气体物质外，物质的溶解度通常随温度上升而增加，反之降低。因此，微生物在其可生长的温度范围内，细胞的代谢活动与生长繁殖通常会随着温度的升高而增加，但当温度升高到一定程度时，微生物细胞内的蛋白质、核酸及其他组分会受到不可逆转的影响，从而影响其代谢与生长，温度继续升高，可导致微生物细胞死亡。

（三）微生物不同生理过程最适温度的差异

同一微生物的最适生长温度与其生长量最高时的培养温度、发酵速度最高时的培养温度以及累积代谢产物量或某一代谢产物量最高时的培养温度并不相同。因此，实际生产上并不一定采用最适生长温度培养微生物，需按照实际需求根据微生物不同生理过程所需温度的特点，采用分段式变温培养或发酵（表5-2）。例如，金色链霉菌在发酵生产四环素的过程中，可同时产生金霉素，这种霉菌在低于30℃下，合成金霉素的能力较强，而四环素的生成比例则随温度的升高而增大，35℃条件下只产生四环素。在工业生产四环素的发酵中前期0～30h，

表5-2　微生物各生理过程的不同最适温度　　　　　　　　　　　　　　　℃

菌名	生长温度	发酵温度	累积产物温度
嗜热链球菌（*Streptococcus thermophillus*）	37	47	37
乳酸乳球菌（*Lactococcus lactis*）	34	40	细胞生长：25～30 产生乳酸：30
灰色链霉菌（*Streptomyces giseus*）	37	28	
北京棒状杆菌（*Corynebacterium pekinense*）	32	33～35	
丙酮丁醇梭状芽孢杆菌（*Clostridium acetobutylicum*）	37	33	
产黄青霉（*Penicillium chrysogenum*）	30	25	20

稍高的温度会促进金色链霉菌的生长，并能尽量缩短非生产所占用的发酵周期；此后的30～150h则以稍低的温度维持较长的抗生素生产期；150h后再升温，以促进抗生素的分泌，虽然温度的升高会同时促进菌的衰老，但已临近放罐无碍大局。此外，青霉素的发酵生产同样采用变温发酵，即接种后0～5h，30℃培养；5～40h，25℃培养；40～125h，20℃培养；125～165h，25℃培养。这种变温发酵生产青霉素的方式，青霉素产量可比25℃恒温培养提高近15%。

（四）高温对微生物生长的影响

1.微生物对高温的胁迫应答

微生物在进化过程中形成了一系列的自我保护途径，例如，有些微生物在相对较高的温度下仍能生存。细菌在热胁迫条件下形成的最重要的保护自身细胞免受损伤的方式就是热应激蛋白（heat shock proteins，HSPs）的产生，HSPs能够保护与蛋白质合成、转运、折叠和降解有关的细胞组分，并且可在任何温度下由细胞合成。温度突然升高会增强HSPs的表达，一般会上调多个特定的热应激反应基因，通常在约10min之后HSPs的合成会停止。迄今为止，已知的热应激蛋白编码基因的表达主要由两种分子参与调控，即西格玛因子（sigma factors，σ因子）和转录阻遏物。

当细菌处于亚致死温度时，耐热机制的作用会使其承受高温的能力增强。大肠杆菌和芽孢杆菌分别作为革兰氏阴性菌和革兰氏阳性菌的代表，同时也是无芽孢和有芽孢细菌的代表，二者的耐热机制已被科学家们进行了全面表征。

（1）大肠杆菌

大肠杆菌中已经报道了多种热响应系统，且这些系统在革兰氏阴性菌中具有高度保守性。在大肠杆菌中，存在着两个σ因子依赖的调节系统，即σ^{E}和σ^H，这两者参与的热胁迫调节元件相结合成一个大型HSPs网络。σ^{E}调控子通常由细胞外层中的受损蛋白质激活，而当未折叠的蛋白质在细胞质中积累时，σ^{H}的转录会上调。其中，σ^{E}调控操纵子只有在40℃以上才能被诱导，并由rpoE编码，其可调节至少10种蛋白质的表达和超过43个基因的转录。rpoE操纵子包含rseA和rseB，二者分别编码整合到细胞质膜和周质中的蛋白质，而蛋白质的重折叠和降解则是由该调控子中的htrA和fkpA编码的蛋白质介导。此外，在热应激后，几种外膜蛋白也被激活，并起到修复DNA和膜脂质的作用，同时也可调节σ^{E}的转录。σ^{E}负责转录rpoH，而后者编码热应激系统的另一个重要转录因子σ^H。σ^{H}可激活大多数热应激反应基因。rpoH的转录受P1、P3、P4和P5四个启动子控制，而温度高于50℃时，只有P3启动子具有活性。RpoH可被DnaK、DnaJ和GrpE等几种热激蛋白抑制，这些蛋白质和GroEL均是充当分子伴侣的作用，即可通过蛋白水解防止错误折叠或变性蛋白质的积累。RpoH可调控其他蛋白水解蛋白，如Lon和Clp蛋白（ClpB、ClpP和ClpX）。

（2）芽孢杆菌

芽孢杆菌的热应激系统与大肠杆菌类似，其热应激相关基因被分成四大类（表5-3），每种热应激反应类别都是通过控制HSPs表达的调控系统进行区分。

hrcA和groEL操纵子是Ⅰ类的主要组成部分。HrcA的作用是抑制热休克基因的转录，而groEL的转录受管家西格玛因子σ^{A}调控。Ⅱ类调控子受σ^{B}胁迫因子控制，也称为SigB调控子。在受热3min内，σ^{B}可调控200多个基因上调，这些SigB依赖性基因在10min后失活，而

表5-3　革兰氏阳性菌中热应激基因的类别

I类	II类	III类				I/III类	IV类①
hrcA	bmrU	gspA	trxA	yhdF	ctsR	dnaK（S. aureus）	ahpF
grpE	Bmr	gtaB	yacH	yhdG	yacH	clpP（Streptococcus salivarius）	clpX
dnaK	bmrR	katB	yacI	yhdN	yacI		ftsH
dnaJ	bofC	katX	yacL	yjbC	clpC		htpG
yqeT	csbA	opuE	ycdF	yjbD	sms		htrA
yqeU	csbB	rsbR	ycdG	ykzA	yacK		lonA
yqeV	yfhO	rsbS	ydaP	yocK	clpP		yvtA
groEL	csbC（yxcC）	rsbT	ydaD	ysdB	clpE		yvtB
groES	csbD（ywmG）	rsbU	ydaE	ytkL			ywcG
	csbX	rsbV	ydaF	ytxG			ywcH
	Ctc	rsbW	ydaG	ytxH			
	Dps	sigB	yfkM	ytxJ			
	gsiB	rsbX	yflT	yvyD			
			yxkO				

① 未完全鉴定。

其余的热应激基因仍继续保持表达。这些 II 类基因也可能受渗透压、低氧和高压条件诱导表达。III 类热应激调控子常见于低 G+C 含量的革兰氏阳性菌中，其关键控制因子为 CtsR（III 类应激基因阻遏物），可通过 σ^A 和 σ^B 进行调控。链球菌属、梭菌属、肠球菌属拥有自己的 CtsR 调控子，但尚未完全表征。IV 类应激反应基因不受 CtsR 或 σ^B 的调控，大多数是转运蛋白系统的组成部分。与枯草芽孢杆菌相反，金黄色葡萄球菌仅具有 I 类和 III 类调节系统。

尽管在革兰氏阳性菌和革兰氏阴性菌中已经对模式生物芽孢杆菌和大肠杆菌的热应激调控机制进行了系统研究，但在弯曲杆菌等其他食源性致病菌中，尚未明确其热应激响应的主要调控因子。此外，在多数情况下，细菌细胞最初是如何感知环境温度的变化以及信号如何传递给细胞以诱导产生特定的调控机制仍未完全清楚。

2. 高温杀菌机理及应用

对人类有害的微生物，必须杀灭或抑制它们。为了防止食品中有害微生物对人体健康的损害，食品工业上，通常根据食品产品的特点及生产实际需求，利用不同的高温处理对食品中存在的潜在食源性致病菌或食品腐败菌进行不同程度的破坏，以提高食品的安全性及贮藏性，满足食品的正常生产与流通。

当温度超过微生物的最高生长温度时，微生物细胞已无法通过自身对高温的胁迫应答来保护自己，反而会受到不可逆的严重损害，温度继续升高则会导致细胞功能急剧下降甚至死亡。这种导致微生物死亡的最低温度界限称为致死温度。致死温度与热处理的时间有关。通常情况下，当温度高于致死温度时，相同温度下热处理时间越长，微生物细胞的死亡率越高。因此，测定目标微生物的致死温度时，严格讲，一般以 10min 为标准时间，以生理盐水为热处理基质以减少有机物质的干扰。微生物细胞置于生理盐水中，经 10min 被完全杀死的最低温度即为致死温度。高温杀菌的机理主要是高温会导致微生物细胞内的蛋白质、酶和核酸发生不可逆变性，代谢发生故障而导致死亡。这种高温对微生物的致死作用现已广泛应用于用具和物品的消毒和灭菌实践中，特别是微生物实验室和食品工业上最普遍使用的消毒和杀菌方法，包括干热灭菌和湿热灭菌两种方法。

干热灭菌对微生物的致死作用与湿热灭菌不尽相同，干热灭菌是通过热空气杀死微生物，一般属于蛋白质变性、氧化作用受损和电解质水平增高的毒力效应，而湿热灭菌是通过热蒸汽杀死微生物，因蒸汽的穿透力强于热空气，故在相同温度下热致死效果较干热灭菌好。因此，若达到相同的热处理效果，干热灭菌较湿热灭菌需要更高的温度和更长的时间。

（1）干热灭菌法

干热灭菌法包括火焰灭菌法和干热空气灭菌法。

火焰灭菌法通常指利用火焰的高温直接杀死微生物，适用于微生物实验室接种用的接种针或环、试管或三角瓶口及不能用的污染品或实验动物尸体等灭菌。特点是快速、彻底。

干热空气灭菌法通常指在干燥箱中利用热空气进行灭菌，一般需要160～180℃的温度处理2h，可杀死一切微生物，包括芽孢。热源可以是电热、红外线加热及微波加热。适用于玻璃器皿、金属、瓷器等耐高温物品的灭菌。

（2）湿热灭菌法

湿热灭菌法包括巴氏消毒法、煮沸法、间歇灭菌法和高压蒸汽灭菌法。

巴氏消毒法指杀死一切能够引起人类疾病的病原微生物及最大限度破坏食品腐败微生物和酶的一种杀菌方法。巴氏消毒法具有两种目的，其一是为了杀死与产品有关的特定病原微生物，这些病原微生物往往以某一种产品作为载体，常见的有牛乳、散装蛋液等，为了提高这些产品的食用安全性，需对其进行巴氏消毒处理；其二是为了杀死大部分潜在的食品腐败微生物以提高其货架期，比如啤酒、果汁、泡菜、酱油等产品的巴氏消毒处理。

巴氏消毒法以杀死病原微生物为主要目的，并不能杀死食品中全部微生物。一般有两种方法：低温巴氏消毒法和高温巴氏消毒法。低温巴氏消毒法，也称低温长时巴氏消毒法（low temperature long time，LTLT），加热条件为62～65℃、30min，高温巴氏消毒法（high temperature short time，HTST），加热条件为72～75℃保持15s或80～85℃保持10～15s。因为热处理强度低，食品营养成分损失极小，所以常用于热敏食品或不适于高温灭菌的食品，如牛乳制品，果蔬汁制品，啤酒、果酒等酒类制品，蜂蜜，酱腌菜类等。经巴氏消毒处理的牛乳，几乎保留了牛乳的全部营养成分，故可称之为鲜牛乳，但因没有达到完全灭菌的效果，巴氏消毒乳需要低温冷藏（2～6℃）流通。

煮沸法是指在清水中煮沸处理5min，可杀死营养细胞，而杀死细菌芽孢则需煮沸处理5～6h。水中加入2%碳酸钠或2%～5%苯酚，可促进芽孢的杀灭。煮沸法适用于注射器、剪刀、镊子等器械的灭菌。

间歇灭菌法又叫分段灭菌法。在没有高压灭菌设备，灭菌对象又比较稳定的情况下，可以达到几乎完全灭菌的目的。方法是将要灭菌物品在100℃加热15min以上，使营养细胞死亡，然后将其冷却到37℃，并保持这个温度过夜，这时，灭菌样品中没有被杀死的芽孢因为温度适合而萌发成营养细胞，到第二天把该物品再次放到100℃环境中加热15min以上。如此重复3次，即可将物品中的微生物全部杀死，达到灭菌的目的。适用于不耐高热的含糖或牛奶的培养基和食用菌栽培料等灭菌。

高压蒸汽灭菌法是在专门的压力蒸汽灭菌锅中进行高温高压处理以杀死微生物，是热灭菌中使用最普遍、效果最可靠的一种方法。高压蒸汽灭菌锅有立式和卧式两种。一般采用121℃处理15～30min，优点是穿透能力强，能杀灭所有微生物。高压蒸汽灭菌法广泛用于罐头食品工业中，一般需根据食品种类、杀菌对象及罐装量等确定杀菌方式。除此之外，在微生物实验室中也通常采用高压蒸汽灭菌法制备无菌培养基、无菌水等。

目前在饮料等行业普遍使用的超高温瞬时灭菌法（ultra-high temperature，UHT）也属于高压蒸汽灭菌。由于热处理时间短，几乎在瞬间完成，故也称为闪蒸法。热处理条件通常为120～150℃、0.5～8s，一般以135～138℃热处理4s左右较为常用。UHT法可杀死微生物的营养细胞以及耐热性强的芽孢菌，故经UHT处理的食品可达到商业无菌要求。因热处理时间过短，对于微生物污染严重的食品，需更高的温度方可达到相应灭菌效果。UHT法适用于各种液体食品的灭菌，如牛乳、果蔬汁、酱油等。UHT热加工处理往往是在液体食品包装前进行，产品为了达到商业无菌，需进行无菌包装，即在无菌环境下灌装至无菌包装容器中。

（五）低温对微生物生长的影响

在低温下，微生物酶活性降低，导致代谢活动降低，生长繁殖受到抑制，但低温杀菌效果很小。因此多数食品均可通过低温贮藏的方式来提高其保质期。

许多世纪以来，人们一直用低温保存食物，根据保藏食品的温度高低可分为冷藏和冷冻两种形式。微生物在冷藏条件下生长会受到明显抑制，从而减缓食品腐败的进程以延长保藏期，而有些嗜冷菌在冷藏温度下仍能生长，但冷冻条件则几乎完全抑制所有微生物的生长。

1.冷藏

冷藏是指食物的储藏温度近于但又高于其冰点的低温条件，通常为2～6℃。冷藏可改变腐败的性质及其发生的速度，尤其是腐败特性可能会发生质的变化，因为低温对微生物的影响具有选择性，对嗜温菌生长的抑制作用明显强于嗜冷菌，从而使长期储藏的食物会形成以嗜冷菌为主的菌相，进而形成完全不同类型的腐败。例如，在没有冷链系统的散户处或集市上购买的散装生牛乳，因没有及时冷却，则以嗜温的乳球菌为主要菌相，其可引起牛乳变酸，而大型现代化牧场会对新鲜挤出的生牛乳立即冷藏处理，冷藏期间嗜温菌的生长会受到抑制，主要以嗜冷的革兰氏阴性杆菌占主导地位。

低温对微生物生长的抑制作用与微生物细胞膜的组成和结构直接相关。随着温度的降低，微生物细胞膜会发生相变，从液态转变为刚性凝胶态，这会严重限制溶质的运输，从而限制细胞的整体生化代谢。然而，在嗜冷菌和兼性嗜冷菌中，这种转变需要更低的温度，因为细胞膜脂质组成中不饱和脂肪酸和短链脂肪酸的含量较高，较低温度条件下仍可呈现较好的流动性，不会影响细胞整体代谢，故可在低温环境生长。这些嗜冷菌覆盖了酵母菌、霉菌、革兰氏阴性细菌以及革兰氏阳性细菌，并没有分类学上的界限，但都具有低温生长能力和热敏性。较高温度时，嗜冷菌细胞膜的流动性过大是导致其具有热敏性的主要原因之一，细胞内关键酶和其他重要蛋白质分子的低热稳定性也是重要的影响因素。

温度突然降低会抑制微生物细胞大多数蛋白质和酶的活性，虽然嗜温菌不能在冷藏的温度下生长，但也不会因低温而被杀死。低温会诱导微生物细胞产生冷休克现象，从而引起一定比例的细胞出现损伤甚至死亡，但这种作用具有不可预见性。冷休克的程度受多种因素影响，如微生物种类（革兰氏阴性细菌较革兰氏阳性细菌敏感），生长状态（对数期细胞较稳定期敏感），温度差异性和冷却速度（温差越大，冷却速度越快，则损害越大），以及生长培养基（复杂成分培养基中生长的细胞抵抗能力更强）。

冷休克的主要机制是低温使细胞膜脂质发生相变从而引起膜损伤，这将会产生亲水空洞，致使细胞内容物流出。同时，也会出现DNA单链断裂及保护细胞的特定冷休克蛋白（cold shock proteins，CSPs）的合成。例如，大肠杆菌细胞暴露于低温时会诱导合成25种以上的蛋白质，低温暴露约1h后，可激活9种同源的CSPs，即CspA ～ CspI。此外，也可激活多种与DNA相关的因子，如DNA旋转酶（GyrA）、RNA解旋酶（DeaD）、转录因子（NusA）和翻译因子（InfB）。通常情况下，CSPs在多种细菌中具有高度保守性，分子质量约为7.4 kDa。除了低温条件可诱导合成CSPs外，高温也能诱导产生CspC和CspE，而稳定期和饥饿状态下也能诱导细菌细胞合成CspD，高静水压（HHP）加工可诱导单核细胞增生李斯特菌合成Csp1和Csp2。

嗜冷菌的低温生长还与抗冻蛋白和冷活性酶相关。抗冻蛋白（antifreeze proteins，AFPs）是一类具有提高生物抗冻能力的蛋白质的总称。AFPs可通过改变冰晶结构抑制冰的重结晶，从而保护细胞膜免受冷冻损伤，使嗜冷菌在低温下仍能存活。除此之外，嗜冷菌自身产生的冷活性酶也是其低温生长的关键因素，冷活性酶即在低温条件下仍具有活性的酶，包括冷活性蛋白酶、脂肪酶、淀粉酶等。例如，我国学者白玉等从天山冻土中分离到36株兼性嗜冷菌，其中11株可产冷活性蛋白酶，3株可产冷活性淀粉酶，11株可产冷活性脂肪酶，8株可产冷活性纤维素酶。

2.冷冻

冷冻是指食物贮藏温度低于其冰点的温度条件。由于存在溶质，食物的冰点低于纯水，通常在–0.5 ～ –3℃温度范围内开始结冰，冷冻储藏使用的温度通常低于–18℃。在冷冻条件下，微生物生长是不可能的。食品冷冻过程中，水分会逐渐转变成冰，从而降低了食物的水活度。因此，冷冻对食品中微生物生长的抑制作用，主要源于两方面因素，即低温和低水活度。然而，当冷冻食品储藏于–10℃以上时，那些附着于食物表面的嗜冷且可耐受低水活度的酵母菌和霉菌将会生长。例如，储藏于–5 ～ –10℃的肉类可能会慢慢出现一些表面缺陷，如由于多主枝孢霉（Cladosporium herbarum）生长而形成的黑点，这是引起过敏性疾病的主要霉菌之一。

当温度降低至开始结冰的温度时，微生物细胞在受到冷应激作用的同时，也会受到形成冰晶的机械损伤作用，从而导致一定比例的细胞出现死亡。冷冻速度越慢，形成的冰晶越大，对微生物的损伤越大。食品中微生物的冷冻存活率取决于冷冻条件、食品材料性质以及微生物群落组成，一般在5% ～ 70%范围。细菌芽孢几乎不受冷冻的影响，相比于革兰氏阳性细菌，革兰氏阴性细菌对冷冻则更为敏感。由于食品材料通常充当微生物的冷冻保护剂，微生物可在冷冻状态下长时间存活。例如在–23℃条件下贮藏7年的冰淇淋中分离出沙门氏菌。商业上通常采用半小时内达到贮藏温度的快速冷冻方法冷冻食品，因为食品冷冻过程的设计是为了最大限度地保护食品材料，而不是为了破坏微生物细胞。

另外还可以利用低温抑菌作用来保存菌种。

（六）极端温度环境中的微生物及其应用

1.极端环境中的微生物

在自然界中，存在着一些绝大多数生物都无法生存的极端环境，如高温、低温、高盐、高压、高酸、高碱等。在这类极端环境能正常繁殖生长的微生物，称为极端微生物。科学家们相信，极端微生物是这个星球留给人类独特的生物资源和极其珍贵的科研素材。开展极端微生物的研究，对于揭示生物圈起源的奥秘，阐明生物多样性形成的机制，认识生命的极限及其与环境的相互作用的规律等，都具有极为重要的科学意义。在极端微生物中发现的适应机制，还将成为人类在太空中寻找地外生命的理论依据。极端微生物研究的成果，将大大促进微生物在环境保护、人类健康和生物技术等领域的应用。

2. 极端温度环境中的微生物及应用

目前对嗜热菌和嗜冷菌的研究比较多。喷发的火山、地热蒸汽、沸腾或过热的温泉以及高温堆肥等高温环境，均分布嗜热和超嗜热微生物。以细菌居多，如嗜热脂肪芽孢杆菌等，只有少数真菌。这些微生物在高温下能生长的原因是：① 酶、蛋白质等大分子物质及核糖体等蛋白质合成系统具有较强的抗热性；② 核酸具有较高的热稳定性，核酸 tRNA 中（G+C）含量高，其周转率高；③ 细胞膜的耐热性强，高熔点的饱和脂肪酸含量高，较高温度下能维持正常的液晶状态，维持膜的功能，能较好地生存。

从嗜热微生物中已分离鉴定出大量嗜热酶，如纤维素酶、果胶酶、淀粉酶、蛋白酶等，耐受温度通常在 $55 \sim 80\,℃$，极端嗜热酶可耐受 $80 \sim 113\,℃$ 的高温。例如，在工业制作糖浆时，液化和糖化均需在 $60 \sim 70\,℃$ 高温下进行，诺维信公司推出的嗜热 α-淀粉酶可催化淀粉液化，嗜热的支链淀粉酶和葡糖淀粉酶可在 $70\,℃$ 条件下进一步将液化产物转化生成糖，从而实现淀粉最大程度的转化。

嗜冷菌一般能在 $-15 \sim 20\,℃$ 之间生长，主要分布在高山、极地、大洋深处、冰窖和冷库等处。嗜冷菌在低温下生长的机理为：① 酶能在低温下有效地催化，在高温下酶活丧失；② 细胞膜中的不饱和脂肪酸含量高，低温下也能保持半流动状态，可以进行物质的传递。

为了减少食品加工过程中营养物质的损失、风味物质的挥发，降低能耗等需求，低温加工已在食品工业上应用越来越多，嗜冷酶的挖掘与开发尤为迫切，已商业化的嗜冷酶有淀粉酶、果胶酶、β-半乳糖苷酶、木糖酶等。例如，一些商业化的食品级 β-半乳糖苷酶在冷藏温度下即可水解牛乳中的乳糖，从而简化了无乳糖产品的加工工艺，并降低了生产成本。加拿大 Lallemand 公司生产的 Lallzyme 产品，可用于果汁和葡萄酒的澄清处理，是一种从黑曲霉中获得的由聚半乳糖醛酸酶、果胶酯酶和果胶裂解酶组成的果胶酶混合物，在 $5 \sim 20\,℃$ 具有酶活力。

二、基质水活度

水是机体中的重要组成成分，是微生物生长必不可少的营养素，它是一种起着溶剂和运输介质作用的物质，参与机体内包括水解、缩合、氧化与还原等反应在内的整个化学反应，并在维持蛋白质等大分子物质的稳定的天然状态上起重要作用，自然环境中含水量的多少决定着微生物的种类和数量。

（一）微生物生长对基质水活度的要求

水活度（A_w）是指在某一温度下，基质环境中的水蒸气压与纯水的蒸汽压之比，一般食品或培养基为 $0 \sim 1$，它能正确反映基质中水分对微生物的可利用性。

1.微生物生长对基质水活度的要求

微生物在生长过程中，对生长环境的水活度有一定的要求，微生物一般在水活度为0.60～0.99的条件下生长。一般而言，细菌、酵母菌和霉菌最低生长A_w的要求分别是0.90、0.88和0.80，但也有例外，如嗜盐细菌、嗜旱霉菌和嗜渗透压酵母菌最低生长A_w的要求分别是0.76、0.65和0.60。A_w过低时，微生物生长的迟滞期延长，生长速率和总生长量减少。

每一种微生物生长都有其特征性的生长最适A_w和最低A_w，如肉毒梭状芽孢杆菌，最适A_w为0.99，最低A_w为0.94。微生物不同，生长所需要的最低A_w值也不同。

2.生长最低水活度不同的微生物类型

根据微生物生长所需的最低水活度不同，将其分为干生型、中生型和湿生型。绝大部分细菌、少部分酵母菌和霉菌属于湿生型；绝大部分霉菌和酵母菌、少部分细菌属于中生型；只有少数的细菌、酵母菌和霉菌属于干生型（表5-4）。

表5-4 微生物生长所需的最低A_w值

微生物种类	最低A_w值	举例
干生型	< 0.8	少数细菌、酵母菌、霉菌
中生型	0.8～0.9	少部分细菌，绝大部分酵母菌和霉菌
湿生型	> 0.9	绝大部分细菌，少部分酵母菌和霉菌

（二）利用干燥保藏食品和菌种

微生物对水的依赖性极强，一旦环境条件长期不能满足微生物所需要的水（即干燥环境），微生物则会死亡，有利于食品的保存，因此可利用干燥保藏食品。

不同食品的A_w值范围如图5-2所示。为了提高食品的贮藏性，降低其A_w值具有重要意义。

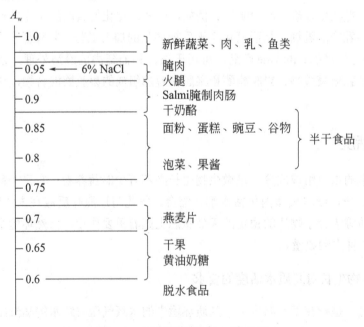

图5-2 不同种类食品的A_w值范围

例如，干制类食品，通过脱除水分降低了食品的A_w值，从而抑制一些微生物的生长提高了其保藏性。值得注意的是，对于一些特殊微生物而言，它们在水活度较低的环境中生长得更好，例如嗜盐、嗜渗透性或嗜旱性的微生物。嗜盐细菌专性地嗜盐，并且在缺乏高浓度盐的情况下不能生长，通常存在于盐湖或盐田环境中，可能导致干咸鱼蛋白质水解而变质。

对于任何微生物的生长，水活度的极限值约为0.6，低于该值的食物若出现变质则可认为不是微生物导致，而可能是由于昆虫的伤害或化学反应（例如氧化）引起的。在A_w为0.6时，微生物细胞质内的DNA等生物大分子物质将不能正常行使功能，细胞生长将停止。但需要特别注意的是，不能进行主动生长并不代表不能存活，许多微生物在水活度非常低的环境中仍可存活，一旦条件允许将立即开始生长繁殖进而导致食品腐败变质。

另外适当的干燥环境使微生物活性降低，不至于死亡，有利于保存菌种，所以可利用干燥保藏菌种。

（三）渗透压对微生物生长的影响

渗透压可明显影响微生物的生长及代谢。大多数微生物均适于生活在等渗环境（相当于0.85%生理盐水溶液）中。相比于等渗环境，高渗环境形成的体系水活度较低，反之低渗环境水活度较高。如果将这些微生物置于高渗环境（如20% NaCl溶液）中，微生物细胞内的水分子将会通过细胞膜转移至细胞外，导致细胞脱水进而出现质壁分离，生长受到抑制甚至死亡。如果将这些微生物置于低渗环境（如纯水）中，微生物细胞外的水分子则会不断透过细胞膜迁移至细胞内，从而引起细胞出现膨胀而破裂死亡。

在食品工业上，常常采用盐渍或糖渍的方式提高食品的渗透压，延长食品的储藏期。早在周朝，我国劳动人民就已经通过添加盐或糖的方式研制出了腌渍食品，距今约有3000多年的历史。例如，利用高浓度食盐和/或糖腌制的蔬菜、肉类及果脯类产品，食盐使用浓度通常为5%～15%，糖浓度通常为50%～70%。有些微生物具有较强的耐高渗能力，少数酵母和细菌、多数霉菌具有耐受高糖的能力，如异常汉逊氏酵母、蜂蜜酵母、意大利酵母、肠膜明串珠菌、青霉属、灰霉属等经常引起糖浆、果汁、果酱等高糖食品的腐败变质。而在含盐量较高的海水中发现的微生物耐高渗能力更强，属于嗜盐微生物，可在10%～30%盐溶液中生长。

三、氧化还原电位

氧化还原反应的发生是电子在原子或分子间转移的结果，介质接受或提供电子即氧化或还原的趋势称为其氧化还原电位（Eh）。如果存在的各种氧化还原对的平衡有利于氧化态，则将趋向于接受来自电极的电子，从而产生表示氧化环境的正电位，反之样品则趋向于将电子供给电极形成负电位即形成还原性环境。食品的氧化还原电位受多种因素影响，如氧化还原对的存在、氧化剂与还原剂的比例、pH值、氧气的供应及微生物活性等。标准氧化还原电位指原子或分子接受或提供电子的趋势，表5-5列出了一些重要的氧化还原对及其标准的氧化还原电位。

除了氧气外，大多数氧化还原对均存在于食物中，如肉类中的谷胱甘肽和半胱氨酸以及植物产品中的抗坏血酸和还原糖。氢离子浓度会影响Eh，pH值每降低一个单位，Eh就会增加58mV。果汁的高正Eh值在很大程度上反映了其低pH值（表5-6）。

表5-5 一些重要的氧化还原对及其标准氧化还原电位

氧化还原对	E_0/mV
1/2 O_2/H_2O	+820
Fe^{3+}/Fe^{2+}	+760
氧化型细胞色素C/还原型细胞色素C	+250
脱氢抗坏血酸/抗坏血酸	+80
氧化型亚甲基蓝/还原型亚甲基蓝	+11
丙酮酸盐/乳酸盐	−190
氧化型谷胱甘肽/还原型谷胱甘肽	−230
NAD^+/NADH	−320

表5-6 食品原料的氧化还原电位

食品原料	E/mV	pH
生肉（解僵后）	−200	5.7
生碎肉	+225	5.9
煮熟的香肠和肉罐头	−150 ～ −20	≈6.5
小麦（全谷物）	−360 ～ −320	6.0
大麦（谷粒）	+225	7.0
马铃薯块茎	≈−150	≈6.0
菠菜汁	+74	6.2
梨汁	+436	4.2
葡萄汁	+409	3.9
柠檬汁	+383	2.2

空气中的氧通常是食品系统中最具影响的氧化还原对，是一种强氧化剂，如果食物中存在足够的空气，则将产生高正电位。切碎或碾碎加工可增加空气进入食品的速度，使其Eh增加。从表5-6中就可以看出这一点，如碎肉Eh值明显高于生肉，碾磨谷物Eh值明显高于全谷物。同样，在真空包装或罐装食品中排除空气可降低Eh。

氧化还原电位对食品的微生物菌相具有重要的选择性作用。氧化还原电位主要是通过影响细胞内许多酶类的活性来影响微生物的生长代谢。微生物生长环境中氧化还原电位的高低与氧分压有关，也受pH值影响。pH值低时，氧化还原电位高；pH值高时，氧化还原电位低。各种微生物生长所需的Eh值不同，一般好氧微生物在Eh值大于+100mV均可正常生长，以Eh值在+300 ～ +400mV为宜；厌氧微生物只能在Eh值低于+100mV时生长；兼性厌氧微生物在Eh值大于+100mV时进行有氧呼吸，而小于+100mV时则进行发酵或无氧呼吸。

专性需氧菌的生长需要氧气和高Eh，并且会在暴露于空气或容易获得空气的食物表面占主导地位。例如，假单胞菌（如荧光假单胞菌的Eh为+100 ～ +500mV）和其他需氧型革兰氏阴性杆菌会在肉表面产生黏液和异味，枯草芽孢杆菌（Eh在−100 ～ +135mV范围）在面包的开放质地中产生黏性丝状物质影响面包品质，以及在乙醇饮料表面上生长的醋酸杆菌可将乙醇氧化为乙酸，从而产生醋味使其变质。

专性厌氧菌倾向于仅在低或负的氧化还原电势下生长，且通常需要缺氧条件，氧气对许多厌氧菌均具有特定的毒性作用。例如，丙酮丁醇梭状芽孢杆菌可在由铁氰化物维持的高达+370mV的Eh下生长，但在+110mV的充气培养条件下却不能生长，这种作用与专性厌氧菌无法清除和破坏分子氧的有毒产物有关，如过氧化氢，尤其是超氧阴离子自由基，这主要归因于它们缺乏催化分解这些自由基的过氧化氢酶和超氧化物歧化酶。专性厌氧菌，如梭状芽孢杆菌，有可能在任何厌氧条件下生长，例如深层的肉组织和炖肉以及腐败的真空包装和罐藏食品中。对于肉毒梭状芽孢杆菌而言，其可产生肉毒毒素，危害人体健康，是主要的公共卫生问题。

耐氧厌氧菌不能进行有氧呼吸，但在有氧气存在的情况下仍可生长，许多乳酸菌属于这一类，其只能通过发酵产生能量，同时缺乏过氧化氢酶和超氧化物歧化酶。

因此，可通过通入O_2、H_2、空气以及加抗坏血酸、巯基乙酸、葡萄糖等改变环境的氧化还原电位从而调控微生物代谢。例如，厌氧菌的培养，可通过添加还原剂降低氧化还原电位来促进其生长，如补加抗坏血酸、巯基乙酸、硫化钠、半胱氨酸、铁屑、谷胱甘肽等。在食品加工保藏过程中，可通过真空包装排除空气降低食品氧化还原电位从而抑制好氧菌的生长，进而延长保藏期。

四、辐射

电磁辐射主要包括可见光、红外线、紫外线、X射线和γ射线等。红外线辐射波长在760nm ～ 1mm，可被光合细菌作为能源；可见光波长范围为380 ～ 760nm，是蓝细菌等藻类进行光合作用的主要能源；紫外线辐射波长为136 ～ 400nm，有杀菌作用；X射线由X射线发生器产生；γ射线主要由放射性同位素产生，因其穿透能力强，常被用于完整食品及各种包装食品的内部杀菌处理，常用的放射性同位素为^{60}Co和^{137}Cs。

红外线按照波长范围可划分为3个区段：近红外、中红外和远红外。食品中的有机成分和水能大量吸收波段3 ～ 1000μm的红外辐射即远红外，因此常用远红外对食品进行杀菌处理，其杀菌作用可能与破坏微生物细胞内成分有关，如DNA、RNA、核糖体、蛋白质等。红外辐射由于穿透能力较弱，适用于固态食品的表面杀菌，如水果、香料、即食食品、粉末食品及谷物等。

紫外线以波长为265 ～ 266nm的杀菌力最强，其杀菌机理归因于细胞中的核酸及其碱基对紫外线吸收能力强，最大吸收峰波长为260nm，而蛋白质的吸收峰波长为280nm，当紫外线辐射能作用于核酸时，破坏其分子结构，形成胸腺嘧啶二聚体，妨碍蛋白质和酶的合成，从而引起微生物细胞死亡。紫外线的照射剂量、时间、距离均可影响其杀菌效果，不同菌种及其不同的生理状态也会影响紫外线的杀菌效果。紫外线由于穿透能力差，主要适用于食品工业厂房内空气及物体表面的消毒，在饮用水的消毒中也有使用。

利用同位素产生的γ射线对食品进行杀菌时，采用的辐射剂量因杀菌目的而异。完全杀菌的辐照剂量为25 ～ 50kGy，主要为了杀死除芽孢外的所有微生物。消毒杀菌的辐照剂量为1 ～ 10kGy，主要目的是杀死食品中不产芽孢的病原体，并减少微生物污染，以延长食品贮藏期。γ射线由于穿透力强，在保证食品原有品质、风味、色泽等基础上，可有效杀灭微生物，防止二次污染，已在大蒜、生姜、坚果、稻谷及香辛料等干藏制品，冷藏及冷冻食品，以及液态蛋等食品中得到了广泛应用。

这些辐射技术除了可对食品进行有效杀菌外，常作为微生物传统物理诱变育种的有效手段，其中以紫外线、X射线和γ射线等效果较好，其可促使微生物细胞中遗传物质（主要是DNA）结构发生变化，引起诱发突变，进而获得性状优良的突变株。紫外线诱变一般采用15W或30W紫外灯照射，照射距离一般选择20～30cm，照射时间因菌种而异，并控制死亡率在50%～80%范围。黑曲霉N402菌株经紫外线诱变获得突变株FR13，后者发酵代谢产生柠檬酸的能力大大提高，柠檬酸产率为出发菌株的2倍。γ射线作为一种电离射线，可引发生物基因突变和染色体畸变，以^{60}Co γ射线辐照处理出发菌株米曲霉U-42，获得的变异菌株UCo42-3产氨肽酶的能力较出发菌株提高了150%；以辐照剂量为0.6kGy的^{60}Co γ射线诱变植物乳杆菌163，获得的突变株可代谢产生更高水平的细菌素Plantaricin 163-1。因此，辐照通常作为一种诱变育种技术用于选育新性状或性状更优的菌种，以提高食品工程菌的利用价值。

五、超声波

超声波是指频率超过20000赫兹（Hz）的声波，常被作为一种杀菌技术用于液体食品中微生物的控制，如饮用水、果汁、酱油、啤酒等液体食品，用于杀菌的超声频率多选择20～50kHz。超声波的杀菌能力有限，特别是对抵抗能力强的芽孢及霉菌孢子的杀菌效果并不理想，故通常作为一种辅助杀菌技术。

超声波对微生物细胞的致死机理是其在微生物细胞壁附近及细胞内产生空化效应，引起微生物细胞壁变薄甚至破裂，导致微生物细胞抵抗外界胁迫能力下降甚至内含物溢出，同时空化作用形成的微射流可改变胞内酶分子构象使其失活进而影响微生物细胞代谢，以及膜内流体静压力引起的细胞核破裂致使核酸的释放，这些均加速了微生物细胞的死亡。超声波对微生物细胞的影响程度，与其作用频率，处理时间，微生物种类，细胞大小、形状及数量等有关。通常情况下，超声波频率越高，对微生物细胞损伤程度越大，杀菌效果越好。超声波处理时间越长，杀菌效果越好，但处理时间越长，能耗加大成本升高，且增加了对热敏性活性物质的影响，因此超声波处理时间应根据生产实际的需求来选择。相同频率超声波处理对革兰氏阴性细菌的杀菌效果明显优于革兰氏阳性细菌，例如，研究人员利用33kHz频率的超声波处理细菌，发现其对大肠杆菌和沙门氏菌的致死率明显高于金黄色葡萄球菌，这可能主要由细胞壁成分和结构的差异所致。微生物对超声波的抵抗能力，一般认为细菌芽孢强于其营养体，好氧菌强于厌氧菌，球菌强于杆菌，小杆菌强于大杆菌。

超声波除了杀菌外，在食品工业其他领域也有应用。例如，可以用于乳酸菌等革兰氏阳性细菌的破壁，以提取细菌内蛋白质或核酸类物质。此外，微弱的超声波处理对细胞的破坏作用很小，可增强细胞膜的通透性，从而强化细胞的物质运输，一方面可增强微生物细胞对营养物质的吸收利用，另一方面有利于代谢产物的分泌。比如，超声波处理可使植物乳杆菌ATCC8014菌株的生物量和生物表面活性剂的生产量均出现明显提高，同时伴有葡萄糖消耗量的增加，这可能因为超声波处理后细胞膜通透性增加，从而改善了细胞对底物的摄取及代谢进程。低强度（28kHz）的超声波处理可增强副干酪乳杆菌发酵脱脂乳中肽的产率，这可能与超声波对胞外酶的激活作用有关。超声波处理（20kHz，幅度为20%）可促使嗜酸乳杆菌 BCRC 10695 菌株释放更多的 β-葡萄糖苷酶，进而提高其发酵豆乳中糖苷向具有生物活性的糖苷配基异黄酮的生物转化，这种作用在发酵豆渣中也得到了证实。此外，超声波处理也可促进乳酸菌发酵产生乳酸。

第二节 化学因素对微生物生长的影响

影响微生物生长繁殖的化学因素，主要包括pH值、氧气、重金属盐类、氧化剂、有机化合物和表面活性剂等。

一、pH值

（一）微生物生长的pH值范围

微生物生长的pH值范围极广，并因种类而异，一般在pH值2～8之间，只有少数几个种属微生物能在pH＜2的强酸性环境或pH＞10的强碱性环境下生长。不同的微生物都有一定的生长pH值范围（表5-7），包括最高、最适和最低生长pH值3个关键点。

在最适生长pH值范围内，微生物生长繁殖速度快，而在最低或最高pH值环境中，微生物虽能生存和生长，但生长速度非常缓慢且易死亡。总体上，霉菌生长适应pH值范围最广，酵母菌次之，细菌最小。霉菌和酵母菌生长最适pH值一般在5～6范围，而细菌生长最适

表5-7　不同微生物的生长pH值范围

微生物		pH值		
		最低	最适	最高
细菌	大肠杆菌（*Escherichia coli*）	4.3	6.0～8.0	9.5
	金黄色葡萄球菌（*Staphylococcus aureus*）	4.2	7.0～7.5	9.3
	伤寒沙门氏菌（*Salmonella typhi*）	4.0	6.8～7.2	9.6
	枯草芽孢杆菌（*Bacillus subtilis*）	4.5	6.0～7.5	8.5
	大豆根瘤菌（*Rhizobium japonicum*）	4.2	6.8～7.0	11.0
	嗜酸乳杆菌（*Lactobacillus acidophilus*）	4.0～4.6	5.8～6.6	6.8
	醋化醋酸杆菌（*Acetobacter aceti*）	4.0～4.5	5.4～6.3	7.0～8.0
	氧化硫硫杆菌（*Thiobacillus thiooxidans*）	0.5	2.0～3.5	6.0
一般放线菌		5.0	7.0～8.0	10.0
一般酵母菌		2.5	3.8～6.0	8.0
一般霉菌		1.5	4.0～5.8	7.0～11.0
黑曲霉（*Aspergillus niger*）		1.5	5.0～6.0	9.0

pH值在7左右。一般来说，真菌较细菌对酸具有更强的耐受能力，个别可在pH值为2.0的环境中生长。最适生长pH值偏于酸性范围的微生物，有的为嗜酸性微生物，有些甚至为专性嗜酸菌，不能在中性pH值环境中生长，如硫杆菌属以及属于古菌的硫化叶菌属和热原体；还有些为耐酸微生物，不一定需在酸性条件生活，但能耐受酸胁迫环境，如乳杆菌属、醋酸杆菌属和假单胞菌属等。最适生长pH值偏于碱性范围内的微生物，有嗜碱性微生物，如硝化菌、尿素分解菌、根瘤菌及放线菌等，通常可在纯碱湖、高碳土壤等高度碱性栖息地中发现，其最适生长pH值较高，有的甚至可达pH值11～12；也有耐碱性微生物，如链霉菌等。

（二）pH值对微生物代谢产物合成的影响

环境的pH值不仅影响微生物的生长，而且还影响其代谢产物的合成。同一微生物在不同的生长阶段、生理和生化代谢过程中，也要求不同最适pH值，pH值不仅是微生物生长繁殖的重要指标，也是产物合成的非常重要的状态参数，是代谢活动的综合指标。因此，必须掌握发酵过程中pH值变化的规律，及时监控，使微生物处于生产的最佳状态。

微生物生长阶段和产物合成阶段的最适pH值通常是不一样的，这与菌种特性和产物的化学性质有关，且培养基的pH值对微生物的代谢有直接影响。例如，黑曲霉最适生长pH值在5.0～6.0，在pH值2.0～2.5范围有利于产柠檬酸，而在pH值7.0左右时，则以合成草酸为主。粪肠球菌在丙酮酸限制条件下厌氧培养，pH值对其发酵产物的形成具有显著影响（表5-8）。利用气升式发酵罐培养 *Canoderma lucidum* 生产胞外多糖（EPS），发现培养基pH值分两阶段控制可大大提高其EPS产生量，即培养0～2天pH值控制在3.0，2～8天pH值控制在6.0，此发酵条件下EPS的产量是不控制pH值发酵的5倍，是pH值全程控制在6.0发酵时的1.4倍。

表5-8　丙酮酸限制下不同pH值对粪肠球菌厌氧发酵产物的影响

pH值	丙酮酸	乙酸	乳酸	甲酸	CO_2
5.5	21.2	9.3	10.1	0	10.7
6.0	13.5	7.3	5.5	2.2	6.7
6.5	12.5	7.4	3.8	3.9	4.7
7.0	11.6	8.4	2.2	6.2	2.4
7.5	9.5	7.8	1.1	7.0	1.3
8.0	9.1	7.9	0.7	7.2	0.6
8.5	9.2	8.3	0.8	7.5	0.7

注：数值表示丙酮酸消耗与产物形成的比速率（h^{-1}）。

（三）微生物细胞内pH值稳定及其重要性

微生物生长的pH值范围只代表了微生物细胞外环境的pH值，而微生物在代谢过程中，细胞内的pH值相当稳定，一般都接近中性，主要是为了防止酸碱对细胞内核酸和酶等大分子的破坏。

大多数细菌细胞内pH值通常被严格控制在近于中性的相对狭窄范围内。细胞质pH值的任何变化都可能影响多个代谢过程，甚至威胁细菌的生存能力。细菌已经进化出了复杂的遗传与代谢响应保护系统以应对酸性环境，其抵抗酸的能力受细菌种类、个体菌株差异、酸胁迫类型、生长阶段以及环境中外部小分子存在的影响。食源性微生物中表征最完全的两种酸胁迫响应系统分别是酸耐受响应（acid tolerance responses，ATR）系统和酸抗性（acid resistance，AR）系统。

将细胞预先暴露于温和的酸性pH值条件下，微生物对此作出的响应即称为ATR。当细胞在温和的酸性条件下生长至稳定期时，可以使其适应酸性环境。例如，与非诱导培养相比，这种独特的ATR保护机制可将细菌细胞的存活率提高1000倍以上，并且这种预适应于弱酸的细胞对渗透压、热处理、氧化和乙醇的抵抗力也会随之增强。虽然ATR可在pH值3.5～4.5的弱酸性条件下保护细胞，但该系统不足以促进微生物细胞在较低pH值下的存活。在pH ＜ 2.5的极低pH值下保护细胞的应激响应机制称为AR。大多数AR响应系统都需要细胞外底物（通常为一种氨基酸）的存在才具有代谢活性。AR响应系统一旦被激活，是极其稳定的，如AR细胞在长期低温（4℃）贮藏期间仍保持抗性。

病原菌是否能够引起人类疾病在很大程度上取决于在酸性条件下的存活能力。人体内胃液的pH值可低于2.5，这通常是保护人类宿主的第一道屏障。当人体摄入食源性病原菌污染的食物时，这些病原菌在胃液酸性环境中的生存率尤为关键。具有最小感染剂量的病原菌拥有最有效的酸胁迫响应系统。AR系统可使病原菌能够抵抗胃液的酸性环境，并以一定数量活菌进入肠道定植，进而引发疾病。

下面以大肠杆菌为例，介绍其对酸胁迫的响应机制（图5-3）。大肠杆菌的最适生长pH值近于中性，但其可在pH值4.4的条件下生长，若具有抗酸性则需pH值4.5～5.5酸性环境的生长诱导。在pH值低于5.5条件下，大肠杆菌会诱导合成与AR相关的复杂蛋白质。

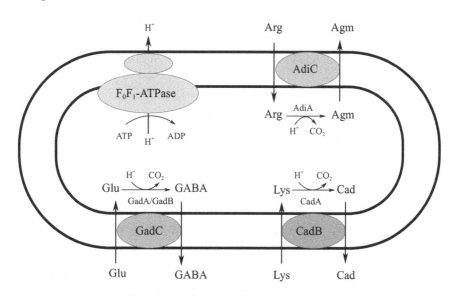

图5-3 大肠杆菌主要的酸胁迫响应系统

大肠杆菌特定的酸胁迫响应包括四个独立的机制，其中的三个系统分别需要针对特定的氨基酸（精氨酸、谷氨酸或赖氨酸）脱羧的酶，只有当培养环境中存在相应的氨基酸时，氨基酸脱羧酶系统才能有效维持细胞活力，氨基酸脱羧酶系统的核心成分是催化脱羧的酶和同时转运底物和产物的反转运蛋白。谷氨酸、赖氨酸或精氨酸的脱羧反应会消耗胞内H+，从而使细胞内pH值升高以调控胞内酸度，同时分别产生CO_2和γ-氨基丁酸（GABA）、尸胺（Cad）或胍丁胺（Agm），然后将这些产物运出细胞外以交换其底物氨基酸。只要有底物供应或细胞内pH值稳定在中性附近，即可维持这种细胞质的中和过程。精氨酸脱羧保护大肠杆菌的AR系统与精氨酸脱羧酶和精氨酸/胍丁胺反转运蛋白有关，编码酶和转运蛋白的操纵子分别为AdiA和AdiC。与精氨酸类似，赖氨酸依赖性AR系统也涉及双组分代谢系统，即赖氨酸脱羧酶（CadA）和赖氨酸/尸胺反转运蛋白（CadB）。同样，谷氨酸依赖性（GAD）AR系统也拥有一种转运蛋白即γ-氨基丁酸反转运蛋白（GadC），但却有两种截然不同的谷氨酸脱羧酶GadA和GadB来催化谷氨酸的脱羧作用，二者在酸应激期间通常会表达，并且在pH＞2.5条件下均足以保护细胞，但当细胞外pH＜2.5时两种酶必须存在才能使其存活。GAD系统似乎在多种革兰氏阴性菌和革兰氏阳性菌中广泛存在。例如，在单核细胞增生李斯特菌、脆弱拟杆菌、乳球菌属、乳酸乳杆菌和鸟肠球菌等中也发现了类似的谷氨酸脱羧酶和反转运蛋白，但沙门氏菌不存在GAD系统。第四个系统是一种不需要底物存在的氧化应答，且受葡萄糖抑制，故称为葡萄糖-阻碍耐酸系统，其主要与选择性信号分子σ^S蛋白、总调控蛋白CRP（cAMP receptor protein）和F_oF_1-ATP酶（F_oF_1 proton-translocating ATPase）有关。σ^S蛋白是大肠杆菌应对外界压力的主要因子，由rpoS基因编码。σ^S蛋白是诱导葡萄糖抑制的氧化系统所必需的，在激活精氨酸和赖氨酸依赖性脱羧酶反应方面作用有限，而GAD系统不依赖于σ^S蛋白，但会受其间接影响。此外，所有四个系统的诱导都需要在预暴露于弱酸条件下生长到稳定期。

单核细胞增生李斯特氏菌、沙门氏菌等食源性致病菌也同样存在酸胁迫响应系统以使其耐受酸性环境。因此，对于弱酸性食品要严格控制食源性致病菌的污染，以降低消费者的感染风险。相比之下，对于益生菌也同样需要关注酸胁迫对其存活能力的影响，充分认识与理解益生菌对酸胁迫的响应机制，指导益生菌产品的开发及工业化生产，使其经口服后最大限度地耐受胃液的酸性环境跨过人体消化道的第一道屏障，从而以相当数量的活菌顺利进入肠道并定植发挥其益生功能。

（四）微生物生命活动对外界环境pH值的改变

微生物在生长繁殖过程中，吸收营养成分至细胞内，再通过胞内酶的作用完成一系列的生物化学反应，并将一部分代谢产物通过细胞膜释放至细胞外，这些代谢产物的酸碱性不同将直接影响外界环境pH值的差异变化。一般微生物在培养过程中往往以变酸占优势，故随培养时间的延长pH值呈下降趋势。pH值变化程度与生长基质的组分直接相关，尤其是碳氮比。例如，碳氮比高的培养基中，培养一般真菌后，pH值常会显著下降；碳氮比低的培养基中，培养一般细菌后，pH值常会显著上升。一般来讲，微生物在生长代谢过程中，培养基质中的碳水化合物经发酵、氧化，脂肪经水解后均会产生有机酸，从而使细胞外环境酸化，而蛋白质会在微生物作用下，经脱羧产生胺类物质，从而使外环境碱化。培养基质中的无机物，也会在微生物生长过程中产生不同的酸碱变化，如硫酸铵中的NH_4^+离子发生选择性吸收后，会生成H_2SO_4，使得外环境酸化，而$NaNO_3$中的NO_3^-离子选择性吸收后，会生成NaOH，使外环境碱化。

发酵工业上，调节微生物培养环境pH值的方法主要有两种类型。其一，根据实际生产的需求，针对发酵期间培养环境pH值的变化，以人工添加外源酸性或碱性物质的方式来实时调节培养环境的pH值。例如，可用于调节培养环境pH值的物质，包括H_2SO_4、HCl等酸液，NaOH、Na_2CO_3等碱液。这种调节方式的特点是快速、直接，能实时调节，但不持久，属于治标不治本。其二是治本的方法，即持久化方法，可通过添加具有间接调节作用、缓效的物质实现，如培养环境过酸时，可通过添加适当氮源（如尿素、$NaNO_3$、NH_4OH或蛋白质等）或提高通气量的方法调节，而过碱时，则通过添加适当碳源（如糖、乳酸、醋酸、柠檬酸或脂肪等）或降低通气量的方法调节。

由于微生物具有一定的生长pH值范围，因此强酸、强碱均具有一定的杀菌能力，但因其具有腐蚀性在食品工业使用受限。食品工业中常用有机酸及其盐类作为酸性防腐剂，如苯甲酸及其钠盐、山梨酸及其钾盐、脱氢醋酸及其钠盐等，常用石灰水、碳酸钠等碱性物质作为环境、加工设备及包装材料的消毒剂。

二、氧气

氧对大多数微生物的生命活动有着极其重要的影响，但也有一些微生物没有氧气照样能生存，甚至氧气对有的微生物有毒害作用。由此可见微生物对氧的需要和耐受力在不同的类群中变化很大。

（一）对氧气需求不同的微生物类型

氧气对微生物的生长繁殖与代谢有着重要的影响。按照微生物生命活动过程对氧气的需求，可将其分成好氧菌（aerobe）和厌氧菌（anaerobe）两大类。其中，好氧菌中分为专性好氧菌、兼性厌氧菌和微好氧菌；厌氧菌分为耐氧菌和专性厌氧菌。这五类微生物在深层半固体琼脂柱中的生长状态如图5-4所示。

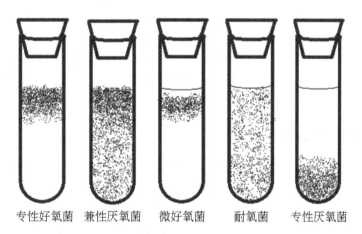

专性好氧菌　兼性厌氧菌　微好氧菌　耐氧菌　专性厌氧菌

图5-4　氧气对微生物生长的影响

1.专性好氧菌（obligate or strict aerobe）

需在有分子氧的条件下才能生长，具备完整的呼吸链，以分子氧作为最终氢受体，细胞内有超氧化物歧化酶（superoxide dismutase，SOD）和过氧化氢酶。绝大多数真菌和许多细菌都属于专性好氧菌，如米曲霉、醋酸杆菌、荧光假单胞菌、枯草芽孢杆菌和蕈状芽孢杆菌等。

2.兼性厌氧菌（facultative aerobe）

在有氧或无氧条件下均能生长，但有氧的情况下长势更旺盛。有氧时进行呼吸产能，无氧时进行发酵或无氧呼吸产能；细胞内含SOD和过氧化氢酶。许多酵母菌和细菌都是兼性厌氧菌，如酿酒酵母、大肠杆菌和普通变形杆菌等。

3.微好氧菌（microaerophilic bacteria）

只能在氧分压较低的条件下（1.01～3.04kPa，正常大气中的氧分压为21.2kPa）才能正常生长的微生物。通过呼吸链以氧为最终氢受体而产能，如霍乱弧菌和发酵单胞菌属等。

4.耐氧菌（aerotolerant anaerobe）

耐氧菌是一类可在分子氧存在时进行厌氧呼吸的厌氧菌，即它们的生长不需要氧，但分子氧存在对它们也无毒害。它们不具有呼吸链，仅依靠专性发酵获得能量。细胞内存在SOD和过氧化物酶，但没有过氧化氢酶。一般乳酸菌多属于耐氧菌，如乳球菌属、乳杆菌属、明串珠菌属和肠球菌属等；非乳酸菌的耐氧菌，如雷氏丁酸杆菌。

5.专性厌氧菌（obligate anaerobe）

专性厌氧菌是一类其生长无需氧气的存在，且分子氧的存在对其具有毒性，短期接触生长就会受到抑制甚至死亡。细胞内缺乏SOD和细胞色素氧化酶，大多数还缺乏过氧化氢酶。常见的厌氧菌有肉毒梭状芽孢杆菌、嗜热梭状芽孢杆菌、拟杆菌属、双歧杆菌属以及各种光合细菌和产甲烷菌等。一般绝大多数微生物都是好氧菌或兼性厌氧菌。厌氧菌的种类相对较少，但近年来随着肠道微生物研究的深入及基因测序技术的成熟，已有越来越多的厌氧菌被发现。氧对专性厌氧菌的毒害作用，是因其缺乏SOD，从而易被生物体内产生的超氧化物阴离子自由基毒害致死。

（二）厌氧菌的氧毒害机制——SOD学说

关于厌氧菌的氧毒害机制，学者们陆续提出了多种假说，其中SOD假说较为公认，是由McCord J. M.和Fridovich I.于1971年提出。他们发现所有专性厌氧菌均无SOD活性，一般也无过氧化氢酶活性，然而所有具有细胞色素系统的好氧菌均有SOD和过氧化氢酶活性，耐氧菌不含细胞色素系统，但具有SOD活性，无过氧化氢酶活性。由此提出，专性厌氧菌存在氧毒害的本质是缺乏SOD活性，只能在严格厌氧环境下生存。分子氧、单体氧、过氧化氢、超氧负离子、羟基自由基等，均对专性厌氧菌具有毒害作用。

（三）微生物工业发酵氧气的控制

溶氧（DO）是需氧微生物生长所必需，是需氧微生物工业发酵调控的重要参数。工业发酵中代谢产物产率是否受氧的限制，单凭通气量的大小是难于确定的，因为DO的高低不仅取决于供氧、通气搅拌等，还取决于需氧状况。通常情况下，以空气饱和度（%）来表示溶氧的大小。临界氧是指不影响呼吸所允许的最低溶氧浓度，对产物而言即是不影响产物合成所允许的最低浓度。各种微生物的临界氧值以空气氧饱和度的百分比表示：细菌和酵母菌为3%～10%；霉菌为10%～15%；放线菌为5%～30%。青霉素发酵的临界氧浓度为5%～10%空气饱和度（相当于0.013～0.026mmol/L），低于此临界值，青霉素的生物合成将受到不可逆的损害，溶氧浓度即使低于30%（0.078mmol/L），也会导致青霉素的比生产速率急剧下降，若将DO调节到0.08mmol/L以上，则青霉素的比生产速率很快就会恢复到最大值。发酵液中DO水平的控制需从氧的供需着手，发酵液中DO的水平受搅拌转速、黏度、培养基丰富程度、温度等的影响。一般提高搅拌转速可促使氧的传质，利于需氧微生物对氧的需求；发酵液的黏度也会影响氧的传质，降低黏度利于提高溶氧；限制培养基养分可降低菌的生长速率，进而限制菌对氧的消耗，从而达到提高DO水平的目的；由于氧传质的温度系数低于生长速率的温度系数，降低发酵温度可得到较高的DO值。总之，溶氧是调节工业微生物发酵的重要参数，采取适当的方法控制溶氧是发酵的关键。

三、重金属盐类

一些重金属盐类是微生物细胞的组成成分，当其生长环境含有低浓度的重金属离子时，对其生长具有促进作用，浓度过高可能会产生毒害作用。有些重金属盐类只要存在对微生物的生长就具有毒害作用，其机理是金属离子易与微生物蛋白质结合而使其变性。汞、银、砷离子对微生物的亲和力较大，能与微生物酶蛋白的—SH基结合，从而影响酶活性干扰其正常的生化代谢。汞化合物杀菌效果好，是医药行业常用的杀菌剂，如二氯化汞。但重金属盐类对人体有毒害作用，故严禁用于食品工业防腐或消毒。

四、氧化剂

活性氧（reactive oxygen species，ROS）是对生物代谢最具毒性的氧存在形式，常以超氧阴离子和过氧化氢为主要形式。当生存环境中有ROS存在时，细菌可通过产生超氧化物歧化酶、过氧化氢酶和氢过氧化物还原酶等关键酶来抵抗ROS的毒性作用。大肠杆菌在暴露于过氧化氢30min后，会诱导产生数十种响应蛋白质。在肠杆菌科中，OxyR调控子是实现对过氧化氢脱毒的关键组分之一。大肠杆菌作为革兰氏阴性菌的代表，就是通过OxyR调控子完成对过氧化氢的感知及脱毒。OxyR既有调控作用，又可作为过氧化氢存在的传感器，其对过氧化氢非常敏感，仅纳摩尔浓度就足以使其完全活化。在革兰氏阳性菌中，如单核细胞增生李斯特氏菌，报道了一种相当于OxyR的胁迫应激调控子PerR，属于一种具有两个金属结合域的金属调控蛋白。与OxyR类似，革兰氏阳性菌中的PerR也可调控多个氧化应激响应基因。

当环境中存在较低水平氧化剂时，微生物细胞便可通过上述氧胁迫响应机制来适应环境以生长。然而，当氧化剂达到足够数量时，微生物细胞会受到严重损害甚至死亡。氧化剂对微生物细胞的破坏程度与其浓度和作用时间呈正相关，其杀菌机理主要是利用其释放出的具有强氧化作用的自由基作用于微生物细胞蛋白质的活性基团，如氨基、羟基等，从而影响微生物细胞正常代谢而死亡。常用的氧化剂有氯、臭氧、过氧乙酸等。

1.氯

氯作为一种强氧化物，具有较强的杀菌能力。氯消毒是生活用水、饮用水及饮料工业用水普遍采用的消毒方法，常用漂白粉、次氯酸钠、氯胺等作为氯消毒剂。氯消毒的机理通常认为是产生的次氯酸分子的强氧化作用，破坏了微生物细胞内的酶系统，从而导致细胞死亡。尽管氯消毒剂在水中电离出来的次氯酸根离子同样具有强氧化作用，但由于其带负电荷，与同样带有负电荷的细菌具有排斥作用，很难扩散到细菌表面，更不会渗入到细胞内发挥其强氧化作用破坏细菌细胞内的酶系统，故认为氯消毒主要是次氯酸分子起作用。

漂白粉是由氯气和熟石灰反应制得的混合物，真正起作用的是其主要成分次氯酸钙，其溶于水后会生成次氯酸从而起到杀菌作用，漂白粉中有效氯为28%～35%，浓度为0.5%～1%时，5min可杀死大多数细菌，5%浓度作用1h可杀死芽孢。次氯酸钠的消毒作用与次氯酸钙相同，但次氯酸钠消毒的水溶液纯净，不会增加水的硬度，但制备次氯酸钠的成本较高。相比之下，氯胺因其在水中分解缓慢，可逐步放出次氯酸，容易保证自来水管网末端余氯含量，已成为一种有效的氯消毒剂，并应用于很多大城市自来水厂。

2.臭氧

臭氧（O_3）常温常压下为无色气体，有特殊臭味，通常是利用干燥的空气或氧气进行高压放电而制备，因其不稳定，需现用现制。臭氧属于特别强烈的氧化剂，其杀菌作用比氯快15～30倍，几分钟就可杀死细菌，且所需浓度低。臭氧的杀菌作用主要是通过氧化破坏微生物细胞膜内脂蛋白和脂多糖，改变细胞膜通透性，导致细胞溶解并破坏胞内酶活性，从而使微生物细胞死亡，而对病毒的作用通常认为是其直接破坏病毒核酸而致死。臭氧杀菌技术常被用于饮用水的消毒，杀菌效果通常与其浓度正相关，但浓度大也会带来异味。

3.过氧乙酸

过氧乙酸（CH_3COOOH）是一种高效广谱杀菌剂，具有快速杀死细菌、酵母菌、霉菌和病毒的能力。据报道，0.001%的过氧乙酸水溶液能在10min内杀死大肠杆菌，0.005%浓度只需5min；而0.01%的过氧乙酸水溶液杀死金黄色葡萄球菌需2min，0.04%浓度可在1min内杀死99.99%的蜡样芽孢杆菌，0.5%浓度的过氧乙酸可在1min内杀死枯草芽孢杆菌。能够杀死细菌繁殖体的过氧乙酸浓度，足以杀死霉菌和酵母菌，对病毒也有较好的杀灭效果。几乎无毒，使用后可分解为醋酸、过氧化氢、水和氧。适用于一些食品包装材料、食品表面以及食品加工厂工人的手、地面和墙壁的消毒等。用于皮肤消毒时，需使用0.5%以下的低浓度溶液，否则会刺激、腐蚀皮肤。

五、有机化合物

酚、醇、醛等有机化合物因可使蛋白质发生变性，故也常被作为杀菌剂应用。

1.酚类物质

酚是芳香烃环上的氢被羟基（—OH）取代的一类芳香族化合物。最简单的酚为苯酚，又称石炭酸，其杀菌作用是使微生物蛋白质变性，并具有表面活性剂作用，破坏细胞膜的通透性，从而使细胞内容物溢出致死。酚对微生物细胞的损伤程度因浓度而异，酚浓度低时有抑菌作用，浓度高时有杀菌作用，2%～5%酚溶液能在短时间内杀死细菌，杀死芽孢则需要数小时或更长的时间。许多病毒和真菌孢子对酚有抵抗力。酚适用于医院的环境消毒，不适用于食品加工用具以及食品生产场所的消毒。

2.醇类

醇类物质是脱水剂、蛋白质变性剂，也是脂溶剂。可使蛋白质脱水、变性，损害细胞膜，从而使其具有杀菌能力。70%浓度的乙醇杀菌效果最好，超过或低于70%浓度的乙醇，杀菌效果均变弱，高浓度乙醇杀菌效果变差的原因是其与菌体细胞接触后会迅速使细胞脱水，细胞表面蛋白质发生凝固从而形成保护膜，阻止了乙醇分子进一步渗入细胞。

乙醇常用于皮肤表面消毒，实验室用于玻璃棒、涂布棒、载玻片等用具以及超净工作台的消毒。醇类物质的杀菌能力随分子量的增大而增强，但分子量大的醇类物质水溶性比乙醇差。因此，醇类物质中常以乙醇作为消毒剂。

3. 甲醛

甲醛是一种常用杀菌剂，主要作用于细菌和真菌。甲醛的杀菌机理是与微生物细胞蛋白质的氨基结合，从而使蛋白质发生变性而致死。0.1% ~ 0.2%浓度的甲醛溶液可杀死细菌的繁殖体，95%浓度的甲醛可杀死细菌的芽孢。甲醛溶液可作为熏蒸消毒剂，用于对实验室的空气和物体表面的消毒，如常用于细胞培养室的消毒，但不适用于食品生产场所的消毒。

六、表面活性剂

表面活性剂是一类含有"双亲"官能团（亲水亲油基），可使表面张力显著下降的有机物。按照溶于水后的带电性质可将其分为非离子表面活性剂、阳离子表面活性剂、阴离子表面活性剂和两性表面活性剂。表面活性剂可影响微生物细胞的生长与分裂，如肥皂、漂白粉、洗衣粉、吐温等。吐温作为一种非离子型的表面活性剂，常被用作培养基的成分，如乳酸菌培养用MRS培养基中的吐温-80。吐温-80也是一种有效的微生物抗冻保护剂，培养在含吐温-80的培养基中的乳酸菌抗冻性明显增强。其作用机理可能是促进了乳酸菌的代谢，使细胞膜上饱和脂肪酸向不饱和脂肪酸转变速率增加，不饱和脂肪酸利于保持膜在冻干过程中的流动性，同时也会增强细胞膜对水的通透性，防止冷冻过程中细胞内形成冰晶损伤细胞，另外冻干过程中吐温-80也可能通过取代与蛋白质结合的水分子，利于稳定蛋白质的结构和功能，而不易致细胞死亡。

第三节　生物对微生物生长的影响

自然界中的微生物极少单独存在，总是较多种群聚集在一起，与动物、植物相比，微生物更具群体性。当不同种类的微生物或微生物与其他生物同时共处一定空间内时，它们之间则互为环境，既相互依赖又相互排斥，彼此之间表现出非常复杂的关系。

不同种类微生物或微生物与其他生物间的相互作用，主要表现为互生、共生、寄生、拮抗、捕食和竞争等关系。

一、互生

互生（metabiosis）是指两种可以单独生活的生物，当它们在一起时，可通过各自的代谢活动而有利于对方，或偏利于一方的生活方式。主要表现为"可分可合，合比分好"的一种互惠互利的关系。

（一）微生物间的互生

在土壤微生物中，互生关系十分普遍。如固氮菌与纤维素分解菌生活在一起，后者分解纤维素产生的有机酸能为前者提供固氮时的营养，而前者又可将其固定的有机氮化合物提供给后者，二者均为对方的生长和繁殖提供了有利条件。

在食品工业发酵生产酸奶中，保加利亚乳杆菌和嗜热链球菌作为发酵剂，在共同发酵过程中也属于互生关系，嗜热链球菌在低氧条件下产生的甲酸和少量的 CO_2 能促进保加利亚乳杆菌的生长，而保加利亚乳杆菌分解乳蛋白质产生的小肽和氨基酸也会促进嗜热链球菌的生长。

在粮食储藏中，粮食微生物之间的互生关系通常表现为一种微生物生命活动的结果，往往为另一种微生物创造有利的生活条件，例如一些分解纤维素能力较强的霉菌，在原粮上首先分解破坏粮粒的外壳或皮层，常为不能分解纤维素而能分解粮食中其他有机物的菌开辟侵入途径和营养来源。在粮食密闭储藏过程中，由于好氧性微生物对粮堆氧气的消耗，常为酵母菌的乙醇发酵提供有利条件，也为厌氧性微生物活动改善环境。

（二）微生物与植物间的互生

自然界中的植物表面及内部，均栖居着各种各样的微生物，不同植物来源的微生物种类及构成比例也不尽相同。附着于植物表面的微生物，通常称为植物外生菌，而存在于植物的根、茎、叶、种子等器官内部的微生物，通常称为植物内生菌。植物内生菌主要包括内生细菌和内生真菌，这些内生菌在植物内部生长、繁殖及代谢过程中，会利用植物基质作为营养成分，分泌多种具有一定生理功能的次级代谢产物，并对植物的生长具有促进作用，从而与植物间产生互生作用。例如，枝顶孢霉（*Acremonium cognophiatum*）与其宿主牛尾草之间存在互生关系，可使牛尾草产生更耐旱的效果，同时产生更强的利用氮素的能力，从而达到促进牛尾草增产的效果。此外，一些植物内生菌可通过产生细菌素、几丁质酶或嗜铁素等抑菌物质，帮助宿主抵抗病原菌的侵染，如某些特定植物内生芽孢杆菌，对细菌性叶斑病菌或疫霉病菌等具有明显的抑制作用。

植物内生菌之所以受到广泛关注，并成为研究热点，主要缘于1993年美国科学家Stierle等的研究成果，研究人员从短叶红豆杉中分离到可稳定合成抗癌物质——紫杉醇的内生安氏紫杉霉（*Taxomyces andreanae*），这无疑为解决紫杉醇的药源短缺问题提供了新的途径。同时，也为一些名贵中药材药效物质的生物转化提供了新思路，如人参内生菌可生物转化原型人参皂苷生成稀有人参皂苷，后者较前者具有更好的调节免疫力、抗肿瘤等药效作用。

（三）微生物与人体间的互生

人体肠道内微生物与宿主之间也主要表现为互生关系，人体为肠道微生物提供了良好的生态环境，使其在肠道内可以正常生长繁殖，而肠道微生物可以对未经消化吸收的物质进一步代谢，产生有益于人体生命活动的营养素，如肠道微生物可以完成多种核苷酶反应，以及固醇的氧化、酯化、还原、转化以及合成蛋白质和维生素等作用。

二、共生

共生（symbiosis）是指两种生物共存时，相互分工合作，相依为命，甚至达到难解难分、合二为一的关系。二者属于专性地、紧密地结合，是互生作用的进一步延伸。

（一）微生物间的共生

地衣是共生典型的例子，其是真菌和蓝细菌共生，蓝细菌通过光合作用为真菌提供营养物质，而真菌则利用自身产生的有机酸分解岩石的成分，为蓝细菌提供生长所需的矿物质元素。

（二）微生物与植物间的共生

1.根瘤菌与植物的共生

微生物与植物间的共生关系，典型的例子就是根瘤菌与豆科植物之间形成的共生体。根瘤菌是能够在豆科植物上结瘤固氮的一类细菌的总称，已命名的根瘤菌归属于α-和β-变形杆菌纲18个属的200多个种，并不断有新种属的加入。根瘤菌可专一性地感染植物根系并结瘤，同时具有生物固氮作用，为植物的生长提供氮源，而根瘤菌则会从植物中获取营养物质用于自身的生长。

2.菌根菌与植物的共生

菌根菌与植物之间也存在着共生关系。菌根存在于大部分植物中，其是真菌与植物根系形成的一类特殊共生体，具有提高宿主吸收矿物质元素、促进水分运输、促进植物生长、抑制植物病害等作用。杜鹃科植物的幼苗若无菌根菌共生就不能存活，而兰科植物种子若无菌根菌共生甚至不会发芽。菌根分为外生菌根和内生菌根两大类。外生菌根主要存在于木本植物中，如乔木、松科植物等，而相应的菌根菌主要为担子菌，其次为子囊菌、接合菌、半知菌等。内生菌根中最常见的是丛枝状菌根。自然界中，约80%陆生植物都具有丛枝状菌根，如小麦、玉米、棉花、番茄、苹果、葡萄等，相应的菌根菌为内囊霉科（Endogonaceae）中部分真菌。

（三）微生物与动物间的共生

1.微生物与昆虫的共生

在白蚁、蟑螂、果蝇等昆虫的肠道中存在着大量的微生物，与其共生。例如，白蚁肠道内的共生微生物种类繁多，有细菌、古菌、真菌等，这些共生微生物可产生木质纤维素降解酶来降解木质纤维素，从而协助白蚁完全实现对木质纤维素的利用，进而为白蚁提供营养。白蚁的共生真菌主要为蚁巢伞属（Termitomyces）真菌。肠道共生细菌对白蚁的生存至关重要，若从肠道内清除共生细菌，白蚁则无法存活。白蚁肠道共生微生物除了具有降解木质纤维素的作用外，还具有固氮作用，从而使白蚁的含氮量与其他动物相近，并维持蚁巢的氮平衡。在低等白蚁后肠中还存在许多原生动物，可产生木质纤维素降解酶类，帮助白蚁降解木质纤维素。此外，关于果蝇肠道共生微生物的研究显示，肠道共生微生物可促进果蝇的生长发育、营养与代谢、营养偏好、交配行为及运动行为等行为反应，并影响果蝇的免疫与疾病及寿命。

2.微生物与反刍动物的共生

牛、羊、骆驼等反刍动物的胃由瘤胃、网胃、瓣胃和皱胃4部分组成。瘤胃中栖居着大量共生微生物，是一个庞大的菌种资源库，主要微生物有细菌、古菌、真菌等。每毫升瘤胃液中细菌数可达10^{11}个，真菌孢子数可达$10^3 \sim 10^6$个。饲料由反刍动物摄入后首先进入瘤胃，并为瘤胃微生物提供纤维素、无机盐等养分，在瘤胃蠕动搅拌和厌氧环境下由瘤胃微生物完成发酵，其中的纤维素类物质被分解生成乙酸、丙酸、丁酸等有机酸，进而被瘤胃吸收利用，而由此产生的大量菌体蛋白则会被皱胃消化吸收利用。

三、寄生

寄生（parasitism）是指一种种群对另一种种群的直接入侵，寄生者从寄主生活细胞或生活组织获得营养，而对寄主产生不利甚至致死的影响。前者称为寄生物，后者称为寄主或宿主。主要表现为"损人利己"的关系。一般是一种小型生物生活在另一种较大型生物的体内（包括细胞内）或体表。有些寄生者一旦离开寄主就不能生长繁殖，称为专性寄生物（obligate parasite）；有些可脱离寄主并以腐生生活，称为兼性寄生物（facultative parasite）。

（一）微生物间的寄生

噬菌体与其宿主菌间的关系为典型的寄生关系。在灰绿曲霉和有些青霉中发现病毒。细菌与真菌、真菌与真菌之间也存在着寄生关系，如蛭弧菌可以寄生在革兰氏阴性细菌的细胞周围，有的木霉常寄生于丝核菌的菌丝内。

（二）微生物与植物间的寄生

寄生于植物的微生物种类繁多，各种植物病原菌都是寄生物，包括细菌、真菌及病毒，尤以真菌和病毒居多。

有些植物病原菌为专性寄生物，需要专性寄生在活体植物细胞或组织中方可生存，尚不能进行纯培养。例如引起黄瓜等植物白粉病的白粉菌属（*Erysiphe*），引起马铃薯癌肿病的内生集壶菌（*Synchytrium*），均属于专性寄生真菌。植物病毒全部属于专性寄生物，如引起水稻条纹叶枯病的水稻条纹病毒，引起小麦黄矮病的黄矮病毒，以及引起大豆花叶病的大豆花叶病毒等。

有些植物病原菌为兼性寄生物，在植物残骸或人工配制的培养基中也能生存。例如，引起番茄青枯病的青枯雷尔氏菌（*Ralstonia solanacearum*），引起植物软腐病的胡萝卜软腐欧文氏菌（*Erwinia carotovora* subsp. *carotovora*），以及引起多种植物病害的链格孢属（*Alternaria*）真菌等。

粮食储藏期间，粮食表面及内部存在的一些微生物，包括寄生和腐生微生物，对粮食品质影响较大，因此关注微生物种群变化尤为重要。例如，黄单胞菌属基本都是植物病原菌，可引起植物病害，如引起水稻白叶枯病和水稻细条斑病等，在新收获的粮食中数量较多，常规储粮条件下不会繁殖；欧文氏菌属属于植物病原菌、腐生菌或植物附生菌，草生欧文氏菌是粮食中欧文氏菌属的代表种，是典型附生菌，在新收获的粮食上较为常见，随着储粮变质和储期的延长，迅速减少或消失。由于细菌对水分的要求较高，在水分含量相对较高的新收获的粮食中细菌占据一定优势。酵母菌对粮食的危害较小，但在高水分粮食的密封贮藏过程中，酵母菌的危害不容忽视。粮食中常见的酵母菌有酵母菌属的啤酒酵母，其属于中温、高湿性酵母菌，常引起高水分粮食变质，并伴有腐酒气味。霉菌是引起粮食霉腐的主要微生物，常见的有毛霉属、根霉属，均属于中温、高湿性霉菌，参与高水分粮食的发热霉变，如高大毛霉、总状毛霉、黑根霉、米根霉；曲霉属，多为中温、干生性霉菌，引起低水分粮食霉变和丧失发芽能力，如灰绿曲霉群、黑曲霉群、白曲霉群、黄曲霉群，有些黄曲霉和寄生曲霉可在条件适宜时产生黄曲霉毒素，与原发性肝癌有直接关系；青霉属，多为中温、中或高湿性霉菌，如黄绿青霉、橘青霉、产黄青霉、岛青霉，其中有些青霉属可产生毒素，如黄绿青霉可产生黄绿青霉素，橘青霉可产生橘青霉素，岛青霉可产生黄天精、岛青霉毒素、环氯素等多种毒素；镰刀菌属，是低温下导致高水分粮食霉变的重要霉菌之一，能腐生也能寄生，存在于粮食种子的内部和外部，有的可引起小麦、玉米、水稻、大豆等作物发生病害，如赤霉病等，有的可产生玉米赤霉烯酮等毒素，危害人体健康；链格孢菌属，是粮食种子内部重要的寄生菌，属于近低温、高湿性霉菌，新收获的谷类粮食中以细链格孢霉最为常见，常随粮食储藏期的延长而减少，有些属于植物病原菌，如稻链格孢霉。放线菌在陈粮、发热粮、含陈杂多的粮食上较多，粮食上的放线菌主要是链霉菌属，属于腐生菌。

（三）微生物与动物间寄生

寄生于动物的微生物，通常指各种动物病原菌，包括细菌、真菌、病毒及原生动物等。引起人类或动物传染性疾病的病原微生物，与宿主的关系均为寄生。值得注意的是，大部分传染病属于人畜共患病。

寄生于人体和高等动物体内的病原菌，主要包括细菌、病毒和原生动物等，如细菌寄生引起的疾病，有鼠疫耶尔森菌引起的鼠疫，结核分枝杆菌引起的肺结核，炭疽杆菌引起的炭疽病，布鲁氏菌引起的布鲁氏病等；病毒寄生引起的疾病，如艾滋病毒引起的艾滋病，肝炎病毒引起的不同类型的病毒性肝炎，SARS 冠状病毒（SARS-CoV）引起的非典型性肺炎，SARS-CoV-2 冠状病毒引起的新冠肺炎（COVID-19）等；原生动物引起的疾病，有疟原虫引起的疟疾，血吸虫引起的血吸虫病等。

寄生于昆虫等低等动物中的病原菌，主要包括细菌、真菌及病毒等，广泛用于开发微生物杀虫剂。例如，寄生在植物害虫体内的苏云金芽孢杆菌，已被开发成细菌杀虫剂，其杀虫蛋白基因已被成功转入植物，并商业化生产具有抗虫作用的转基因农作物。寄生真菌最受关注的是球孢白僵菌（*Beauveria bassiana*），我国现存最早的药学专著《神农本草经》中就有受其感染的白僵蚕的药性记载，现作为真菌杀虫剂广泛用于害虫生防领域。在自然界中，由真菌致死的昆虫约占全部病原菌致死的60%，在生产上得到广泛应用的除了白僵菌外，还有绿僵菌、蜡蚧轮枝菌、虫瘟霉等。用于农作物防治害虫的昆虫病毒，主要有杆状病毒科的核型多角体病毒（NPV）和颗粒体病毒（GV），以及呼肠孤病毒科的质型多角体病毒（CPV）。我国最早开发的昆虫病毒杀虫剂是棉铃虫核型多角体病毒（HaNPV），目前生产的棉铃虫核型多角体商品已达到国际领先水平。

四、拮抗

拮抗（antagonism）又称抗生，是指由某种生物所产生的特定代谢产物可抑制其他生物的正常生长发育甚至导致其死亡的一种相互关系。拮抗分为特异性拮抗和非特异性拮抗。

微生物在生长代谢过程中，有些可产生抗生素或细菌素，具有选择性地抑制或杀死他种微生物的作用，即特异性拮抗。如产黄青霉产生的青霉素可抑制革兰氏阳性菌生长；链霉菌产生的制霉菌素可抑制酵母菌和霉菌的生长；乳酸乳球菌产生的乳酸链球菌素，可有效抑制革兰氏阳性菌的生长，并成为一种安全有效的生物防腐剂用于食品工业。

有些微生物在生长代谢过程中，由于其生成特定代谢产物而产生抑菌作用，且无选择性，如在酸菜、泡菜和青贮饲料加工过程中，由于乳酸菌的发酵作用会产生大量乳酸，使环境酸度增加，从而抑制所有不耐酸腐败细菌的生长，通过它们产生的乳酸对其他腐败菌的拮抗作用才保证了酸菜、泡菜和青贮饲料的风味、质量和良好的保藏性能。

粮食微生物之间的拮抗，也是比较普遍的现象。产酸细菌使环境 pH 值下降，从而抑制不耐酸菌的生长。在粮食储藏期间，多见于陈粮中的巨大芽孢杆菌和微球菌，对植物病原菌草生欧文氏菌的生长具有抑制作用，蕈状芽孢杆菌对粮食病原菌枯草芽孢杆菌和马铃薯芽孢杆菌也具有拮抗作用。

五、捕食

捕食又称猎食，一般指一种大型的生物直接捕捉、吞食另一种小型生物以满足其营养需要的相互关系。微生物之间的捕食关系主要是原生动物捕食细菌和藻类，它是水体生态系统中食物链的基本环节，对污水净化具有重要意义。另外可用于生物防治的捕食性真菌如少孢节丛孢菌等可利用菌环和菌网捕食土壤线虫等。

六、竞争

竞争是指两种微生物因需要相同的生长基质或其他营养因子，致使其生长受到限制时发生的相互作用关系，其结果对两种微生物都是不利的。

第六章
微生物遗传、变异和菌种选育

遗传和变异是所有生物体最本质的属性之一。遗传是指上一代生物将自身的一整套遗传基因稳定地传递给下一代的行为或功能，具有极其稳定的特性，同时也维持了微生物种的稳定性。但是，微生物在自身代谢、发育以及周围环境等因素的影响下，可能会发生变异。变异涉及遗传物质结构或数量变化，造成亲代与子代之间的差异，且变化后的新性状稳定，可遗传，变异是种发展的基础。

微生物由于其特有的生物学特性，目前在现代遗传学、分子生物学和一些重要的生物学基础研究当中，常常被研究学者们当作模式生物，进行相关的科学研究。这些独特的生物学特性包括：① 物种与代谢类型的多样性；② 个体构造简单；③ 营养体一般为单倍体；④ 营养需求简单；⑤ 代谢与繁殖快；⑥ 易于积累不同的代谢产物；⑦ 菌落形态的多样性及可观察性；⑧ 易于形成营养缺陷型突变株和抗药性突变株；⑨ 一般都有其相应的病毒；⑩ 存在多种原始有性生殖方式等。

微生物遗传学的深入研究促进了遗传学向分子水平的发展，同时也促进了分子生物学、生物化学和生物工程学的发展。微生物遗传学与生产实践密切联系，为微生物和其他生物的育种工作提供了坚实的理论基础，促使育种工作从低效向高效、从随机向定向、从近缘杂交向远缘杂交的方向发展。

第一节　遗传变异的物质基础

生物遗传变异有无物质基础以及何种物质可执行遗传变异功能的问题，是生命科学中的一个重大的基础理论问题。围绕这个问题，曾经有过种种推测、争论甚至长期惊心动魄的斗争。19世纪末，德国学者生物学家魏斯曼（A. Weismann）认为生物体的物质可分为体质和种质两部分，首次提出种质（遗传物质）学说，认为种质是具有稳定性和连续性，且具有特定分子结构的化合物。在20世纪30年代，摩尔根（T. H. Morgan）提出了基因学说，进一步把遗传物质的范围缩小至染色体上，通过化学分析发现染色体是由蛋白质和核酸这两种长链状高分子组成，由于蛋白质可由千百个氨基酸单位组成，而氨基酸种类通常又达20多种，经过它们的不同排列与组合，可演变出非常多的不同蛋白质数目，当时学术界普遍认为生物的遗传物质是蛋白质。直到1944年后，科学家们利用微生物的特性设计了3个著名的实验，才证明一切生物的遗传物质是核酸，尤其是DNA，不是蛋白质。

一、遗传物质证明的三个经典实验

（一）经典转化实验（typical transformation experiment）

转化实验最早是在1928年由英国的微生物学家格里菲斯（F. Griffith）进行的。他以肺炎链球菌（*Streptococcus pneumoniae*，旧称"肺炎双球菌*Diplococcus pneumonia*"）为实验对象。肺炎链球菌常存在于人上呼吸道中，一般不致病，只有在机体免疫力低下时才致病。肺炎链球菌主要有R型和S型两种菌株，其中R型菌株菌落粗糙，无荚膜，无毒性，在人或动物体内不会导致疾病；S型菌株菌落光滑，产生荚膜，有毒性，在人体内会导致肺炎，在小白鼠体内导致败血症，并使小白鼠患病死亡。格里菲斯进行了以下三组转化实验。

1.动物实验

（1）小白鼠 $\xrightarrow{\text{注射活的S型菌}}$ 小白鼠得病死亡

（2）小白鼠 $\xrightarrow{\text{注射活的R型菌}}$ 小白鼠未死

（3）小白鼠 $\xrightarrow{\text{注射高温杀死的S型菌}}$ 小白鼠未死

（4）小白鼠 $\xrightarrow{\text{注射活R型和热死S型菌}}$ 小白鼠死亡 $\xrightarrow{\text{抽心血分离}}$ 活的S菌检出

2.细菌培养实验

细菌培养实验过程如图6-1所示。

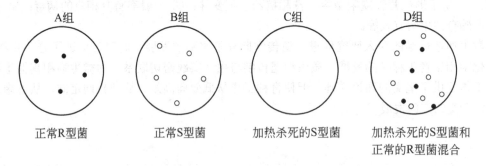

图6-1 细菌培养实验

○为S型菌落；●为R型菌落

3.S型菌的无细胞抽提液实验

S型菌的无细胞抽提液实验如图6-2所示。

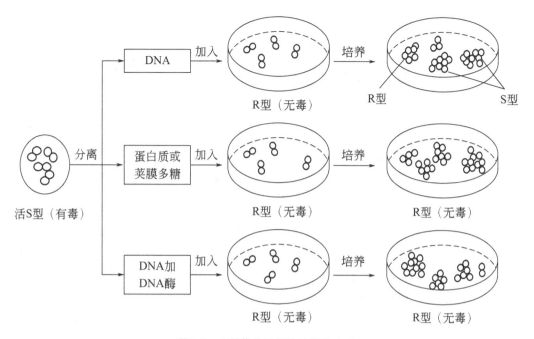

图6-2　S型菌的无细胞抽提液实验

以上实验结果表明：加热杀死的S型菌，在其细胞内可能存在某种转化物质，通过某种方式进入R型细胞，并使R型细胞获得表达S型菌的遗传性状。

1944年美国的埃弗里（O. Avery）、麦克利奥特（C. M. Macleod）及麦克卡蒂（M. McCarty）等在格里菲斯工作的基础上对转化的本质进行了深入研究（体外转化实验）。他们从S型活菌体内提取DNA、RNA、蛋白质和荚膜多糖等细胞组分，将它们分别与R型活菌混合均匀，进行体外培养，结果发现只有DNA能使R型转化为S型，表明使R型菌转化为S型菌的物质的化学本质是DNA。在培养基中加入DNA酶，破坏DNA，这种转变无法进行，转化实验表明决定细胞性质（遗传物质）的是DNA，而不是其他物质。

（二）噬菌体感染实验（phage infection experiment）

1952年，美国科学家赫尔希（A. D. Hershey）和蔡斯（M. Chase）为了证实T2噬菌体的DNA是遗传物质，把大肠杆菌（*E. coli*）培养在以放射性$^{32}PO_4^{3-}$或$^{35}SO_4^{2-}$作为磷源或硫源的组合培养基中，制备出含^{32}P-DNA核心的噬菌体或含^{35}S-蛋白质外壳的噬菌体。然后，让T2噬菌体去侵染大肠杆菌，接着把噬菌体与细菌的悬浮液剧烈振荡以除去附在细菌表面的噬菌体，最后分别测定噬菌体蛋白质的量以及与细菌连在一起的DNA的量。结果表明，在噬菌体感染过程中，只有DNA进入了细菌细胞，噬菌体的蛋白质外壳都遗留在细菌细胞之外，说明噬菌体的DNA主导噬菌体的生命的繁衍，DNA是遗传物质。

（三）植物病毒重建实验（reconstituted plant virus experiment）

为了证明核酸是遗传物质，1956年美国科学家弗朗克-康拉（H. Fraenkel-Conrat）进一步用含RNA的烟草花叶病毒（tobacco mosaic virus，TMV）设计了著名的植物病毒重建实验（图6-3）。

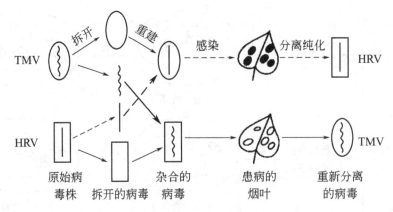

图6-3　植物病毒的重建实验

　　实验过程是采用化学方法将烟草花叶病毒的衣壳蛋白与核心RNA进行分离，并用核心RNA单独感染烟草植株，结果烟草植株出现典型症状，而改用衣壳蛋白则不能达到效果。而先用RNA酶处理核心RNA之后，其侵染性丧失。接着，又选用了另一株与TMV近缘的霍氏车前花叶病毒（Holmes ribgrass mosaic virus，HRV），用TMV的衣壳蛋白和HRV的RNA重建了一种杂合的病毒颗粒，它含有正常TMV衣壳蛋白和HRV的核心RNA，当将其感染植株后，只产生由HRV的RNA提供的病症，且可从植株病灶中分离出HRV病毒。同样，当用由TMV的RNA与HRV的衣壳蛋白重建后的杂合病毒去感染烟草时，烟叶上出现的是典型的TMV病斑，且可从植株病灶中分离出TMV病毒，从而证明在植物病毒中决定其遗传性的遗传物质也是核酸，而不是蛋白质。

　　经过这三个经典遗传学实验，得到了一个共同结论：核酸才是负载遗传信息的物质基础。

二、遗传物质的存在部位和方式

（一）遗传物质在细胞内的存在部位和方式

　　遗传物质核酸在细胞内的存在部位和方式，可从细胞、细胞核、染色体、核酸、基因、密码子、核苷酸七个水平上进行阐述。

1.细胞水平

　　在细胞水平上，细胞型微生物的DNA都集中在细胞核或核区（核质体、原核、拟核）中。由于微生物的种类不同或者是同种微生物不同细胞当中，细胞核的数目也会有所不同。黑曲霉（Aspergillus niger）、产黄青霉（Penicillium chrysogenum）等真菌一般是单细胞核；米曲霉（A. oryzae）是多细胞核；藻状菌类（真菌）和放线菌类的菌丝细胞是多细胞核，但其孢子是单细胞核；在细菌中，杆菌细胞中多数有两个核区，而球菌一般只有一个核区。

2.细胞核水平

　　原核细胞中没有真正的细胞核，只有无核膜包裹、无固定形态的核区，主要成分是一个大型的环状双链DNA，不与任何蛋白质结合。真核生物有真正的细胞核，有核膜包裹、有固定的形态，核内的DNA与组蛋白相结合构成在光学显微镜下可见的染色体。不论原核生物的核区还是真核生物细胞核都集中了该种微生物最主要的遗传信息，称为核基因组、核染色体组，简称基因组。

3.染色体水平

（1）染色体数

染色体由遗传物质和蛋白质组成，不同生物的染色体数目差别很大（表6-1），但对同一物种来说，染色体的数目是恒定的。

表6-1　一些真核生物和原核生物的核染色体基因组

生物	单倍体染色体数	分子质量约数/Da	核苷酸对数	已知基因数[2]
人	23	$3 \times 10^2 \sim 5 \times 10^{12}$	$5 \times 10^8 \sim 7 \times 10^8$	～4000
黑腹果蝇	4	7.9×10^{10}	8.0×10^7	5000～6000
粗糙脉孢菌	7	2.8×10^{10}	4.5×10^7	＞500
大肠杆菌	1	2.5×10^9	3.8×10^6	～1027
T4噬菌体	1	1.4×10^8	2.0×10^5	～135
λ噬菌体	1	3.2×10^7	4.8×10^4	～35
MS2噬菌体	1	1.1×10^5	$3.5 \times 10^{3[1]}$	3

① 由于MS2噬菌体是单链DNA噬菌体，此处是核苷酸数而非核苷酸对数。

② 并非其基因总数。

（2）染色体倍数

染色体倍数是指同一细胞中相同染色体的套数。单倍体是指细胞核中只有一套完整的染色体。在自然界中存在的微生物多数是单倍体，而动植物只有其生殖细胞才是单倍体；二倍体（又称双倍体）是指细胞核中含有两套功能相同的染色体，只有少数微生物如酿酒酵母的营养细胞以及由两个单倍体性细胞通过接合形成的合子，如真菌的卵孢子、接合孢子等少数细胞才是二倍体，而动植物的体细胞大多是二倍体。多倍体指细胞核中含有两套以上的完整染色体（表6-2）。

表6-2　代表性真核生物和原核生物的染色体倍数

生物	细胞类型	染色体倍数
人	生殖细胞	单倍体
人	体细胞	二倍体
大肠杆菌	营养细胞	单倍体
酿酒酵母	营养细胞	二倍体

4.核酸水平

（1）核酸种类

绝大多数生物的遗传物质是DNA，只有部分病毒（包括大多数植物病毒和少数噬菌体等）的遗传物质是RNA。在真核生物中，DNA与组蛋白结合存在，而原核生物的DNA是单独存在的。

（2）核酸结构

绝大多数微生物的DNA是双链结构，但也有少数病毒，比如fd噬菌体等的DNA为单链结构；RNA结构也包括双链和单链，例如大多数真菌病毒RNA为双链，大多数RNA噬菌体为单链。另外，不同的微生物虽然都是双链DNA，但存在的状态也会有所不同，例如原核生物和部分病毒DNA呈环状，部分病毒DNA呈线状，而细菌质粒的DNA则呈超螺旋状。

（3）DNA长度

DNA长度也就是基因组的大小，一般可用碱基对（bp，base pair）、千碱基对（kb，kilo bp）和百万或兆碱基对（Mb，mega bp）作单位。不同种微生物的基因组差别很大。在全人类基因组计划的推动下，微生物发挥了重要的作用，是基因组研究的重要模式生物，从1995年公布了第一个微生物流感嗜血杆菌（*Haemophilus influence*）的基因组全序列以来，至2014年初，已得到了2700余种微生物基因组测序结果。

5. 基因水平

基因是生物体内一切具有自主复制能力的最小遗传功能单位，其物质基础是一条以直线排列、具有特定核苷酸序列的核酸片段，具有编码多肽、蛋白质或RNA的功能。众多基因可以组成染色体，一个基因平均大小在1000～1500bp之间。不同微生物基因的大小差别也很大。

根据基因编码蛋白质的作用可以把基因分为结构基因、调节基因等。原核基因调控系统是由操纵子和调节基因构成。一个操纵子是由结构基因、操纵基因、启动基因共同构成的单位。结构基因指通过转录、翻译合成结构蛋白和酶的基因。操纵基因位于结构基因的附近，通过与阻遏蛋白结合，控制结构基因的转录，自身无转录活性。启动基因位于操纵基因的附近，它的作用是与mRNA聚合酶结合，给出信号，使mRNA合成开始，自身无转录活性。调节基因邻近启动基因，通过转录、翻译合成阻遏蛋白调节操纵基因的活动。

真核生物的基因一般无操纵子结构，存在大量重复序列和不编码序列；转录在细胞核中进行，翻译在细胞质中进行；基因不连续，分外显子（有编码功能）和内含子（无编码功能）。

基因的命名采用三字命名法：基因名称一般用三个小写英文字母表示，且为斜体，基因表达产物用三个大写英文字母表示（或1个大写、2个小写），如乳糖发酵基因：*lac*表示基因，LAC表示基因产物。若同一基因有不同位点，可在基因符号后加一正体大写字母或数字表示，如乳糖发酵基因*lac*：*lac*Z、*lac*Y、*lac*A。抗性基因名称中，一般把"抗"用大写R注在基因符号右上角，如抗链霉素的基因表示为str^R。

6. 密码子水平

遗传密码（genetic code）是指DNA链上决定各具体氨基酸的特定核苷酸排列顺序。密码子是遗传密码的信息单位，由mRNA上三个相邻的核苷酸即一个三联体组成（表6-3），一般用mRNA上三个连续核苷酸序列来表示。

表6-3　反应在mRNA上的三联密码子

第一碱基	第二碱基				第三碱基
	U	C	A	G	
U	苯丙氨酸	丝氨酸	酪氨酸	半胱氨酸	U
	苯丙氨酸	丝氨酸	酪氨酸	半胱氨酸	C
	亮氨酸	丝氨酸	终止	终止	A
	亮氨酸	丝氨酸	终止	色氨酸	G

第一碱基	第二碱基				第三碱基
	U	C	A	G	
C	亮氨酸	脯氨酸	组氨酸	精氨酸	U
	亮氨酸	脯氨酸	组氨酸	精氨酸	C
	亮氨酸	脯氨酸	谷氨酰胺	精氨酸	A
	亮氨酸	脯氨酸	谷氨酰胺	精氨酸	G
A	异亮氨酸	苏氨酸	天冬酰胺	丝氨酸	U
	异亮氨酸	苏氨酸	天冬酰胺	丝氨酸	C
	异亮氨酸	苏氨酸	赖氨酸	精氨酸	A
	甲硫氨酸或甲酰甲硫氨酸	苏氨酸	赖氨酸	精氨酸	G
G	缬氨酸	丙氨酸	天冬氨酸	甘氨酸	U
	缬氨酸	丙氨酸	天冬氨酸	甘氨酸	C
	缬氨酸	丙氨酸	谷氨酸	甘氨酸	A
	缬氨酸	丙氨酸	谷氨酸	甘氨酸	G

按三联体的排列方式，四种核苷酸有64种组合，不仅满足20个氨基酸的编码，还会出现同一氨基酸可由几种密码子编码（例如，亮氨酸的密码子有六个），另外还可以组成"无意义密码子"，不能编码任何氨基酸，如UAA、UAG和UGA仅表示翻译中的终止信号等现象。

7. 核苷酸水平

核苷酸或碱基是最小的突变单位。在绝大多数生物的DNA组分中，都只含腺苷酸（AMP）、胸苷酸（TMP）、鸟苷酸（GMP）和胞苷酸（CMP）四种脱氧核苷酸。只有少数例外，例如在大肠杆菌的T偶数噬菌体DNA中，就有少量稀有碱基，如5-羟甲基胞嘧啶。部分病毒RNA组分中，含有AMP、UMP、GMP、CMP。

（二）原核生物的质粒

1. 定义和特点

除核基因组外，在多数真核和原核生物的细胞质中也含一定数量的遗传物质，例如真核细胞中含细胞质基因，包括线粒体和叶绿体基因等。凡游离于原核生物核基因组以外，具有独立复制能力的小型共价闭合环状的dsDNA分子，即cccDNA（circular covalently closed DNA），就是典型的质粒（plasmid）。质粒具有麻花状的超螺旋结构，大小一般为1.5 ～ 300kb，分子量为$10^6 \sim 10^8$，仅为1%核基因组的大小。质粒上携带着某些核基因组上所缺少的基因，使细菌等原核生物获得了某些对其生存并非必不可少的特殊功能，如接合、产毒、抗药、固氮等功能。质粒是一种独立存在于细胞内的复制子，分为两种类型。一类是其复制与核基因组同步，称为严紧型复制控制，在这类细胞中，一般只含1 ～ 3个质粒；另一种类型是其复制与核基因组不同步，称为松弛型复制控制，在这类细胞中，一般可含10 ～ 15个质粒。少数质粒可在不同菌株间发生转移，如F因子或R因子，它们在通过细胞接合而发生转移时，在受体细胞中获得复制。某些质粒具有与核基因组发生整合与脱离的功能，如F因子。整合是指质粒等小型非核基因DNA插入核基因组等大型DNA分子中的现象。此外，质粒还具有重组的功能，在质粒与质粒之间、质粒与核基因组之间可发生基因重组。

2. 质粒在基因工程中的应用

质粒具有分子量小，便于DNA分离和操作；呈环状，能够保持在分离过程中的稳定状态；独立于核基因组的复制起始点；拷贝数多，可使外源DNA很快扩增；存在多种抗药性基因等选择性标记，便于含质粒克隆的检出和选择等优点。常作为基因工程操作中的载体，可将某种目的基因片段重组到质粒中，构成重组基因或重组体。将这种重组体经微生物学的转化技术，转入受体细胞（如大肠杆菌）中，使重组体中的目的基因在受体菌中得以繁殖或表达，改变受体细胞（菌）原有的性状或产生新的物质。

3. 典型质粒

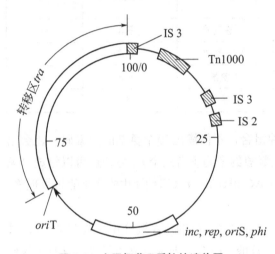

图6-4　大肠杆菌F质粒的遗传图

（1）F质粒（F plasmid）

F质粒，又称接合性质粒、F因子、致育因子或性因子，决定细菌的性别，同时还具有转移功能。例如大肠杆菌等细菌的F质粒大小约100kb，为cccDNA，含有与质粒复制和转移相关的很多基因（图6-4）。其中有约1/3（30kb）是转移区（tansfer region，*tra*区，与质粒转移和性菌毛合成有关，含28个基因），另有转移起始点（*ori*T）、复制起始点（*ori*S）、不相容群（*inc*）、复制功能区（*rep*）、噬菌体抑制（*phi*）和转座因子（transposable element），可整合到宿主核基因组上的一定部位，导致基因重组。

除大肠杆菌中有F质粒外，在葡萄球菌属（*Staphylococcus*）、假单胞菌属（*Pseudomonas*）、根瘤菌属（*Rhizobium*）和链球菌属（*Streptococcus*）等不少细菌中也存在。

（2）R质粒（R plasmid，resistance plasmid）

R质粒，又称R因子或抗药性质粒。一般由两个相连的DNA片段组成，即抗性转移因子（resistance transfer factor，RTF）和抗性决定子（r-determinant，又称r决定子）。RTF具有转移功能，可以把抗药性基因转移到其他细菌中去，分子量约为1.1×10^7。r决定子无转移功能，但含有各种抗药性基因，如抗青霉素、抗氨苄青霉素、抗链霉素和抗氯霉素等基因，大小不一，分子量为几百万至1.0×10^8以上。含R质粒的细菌有克雷伯氏菌属（*Klebsiella*）、沙门氏菌属（*Salmonella*）和志贺氏菌属（*Shigella*）等。由RTF和r决定子结合而形成R质粒的过程如图6-5所示。

R质粒由于能引起致病菌对多种抗生素的抗性，会对传染病的防治造成危害，它能将这类抗药性转移到其他菌株甚至其他种中；但R质粒可用作菌种筛选时的选择性标记或改造成外源基因的克隆载体，则对人类有利。

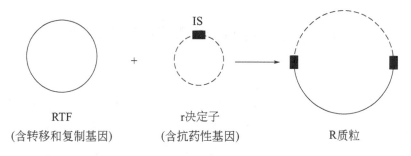

RTF
(含转移和复制基因)

r决定子
(含抗药性基因)

R质粒

图6-5　一种可通过接合而转移的R质粒的形成

（IS因子是转座因子，它可使RTF和r决定子结合）

（3）Col质粒（colicin plasmid，Col plasmid）

Col质粒，又称大肠杆菌素质粒或产细菌素质粒。大肠杆菌素是一种由大肠杆菌的某些菌株所分泌的细菌素，具有通过抑制复制、转录、翻译或能量代谢等而专一地杀死其他种肠道细菌或同种其他菌株的能力。Col质粒可以编码大肠杆菌素，而带有Col质粒的菌株，由于质粒本身编码一种免疫蛋白，对大肠杆菌素有免疫作用，从而不受其伤害。

Col质粒主要有两种类型，一种类型是以Col E1为代表，分子量约5×10^6，无接合作用，为松弛型控制、多拷贝的；另一种类型是以Col Ib为代表，分子量约8×10^7，它与F因子相似，具有通过接合而转移的功能，属严紧型控制，仅$1 \sim 2$个拷贝。

（4）Ti质粒（tumor inducing plasmid）

Ti质粒，又称诱癌质粒或冠瘿质粒，是一种环状质粒（200kb），包括毒性区（*vir*）、接合转移区（*con*）、复制起始区（*ori*）和T-DNA区4部分。*vir*区为编码毒力因子的一些基因，T-DNA区与冠瘿瘤生成有关。因为T-DNA可以携带任何外源基因重组到植物的基因组中，所以Ti质粒目前广泛应用于植物基因工程中。含有Ti质粒的菌有根癌土壤杆菌（*Agrobacterium tumefaciens*）等。

（5）Ri质粒（root inducing plasmid）

Ri质粒，又称诱生不定根质粒。发根土壤杆菌（*A. rhizogenes*）可侵染双子叶植物的根部，并诱生大量称为毛状根的不定根。与Ti质粒类似，含有Ri质粒的细菌侵入植物根部细胞后，会将Ri质粒中的一段T-DNA整合到宿主根部细胞的核基因组中，使之发生转化，这段T-DNA在宿主细胞中可稳定地遗传下去。Ri质粒转化的根部不形成瘤，会生出能产生新植株的毛状根。将毛状根进行离体培养，也能合成次生代谢物。

（6）mega质粒（mega plasmid）

mega质粒，又称为巨大质粒或固氮质粒，发现于根瘤菌属中，其上面有一系列的生物固氮基因。分子量比一般质粒大几十至几百倍（分子量在$2.0 \times 10^8 \sim 3.0 \times 10^8$之间），所以称为巨大质粒。

（7）降解性质粒（degradative plasmid）

降解性质粒仅存在于假单胞菌属中，可编码一系列能降解复杂物质的酶，使其能利用一般细菌所难以分解的物质作碳源，在污水处理、环境保护等方面发挥特有的作用。这些质粒一般是按照降解的底物进行命名，例如辛烷质粒、水杨酸质粒、二甲苯质粒和甲苯质粒等。

第二节　基因突变和诱变育种

按照遗传物质核酸受损伤的性质和程度，突变可分为基因突变和染色体畸变，也称广义突变。基因突变（gene mutation），是指DNA链上一对或少数几对碱基突然发生改变的现象（涉及较小范围），也称狭义突变。染色体畸变是指DNA链上的碱基变化涉及较大范围。从自然界分离到的菌株一般称野生型菌株（wild type strain），简称野生型，经过突变后形成的带有新性状的菌株，称为突变株（mutant），或突变体，或突变型，这是微生物变化的根源，也是获得优良菌种的途径。

一、基因突变

（一）基因突变的类型

1.按照碱基变化的不同类型

基因突变按照碱基变化的不同，主要分为4种类型。

（1）同义突变（synonymous mutation）

同义突变是指基因中单个碱基发生了改变，但是不引起蛋白质一级结构中氨基酸的变化。这是由于密码子具有简并性，例如UUC和UUU都是编码苯丙氨酸的密码子，如果DNA序列中UUC的第三位碱基C被U取代，不会引起蛋白质的变化。

（2）错义突变（missense mutation）

错义突变是指DNA序列中碱基发生改变后，对应的密码子发生改变导致编译的氨基酸发生改变。错义突变可能影响蛋白质的功能和活性，从而影响表型。

（3）无义突变（nonsense mutation）

无义突变是指DNA序列中碱基发生改变出现终止密码子，肽链合成提前终止，使合成的蛋白质失去活性。

（4）移码突变（frame shift mutation）

移码突变是指DNA序列中碱基增加或者减少导致密码子的移位，从受损点开始碱基序列完全改变。

2.按照表型突变的不同类型

表型是指可观察到的个体形状或特征。按突变株的表型能否在选择性培养基迅速选出和鉴别来区分。凡能用选择性培养基（或其他选择性培养条件）快速选择出来的突变株，称为选择性突变株，如抗性突变型、营养缺陷型和条件致死突变型。反之，则称为非选择性突变株，如形态突变型、抗原突变型和产量突变型。

（1）抗性突变型（resistant mutant）

抗性突变型是指该类菌株发生基因突变后，对某种药物产生了一定的抵抗能力，故可以在添加相应药物处理后的培养基平板上进行生长繁殖，可以根据这种抗性对其进行筛选。

（2）营养缺陷型（auxotroph）

营养缺陷型是指该类菌株发生基因突变后，造成代谢障碍，不能合成一种或几种生长因子，只有在添加了该种生长因子的培养基上才能生长繁殖，可以根据这种特性对其进行筛选。

（3）条件致死突变型（conditional lethal mutant）

某种菌株或病毒在发生基因突变后，在一定条件下可以正常生长繁殖，但在另一种条件下无法生长繁殖的称条件致死突变型。如某些大肠杆菌在37℃能正常生长，却不能在42℃下生长（突变前是可以生长的）。

（4）形态突变型（morphological mutant）

形态突变型是指某种菌株突变后产生的个体或者菌落形态的变异，例如菌落的光滑程度、有无荚膜的形成、孢子的颜色和噬菌斑的大小等突变。

（5）抗原突变型（antigenic mutant）

由于基因突变后导致细胞抗原结构发生的变异，称为抗原突变型，包括荚膜、鞭毛抗原（H抗原）、菌体抗原等的突变。

（6）产量突变型（metabolite quantitative mutant）

产量突变型是指该类菌株基因突变而导致代谢产物的产量与原始菌株相比，有明显的差异，如果产量显著高于原始菌株，称为正变株，反之，则称为负变株。筛选高产正变株的工作对生产实践很重要。

（二）基因突变的突变率和特点

1.突变率

突变率是指某一生物体在每一世代中或其他规定的单位时间中，在特定的条件下，一个细胞发生某一突变事件的概率。在有性生殖的生物中，突变率通常指突变的配子数占总配子数的百分率。而在无性生殖的细菌中则用一定数目的细菌在分裂一次过程中发生突变的次数表示。高等生物中自发突变率一般为$10^{-10} \sim 10^{-5}$，细菌中一般是$10^{-10} \sim 10^{-4}$。生物的突变率因基因的不同，数值各异。

2.基因突变特点

整个生物界，因为其遗传物质的本质都是核酸，所以在遗传变异的特性上都遵循共同的规律，这在基因突变水平上尤为明显。基因突变一般具有如下特点。

（1）自发性

由于外界环境因素或自身生理生化特点，遗传物质可以自发产生突变。

（2）不对应性

突变的性状与引起突变的原因没有直接对应关系。

（3）稀有性

自发性的突变虽然随时可能发生，但是突变的频率极低（突变率$10^{-9} \sim 10^{-6}$）。

（4）诱变性

可以通过物理和化学因素诱发突变，因诱变剂的影响突变率会显著提高。

（5）独立性

某基因突变与其他基因突变没有关系，不会相互影响，彼此独立。

（6）稳定性

基因突变后产生的新性状，相对稳定、可遗传。

（7）可逆性

野生型基因突变成为突变型基因，称为正向突变；突变型基因又突变成野生型基因，称为回复突变。某一性状既可正向突变，又可发生回复突变。

（三）基因突变的机理

基因突变的原因有很多种，可以是没有人为因素导致的自发突变，也可以是诱发的突变。

1.自发突变机制

自发突变是指生物体在无人工干预下自然发生的低频率突变。自发突变的原因主要有背景辐射与环境因素、DNA复制过程中碱基配对错误和微生物自身有害代谢产物的诱变效应等。

（1）环境因素和背景辐射

环境因素和背景辐射引起的"自发突变"实际上主要是某些低剂量诱变因素的长期综合效应导致的。例如，空气中存在的某些低浓度诱变的物质，以及空间中的短波辐射和高温诱变等因素。

（2）DNA复制过程中碱基错配

自发突变的一个主要原因是发生了酮式至烯醇式的碱基互变异构。由于DNA分子中A、T、G、C 4种碱基的第6位上如果不是酮基（T、G），就是氨基（A、C），所以T和G会以酮式或烯醇式两种互变异构的形式出现，而C和A则会以氨基或亚氨基式两种互变异构的形式出现。由于平衡一般趋向于酮式或氨基式，在DNA双链结构中一般总是以A—T和G—C碱基配对的形式出现。可是，在偶然情况下，T也会以稀有的烯醇式出现，因此在DNA复制到达这一位置的瞬间，通过DNA聚合酶的作用，在它的相对位置上就不再出现常规的A，而出现G；同样，如果C以稀有的亚氨基形式出现，在DNA复制到达这一位置的刹那间，则在新合成DNA单链的与C相对的位置上就将是A，而不是往常的G。

（3）微生物自身有害代谢产物的诱变效应

过氧化氢是微生物自身代谢产物的一种。它对脉孢菌（*Neurospora*）有一定的诱变作用，这种诱变作用会因同时加入过氧化氢酶抑制剂而提高，说明过氧化氢很可能是"自发突变"中的一种内源性诱变剂。

2.诱发突变机制

通过物理化学或生物因素处理微生物，使其遗传物质结构发生变化，引起微生物遗传性状的改变称为诱发突变。能够明显提高突变率的理化因子，称为诱变剂（mutagen）或诱发因素。诱变剂的种类多种多样，作用方式也不同。即便是同一种诱变剂，作用方式也有不同。诱发突变的作用机制主要有如下几个方面。

（1）碱基置换（substitution）

碱基置换是指DNA链上某一碱基被另一碱基所取代，在复制过程当中该DNA互补链上对应的位点就会配上一个错误的碱基，属于点突变。碱基的置换有两种情况，一类是同一种类型碱基的置换，即DNA链中的一个嘌呤被另一个嘌呤或是一个嘧啶被另一个嘧啶所置换，称为转换（tansition）；另一类是不同类型碱基的置换，即一个嘌呤被另一个嘧啶或是一个嘧啶被另一个嘌呤所置换，称为颠换（transversion）。对某一具体诱变剂来说，既可同时引起转换与颠换，也可只具其中的一种功能。

（2）移码突变（frame-shift mutation 或 phase-shift mutation）

移码突变是指诱变剂会使DNA序列中插入或者缺失一个或几个核苷酸（不是3或者3的倍数），引起该部位后面的全部碱基序列发生改变，造成转录和翻译错误。因移码突变产生的突变株，称为移码突变株（frame shift mutant）。移码突变属于DNA分子的微小损伤，也是属于点突变。但其结果也能导致所编码的蛋白质活性改变较大，较易成为致死突变。移码突变的有效诱变剂如吖啶类染料，包括原黄素、吖啶黄和吖啶橙等。

（3）密码子插入或缺失（codon insertion or deletion）

DNA序列中插入或减少的碱基正好是3个或者3的倍数时，此部位后面的碱基序列不改变，最终编码的蛋白质常有活性或有部分活性，称为密码子插入或缺失。

（4）大段损伤（large fragment damage）

大段损伤也指DNA重排，是指DNA链上有较长一段序列的重排分布，包括大段（几十甚至几千个碱基）的插入、缺失、取代、复制和倒位所引起的突变。相对于染色体畸变，损伤或缺失的基因较小，所以也叫"小缺失"。

（5）染色体畸变（chromosomal aberration）

染色体畸变引起DNA的大损伤，包括染色体结构上的缺失、插入和重复、倒位、易位，也包括染色体数目的改变。能够引起染色体畸变的有X射线等的电离辐射及烷化剂、亚硝酸等。

染色体结构上的变化有缺失、插入和重复、倒位以及易位。缺失是指染色体上断裂出一个游离的片段，其后果往往是导致死亡，但当缺失的染色体片段较小，不是生命所必需的，则可生存或产生遗传突变；插入和重复是指染色体的断裂处插入一个DNA断裂片段，当插入后的同源染色体有两段完全相同的片段或基因时称为重复；倒位是指染色体两处断裂间的片段倒转180°重接修复，如果倒位的片段包含着丝点，称为臂间倒位，如果不包含着丝点，则称为臂内倒位；易位是指一个染色体的节段连接到另一个染色体上。

在20世纪40年代，麦克林托克（B. McClintock）通过对玉米的遗传研究发现了染色体易位现象。1967年以来，易位现象已在微生物和其他生物中得到普遍证实，并已成为分子遗传学研究中的一个热点。DNA序列通过非同源重组的方式，从染色体的一个部位转移到同一个染色体的另一部位或其他染色体某一部位的现象，称为转座，具有转座作用的一段DNA序列称作转座因子（transposable element），也叫作跳跃基因（jumping gene）或可移动基因（moveable gene）。转座因子主要有三类，即插入序列（insertion sequence，IS）、转座子（transposon，Tn）和Mu噬菌体（mutator phage）。IS的特点是分子量最小（仅0.7～1.4kb），不带任何能使细胞出现某种性状的基因，只能引起转座（transposition）效应。存在于染色体、F因子等质粒上。Tn与IS和Mu噬菌体相比，Tn的分子量是居中的（一般为2～25kb）。它含有几个至十几个基因，其中除了与转座作用有关的基因外，还含有抗药基因或乳糖发酵基因等其他基因。Mu噬菌体是大肠杆菌的一种温和噬菌体，与必须整合到宿主染色体特定位置上的一般温和噬菌体不同，Mu噬菌体并没有固定的整合位点。与IS和Tn相比，Mu噬菌体的分子量最大（37kb），含有20多个基因。Mu噬菌体引起的转座可以引起插入突变，其中约有2%是营养缺陷型突变。

（四）紫外线对DNA的损伤与修复

1.紫外线对DNA的损伤

紫外线的波长范围为136～390nm，对诱变有作用的范围是200～300nm，波长为260nm时效果最好，能使原子中的内层电子能量提高，成为活化分子。当DNA受到最易被其吸收波长（260nm）的紫外线照射时，主要是使同一条DNA链上相邻的嘧啶以共价键连成二聚体（相邻的两个T或两个C或C与T间都可形成，其中最容易形成的是TT二聚体），造成局部DNA分子无法配对，导致微生物的突变或死亡。

2.损伤DNA的修复

在多种酶的作用下，生物细胞内的DNA分子受到损伤以后恢复结构的现象称为修复。修复方式主要有光复活作用和切除修复。

（1）光复活作用

细菌受致死量的紫外线照射后，短时间内若再以可见光照射，则部分细菌又能恢复其活力，这种现象称为光复活作用（photoreactivation）。光复活修复作用是一种高度专一的DNA直接修复过程，它只作用于紫外线引起的DNA嘧啶二聚体（主要是TT，也有少量CT和CC）。

光复活修复的机制是经紫外线照射后带有嘧啶二聚体的DNA分子，在黑暗下会被一种光激活酶——光解酶（光裂合酶）结合，这种复合物在300～500nm可见光下时，此酶会因获得光能而激活，并使二聚体重新分解成单体。与此同时，光解酶也从复合物中释放出来，以便重新执行功能。光解酶是一种分子质量为5.5万～6.5万道尔顿的蛋白质（随菌种的不同而略有差异），并含两个辅助因子，其一为FADH，另一为8-羟基脱氮核黄素或次甲基四氢叶酸。每一大肠杆菌细胞中约含25个光解酶分子，而枯草芽孢杆菌中则不存在光解酶。由于在一般的微生物中都存在着光复活作用，所以在利用紫外线进行诱变育种等工作时，就应在红光下进行照射和后续操作，并放置在黑暗条件下培养。

（2）切除修复

切除修复（excision repair）是一种不依赖可见光，只通过酶切作用去除嘧啶二聚体，随后重新合成一段正常DNA链的核酸修复方式。

切除修复的大致过程为：损伤识别——蛋白复合体结合到损伤位点——在错配位点上下游几个碱基的位置上（上游5′端和下游3′端）将DNA链切开——将两个切口间的寡核苷酸序列清除——DNA聚合酶合成新的片段填补缺口——连接酶将新合成片段与原DNA链连接起来，完成修复作用。

二、诱变育种

育种的手段很多，从微生物育种发展的历史看，有定向培育、诱变育种、杂交育种、原生质体融合和基因工程等育种技术。其中利用微生物基因可诱发突变进行育种的方式最为传统而实用。诱变育种指利用物理化学因素诱发微生物细胞发生各种基因突变，在促进突变率显著提高的基础上，再根据育种目的从中选择性状最好的突变株，以供科学实验和生产实践用。

诱变育种具有非常重要的实践意义。目前在发酵工业或者其他利用微生物生产的行业所使用的高产菌株，几乎都是通过诱变育种而得到的，比如青霉素生产菌株。诱变育种除了能够提高目标产物产量以外，还能够实现提高产品的质量、简化工艺流程、扩大品种等目的。从方法上来说，它具有简便易行、效果显著等优点，目前仍然是育种的常用手段。

（一）诱变育种的基本步骤

诱变育种的具体操作环节较为复杂，且根据工作目的、育种对象以及操作者的安排不同会有所差异，但操作中最基本的环节是一致的。现以选育在生产实践中最重要的高产突变株为例，概括诱变育种的基本环节如下：

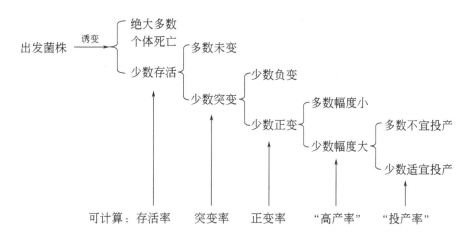

（二）诱变育种的原则

1.挑选优良的出发菌株
用来进行诱变育种的原始菌株称为出发菌株。在诱变育种中，菌株的选择直接影响后面的诱变效果。因此，在挑选出发菌株方面一定要对菌株的生理方面有全面的了解，挑选对诱变剂敏感性强、生命力旺盛、变异广、产量高的出发菌株。

（1）菌株的来源

选取野生型的对诱变剂敏感、易变异的新鲜菌株，也可以选择有自发突变或者长期驯化筛选得到的菌株，与野生型的菌株相似，对诱变剂敏感、易变异，能达到较好的诱变效果。

（2）菌株筛选的原则

遵循选取每次诱变都能得到提高的菌株，多次诱变会得到更好的效果；出发菌株也可选2～3株，在筛选过程中，选择更适合的菌株继续进行诱变。

2.同步培养与单细胞（或单孢子）悬浮液的制备
（1）同步培养

同步培养是指在诱变育种过程中，菌悬液的细胞或孢子应该尽可能达到同步生长的生理状态。一般要求细菌培养至菌体生长的对数生长期，因为处于对数生长期的细菌生长状态比较同步，且容易发生变异，重复性好。

（2）单细胞（或单孢子）悬浮液的制备

制备均匀分散的单细胞（或单孢子）悬浮液对于诱变效果非常重要。因为有些微生物是多核的，即便处理成单细胞，也会形成不纯菌落。因此，在诱变育种时，尽量选用单核细胞，如细菌芽孢或霉菌孢子等。

3.诱变处理

（1）选择简便有效的诱变剂

诱变剂的种类很多，常用的诱变剂分为物理诱变剂和化学诱变剂两种。

物理诱变剂主要有非电离辐射类的紫外线、激光和离子束，电离辐射类的X射线、γ射线和快中子等。化学诱变剂主要有烷化剂、吖啶类化合物和碱基类似物等。

在选用诱变剂时，在同样效果下，应选用最简便的诱变剂，而在同样简便的条件下，则选用最高效的诱变剂。实践证明，在物理诱变剂中紫外线最为简便，而且在紫外线波长为265nm时，大部分微生物对紫外线的敏感性最强。在化学诱变剂中NTG（N-甲基-N'-硝基-N-亚硝基胍）效果显著，称为"超诱变剂"。

（2）确定合适的诱变剂量

诱变的效果与诱变剂的浓度、作用温度和时间有关。在产量性状的诱变育种中，凡在提高诱变率的基础上既能扩大变异幅度，又能促使变异移向正突变范围的剂量，即为合适的剂量。

要确定一个合适的诱变剂量，通常要进行多次试验。根据对紫外线、X射线和乙烯亚胺等诱变效应的研究结果，正突变较多地出现在偏低的剂量中，而负突变则较多地出现于偏高的剂量中；多次诱变而提高产量的菌株中，更容易出现负突变；形态变异与生产性能变异在剂量上规律不完全一致，形态突变常发生在偏大剂量上，而且形态突变多产生负突变。因此，在诱变育种工作中，目前较倾向于采用较低的剂量。

（3）诱变剂复合处理

诱变育种中常常还会采取诱变剂的复合处理，充分利用复合处理的协同效应。因为每种诱变剂有着各自的作用方式，引起的变异有局限性，复合处理可以扩大突变的位点，产生协同效应，使获得正突变的可能性增加。

复合处理有三种类型：第一类是两种或多种诱变剂的先后使用；第二类是同一种诱变剂的重复使用；第三类是两种或多种诱变剂的同时使用。

4.中间培养、分离和筛选

（1）中间培养

菌株刚经诱变剂处理之后，会有一个生理延迟的过程，须繁殖3代以上才能表现出突变性状。因此，诱变剂处理后的细胞应在液体培养基中培养几个小时，使其繁殖3代以上，得到纯的变异细胞。如果不经过液体培养基的中间培养，直接在平皿上分离就会出现变异和不变异的细胞同时存在的情况，形成混杂的菌落，导致筛选的结果不稳定。

（2）分离和筛选

经诱变处理后，菌群中会出现各种突变型菌株，大部分为负突变菌株。要从中筛选得到极个别的性能良好的正突变菌株，需要花费很多人力和物力。

筛选的一个重要原则是设计的试验能以相对较少的工作量，在最短的时间内能取得最好的效果。一般采用简化试验步骤的方法，例如利用形态突变直接淘汰低产突变菌株，或者利用平皿反应直接挑选高产突变菌株。平皿反应是指每个突变菌落产生的代谢产物跟培养基内的指示物在培养基平板上反应后，会产生一定的生理效应，比如抑菌圈、生长圈、透明圈、变色圈等，这些生理效应的强弱可以表示突变菌株的生产活力高低，可作为筛选的标志。常用的方法有透明圈法、纸片培养显色法、琼脂块培养法等。

（三）营养缺陷型突变株的筛选

营养缺陷型突变株在诱变育种工作中有着十分重要的意义。

1.与筛选营养缺陷型突变株有关的培养基

（1）基本培养基（minimal medium，MM）

凡能满足某野生型菌株正常生长所需的最低成分的组合培养基，称为基本培养基。不同种类微生物的基本培养基是很不相同的，有些比较复杂，例如培养一些酵母菌、梭菌或乳酸菌等的基本培养基，有些比较简单，例如培养大肠杆菌的基本培养基。基本培养基有时可用符号"[−]"来表示。

（2）完全培养基（complete medium，CM）

在基本培养基里另外添加一些富含氨基酸、维生素和碱基之类的天然有机物，如蛋白胨或酵母膏等配制而成，能够满足各种营养缺陷型菌株营养需要的培养基，称为完全培养基。完全培养基有时可用符号"[+]"来表示。

（3）补充培养基（supplemental medium，SM）

在基本培养基只添加针对某一微生物营养缺陷型所不能合成的有机营养成分，以满足其生长需要的组合培养基，称为补充培养基。补充培养基的符号可根据加入的是A或B等代谢物而分别用[A]或[B]等来表示。

2.与营养缺陷突变有关的遗传型个体

（1）野生型（wild type）

从自然界分离到的任何微生物在其发生营养缺陷变异前的原始菌株，均称为该微生物的野生型菌株。野生型菌株应能在其对应的基本培养基上生长繁殖。如果以A和B两个基因来表示其对这两种营养物的合成能力的话，则野生型菌株的遗传型用$[A^+B^+]$来表示。

（2）营养缺陷型（auxotroph）

营养缺陷型突变株不能在基本培养基上生长，只能生长在完全培养基或补充培养基上。A营养缺陷型的遗传型为$[A^-B^+]$，B营养缺陷型的遗传型为$[A^+B^-]$。

（3）原养型（prototroph）

指营养缺陷型变异株经过回复突变或重组后产生的菌株，其营养要求与野生型相同，遗传型均用$[A^+B^+]$表示。

3.营养缺陷型菌株的筛选

营养缺陷型突变株的筛选一般要经过诱变、淘汰野生型菌株、检出和鉴定缺陷型菌株四个环节。

（1）诱变

诱变处理与一般诱变处理基本一致。在诱变后的存活个体中，营养缺陷型的比例一般较低，通常只有百分之几至千分之几。

（2）淘汰野生型菌株

采用抗生素法或菌丝过滤法，就可以淘汰为数众多的野生型菌株，以达到"浓缩"营养缺陷型菌株的目的。

抗生素法：野生型的菌株能在基本培养基上生长，而营养缺陷型的突变株不能在基本培养基上生长，将诱变剂加入基本培养基中短时间内，野生型处于活化阶段，而缺陷型会处于"休眠状态"，再加入青霉素，青霉素能抑制细菌细胞壁的合成，因而能杀死生长繁殖的野生型，但不能杀死处于休眠状态的缺陷型，以达到"浓缩"营养缺陷型细胞的目的。青霉素适用于细菌，制霉菌素则适用于真菌。制霉菌素会与真菌细胞膜上的甾醇作用，造成细胞膜损伤。因为它能杀死生长繁殖的酵母或霉菌，可用于淘汰相应的野生型菌株和"浓缩"营养缺陷型菌株。

菌丝过滤法：适用于丝状真菌或放线菌。其原理是在基本培养基中，野生型的孢子能萌发成菌丝，而营养缺陷型的孢子不能萌发成菌丝。因此，将诱变处理后的孢子在基本培养基中培养一段时间后，再用滤纸进行过滤。上述操作重复几次后，就可除去大部分的野生型菌株，达到"浓缩"营养缺陷型菌株的目的。

（3）检出缺陷型菌株

检出缺陷型菌株的具体方法很多，主要有限量补充培养法、夹层培养法、逐个检出法和影印接种法。

限量补充培养法：把诱变处理后的细胞接种在含有微量（0.01%以下）蛋白胨的基本培养基上，野生型菌株会快速生长形成较大的菌落，而营养缺陷型菌株生长缓慢，只能形成很小的菌落。同理，如果想得到某种特定的缺陷型菌株，可以直接在基本培养基上加入微量的对应物质。

夹层培养法：在培养皿底部倒上适量基本培养基，等冷凝后再加上适量含有经诱变处理过的菌液的基本培养基，在其上面再浇上一层基本培养基。经培养过后，在培养皿底部用记号笔标记出首次出现的菌落。然后，在培养皿上再加一层完全培养基。经培养后，形成的形态较小的新菌落，大多为营养缺陷型（图6-6）。

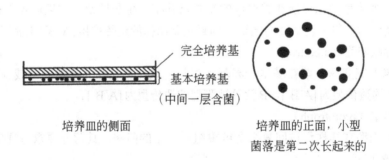

完全培养基

基本培养基

（中间一层含菌）

培养皿的侧面　　　　培养皿的正面，小型菌落是第二次长起来的

图6-6　夹层培养法

逐个检出法：将诱变处理后的细胞涂布在完全培养基的平板上，待长成单个菌落后，用接种针把这些单个菌落依次分别接种到另一个完全培养基和基本培养基上。经培养后，如果在完全培养基上能长出菌落，而在基本培养基上却没有长出菌落，说明这是一个营养缺陷型菌株。

影印接种法：将诱变处理后的细胞涂布在完全培养基的表面，经培养后会长出许多菌落。然后用直径小于平皿的圆柱形木块覆盖灭过菌的丝绒布作为影印接种工具，将平皿倒过来，在丝绒布上轻轻按一下，把此皿上的菌落转印到另一基本培养基平板上，培养后，将两个平板上长出的菌落进行比较。如果发现在前一培养皿平板上的某一部位长有菌落，而在后一平板的相应位置却没有菌落，就说明这是一个营养缺陷型菌落（图6-7）。

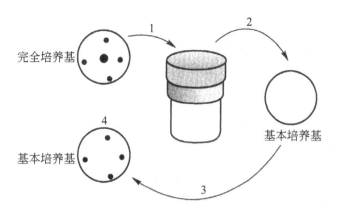

图6-7　用影印接种法检出营养缺陷型

1—将完全培养基上的菌落转移到影印用的丝绒布上；2—将丝绒布上的菌落转接到基本培养基上；
3—适温培养；4—长有菌落的基本培养基平板

（4）缺陷型菌株的鉴定

缺陷型菌株的鉴定可用生长谱法（auxanography）来进行。将生长在完全培养液里的营养缺陷型细胞或斜面上的孢子进行收集，配制成浓度约为 $10^7 \sim 10^8$ 个 /mL 的细胞悬液，再取 0.1mL 与基本培养基混匀，倾注培养皿。待凝固、表面干燥后，在培养皿背面划上 5 ～ 6 个区域，然后在平板正面加上微量的维生素、氨基酸、嘌呤或嘧啶等营养物的粉末或结晶，或放置吸附营养物的滤纸片。经培养后，如果发现在某种营养物的周围有菌株的生长圈，说明它是该菌株的营养缺陷型。

生长谱法鉴定营养缺陷型有很多优点，在生产实践中具有广泛的应用。生长谱法操作方法简便，在同一培养皿上就能同时测定多种营养物；不怕污染杂菌，因为如果被污染，则仅会长出一个菌落，而缺陷型菌株则会长出一片混浊区域，容易区分；回复突变的细胞也只长出一个菌落，不会影响试验结果。

4. 营养缺陷型突变株的应用

营养缺陷型菌株无论是在基本研究和应用研究上，还是在生产实践过程上都具有非常重要的意义。在科学研究中，营养缺陷型菌株既可以作为代谢途径、杂交、转化、转导、原生质体融合、质粒等遗传规律研究的遗传标记菌种，又能作为氨基酸、维生素或碱基等物质生物测定的试验菌种；在生产实践中，营养缺陷型菌株既能够直接用作可生产核苷酸、氨基酸等代谢产物的发酵菌株，又能够作为菌种杂交、重组育种和基因工程中的亲本菌株。

第三节　基因重组与杂交育种

基因重组（gene recombination）是指两个不同性状个体独立基因组内的遗传物质转移到一起，通过交换与重新组合，生成新遗传型个体的过程，又称为遗传重组（genetic recombination）。杂交育种（hybridization）是将两个或多个品种的优良性状集中在一起，在杂交后代中选择和培育以获得新品种的方法。育种时选择性地将具有不同优良性状的两个或多个亲本进行杂交，使两个或多个亲本的优良性状结合在一起，培育出同时具备两种或多种优良性状的新品种。

重组是分子水平上的概念，可以看作遗传物质分子水平上的杂交；而一般所说的杂交则在细胞水平上。杂交中必然包含着重组，而重组则不限于杂交这一种形式。真核微生物中的有性杂交、准性杂交及原核微生物中的转化、转导、接合和原生质体融合等都是基因重组在细胞水平上的反应（表6-4）。

表6-4 微生物中各种基因重组形式的比较

供体和受体之间关系		整套染色体		局部杂合	
		高频率	低频率	部分染色体	个别或少数基因
细胞融合或联结	性细胞	真菌有性生殖			
	体细胞		真菌准性生殖		
细胞间暂时沟通				细菌的接合	性导
细胞间不接触	吸收游离DNA片段				转化
	噬菌体携带DNA				转导
由噬菌体提供遗传物质[①]	完全噬菌体				溶源转变
	噬菌体DNA				转染

① 虽不属重组，但与转导和转化有某些相似处，可供比较。

一、原核微生物的基因重组与育种

原核微生物结构简单，常以单细胞形式存在，易于进行相应的遗传改造。原核微生物的基因重组具有以下三个特点：① 片段性，仅有一小段DNA序列参与重组；② 单向性，即从供体菌向受体菌（或从供体基因组向受体基因组）进行单向的转移；③ 多样性，即转移机制有多种形式，如转化、转导、接合、原生质体融合等。

（一）转化（transformation）

1.定义
受体菌（recipient cell，receptor）处在自然或在人工技术条件下直接摄取来自供体菌（donor cell）的游离DNA片段，通过交换将它整合到自己的基因组中获得供体菌部分新的遗传性状的基因转移过程，称为转化。通过转化方式而形成的杂种后代，统称为转化子（transformant）。

2.转化微生物的种类
转化微生物的种类比较广泛。在原核微生物中，主要有肺炎链球菌（*Streptococcus pneumoniae*）、嗜血杆菌属（*Haemophilus*）、芽孢杆菌属（*Bacillus*）、奈瑟球菌属（*Neisseria*）、根瘤菌属（*Rhizobium*）、葡萄球菌属（*Staphylococcus*）、假单胞菌属（*Pseudomonas*）和黄单胞菌属（*Xanthomonas*）等；在真核微生物中，有酿酒酵母（*Saccharomyces cerevisiae*）、粗糙脉孢菌（*Neurospora crassa*）和黑曲霉（*Aspergillus niger*）等。但是，在实验室中常用的一些肠

道菌科的细菌如大肠杆菌等则很难进行转化，为此可选用有利于DNA透过细胞膜的CaCl₂处理大肠杆菌的球状体，增加细胞膜的通透性以使其低频率转化。此法对不易降解和能在宿主体内复制的质粒DNA（或人工重组的质粒DNA）导入受体菌时特别有用。部分真菌在制成原生质体后，也可实现转化。

3. 感受态（competence）

感受态是指受体细胞最易接受转化因子（外源DNA片段）并能实现转化的一种生理状态。两个菌种或菌株间能否发生转化，有赖于其进化过程中的亲缘关系。但是即使在转化频率极高的微生物中，并不代表不同菌株间一定都可以发生转化。相关研究表明，凡能发生转化，其受体细胞必须处于感受态。感受态只在细菌生长的某一时期出现，不同菌种的感受态出现在不同生长时期。如肺炎链球菌的感受态出现在生长曲线中的对数期后期；芽孢杆菌则往往出现在对数期末期及稳定期初期。在具有感受态的微生物中，感受态细胞所占比例和持续时间也有明显差异，当处于感受态高峰时，群体中呈感受态的细胞因菌种而不同。如枯草芽孢杆菌中，感受态细胞所占比例不超过10%～15%，但可维持几小时，而在肺炎链球菌和流感嗜血杆菌群体中感受态细胞占比高达100%，却只能维持几分钟。另外，外界环境因子如环腺苷酸（cAMP）及Ca^{2+}等对感受态也有重要影响。

一类能与细胞表面受体作用，可以诱导感受态特异蛋白质表达的小分子蛋白质称感受态因子，它包含3种主要成分，即膜相关DNA结合蛋白（membrane associated DNA binding protein）、细胞壁自溶素（autolysin）和几种核酸酶。

4. 转化因子（transforming factor）

转化因子是指供体菌的DNA片段，本质是离体的DNA片段，一般的转化因子都是线状双链DNA，也有少数报道表明线状单链DNA也有转化作用。经过一系列操作后，每一转化DNA片段的分子量都小于$1×10^7$，即在细菌核染色体组中约占0.3%，其上平均约含15个基因。在不同的微生物中，转化因子的形式各异。如G⁻细菌嗜血杆菌属中，细胞只接受dsDNA形式的转化因子，但进入细胞后须经酶解为ssDNA才能与受体菌的基因组整合；而G⁺细菌葡萄球菌或芽孢杆菌中，dsDNA的互补链必须在细胞外降解，转化因子只有以ssDNA的形式才能进入细胞。但最易与细胞表面结合的仍是dsDNA。

每个感受态细胞约可掺入10个转化因子，其转化频率一般为0.1%～1%，最高时亦达20%左右。据研究，呈质粒形式（双链闭合环状）的DNA也是良好的转化因子，因为它进入受体菌中后可直接进行复制和表达，而不与受体染色体进行交换、整合。

5. 转化过程

转化过程被研究得较深入的是G⁺细菌肺炎链球菌，其主要过程如图6-8。① 供体菌（*str*ᴿ，即存在抗链霉素的基因标记）的dsDNA片段与感受态受体菌（*str*ˢ，有链霉素敏感型基因标记）细胞表面的膜相关DNA结合蛋白相结合，其中一条链被核酸酶切开和水解成核苷酸和无机磷酸，另一条链进入受体细胞；② 来自供体菌的ssDNA片段被受体细胞内的感受态特异的ssDNA结合蛋白结合，并使ssDNA进入受体细胞，随后在RecA蛋白的介导下与受体菌核染色体上的同源区段配对、重组，形成一小段杂合DNA区段（heterozygous region）；③ 受体菌染色体组进行复制，杂合区也跟着得到分离，一个含受体菌DNA片段，一个含供体菌DNA片段；④ 细胞分裂后，染色体发生分离，形成一个转化因子（*str*ᴿ）和一个仍保持受体菌原来基因型（*str*ˢ）的子代。

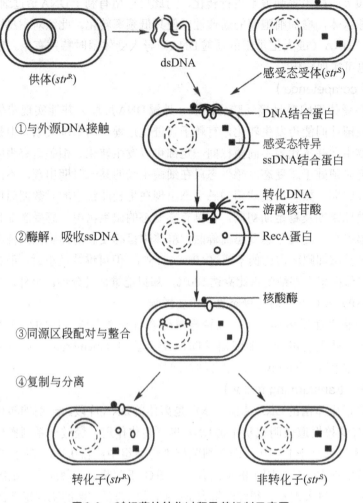

图6-8　G⁺细菌的转化过程及其机制示意图

图中标注：
供体(str^R)　dsDNA　感受态受体(str^S)
①与外源DNA接触　DNA结合蛋白　感受态特异ssDNA结合蛋白
②酶解，吸收ssDNA　转化DNA　游离核苷酸　RecA蛋白
③同源区段配对与整合　核酸酶
④复制与分离
转化子(str^R)　非转化子(str^S)

6. 转染（transfection）

将噬菌体或其他病毒的DNA（或RNA）先抽提，让其去感染感受态的宿主细胞，进而增殖出正常的噬菌体或病毒的后代，这种现象称为转染。转染与转化有一定的差别。转染的病毒或噬菌体并非遗传基因的供体菌，中间不发生任何遗传因子的交换或整合，被感染的宿主也不能作为受体菌形成具有杂种性质的转化子。

（二）转导（transduction）

以缺陷噬菌体（defective phage）为媒介，将供体细胞的DNA片段携带到受体细胞中，经过交换整合后，使受体细胞获得供体细胞部分遗传性状的现象，称为转导。通过转导作用而获得部分新遗传性状的重组细胞，称为转导子（transductant）。转导的方式有以下几种。

1. 普遍转导（generalized transduction）

通过缺陷噬菌体对供体菌基因组的任何DNA小片段的"误包"，进而实现其遗传性状传递至受体菌的现象，称为普遍转导。通常以温和噬菌体作为普遍转导的媒介。普遍转导又可分为完全普遍转导和流产普遍转导两种。

（1）完全普遍转导

完全普遍转导简称普遍转导或完全转导。1952年首先经研究发现，在鼠伤寒沙门氏菌（*Salmonella typhimurium*）中存在转导现象。以其野生型菌株作为供体菌，营养缺陷型菌株作为受体菌，P22噬菌体作为转导媒介，当P22在供体菌内增殖时，宿主的核基因组断裂，待噬菌体成熟与包装之际，极少数（$10^{-8} \sim 10^{-6}$）噬菌体的衣壳错误地将噬菌体头部核心大小相似的供体DNA片段包入其中，形成了一个含有供体DNA片段的完全缺陷噬菌体，又被称为转导颗粒。当供体菌裂解时，如把少量裂解物与大量受体菌群体相混，使其感染复数（multiplicity of infection，MOI）小于1，这种完全缺陷噬菌体就会将供体DNA片段导入受体细胞内。导入的供体DNA片段与受体细胞核基因组上的同源区重组，形成部分二倍体，再通过双交换而使供体基因整合到受体菌核基因组中，致使后者成为遗传性状稳定的转导子（图6-9和图6-10）。

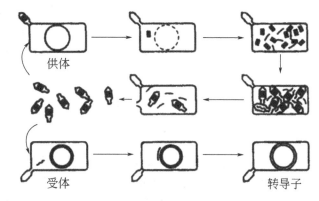

图6-9　由P22噬菌体引起的完全普遍转导

图6-10　外源dsDNA片段经双交换形成一稳定转导子示意图

（2）流产普遍转导

流产普遍转导简称流产转导。受体菌经转导获得的供体DNA片段不能与受体菌DNA片段发生配对、交换和整合，也不迅速消失，仅进行转录、翻译而获得表达，这种现象称为流产转导。发生流产转导的细胞在其进行细胞分裂后，只能将这段外源DNA分配给一个子细胞，而另一子细胞仅获得外源基因的产物——酶，在表型上会表现出轻微的供体菌特征，且每分裂一次，就会稀释一次（图6-11）。流产转导的特点是能在选择性培养基平板上形成微小菌落。

2. 局限转导（specialized transduction，restricted transduction）

局限转导又称特异性转导，是指通过部分缺陷的温和噬菌体把供体菌的少数特定基因传递到受体菌中，并与后者的基因组整合、重组，形成转导子的现象。首次发现是在大肠杆菌

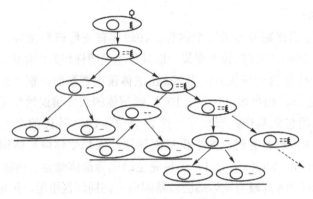

图6-11 流产转导示意图

K12的温和噬菌体中，主要特点是：① 只能转导供体菌的个别特定基因，一般是指噬菌体整合位点两侧的基因；② 该特定基因由部分缺陷的温和噬菌体携带；③ 缺陷噬菌体是由于其在形成过程中所发生的低频率（约10^{-5}）错误切离，或由于双重溶源菌的裂解而形成（约形成50%缺陷噬菌体）；④ 局限转导噬菌体的产生要通过紫外线等因素对溶源菌诱导并引起裂解后才产生。

（三）接合（conjugation）

1.定义

接合是指供体菌（"雄性"）通过其性菌毛与受体菌（"雌性"）直接接触，前者传递不同长度的DNA给后者，并在后者细胞中进行双链化或进一步与核基因组发生重组，使后者获得供体菌的遗传性状的现象。接合子（conjugant）是指通过接合而获得新性状的受体细胞。1946年J. Lederberg等建立 *E. coli* 的两株营养缺陷型突变株在基本培养基上是否生长来检验重组子存在的方法后，奠定了方法学基础，也为后期微生物遗传学的发展提供了必要的条件（图6-12）。

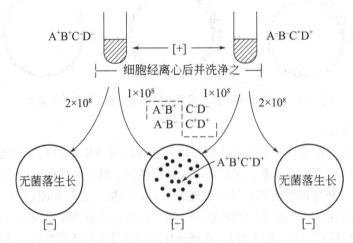

图6-12 研究细菌接合方法的基本原理

2.能进行接合的微生物种类

接合现象主要在细菌与放线菌中发生。在细菌中，G⁻较为多见，如大肠杆菌、沙门氏菌属（*Salmonella*）、志贺氏菌属（*Shigella*）等；在放线菌中，链霉菌属（*Streptomyces*）和诺卡氏菌属（*Nocardia*）最常见。接合还可发生在不同属的菌种之间。对接合现象研究最清楚的是大肠杆菌，大肠杆菌有雄性与雌性之分，F因子是决定它们性别的质粒。F因子既可以在细胞内独立存在，也可整合到核基因组上。它既可以通过接合作用获得，也可以通过吖啶类化合物、溴化乙锭或丝裂霉素等处理而消除；它既是合成性菌毛基因的载体，也是决定细菌性别的物质基础。

3.大肠杆菌的4种接合型菌株

根据F质粒在大肠杆菌细胞中存在方式，可将大肠杆菌分为四种不同的接合型菌株（图6-13）。

（1）F⁺菌株

F⁺菌株即"雄性"菌株，细胞内存在1～4个游离的F质粒，在细胞表面有着与F质粒数目相当的性菌毛的菌株，与F⁻相接触时，以线性方式通过性菌毛的沟通和收缩将F质粒转移到F⁻细胞中，同时F⁺菌株中的质粒也获得复制，使两者皆变成F⁺菌株。F质粒以很高频率通过接合而转性别，这种频率几乎高达100%，但含F质粒的宿主细胞的核基因组一般并不被转移。

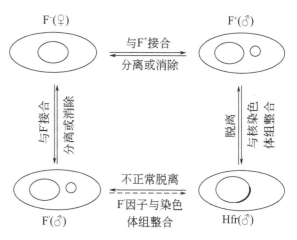

图6-13　F质粒的4种存在方式及相互关系

（2）F⁻菌株

细胞中不含有F质粒、细胞表面也不具有性菌毛的菌株即为"雌性"菌株，称为F⁻菌株。可以通过与F⁺或F′菌株接合而接受供体菌的F质粒或F′质粒，也可以通过接合接受来自Hfr菌株的部分或全部遗传信息，相应地可以转变成F⁺菌株、F′菌株或重组子。

（3）Hfr菌株（高频重组菌株，high frequency recombination strain）

由于含有与染色体特定位点整合的F因子，该菌株与F⁻菌株接合后的基因重组频率比F⁺菌株高几百倍。Hfr菌株与F⁻菌株接合时，Hfr染色体双链中的一条单链在F质粒处发生断裂，环状变为线状，F质粒位于线状单链DNA的两端，整段单链线状染色体从5′端开始匀速进入F⁻细胞，在没有外界干扰的情况下，全部转移过程的完成需要约100min。在实际的转移中，较长的线状单链DNA往往会发生断裂。位于Hfr染色体前端的基因进入F⁻细胞的概率越高，其性状在接合子中出现的时间也就越早。由于F因子决定性别的基因位于线状单链DNA的末端，能进入F⁻细胞的概率低，故F⁻转变为F⁺的频率很低，而其他遗传性状的重组频率较高。

（4）F′菌株

F′菌株细胞中含有游离的、含有整合位点邻近的小段染色体基因的环状F质粒，可与F⁻菌株接合，使其成为F′菌株。它是由Hfr菌株中的F质粒在不正常切离而脱离核基因组时所形成，但在脱落时，F质粒也携带整合位点邻近一小段细胞核DNA的菌株。其中由Hfr异常释放所生成的F′菌株，称为初生F′菌株。由F⁻接受外来F′质粒所产生的F′叫作次生F′菌株，它是一个部分双倍体，收获F质粒的同时，也收获了来自初生F′菌株的若干原属Hfr菌株的遗传性状（图6-14）。

利用 F′ 菌株与 F⁻ 接合可将供体核基因组传入 F⁻ 菌株，使 F⁻ 既可获得供体菌的若干遗传特性，又可获得 F 质粒。这种接合方式叫作 F 质粒转导（F-duction）。

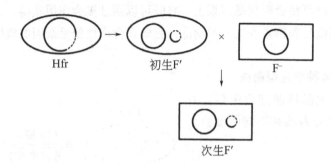

图6-14　初生 F′ 菌株和次生 F′ 菌株的由来

（四）原生质体融合（protoplast fusion）

通过人为手段，使具有不同遗传性状的两个细胞原生质体发生融合，进而发生遗传重组以产生兼有双亲性状且遗传性状稳定的融合子（fusant）的过程，称为原生质体融合。该技术作为近年来比较有效的一种遗传物质转移方法，在各种生物及细胞中都较容易发生，其中各种动物和人体的细胞由于没有阻碍原生质体融合的细胞壁最易进行原生质体融合。

原生质体融合的主要操作步骤如下：① 选择亲本，选择两株具有特殊价值且带有选择性遗传标记的细胞作为亲本菌株。将活化的两个亲株用适当的脱壁酶去除细胞壁得到相应的原生质体。② 原生质体融合及再生，离心收集原生质体，之后利用化学因子（促融合剂 PEG）或电场诱导来提高原生质体的融合率。接着用等渗溶液稀释，再涂在能促使它再生细胞壁和进行细胞分裂的基本培养基平板上。待菌落形成后，再通过影印接种法，把它接种到各种选择培养基平板上，检验其是否为稳定的融合子。③ 筛选具有优良性状的融合子，对得到的融合子进行人工筛选并测定其有关生物学性状或生产性能（图6-15）。

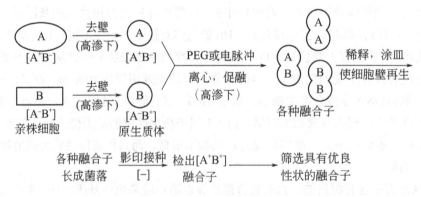

图6-15　原生质体融合的操作示意图

作为20世纪70年代后期发展起来的一种育种新技术，原生质体融合是继转化、转导和接合之后更有效的一种转移遗传物质的手段。该技术具有以下几个优点：① 可以提高重组率；② 双亲可以少带标记或不带标记；③ 可进行多亲本融合；④ 有利于不同种间、属间微生物的杂交；⑤ 通过原生质体融合可提高产量。

二、真核微生物的基因重组与育种

在真核微生物中，基因重组主要包括有性杂交、准性杂交、原生质体融合和遗传转化等多种形式。由于后两者与原核微生物中的内容基本相同，此处重点介绍具有代表性的有性杂交和准性杂交。

（一）有性杂交（sexual hybridization）

杂交是在细胞水平上发生的一种遗传重组方式。有性杂交是指不同遗传型的两性细胞间发生接合和随之进行的染色体重组，最终产生新遗传型后代的一种育种技术。凡是可以产生有性孢子的真菌，原则上都能通过与高等动植物杂交育种相似的有性杂交的方式进行育种。因此，只要选择适当的亲本并使它们杂交，就有可能获得兼具两个亲本优良性状的变异个体。进行杂交育种的亲本性状是已知的，因此，它比诱变育种更具有定向性。此处仅以工业上和基因工程中应用比较广泛的真核微生物酿酒酵母为例来说明有性杂交的一般过程。

1. 制取单倍体子囊孢子

在工业生产中应用的或从自然界分离到的菌株，一般都是双倍体细胞。将不同生产性状的两个亲本菌株（双倍体）分别接种到含醋酸钠或其他产孢子培养基斜面上，使其产生子囊，然后经过减数分裂后，每个子囊内会形成4个子囊孢子（单倍体）。将子囊用蒸馏水清洗后，通过机械法（加硅藻土和石蜡油后在匀浆管中研磨）或酶法（用蜗牛消化酶等处理）破坏子囊，离心收集后即可得到单倍体子囊孢子。

2. 杂交

将两个来自不同亲本、不同性别的单倍体子囊孢子混合涂布在麦芽汁琼脂平板上，保温培养后就能得到双倍体的有性杂交后代。

3. 分离

酿酒酵母的双倍体杂交细胞与单倍体细胞存在明显的差别，易于识别（表6-5）。通过筛选可以从这些双倍体杂交子代中筛选到优良性状的杂种。

表6-5 酿酒酵母单倍体和双倍体细胞的比较

比较项目	双倍体	单倍体
细胞	大，椭圆形	小，球形
菌落	大，形态均一	小，形态变化较多
液体培养	繁殖较快，细胞较分散	繁殖较慢，细胞常聚集成团
在产孢子培养基上	形成子囊及子囊孢子	不形成子囊

在生产实践上有性杂交常被用于培育优良微生物菌株。例如，用于乙醇发酵的酵母菌和用于面包发酵的酵母菌虽然同属酿酒酵母一个种，但菌株间存在很大的差异，其特征表现在前者产乙醇率高，对麦芽糖和葡萄糖的发酵力弱，而后者则相反。通过杂交手段可以培育出既能高产乙醇，又对麦芽糖和葡萄糖有很强发酵能力的优良杂种菌株，同时发酵后的残余菌体还可作为面包厂和家用发面酵母的优良菌种。

（二）准性杂交（parasexual hybridization）

准性杂交是利用准性生殖（parasexual reproduction，parasexuality）的规律，对有生产价值的半知菌类真菌进行杂交育种的一种方法。准性生殖是一种比有性生殖更为原始的两性生殖方式，在自然条件下，在同菌种而不同菌株的体细胞之间发生自发性的原生质体融合，且不经过减数分裂而导致低频率基因重组并产生重组子的过程。在某些真菌中，尤其在还未发现有性生殖的半知菌类（Fungi Imperfecti），如构巢曲霉（*Aperillus nidulans*）中最为常见。

1.准性生殖过程

准性生殖的过程如图6-16所示。

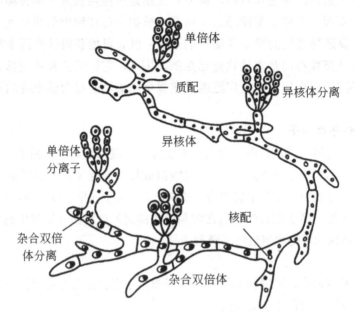

图6-16　半知菌的准性生殖示意图

（1）菌丝联结（anastomosis）

主要发生在一些形态上无区别，但在遗传型上却存在差别的同一菌种的两个不同菌株的体细胞（单倍体）间，该过程发生的频率极低。

（2）形成异核体（heterocaryon）

当两个不同遗传性状的菌株，通过菌丝联结发生质配，使原有的两个单倍体核集中到同一细胞中，进而形成了能独立生活的双相异核体，异核体能独立生活。

（3）核融合（nuclear fusion）或核配（karyogamy）

异核体中的两个细胞核在某种条件下偶尔可以发生核融合，进而产生双倍体杂合子核。如在构巢曲霉中，核融合的频率为$10^{-7} \sim 10^{-5}$。某些理化因素如樟脑蒸气、紫外线或高温等处理，能够提高核融合的频率。

（4）体细胞交换和单倍体化

体细胞交换（somatic crossing-over）是指体细胞中染色体间的交换，也称为有丝分裂交换（mitotic crossing-over）。由于双倍体杂合子的遗传性状极不稳定，因此在其进行有丝分裂过程中，仅有极少数核内的染色体会发生交换和单倍体化，最终形成极个别拥有新遗传性状的单倍体杂合子。通过某些物理手段处理双倍体杂合子，比如紫外线、γ射线或氮芥等，可以促进染色体断裂、畸变或导致染色体在两个子细胞中分配不均，因而，有可能产生各种不同遗传性状组合的单倍体杂合子。

准性生殖与有性生殖间的主要区别如表6-6所示。

表6-6　准性生殖和有性生殖的比较

比较项目	准性生殖	有性生殖
参与接合的亲本细胞	形态相同的体细胞	形态或生理上有分化的性细胞
独立生活的异核体阶段	有	无
接合后双倍体的细胞形态	与单倍体基本相同	与单倍体明显不用
双倍体变成单倍体的途径	通过有丝分裂	通过减数分裂
接合发生的概率	偶然发现、概率低	正常出现、概率高

2.准性杂交育种

准性生殖为一些无有性生殖过程，但有重要生产价值的半知菌育种工作提供了一个比较有效的杂交育种技术手段。我国在灰黄霉素生产菌荨麻青霉（*Penicillium urticae*）的育种过程中，曾用准性杂交的方法而取得了一定成效，其主要步骤如图6-17。

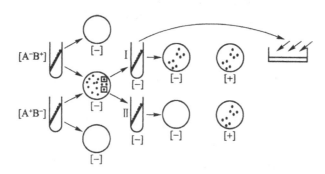

图6-17　荨麻青霉的准性杂交原理

（1）选择亲本

准性杂交的亲本选择来自不同菌株且较合适的营养缺陷型。由于在荨麻青霉等不产生有性孢子的霉菌中，仅有极个别的细胞间才发生菌丝联结，而且联结后的细胞没有显著的形态特征，因此，类似于细菌接合的研究，必须选择具有绝好的选择性标记的营养缺陷型作为杂交亲本的性状指标，如图中的[A⁻B⁺]与[A⁺B⁻]。

（2）强制异合

采用人为手段强制使两个营养缺陷型的亲本菌株形成互补的异核体。即将两个菌株所产生的分生孢子（$10^6 \sim 10^7$个/mL）相互混匀，然后用基本培养基[−]倒培养皿平板，同时设置对照组，即对单一亲本的分生孢子也分别倒一[−]平板。经培养后，如果前者只出现几十个菌落，而后者不长菌落，那么就可以认为前者是异核体或杂合二倍体菌落。

（3）移单菌落

将平板上长出的单菌落移种到基本培养基[−]的斜面上。

（4）验稳定性

检验获得的新菌株是不稳定的异核体，还是稳定的杂合二倍体。首先将斜面菌株的孢子洗一下，然后用基本培养基倒夹层平板，经培养后，在上面再加一层完全培养基[+]。不稳定的异核体菌株形成的检验标准是在基本培养基上不出现或仅出现少数菌落，而加上完全培养基后却出现了大量菌落；稳定的杂合二倍体菌株的检验标准是在基本培养基上出现多数菌落，而加上完全培养基后，菌落数并无显著增多。在实践中，发现多数菌株都属于不稳定的异核体。

（5）促进变异

采用一些理化因子处理上述稳定菌株所产生的分生孢子，例如紫外线、γ射线或氮芥等理化因子，以促使其发生某些变化，如染色体交换、染色体在子细胞中分配不均、染色体缺失或畸变以及发生点突变等，使得分离后的杂交子代（单倍体杂合子）产生更多的新性状。

（6）筛选出优良菌种

在上述工作的基础上，再经过相关生产性状的测定，就有可能筛选出比较优良的准性杂交菌株。

第四节　基因工程

基因工程（gene engineering）原称遗传工程，又称基因拼接技术或重组DNA技术（DNA recombination）。狭义的基因工程概念是在体外通过人工"剪切"和"拼接"等方法将核酸分子进行改造，通过插入病毒、质粒或其他载体分子，构成遗传物质的新组合，能够使之渗入原先不含有该分子的宿主细胞内，按照人们的意愿遗传并表达出新的性状。广义的基因工程定义为DNA重组技术的产业化设计与应用，包括上游技术（即狭义的基因工程）和下游技术（生物细胞大规模培养和外源基因表达产物的分离纯化）两大组成部分。上游DNA重组的设计必须以简化下游操作工艺和装备为指导，而下游过程则为上游基因重组蓝图的体现和保证，这是基因工程产业化的基本原则。20世纪70年代兴起的基因工程，是一种定向育种新技术，标志着人类改造生物进入一个新的历史时期。基因工程的迅速发展和广泛应用，不仅对生物科学的理论研究产生深刻影响，也为工农业生产和临床医学等实践领域开创了广阔的应用前景。

一、基因工程基本操作

（一）基因操作的工具

1.基因的"剪刀"

限制性核酸内切酶（restriction endonuclease）是可以识别并附着双链DNA中特殊的核苷酸序列，并使每条链中特定部位的一个磷酸二酯键断开的一类酶，简称限制酶。根据限制酶的组成，与修饰酶活性关系与切断核酸的情况，可将限制酶分为三种类型。Ⅰ型限制性内切酶能在某一特定识别序列上与DNA分子相互作用，并在识别点附近的部位上切断双链DNA，但切割的核苷酸顺序没有专一性，作用时需要ATP、Mg^{2+}等辅助因子。Ⅱ型限制性内切酶能识别特定序列，并在该识别部位上切断DNA分子，特异性强，切割位点固定，作用时仅需Mg^{2+}作为辅助因子，不需要消耗ATP。由于该类酶的作用特性，常用作遗传研究和基因工程的工具酶。Ⅲ型限制性内切酶与Ⅰ型限制酶类似，同时具有修饰及切割的作用，并不能准确定位切割位点，所以并不常用。

2.基因的"针线"

DNA连接酶（ligase）是生物体内重要的酶，是能够催化相邻DNA的3′—OH和5′—磷酸基末端形成磷酸二酯键，并把两段DNA拼接起来的核酸酶。DNA连接酶分为两大类：一类是利用ATP的能量催化两个核苷酸链之间形成磷酸二酯键连接酶，包括T4 DNA连接酶和真核生物DNA连接酶。T4 DNA连接酶在基因重组中被广泛使用，具有连接黏性末端和平末端的作用，目前已经能够从被T4噬菌体感染的大肠杆菌中提取该酶。另一类是利用烟酰胺腺嘌呤二核苷酸（NAD）的能量催化两个核苷酸链之间形成磷酸二酯键的DNA连接酶。

3.基因的运输工具

载体（vector）是指可以携带外源基因或DNA片段进入宿主细胞，并使外源DNA大量扩增的复制单元。载体可以分成转录载体、表达载体和穿梭载体。转录是指以DNA为模板，合成RNA的过程，多采用体外转录体系；表达载体是在克隆载体基本骨架的基础上增加表达元件，例如启动子、核糖体结合位点（ribosomal binding site，RBS）、终止子等的载体；穿梭载体是指能在两种不同的生物中复制的载体，通常在细菌中用于克隆、扩增克隆的基因，在酵母菌中进行基因表达。三种最常用的载体是细菌质粒、噬菌体和酵母人工染色体，下面重点介绍质粒。

载体的选择（以质粒为例）必备的条件如下。

（1）具有合适的筛选标记

一般采用的标记是对某种抗生素的抗性，如氨苄青霉素抗性（Amp^R），卡那霉素抗性（Kan^R），还可以利用β-半乳糖苷酶筛选系统来选择。

（2）拷贝数高，自身分子量较小

高拷贝的质粒倾向在松弛控制下进行复制，在每个宿主细胞中可高达$10 \sim 60$份拷贝。低分子量的质粒通常拷贝数较高，克隆时所获得的基因表达产物的数量较大。

（3）多克隆位点（multiple cloning site，MCS）

几乎所有的基因工程载体都含有一个人工合成的密集排列的系列多克隆位点，称为载体多克隆位点，或称多接头或称限制性酶切位点库，由常用的限制性内切酶所识别。多克隆位点的存在可以确保载体适合大部分的DNA片段插入，可以针对插入片段提供特定的酶切位点图谱，在质粒重组操作方面具有更大的灵活性。

（4）具有复制起始点

一般来说，一个质粒只含有一个复制起始点，构成一个独立的复制子。实验室里一般使用碱溶法和沸水浴法制备载体。碱溶法是基于DNA的变性与复性差异而达到分离的目的。在碱性条件（pH $12.0 \sim 12.5$）下，质粒DNA变性，再将pH值调至中性，线性染色体形成网状结构，而质粒DNA可以准确迅速复性，通过离心去除线性染色体，获得含有质粒DNA的上清液，最后用乙醇沉淀，获得质粒DNA。

（二）基因工程的基本操作

基因工程的基本操作流程为：切→接→转→选→表（图6-18）。切：从供体细胞基因组中，经过酶切消化或聚合酶链式反应（PCR）扩增等步骤，分离出所需目的基因。接：用DNA连接酶将含有目的基因的DNA片段与载体连接在一起，构成DNA重组分子。转：把重组载体转入宿主细胞。选：筛选出获得重组DNA分子的受体细胞克隆，从筛选出来的受体细胞克隆中提取已经得到扩增的目的基因。表：将目的基因克隆到表达载体上，导入高效、稳定的基因工程细胞，使之能够实现高效稳定的表达，产生出所需的目标产物。

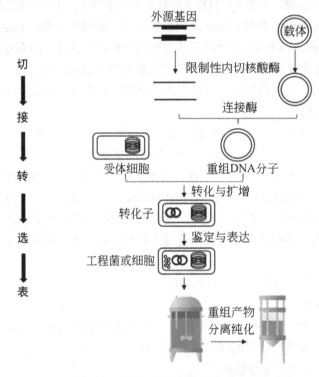

图6-18 基因工程的基本操作流程图

1.提取目的基因

（1）化学合成法

早在1976年Khorana就发明了利用化学反应合成寡核苷酸的方法，用于已知核苷酸序列的且较小的DNA片段合成，常用方法有磷酸二酯法、磷酸三酯法、亚磷酸三酯法、固相合成法、自动化合成法等。随着DNA合成技术的发展，由计算机控制的高度自动化的DNA合成仪可以按设计好的序列合成较长的DNA片段。多数DNA合成仪选用亚磷酸三酯法与固相技术相结合的方法，其基本工作原理是：将要合成的DNA 3′端第一个核苷酸固定于基质上，再沿着3′→5′方向依次添加核苷酸，与前一个核苷酸进行缩合反应，这样一直循环直至合成所需的DNA片段，合成结束后，将寡核苷酸从固相载体上洗脱下来，再进行去保护即进一步纯化过程。该方法的优点是准确性高，合成速度快，但合成的寡核苷酸链长度短（不大于80个碱基）。一般用于PCR引物、探针等较小基因的合成。

（2）生物化学法

在体外以目的DNA片段为模板，利用酶学反应（Klenow酶或Taq DNA聚合酶），在特异引物的引导下，特异地合成DNA片段。最常用的是PCR法，该法具有效率高、速度快、特异性好的优点，可以合成长达几十个碱基对的DNA片段。但是，由于PCR产物中可能存在突变体，通过PCR克隆的基因，必须通过DNA序列测定才能确认。

2. 目的基因与载体结合

目的DNA片段与载体DNA片段之间的连接方式有三种：全同源黏端连接、平端连接和定向克隆。全同源黏端是指外源DNA片段两端与载体DNA片段两端具有完全相同的同源互补黏端，连接效率高，缺点在于载体与目的DNA片段自身环化，需要在较低温（＜16℃）、低浓度连接酶和高浓度ATP的条件下进行连接。平端连接可以连接任何两个平整末端，可恢复甚至产生新的酶切位点，需要在较高温度（20℃左右）、高浓度酶、高浓度DNA及低浓度ATP条件下进行连接，连接效率较低。定向克隆是可以使外源DNA片段定向插入载体分子中的一种连接方式，要求载体DNA分子的两个末端不能互补，而只能与外源DNA分子的相应末端连接。优点在于连接效率高，定向插入，可以有效地限制自身环化。目前，定向克隆以显著的优越性广泛地在实际工作中应用。

3. 目的基因导入受体细胞

DNA重组分子在体外构建完成后，必须导入特异的受体细胞，使之无性繁殖并高效表达外源基因或改变其遗传性状。根据载体的不同，转入形式有转化和转染两种。转化是将质粒DNA导入细菌中，可分为化学法和电穿孔法。

（1）化学法转化

处于对数生长期的细菌在0℃的二价阳离子（如Ca^{2+}、Mg^{2+}等）溶液中，细胞膨胀，同时细胞膜磷脂层形成液晶结构，这就构成了人工诱导的感受态，此时转化混合物中的DNA与Ca^{2+}形成抗脱氧核糖核酸酶（DNase）的羟基-磷酸钙复合物黏附于细菌表面，经42℃短时间热冲击处理，促进细胞吸收DNA复合物。在丰富培养基上生长数小时后，球状细胞复原并分裂增殖。被转化的细菌中，外源基因得到表达。在选择性培养平板上，可选出所需的转化子（即含有质粒DNA的细菌）。

（2）电穿孔法转化

电穿孔是一种电场介导的细胞膜可渗透化处理技术。利用高压脉冲，在宿主细胞表面形成暂时性的微孔，质粒DNA直接与裸露的细胞膜脂双层结构接触，并引发吸收过程。在脉冲过后，微孔复原，在丰富培养基中生长数小时后，细胞增殖，质粒复制。该方法操作简单，不需制备感受态细胞，适用于任何宿主，转化效率极高，一般1μg DNA可达$10^9 \sim 10^{10}$个转化子。

4. 目的基因的检测与鉴定

（1）**基于载体遗传标记的筛选与鉴定（表型筛选法）**

载体遗传标记法的原理是利用载体DNA分子上所携带的选择性遗传标记基因筛选转化子或重组子。人工构建的基因工程载体，都带有一个或几个可选择的遗传标记基因或决定表型特征的基因，转化后的受体菌可在含有相应抗生素的培养基上正常生长，而不含此载体的DNA受体菌就不能存活。由于标记基因所对应的遗传表型与受体细胞是互补的，因此在培养基中施加合适的选择压力，即可保证转化子显现，而非转化子隐去，这种方法称为正选择。

（2）基于克隆片段序列的筛选与鉴定（核酸水平筛选法）

主要有PCR鉴定法、限制性酶切图谱法和DNA序列测定法。PCR鉴定法中，根据引物互补区域的不同，PCR技术既可用于区分重组子与非重组子，也可对期望重组子与非期望重组子进行鉴定，甚至可以探测目的基因是否整合在受体细胞的基因组上。但是，PCR鉴定法需要将筛选平板上的单菌落分别挑出进一步培养，不适用于成千上万个转化子的鉴定。在限制性酶切图谱法中，经抗药性正选择后，从所有转化子中快速提取质粒DNA，采用限制性内切酶进行酶切处理，之后根据电泳图谱分析质粒分子的大小，并根据载体上已知酶切位点建立重组质粒，接着进行插入片段的酶切图谱分析，最终确定期望重组子。在DNA序列测定法中，对含有目的基因的DNA片段进行序列测定与分析，可以获得目的基因的编码序列和基因调控序列，精确界定基因的边界。

（3）基于外源基因表达产物的筛选与鉴定（蛋白质水平筛选法）

对于外源基因编码产物是蛋白质的，则可通过检测这种蛋白质的生物功能或结构来筛选和鉴定期望重组子，具体可采用蛋白质生物功能检测法、放射免疫原位检测法、蛋白凝胶电泳检测法。例如，对于外源基因编码具有特殊功能的酶类或活性蛋白（α-淀粉酶、葡聚糖内切酶、β-葡萄糖苷酶等）的，设计简单灵敏的平板，可迅速筛选阳性克隆的期望重组子。

二、基因工程的应用

以基因重组为核心的基因工程技术作为一种新兴的现代生物工程技术，在改善食品品质和加工特性以及食品安全快速检测等领域发挥着重要作用，促进了国民经济发展以及人类社会进步，开拓了食品工业的发展空间。此外，微生物基因工程也正在发酵工业、环境和医药方面驱动着人类社会生活方式的重大变革。

（一）在食品工业中的应用

1.改善食品品质和加工特性

基因工程为解决世界农业和粮食问题作出了突出贡献，已应用到食品营养品质和风味改善之中。在改善蛋白质品质方面，一方面需要提高必需氨基酸的含量，另一方面需要改善蛋白质的加工性能。利用基因工程技术，可生产具有高品质的蛋白质，满足人体对蛋白质的需求。例如，豆类作物中甲硫氨酸的含量很低，但赖氨酸含量很高，而谷类作物则正好相反，通过基因工程技术将谷类植物基因导入豆科植物，开发甲硫氨酸含量高的转基因大豆。我国研究人员将从玉米种子中克隆得到的富含必需氨基酸的玉米醇溶蛋白基因导入马铃薯，使其块茎中的必需氨基酸提高了10%以上。酱油风味的优劣与其酿造过程中所生成氨基酸的量密切相关，用基因工程克隆并转化产生氨基酸的羧肽酶和碱性蛋白酶的基因，使新构建的菌株中羧肽酶和碱性蛋白酶活性可提高5倍，羧肽酶的活力可大幅提高13倍，氨基酸含量显著提高，酱油的风味得到改善。另外，将纤维素酶基因克隆后转移到米曲霉上生产酱油可明显提高酱油的产量；而米曲霉中的木聚糖酶转基因成功后，降低了木糖与酱油中氨基酸反应产生的褐色物质的量，从而酿造出颜色浅、口味淡的酱油，以适应特殊食品制造的需要。基因工程技术也能改善啤酒的品质。啤酒发酵过程中啤酒酵母细胞中发生氧化脱羧反应产生双乙酰，当其含量超过风味阈值会产生一种令人不愉悦的馊酸味，严重破坏啤酒的风味和品质。

α-乙酰乳酸脱羧酶是去除啤酒中双乙酰的有效酶制剂，利用基因工程技术将α-乙酰乳酸脱羧酶基因导入啤酒酵母，可明显降低双乙酰的含量，改善啤酒的风味。提高热稳定性是牛奶加工中的关键问题，由于酪蛋白分子中的丝氨酸磷酸能够结合钙离子而使酪蛋白沉淀，利用基因工程技术增加κ-酪蛋白编码基因的拷贝数，使其中的Ala-53被丝氨酸所置换，提高其磷酸化水平，增加κ-酪蛋白分子间斥力，可以提升牛奶的热稳定性，对于沉淀炼乳凝结起着重要作用。此外，利用基因工程技术还可生产独特的食品香味剂和风味剂，如香草素、可可香素、菠萝风味剂等。

2.食品安全快速检测

近年来，食品安全事件层出不穷，食品检测的必要性也由此而日益彰显。目前，长期获得广泛应用的物理、化学、仪器等检测方法由于某些局限性，往往需要很长时间才能得到结果，已不能满足现代食品检测的需要。基因工程技术在食品微生物快速检测中占有很大优势。PCR技术可以全面多方位地剖析食品中的致病菌，利用目的基因作为模板在体外进行扩增，同时可以进行定量和定性分析检测样品，该技术特异性强、灵敏度高、操作简便、成本低，在食品微生物检测中应用广泛。实时定量PCR技术中加入了荧光物质，整个过程完全封闭，有效减少外界因素的干扰，可在市场上批量产出。DNA探针技术利用基因分子分裂变性，同时利用碱基互补配对方式，检测发生变异的DNA分子序列，目前已可以用DNA探针检测食品中的大肠杆菌（*Escherichia coli*）、沙门氏菌（*Salmonella*）、李斯特氏菌（*Listeria*）、金黄色葡萄球菌（*Staphylococcus aureus*）等。美国的Gene-Trak公司已开发出大肠杆菌的商品化DNA探针系统，可在1h内完成检测，在食品样品中检测灵敏度达到10^3CFU/g或10^3CFU/mL。基因芯片技术近年来发展成为一项成熟的高新技术，利用生物、化学、半导体微电子、激光等高新科技进行研究。基因芯片可以利用多种参数进行分析，不需人工操作，可进行全自动分析，准确度和灵敏度较高，分析速度快。利用基因芯片对食品微生物进行检测，将常见致病微生物的特异基因按照序列制备成基因芯片，利用碱基互补配对原理对待测样品进行杂交，通过数据分析比较判断检测样品中致病微生物含量来确定食品是否受到致病微生物的污染。

（二）在发酵工业中的应用

由于构建表达载体改良菌种具有针对性强、效果显著和易于操作等优点，从20世纪80年代开始就在菌种选育中得到广泛应用。利用基因工程改良微生物菌种性能，提高发酵产品质量，改良传统的发酵工业。第一个通过基因工程改造的菌种是面包酵母。改造后的面包酵母可以使麦芽糖酶和二氧化碳量增加，改善面包膨发性能，使面包松软可口。利用基因工程技术进行啤酒酵母的育种是目前广泛使用的方法，美国的BioTechnica公司克隆了编码黑曲霉的葡萄糖淀粉酶基因，并将其植入啤酒酵母中，在酵母发酵期间，葡萄糖淀粉酶将可溶性淀粉分解为葡萄糖，这样发酵而得的低热量啤酒不需要增加酶制剂，而且生产时间大大缩短。

基因工程还可用来生产大量酶制剂，目前利用基因工程生产的酶类主要有蛋白酶、纤维素酶、果胶酶、植酸酶等。小牛皱胃是提取干酪制造所需凝乳酶的主要来源，为了满足世界干酪的生产，每年需要宰杀4000多万头小牛，基因工程技术将皱胃中凝乳酶的基因转移到大肠杆菌或酵母菌中，可通过微生物发酵生产大量凝乳酶。此外，饲料中添加酶制剂是未来饲料工业发展的方向，例如现有许多酶饲料添加剂均来自丝状真菌、曲霉属或木霉属的重组基因产品。

（三）在环境保护方面的应用

环境保护是人类可持续生存与发展的重要课题。一些能快速分解吸收工业有害废料、生物转化工业有害气体以及全面净化工业和生活废水的基因工程微生物种群已从实验室"走向"三废聚集地。

近年来，基因工程菌对环境中重金属离子的处理成为研究的热点。其原理为利用生物工程技术将特定基因导入受体菌，使其成为繁殖能力强、适应性能佳的基因工程菌，进而提高其重金属离子的富集容量，提升其对重金属离子的处理效率。将含EC20序列的载体转化至大肠杆菌BL21胞内，制备了基因工程菌，该工程菌被应用于金属废液中吸附铂和钯，其对铂和钯的吸附量比大肠杆菌BL21分别提升了1.6倍和1.31倍；当基因工程菌的添加量为8g/L，吸附时间为3h时，工业废水中铂和钯的回收率分别达到90.71%和100%。

基因工程菌也被用于降解废水中的有机污染物。运用基因工程技术构建出特效菌株，该菌株兼具了高降解性、高适应性和高絮凝性的特点，对苯环污染物的降解率均达87%以上。

基因工程菌稳定性较差，有一定局限性，可以通过固定化基因工程菌来提高其稳定性。将抗有机磷农药的基因引入原核表达载体pRL439，转化大肠杆菌HB101细胞，获得表达后，将高酶活性的工程菌固定化，再用固定化后的工程菌降解有机氯和菊酯类农药，结果表明固定化基因工程菌在1h内对农药的降解率均达90%以上，效果明显。

（四）制药领域的应用

转基因工程菌可高效率地生产出各种高质量、低成本的药品，包括细胞因子（即淋巴因子如白细胞介素、干扰素等）、胰岛素抗体、疫苗、激素等。1982年之前，人类应用的全部胰岛素皆来源于动物。但从动物脏器提取的猪、牛胰岛素受脏器来源的限制，产量很少，远远不能满足当时的需要，而且由于一级结构的差异带来的免疫原性问题，可能导致一系列的副作用。1982年，美国礼来公司生产的重组人胰岛素Humulin上市，这种世界上第一个经美国食品与药品管理局（FDA）批准上市的基因工程药物生产成本更低，解决了胰岛素药源不足的问题。我国在1989年自主研制了重组干扰素α-1b，到目前已有40多种基因工程药物投放市场。基因工程药物在糖尿病、心血管疾病、病毒感染性疾病、类风湿性关节炎、创面修复和抗肿瘤等方面具有广泛的应用前景。同时基因工程药物的出现为医学上解决各种疑难杂症提供了新的思路。

（五）医疗领域的应用

基因治疗是指将外源正常基因导入体内，纠正基因缺陷引起的疾病以达到治疗目的。病毒载体是最早应用于基因治疗研究的工具。AAV是一类天然复制缺陷的非致病、无包膜的细小病毒，是最有潜力的基因治疗载体之一，并已广泛地应用于临床研究。2019年，FDA批准基因治疗产品Zolgensma，其通过AAV9装载运动神经元生存蛋白，治疗2岁以下患脊髓性肌萎缩症的儿童。近年来，肿瘤成为基因治疗炙手可热的研究领域，CAR-T疗法是当下肿瘤治疗最具前景的发展方向之一。在靶向Wilms瘤基因1（Wilms tumor gene1，WT1）的TCR-T治疗研究中，8例患者被分为2个剂量组接受TCR-T治疗，结果均未观察到靶向正常组织的不良事件。在研究结束时，5例患者可持续检测到TCR-T，并且这5例患者中有4例存活超过12个月，这些结果均反映了TCR-T治疗的有效性。

三、基因编辑技术及应用

基因编辑技术是指在基因组水平上对目的基因序列甚至是单个核苷酸进行替换、切除，增加或插入外源DNA序列的基因工程技术，成簇有规律间隔的短回文重复相关蛋白9核酸酶（clustered regularly interspaced short palindromic repeats-associated protein-9 nuclease，CRISPR-Cas9）系统的诞生使基因定位、精准修改成为现实。在后基因组时代，基因编辑技术已成为生命科学领域的重要研究内容。传统的基因编辑技术以胚胎干细胞和基因重组为基础进行生物基因组定向修饰，但是该技术存在打靶效率低，实验周期长及应用范围窄等缺点。随着基因编辑技术的不断发展，人工核酸酶介导的基因编辑技术开始被广泛应用，该技术通过特异性地识别并裂解靶DNA双链，激发细胞内源性的修复机制实现基因定向改造，与传统基因编辑技术相比，基因编辑新技术打靶效率高、构建成本低、应用范围广，极大地促进了生命科学和医学领域的研究进程。

基因编辑技术通过导入正常基因或者编辑修复缺陷基因，可以实现治疗疾病的目的。目前，利用基因编辑技术在多种疾病，如单基因遗传病、眼科疾病、艾滋病及肿瘤等的基因治疗中得到了应用。镰状细胞病（sickle cell disease，SCD）是由β-珠蛋白基因的第7个密码子的单基因点突变造成的。利用ZFNs特异性靶向于β-珠蛋白基因，并诱导CD34$^+$造血干细胞和祖细胞中DNA被切割，当ZFNs与整合酶缺陷型慢病毒载体或寡核苷酸供体一起传送至细胞时，有效地实现了β-珠蛋白基因座的基因矫正，这个研究为镰状细胞贫血的基因治疗提供了重要的方法路径。运用基因编辑技术也可以对作物自身基因进行精确删除或者插入以培育新品种。水稻中的miR396e和mi396f是水稻株型和粒重的重要调控基因，通过基因敲除获得miR396e/f的双突变体，发现该突变体穗型增大，千粒重增加40%左右；通过设计4个sgRNAs在籼稻（自交系IR58025B）中实现该基因的大片段敲除，得到具有密集直立圆锥花序、株高降低且具有增产潜力的水稻材料。

第五节　菌种的衰退、复壮和保藏

一、菌种的衰退与复壮

（一）菌种的衰退

菌种的衰退（degeneration）是指菌种在培养或保藏过程中，由于自发突变的存在，出现某些原有优良生产性状的劣化、遗传标记丢失等现象。菌种衰退的主要表现是生产性能的衰退，伴随典型性状发生改变。由个别细胞发生变异，并不导致整个菌株性能的改变，但是在反复多次移种传代过程中，变异从量变到质变逐步演变，变异细胞达到一定数量后，整个菌株变化才表现出来。生产上表现为种子培养液镜检时，菌体形态不规则；种子生长缓慢，发酵周期延长；发酵过程耗糖慢、周期长、产酸低；发酵后期只耗糖，少产酸。

1.菌种衰退的原因

菌种衰退的原因与相关基因的负突变有关。如果控制产量的基因发生负突变，则表现为产量下降；如果控制孢子生成的基因发生负突变，则产生孢子的能力下降。菌种在移种传代过程中会发生自发突变。虽然自发突变的概率很低（一般为 $10^{-9} \sim 10^{-6}$），尤其是对于某一特定基因来说，突变频率更低。但是由于微生物具有极高的代谢繁殖能力，随着传代次数增加，衰退细胞的数目就会不断增加，在数量上逐渐占优势，最终成为一株衰退了的菌株。同时，对某一菌株的特定基因来讲，突变频率比较低，群体中个体发生生产性能的突变不是很容易，但就一个经常处于旺盛生长状态的细胞而言，发生突变的概率比处于休眠状态的细胞大得多，因此细胞的代谢水平与基因突变关系密切，应设法控制细胞保藏的环境，使细胞处于休眠状态以减少菌种的退化。

2.菌种衰退的防止

防止菌种衰退的措施主要有如下几种。

（1）合理的育种

选育菌种时所处理的细胞应使用单核的，避免使用多核细胞；合理选择诱变剂的种类和剂量或增加突变位点，以减少分离回复；在诱变处理后进行充分的后培养及分离纯化，以保证保藏菌种纯粹。

（2）选用合适的培养基

在赤霉素产生菌藤仓赤霉的培养基中，加入糖蜜、天门冬素、谷氨酰胺、5-核苷酸或甘露醇等物质有防止菌种衰退的效果；也可选取营养相对贫乏的培养基作为菌种保藏培养基，如培养基中适当限制容易被利用的糖源葡萄糖等的添加。后者是因为变异多半是通过菌株的生长繁殖而产生的，当培养基营养丰富时，菌株会处于旺盛的生长状态，代谢水平较高，为变异提供了良好的条件，大大提高了菌株的衰退概率。

（3）创造良好的培养条件

在生产实践中，创造一个适合原种生长的条件可以防止菌种衰退，如低温、干燥、缺氧等。

（4）控制传代次数

由于微生物存在着自发突变，而突变都是在繁殖过程中发生而表现出来的，应尽量避免不必要的移种和传代，把必要的传代降低到最低水平，以降低自发突发的概率。菌种传代次数越多，产生突变的概率就越高，因而菌种发生衰退的机会就越多。这要求无论在实验室还是在生产实践上，必须严格控制菌种的移种传代次数，并根据菌种保藏方法的不同，确立恰当的移种传代的时间间隔。如同时采用斜面保藏和其他的保藏方式（冷冻干燥保藏法、液氮冷冻保藏法等），以延长菌种保藏时间。

（5）利用不同类型的细胞进行移种传代

在有些微生物中，如放线菌和霉菌，由于它们的细胞常含有几个核甚至是异核体，用菌丝接种就会出现不纯和衰退的现象，而孢子一般是单核的，用它接种时就没有这种现象发生。在实践中发现，构巢曲霉如用分生孢子传代就容易衰退，而改用子囊孢子移种传代则不易衰退。

（6）采用有效的菌种保藏方法

用于工业生产的一些微生物菌种，其主要性状都属于数量性状，而这类性状恰是最容易衰退的。因此，有必要研究和制定出更有效的菌种保藏方法以防止菌种衰退。

（二）菌种的复壮

狭义的菌种复壮（rejuvenation）是指从衰退的菌种群体中把少数个体再找出来，重新获得具有原有典型性状的菌种，这是一种消极的复壮措施。广义的菌种复壮是有意识地利用微生物会自发突变的特性，在日常的菌种维护工作中不断筛选"正变"个体，这是一种积极措施。具体的菌种复壮措施如下。

1. 纯种分离

采用平板划线分离法、稀释平板法或涂布法均可。把仍保持原有典型优性状的单细胞分离出来，经扩大培养恢复原菌株的典型优良性状，若能进行性能测定则更好。还可用显微镜操纵器将生长良好的单细胞或单孢子分离出来，经培养后恢复原菌株性状。

2. 通过寄主进行复壮

寄生型微生物的衰退菌株可接种到相应寄主体内以提高菌株的活力。

3. 联合复壮

对衰退菌株还可用高剂量的紫外线辐射和低剂量的DTG联合处理进行复壮。

二、菌种保藏

（一）菌种保藏原理

菌种是一种重要且珍贵的生物资源，因此菌种保藏是一项重要的微生物基础工作。其基本原理是通过适当方法，使微生物的代谢活动受到抑制，生长繁殖暂时处于不活泼的休眠状态，保证菌种不死、不衰、不变，并使其代谢活动处于最低状态，同时保持菌种本身的特性，以达到便于研究、交换和使用的目的。因此，为了有效保藏好菌种，从微生物本身来讲，挑选典型菌种的优良纯种，最好采用它们的休眠体如分生孢子、芽孢等；从环境条件来讲，通过采用低温、干燥、缺氧、避光、缺乏营养以及添加保护剂或酸度中和剂等措施为菌种创造一个适合长期休眠的环境。

为此，许多国家都十分重视菌种保藏工作，成立专门的菌种保藏机构。目前，全球约有550个菌种保藏机构，其中重要的菌种保藏机构如表6-7所示。

表6-7　国内外常见的菌种保藏机构

简称	英文名称	中文名称	菌种保藏情况	相关研究领域
ACCC	Agricultural Culture Collection of China	中国农业微生物菌种保藏管理中心	截至2018年底，中心库藏资源总量达17441株，备份38万余份，分属于497属，1774个种，覆盖国内主要农业优势微生物资源总量的35%左右	农业微生物资源功能挖掘与评价；农业微生物资源可持续及高效利用技术研究
CICC	China Center of Industrial Culture Collection	中国工业微生物菌种保藏管理中心	中心保藏各类工业微生物菌种资源12000余株，300000余份备份，主要包括：细菌、酵母菌、霉菌、食用菌、噬菌体和质粒	传统发酵食品微生物菌种资源挖掘与应用、微生物精准鉴定与评价、微生物标准产品创制

简称	英文名称	中文名称	菌种保藏情况	相关研究领域
CMCC	National Center For Medical Culture Collections	中国医学细菌保藏管理中心	中心现拥有103属，601种，11056株，282763多份国家标准医学菌（毒）种，涵盖几乎所有疫苗等生物药物的生产菌种和质量控制菌种	生产和检定用菌种质量标准的技术复核；相应品种标准物质研究和标定工作
CVCC	China Veterinary Culture Collection Center	中国兽医微生物菌种保藏管理中心	专门从事兽医微生物菌种的收集和保藏；收集保藏的菌种达230余种（群）、3000余株	收集、保藏、鉴定、和交换各类兽医微生物菌种和传代细胞系；微生物菌种保藏技术和鉴定方法的研究
ATCC	American Type Culture Collection	美国典型菌种保藏中心	该中心保藏有藻类111株，细菌16865株，细胞和杂合细胞4300株，丝状真菌和酵母46000株，植物组织79株，种子600株，原生动物1800株，动物病毒、衣原体和病原体2189株，植物病毒1563种	主要从事农业、遗传学、应用微生物学、免疫学、细胞生物学、工业微生物学、菌种保藏方法、医学微生物、分子生物学、植物病理学、食品科学的等的研究
UKNCC	United Kingdom National Culture Collection	英国国家菌种保藏中心	放线菌、藻类、动物细胞、细菌、蓝细菌、丝状真菌、线虫、原生动物、支原体、病毒和酵母	协调英国国家服务机构微生物收集的活动，该中心提供菌种和细胞服务

（二）菌种保藏方法

1.传代培养保藏法

此方法也可称为定期移植法，该方法操作简单，成本低，对人员要求不高，无需特殊的设备，是一般微生物实验室最常使用的保藏方法之一。将需要保藏的菌种接至斜面或者液体培养基中，在适宜温度条件下培养后于4～6℃冰箱内保存，保藏时间一般为4～6个月，需隔一段时间进行一次传代培养。该方法的缺点在于保藏时间短、工作量大，频繁地移植增加了染菌和变异的可能性，产生的孢子活性降低等。

2.液体石蜡覆盖保藏法

该方法有时也称矿物油保藏法，是传代培养的辅助方法。通常在斜面培养物和穿刺培养物上面覆盖灭菌的液体石蜡，可防止因培养基水分蒸发而引起菌种死亡，另一方面可阻止氧气进入，阻止微生物的生长繁殖。应注意要定期进行检查，确保液面始终高于培养基。此方法具有保存时间长（2～10年）、操作简单的优势，缺点是对人员操作有一定的要求，操作强度大、成本高，携带不便。此外，操作时需要防止污染和防范火灾。

3.载体保藏法

此方法又称干燥保藏法，是指将微生物吸附在适当的载体，如沙土、硅胶、滤纸、明胶片、麸皮上，而后进行干燥的保藏法。对产孢子或有芽孢的霉菌和放线菌可以采用这种方法进行保藏。此方法操作简便，所需仪器设备简单，便于携带，但是对营养细胞不适用，适用范围相对较窄。

4.液氮冷冻保藏法

此方法也称液氮超低温冻结保藏法，将菌种悬浮于保护剂中按照一定的比例放存于冻存管中，再保藏在超低温液氮（–196 ～ –150℃）中。该方法保存时间长，菌种不易退化，但是操作复杂，需要特殊设备（如液氮冰箱、液氮储藏器等），还需要甘油、吐温–80等保护剂，适用于支原体、衣原体等采用冷冻干燥法难以保藏的菌种。

5.冷冻干燥保藏法

该方法也称冷冻真空干燥保藏法，将保护剂如甘油加入菌种悬浮液，使微生物在极低温度（–45℃左右）下快速冷冻，然后在真空减压下利用升华现象除去水分（真空干燥）。该方法是专业机构保藏菌种使用最多的方法，具有保藏时间长、菌种稳定性高、适用范围广、存活率高的优点，但是要借助专用设备，操作烦琐。

第七章
微生物在粮食发热霉变中的作用与防控

粮食是我国人民食物结构中重要组成部分,它含有丰富的糖类、蛋白质、脂肪及无机盐等营养物质,也是微生物良好的天然培养基。因为微生物具有形体小、种类多、数量大、繁殖快、适应性强和分布广等特点,所以在自然条件下,无论是田间生长的作物还是收获之后的粮食及其加工产品上,均带有大量的微生物。在适宜环境条件下它们的生长繁殖,会造成粮食发热霉变,从而使粮食的质量减少,品质劣变,严重产生毒素,带来食品安全隐患,进而造成极大的经济损失。据统计,全世界每年因霉变而损失的粮食占总产量的2%左右,这是极大的浪费,至于因霉变而对人畜健康引起的危害,更是难以估计。

无菌的粮食在自然界中几乎不存在,可以说,储藏粮食的同时,也储藏了微生物。因此,要最大限度保护粮食的良好品质和储藏期间的安全性,必须要了解微生物侵染粮食的活动规律及造成粮食霉变发热的现象、实质和不良后果,这样才能采取相应措施,有效地控制微生物的生命活动,以保证粮食品质并达到安全储藏的目的。

第一节　粮食微生物区系

一、粮食微生物区系的形成

(一)粮食微生物的来源

1.土壤
粮食微生物的主要来源是土壤。土壤是微生物良好的生存场所,其含微生物种类和数量繁多。粮食的种植离不开土壤，土壤中的微生物可以通过气流、风力、雨水、昆虫的活动和人的操作等多种途径，传播到正在成熟的粮食籽粒或已经收获的粮食上，有的黏附在籽粒表面，有的混杂在籽粒中，有的甚至可直接侵入籽粒的皮层，由此可见粮食微生物与土壤微生物之间存在渊源关系。

2. 害虫

当粮食入库后，仓库中的害虫和螨类活动会影响微生物区系。害虫身体表面常常带有大量的霉菌孢子，随着它们的活动，孢子可以到处传播。同时害虫咬损粮粒造成伤口，有利于微生物的侵染和生长繁殖。另外害虫的繁殖，使粮食水分增加，粮温升高，也有利于微生物生长繁殖。

3. 器材

在粮食仓库和加工厂的各种储运、加工机械设备以及包装材料上沾有大量的微生物，由于未经有效地清洗消毒处理，有可能会成为危害粮食及其加工品安全的污染源。

（二）粮食微生物区系

1. 粮食微生物区系的概念

粮食微生物区系，是指在一定生态条件下，存在于粮粒上的微生物群体，主要由霉菌、酵母菌、细菌、放线菌和病毒等微生物类群构成。它们通过多种途径，从粮食作物田间生长、收获、储藏、运输和加工等各个环节，聚集到籽粒上，从而构成粮食微生物区系。但具体的种类和数量，却因粮食种类、种植方式、产地、气候条件以及储藏运输和加工条件不同而各异。在粮食储藏期间或其他流通过程中，粮食微生物区系随生态环境的改变而发生变化，称为粮食微生物区系演替。

了解粮食微生物区系的形成、特征和变化规律，是进行粮食及其加工产品霉变防控的基础，也是评价其品质、食品安全及耐储性的一个重要依据。微生物区系中的菌量和菌相，可以通过微生物检测技术分析确认。

2. 粮食微生物区系的构成

根据粮食作物在田间生长期和收获后入仓储藏期，两种不同生态环境感染及适宜生长的微生物，可相对地将微生物区系划分为两个生态群：田间微生物区系和储藏微生物区系。

田间微生物区系主要指粮食收获前在田间所感染和寄附的微生物类群，主要包括附生、寄生、半寄生和部分腐生菌类。链格孢属及镰刀菌属真菌是田间真菌的典型代表。储藏微生物区系主要指粮食收获后，在进入储藏及加工期和各流通过程中，传播到粮食上来的一些腐生微生物。其中以霉菌为主，许多曲霉和青霉是最重要的储藏真菌，它们能够导致粮食发热霉变。

因此，粮食越新鲜，其田间微生物区系优势越明显。但两种微生物区系生态型的划分是相对的，其间有部分真菌能适应田间到储藏环境的变化，处于中间类型，称为过渡微生物。

二、粮食储藏过程中的微生物区系变化

粮食收获后经过干燥、除杂，粮食微生物区系的动态变化，主要取决于粮食含水量、粮堆温度、湿度和通气状况等生态环境因素。

新鲜的粮食及其加工品中的微生物，通常以附生细菌为最多，其次是田间真菌，而霉腐菌类的比重很小。在正常情况下，随着粮食储藏时间的延长，其总菌量逐渐降低，菌相将会被以曲霉、青霉、微球菌为代表的霉腐微生物取而代之。芽孢杆菌和放线菌在陈粮上，有时也较为突出。在不利于微生物生长的储藏环境中，粮食微生物的种类和数量，都会逐渐减少，只有芽孢杆菌和霉菌孢子能够存活较长的时间。

在储藏过程中，粮堆不同部位的微生物区系和变化也不相同。受外界温度、湿度影响最小，储粮较稳定的部位，粮食微生物区系的变化小，能够较好地保持粮食的品质。反之，受外界温、湿度等影响大的部位，粮食水分、温度的变化则愈显著，粮食微生物区系的变化也就愈大，储藏真菌增加得愈多，而田间真菌则减少或消失愈快，粮食的品质也就愈差。不同粮食品种的微生物区系演替的规律性也不同，小麦最易出现霉菌生长活动，稻谷抗霉菌生长作用最强，玉米介于小麦和稻谷之间。在85%相对湿度下储藏至28天的小麦微生物活性值升高了475U，分别是稻谷和玉米同期升高值的5.6倍和3.5倍。储粮中霉菌活动特性的不同表现与各种粮食的吸湿性能及粮粒外皮（颖壳或种皮）的霉菌可生长性差异有关。

在失去储藏稳定性的粮食及其加工产品中，微生物区系的变化迅速而剧烈，以曲霉、青霉为代表的霉腐菌类，迅速取代正常粮食上的微生物类群，旺盛地生长起来并大量繁殖，同时有可能伴有粮食霉变、发热等一系列劣变症状的出现。

三、主要粮食品种的微生物区系特点

（一）稻谷和大米

1. 稻谷

20世纪80年代，基于形态学的方法，原郑州粮食学院的殷蔚申等曾对全国范围从田间黄熟期到储藏两年的稻谷上真菌区系进行调研，共分离鉴定出真菌30属，84种，其中优势菌26种，常见菌39种，少见菌19种，并随储藏时间的延长，田间真菌逐渐减少直至消失，储藏真菌逐渐增加，菌量水平为$10^2 \sim 10^6$ CFU/g不等。时隔30多年，我国稻谷种植环境、耕种习惯、收储条件等均发生了较大变化，基于形态学与分子系统发育分析相结合的方法，国家粮食和物资储备局科学研究院的唐芳等对我国稻谷主产区样品的真菌群落组成及多样性进行研究，共分离到622株真菌，分属于17属73个种。南北方因气候条件差异较大，稻谷真菌数量和种类组成都存在很大差异。南方虽然控制收获后入仓环节稻谷含水量，但由于收获期间经历高温，致使50%地区的稻谷在进入粮仓前真菌数量已经达到10^4CFU/g水平，明显高于北方（10^3CFU/g），入库新稻谷真菌多，这对于今后的储藏稳定性将是一个潜在的危险。一旦储藏环境条件如温度和湿度，有利于微生物生长繁殖，在短时间内，有可能导致稻谷的发热霉变现象的出现，并严重影响稻谷的品质。新稻谷上储藏真菌的数量多少，对于以后的安全储藏具有重要意义。

北方刚入库稻谷表面优势菌主要为枝孢属，进入储藏期后，由于我国仓储管理要求较高，储藏环境相对稳定，阿姆斯特丹曲霉和多育曲霉（占比40%以上）成为优势菌，这类真菌可作为储藏期粮堆异常的早期预警指示菌。南方刚入库稻谷的优势菌为黄曲霉、黑曲霉和阿姆斯特丹曲霉等，进入储藏期后仍保持优势，导致储藏期霉变和毒素污染风险必然增加，因此南方稻谷收储环节均应加强监管。这也成为南方稻谷毒素污染比例明显高于北方的原因之一。

通过稻谷模拟储藏的研究，表明稻谷霉菌量与是否发生霉变及霉变的程度有关，霉菌量在 10^4 CFU/g 以下，稻谷处于安全储藏状态，达到 10^5 CFU/g 时开始发生霉变，超过 10^6 CFU/g 时霉变已经相当严重。

2.大米

由于大米吸湿性强，而且营养物质外露，整个大米的表面都能生霉，特别是加工精度低，米糠残留在大米表面上多，更易霉变。因此加工精度低的大米不易储藏。

我国大米的霉菌种类与日本、东南亚各国基本相同，均以曲霉为主，其次是青霉。如广东产的13%水分的早籼米，以黄曲霉、白曲霉、烟曲霉为优势菌；又如湖南产的13%水分的早籼米，以白曲霉、黄曲霉、构巢曲霉为优势菌；河南产的14.5%水分的早籼米，发热到40℃时，灰绿曲霉侵染率为100%，白曲霉侵染率为74%。

霉菌的菌丝可侵入稻谷的糠层，稻谷碾磨后，绝大部分霉菌孢子和菌丝被带入米糠，因此米糠中的带菌量多，在储藏过程中容易发热霉变。

（二）小麦和面粉

1.小麦

20世纪80年代，原南京粮食经济学院项琦等曾对我国小麦微生物区系进行全面调研，通过对全国八个麦区具有代表性的17个省、区，25个县市采样分析表明，小麦上的霉菌有30属、101种，酵母菌3属，细菌3属，放线菌1属。小麦微生物区系的基本特征是：品质正常的新收小麦，真菌数量为 $10^2 \sim 10^3$ CFU/g水平，而细菌数量则为 $10^3 \sim 10^4$ CFU/g；小麦籽粒内部比外部量低，甚至可低至一个数量级。南方小麦真菌量比北方小麦高，而春小麦的真菌量低于冬小麦。

在新收获小麦的菌相中，真菌的种类占优势，其优势菌为田间真菌，主要是细链格孢霉、腊叶芽枝霉，其次是麦根腐长蠕孢霉、镰刀菌和粉红单端孢霉等。此外，新小麦上的细菌数量虽多，但种类少，主要以草生欧文氏菌占优势，其次是微球菌属和芽孢杆菌属，放线菌也偶有出现，而且只是链霉菌属中的1～2种。

细链格孢霉的菌丝在小麦皮层下普遍存在，在华南沿海气候潮湿地区的小麦，皮下菌丝密度大，而西北、西南高原地区小麦皮下菌丝密度最小，没有皮下菌丝的麦粒占的比例也大。一般新鲜麦粒皮层下以细链格孢霉菌丝占优势，而陈小麦或品质差的小麦，其皮下菌丝常被曲霉和青霉的菌丝所取代。

正常储藏一年后的陈麦，其菌量一般保持原有数量级水平，真菌量有减少的趋势。真菌种类除保持部分田间真菌菌相外，逐步为灰绿曲霉、白曲霉、烟曲霉和黄曲霉等干生性和中生性霉菌所取代。

2.面粉

面粉中以细菌数量最多，其次是霉菌和酵母菌，放线菌很少。细菌量一般为 $10^4 \sim 10^6$ CFU/g，种类有芽孢杆菌、乳酸菌、产气杆菌、葡萄球菌及纤维素分解菌等。细菌的大量存在，对面粉的储藏和加工产品的质量都有不利的影响。芽孢杆菌具有耐热性，在面包的烘烤中如没有杀死，就会造成面包黏丝病。

面粉中的霉菌约有8属20种，以灰绿曲霉和白曲霉为优势菌，可占霉菌总数的60%～

90%，青霉以圆弧青霉、橘青霉、产黄青霉最普遍。在面粉中的数量一般为 $10^2 \sim 10^4 CFU/g$。

面粉的储藏稳定性远不如小麦，主要原因是失去了小麦皮层的保护且容易吸湿。当面粉水分超过14%，温度升至20℃以上时，存在于面粉中的微生物会迅速发展，进而引起发热霉变，成团结块。研究表明，水分18%的面粉，储藏70天后，pH值由6.8降至4.9，细菌量由 $4.1 \times 10^4 CFU/g$ 降至 $4.2 \times 10^3 CFU/g$，而霉菌量却由 $1.2 \times 10^3 CFU/g$ 增加到 $8.3 \times 10^3 CFU/g$，其中90%是青霉，其余为曲霉、枝孢霉和灰葡萄孢霉，还有部分酵母菌。

细菌和霉菌多存在于小麦粒的皮层和胚部，伸入到胚乳中的机会很少，造成麸皮的带菌量一般比面粉中高得多，越是上等面粉差距越大，例如新鲜小麦麸皮中带菌量为 $10^2 \sim 10^3 CFU/g$，陈麦麸皮中霉菌量可达 $10^4 CFU/g$ 以上，所以麸皮是容易发热霉变的副产品。

通过对面粉污染的霉菌进行分离和纯化，根据菌落与显微形态观察及ITS序列分析结果对分离菌株进行鉴定，结果共分离出4株菌株，分别鉴定为链格孢霉、橘灰青霉、黑曲霉和米曲霉。采用PCR技术检测黄曲霉毒素合成路径的关键基因来判断菌株的潜在产毒能力，最后用高效液相色谱法确认菌株是否产毒，其中2株黄曲霉具有潜在的产黄曲霉毒素的能力，在一定条件下会产生黄曲霉毒素。

（三）玉米

玉米籽粒胚部大，营养丰富，易吸湿生霉，是较难安全储藏的粮食品种。我国粮库储藏玉米由于微生物活动而发热霉变是比较常见的现象。如果玉米中水分含量高，则会在短时间内发生霉变现象，霉变的开始部位一般在胚部。

我国东北三省新收获的高水分（20%以上）玉米内外部共分离出真菌25属，58种，菌量为 $10^4 CFU/g$，优势菌为串珠镰刀菌、头孢霉菌、草酸青霉，常见菌有芽枝霉、链格孢霉、木霉、毛壳菌、禾谷镰刀菌、黄色镰刀菌及一些青霉等，而曲霉较少。细菌以附生细菌占优势。高水分玉米干燥后安全储藏一个夏天，微生物区系的变化为附生细菌几乎消失，芽孢杆菌数量增加，霉菌中的镰刀菌、头孢霉菌、链格孢霉数量呈下降趋势，曲霉和青霉数量增加，其中以局限曲霉和灰绿曲霉等干生性霉菌较多。

我国南方以广东、广西为例，玉米外部和内部均以黄曲霉最多，带菌量可达 $10^5 CFU/g$，其次是镰刀菌，主要是串珠镰刀菌，及少数曲霉如黑曲霉、灰绿曲霉等。

将北方新收获玉米清理、除杂后，采用喷雾法将水分调至14%、15%、16%、17%、18%五个梯度，于30℃恒温恒湿箱中储藏60天。结果表明玉米储藏危害真菌以灰绿曲霉和白曲霉为主；在水分16%下时，以灰绿曲霉生长为主，水分和储藏时间与其危害程度有明显的规律性；在水分17%、18%时，以白曲霉生长为主，其对储粮的危害与储藏时间和水分有明显的相关性；两种曲霉具有典型的储粮真菌生长特征，随着储藏时间延长，孢子呈动态上升趋势，与对玉米危害程度有明显的相关性。

（四）花生

国外资料报道，花生上的真菌有70属，146种，主要是青霉和曲霉。花生壳上的霉菌一般比花生仁多。根据我国广西医学院调查，广西地区花生外壳上黄曲霉和灰绿曲霉最多，污染率为60%，其次是黑曲霉，污染率为33%。花生仁上黄曲霉污染率为100%，其次是黑曲霉，污染率为90%，灰绿曲霉污染率为45%。广东地区花生壳及花生仁上，以黄曲霉、黑曲霉和灰绿曲霉为优势菌。四川地区花生壳和花生仁上，以黄曲霉、棕曲霉、文氏曲霉、灰绿曲霉和青霉为优势菌。山东地区花生壳和花生仁上以灰绿曲霉和青霉为优势菌。经过一年储藏，以上几省花生仁上的优势菌普遍减少，但只有黄曲霉的变化不显著。

国外有些国家如美国、巴西、印度、日本等国的花生粉中检出的霉菌，主要是黄曲霉、黑曲霉和灰绿曲霉。因此花生最易感染黄曲霉及黑曲霉、灰绿曲霉和青霉。我国又以温暖潮湿的南方地区的花生感染黄曲霉最严重。因此选用抗霉品种，适时收获，及时干燥，减少破损粒，控制入库水分含量及仓内温湿度，是控制黄曲霉侵染及产毒的有效措施。

第二节　微生物与粮食发热霉变

一、粮食发热霉变的概念与实质

（一）粮食霉变的概念与实质

由微生物生长代谢引起粮食品质劣变称为粮食霉变。霉变的实质就是粮食中有机物质的微生物分解。它是微生物在粮食及其加工产品上进行物质代谢活动的结果。

（二）粮食发热的概念与实质

粮食在储藏期间，储粮生态系统中由于热量的积聚，粮堆温度出现不正常的上升或粮温该降不降反而上升的现象称为粮食发热。引起粮食发热的原因是多方面的，但大量试验证明，微生物旺盛的呼吸作用（产能代谢）是引起发热的主要生物热源。因此，粮食发热的实质通常是微生物进行呼吸作用（产能代谢）而积热的结果。

粮食籽粒作为休眠体，自身呼吸代谢活动非常微弱。即使粮食种子在最适宜的条件下萌发时，旺盛的呼吸作用也不可能使温度上升到不利于种子自身生长。当谷类种子的含水量高到足以进行明显的呼吸而萌发时，种子呼吸所升高的温度，一般不超过30℃，如果在储藏中粮食水分增加到可以萌发的高度，可能出现因霉菌的迅速生长而使储粮霉烂变质。

将含水率和呼吸速率均比储藏种子高的发芽种子放在保温瓶里，瓶内温度仅上升1～3℃，而长满真菌的种子在4～5天内可使瓶内温度升高10℃。许多试验进一步证明，表面没有感染真菌的小麦，含水率为14%～18%，保持在35℃，小麦的呼吸作用低到用仪器检测不出来。上述研究表明，微生物在粮食发热中起主导作用。

在微生物呼吸代谢中，每彻底氧化1mol的葡萄糖，放出的热量占全部自由能的80%，即约2300kJ，这些热量可使10kg水温上升55℃。由此可见，微生物在整个粮堆中产的热量是十分惊人的，并证实了微生物的呼吸作用是引起粮食发热的主要生物热源。因此，当储粮环境一旦有利于微生物活动时，微生物在呼吸代谢中就能释放大量的热量，引起粮食温度升高，从而导致粮食发热。

（三）粮食霉变和发热的联系与区别

粮食霉变与粮食发热之间存在着密切的联系。粮食霉变是因粮食中有机物质被微生物分解，是微生物进行营养代谢的结果，而粮食发热则是微生物呼吸作用的结果。因此，粮食霉变与粮食发热是微生物在粮食中进行同化作用和异化作用的反映，从生物化学上来讲，它们是物质代谢和能量代谢的结果。在粮食霉变过程中，必能产生热量。但是只有热量积聚而升温时，才会出现发热现象。

二、粮食霉变的过程与主要症状

粮食霉变过程就是微生物分解和利用粮食中有机物质的生物化学过程。它是个连续过程，也可划分为不同的发展阶段。其发生与发展的快慢和过程的长短，主要取决于环境中的温度、湿度（水分）和气体成分等条件是否适宜于微生物的生长。

根据微生物对粮食中有机物质分解的程度和出现的主要症状，通常将粮食霉变过程分为三个阶段：初期变质阶段、中期生霉阶段和后期霉烂阶段。

（一）初期变质——早期霉变

微生物在湿度高于65%～70%的有利环境中，便开始代谢活动，并与粮食及其加工产品建立腐生关系。在此阶段，粮食的主要症状是轻度变色、变味、粮粒发潮，粮温可能异常，如果热量积聚，则会出现粮食发热。粮食的脂肪酸值和酸度增加，微生物区系则是田间微生物减少，储藏微生物增加，霉菌总量增高。如及时诊断，早期处理，则可防止粮食发展到"生霉"阶段。

（二）生霉——中期霉变

生霉阶段是微生物在粮食上进行旺盛的代谢活动和大量繁殖的时期。其主要症状是在粮食的胚部和破损处，生长出肉眼可见的霉菌菌落（菌丝和孢子形成的霉点或霉块），成为人们可见到的"生霉现象"。

已经出现生霉现象的粮食，不是霉变的开始，而是已经发展到相当明显或较为严重的程度，在粮食储藏业务工作中，将这一现象的出现，作为发生"霉变事故"的起始标志，以此作为"责任事故"的鉴别标准。此外，在霉粮区，湿热逐步积累，粮温升高，导致粮食显著发热，并出现较为明显的霉粒、霉味及严重的色变。微生物区系以霉腐微生物为主，而且数量骤增。

（三）霉烂——后期霉变

后期霉变阶段是微生物对粮食进一步腐解的阶段，其主要症状是在霉粮区出现很重的霉味，同时产生酸味和异臭，粮食已经腐败、霉烂，粮粒变形，失去食用价值。

粮食霉变各阶段进程的快慢，主要依据环境条件，特别是水分和温度的影响而定。快者一至数天，慢者数周或更长时间，条件的变化使得霉变过程加剧、减缓或停止。因此，在粮食储藏业务工作中，应加强对粮情的监测和分析，以便早期预测霉变发生，及时采取有效措施，控制或改变环境条件，抑制微生物的代谢活动，从而保障储粮安全。

三、粮食发热的过程与类型

（一）粮食发热的过程

粮食发热是个连续的过程，包括：初发、升温和高温三个生物氧化阶段，以及最后可能发生的纯氧化自燃阶段。

1.初发阶段

由于潮粮入仓，粮堆内水分转移或因外界湿度的影响，而使粮食水分达到或高于临界水分（水活度$A_w \geqslant 0.7$，或粮堆环境湿度RH$\geqslant 65\% \sim 70\%$）时，灰绿曲霉和局限曲霉就可能生长。如果粮食含水量很高，即使在低温条件下，甚至在0℃以下，一些曲霉或青霉也能活动生长，分解粮食有机物质，呼吸强度逐渐增高，放出热量，如在粮堆内积聚，粮食发热现象便会在粮堆内局部区域开始出现。

2.升温阶段

随着霉菌的增殖，呼吸代谢增强，粮温将会迅速达到或超过常温，而粮堆湿度和粮食水分也会增加，当粮堆湿度达到$75\% \sim 80\%$时（或$A_w = 0.75 \sim 0.8$），许多中温性微生物，如白曲霉、杂色曲霉与黄曲霉、棕曲霉及青霉等都会活动起来，多种霉菌生长联合作用下，可使粮温上升到$35 \sim 45$℃，甚至更高，从而使粮食质量显著劣变，出现异味和变色，并促使粮堆内的湿热交换和水分转移，进而造成发热区的扩大和转移。

3.高温阶段

当粮温升高到$50 \sim 55$℃时，在霉菌强烈的危害下，发热区的粮食湿度较快地达到$85\% \sim 90\%$（或$A_w = 0.85 \sim 0.90$）时，由于粮堆内高温、高湿环境的形成和持续，中湿性微生物会受到抑制，则为一些嗜高湿和高温性微生物所取代，如少数毛霉、毛壳菌、烟曲霉及一些细菌和放线菌，它们继续产生危害，氧化生热，可使粮温上升到$60 \sim 65$℃，此时，所有的真菌已难以活动，一般情况下，由于这样的高温，会促使粮堆湿度下降和粮食水分的蒸发散失，加之中温性霉菌失去活力，粮食发热便会停止，或粮温回降，但这时粮食已严重霉腐，失去食用价值甚至毫无使用价值。

4.自燃阶段

粮堆发热的高温区，如相对湿度达到90%以上（$A_w > 0.90$）时，由于嗜热细菌的生长，可使粮温上升到$70 \sim 75$℃，这些菌类在代谢过程中，可以产生一些低分子的碳氢化合物，其燃点较低，只要氧气充足，便可氧化，而导致粮堆自燃。在通常情况下，发热的粮食不易达到如此高温，另一方面发热粮堆大多处于缺氧或低氧状态，因而不易发生自燃，但油料种子比谷类粮食易于发生，国内外已有例证，应予注意。

综上所述，微生物的代谢活动是导致粮食发热的主要因素，尤其是好氧性微生物，能迅速产生大量热能，在粮堆内聚积，从而使粮温异常升高，导致粮食发热。

（二）粮食发热的类型

储粮发热按其在储粮中发生的部位及程度，可分为以下几种。

1.局部发热

局部发热是储粮粮堆内个别部位发热，俗称"窝状发热"，发热部位叫发热窝。主要是仓、囤顶部漏雨，仓壁、囤身渗水，潮粮混入等原因造成。由湿热扩散形成的高温、高湿区或储粮害虫、螨类集中区，自动分级形成的杂质区，入仓脚踩或走道板压实的部位等都可能出现发热现象。

2. 上层发热

上层发热发生在离粮堆表面30cm处。由于季节转换引起气温变化，粮堆上层与仓（气）湿过高而使表层吸湿，为微生物和粮食及虫、螨类的活动创造了有利条件，从而引起粮堆表面以下的粮层发热。

3. 下层发热

由于铺垫不善，仓内地坪潮湿，热粮入仓遇到冷地坪而结露，或夏季通风口密闭不严导致底部风道附近结露，或因季节转换等原因而使粮堆内部水分转移，引起中下层或底层粮食发热。

4. 垂直发热

垂直发热是指贴墙靠柱或囤周围的垂直层发热。主要是由于垂直粮层与墙壁、囤的外部或柱石之间温差过大，或墙壁周围渗水潮湿等。如果仓房漏水严重，对应的储粮部位，在粮食出仓时，会出现"竖柱"现象，势必会造成垂直粮层发热现象。

5. 全仓发热

全仓发热通常是由于对上述几种发热处理不及时，任其发展扩大而造成的。一般下层发热，容易促使粮堆全面发热。特别是冬季入仓的高水分粮，在春季粮温上升时，会引起全仓发热，如不及时处理，就会产生霉变。还有所谓的"三高一害"（高水分、高温、高杂质，害虫多）粮食更容易由点到面迅速造成全粮堆发热。

（三）粮食发热的判别

判定储藏粮食是否发热，一般采用对比分析的方法。

1. 粮温变化与气温变化比较

在春季（3～5月份）气温上升季节，粮温也随之上升，如果粮温上升速度大于气温上升速度，超过仓温3～5℃时，应视为发热；在秋冬（9～11月份）季节，气温逐步下降，如果粮温长期不下降，反而上升，这种现象也应视为发热。

2. 粮温变化比较

将同类型粮堆（仓）进行比较。检查粮温时，可将同类粮食，粮质相近、仓型基本相同的粮温进行比较，如温差在3～5℃或更大时，则应视为发热。仓内各测温点同部位的粮温进行比较。粮堆发热往往从局部开始，如果某局部粮温高出其他部位粮温4℃以上，则有可能存在发热，特别是背阳面的粮温如果高于向阳面的粮温时，则可能是发热。

3. 粮情检查记录进行比较

每次检查粮温时，应与上次的检查记录进行比较，如果粮温突然增高，可能是发热。另外在分析粮情检测数据时，某一个或几个点的粮温虽未出现大幅度上升，但此类点一直呈持续上升状态且上升幅度超过其他点，经过一段时间以后，这些点粮温大大高于其他点的现象，也应视为发热。

第三节 霉变对粮食品质的影响

微生物在粮食上生长繁殖，使粮食发生一系列的生物化学变化，是造成粮食品质劣变的一个重要原因。由于微生物种类和危害程度不同，对粮食品质的影响也不一样。

一、造成粮食变色和变味

粮食的色泽、气味、味道和整洁度都是其新鲜度的重要指标。

（一）变色

正常粮食籽粒饱满，颜色鲜亮有光泽，储存条件良好的情况下，粮食可一直保持光泽。粮食籽粒储藏期间发生霉变，通常为曲霉或青霉，随着霉菌生长数量的增加，粮食逐渐失去光泽，颜色逐渐灰暗。如果粮食籽粒在收获前发生真菌侵染，有些甚至变为黑褐色。

1.微生物菌体颜色造成粮食变色

多数微生物的菌体是有颜色的，特别是各种霉菌所形成的菌落更具有各种鲜明的色彩，这些菌类存在于粮食籽粒内外部时，可使粮食呈现不正常的颜色。如链格孢霉、芽枝霉、长蠕孢霉等具有暗色菌丝体和黑褐色孢子，当它们在麦粒皮层中大量寄生时，可使麦粒的胚都变为黑褐色；镰刀菌在小麦和玉米上生长，其分生孢子团呈粉红色，被侵染的小麦、玉米也呈粉红色。

2.微生物分泌的色素使粮食着色

有些微生物在代谢过程中，能分泌特有的色素使基质变色。例如产黄青霉、橘青霉等能产生黄色色素，产紫青霉能产生暗红色色素，分别使大米变为黄色、赤红色等。禾谷镰刀菌等分泌紫红色色素，可使小麦呈紫红色。

3.微生物分解粮食有机物质的产物和坏死组织具有颜色

微生物分解蛋白质时产生的氨基化合物常呈棕色，硫醇类物质多为黄色。微生物分解粮食产生的氨基酸和还原糖，还会通过羰氨反应，发生褐变，生成棕褐色至黑色的类黑色素物质，使粮食变灰、变褐或变黑。此外，受微生物侵害的霉变粮粒或患病部位的病斑等坏死组织，常因此而变色。

4.大米色变类型和菌类

（1）黑蚀米

黑蚀米是由细菌引起的变色米，其主要病原细菌，在稻谷成熟期前后由间隙或伤口处侵入，侵入米粒糊粉层部分，形成暗褐色病斑。病斑多生于米粒顶端，其侵染虽只在表层组织，但碾白不能除掉，煮熟也不消失。

（2）红变米

红变米是由一种卵孢霉导致的，一般在夏季高湿期发生，大米表面产生一点一点的红色，有时为紫红色或暗红色，经过一个周期，扩展到全面，完全失去米的本来面目。洗红变米时，水呈暗紫红色。该菌生长的最适温度为 $24 \sim 28℃$，最高温度为 $36℃$，最低 $11℃$，在

17℃以下及大米水分15.5%以下，该菌生长缓慢或者不能繁殖，尚未发现这种米对动物具有毒性作用。

（3）黄变米

某些青霉如产黄青霉、橘青霉、黄绿青霉、岛青霉及一些曲霉侵染大米后，米粒呈黄色至褐黄色，即通常所称黄变米。我国稻谷产区，在收割、堆垛或储藏过程中，稻谷常会发热，稻米变黄，在黄变率很高的大米上，检出的霉菌主要是构巢曲霉、黄曲霉、烟曲霉和一些芽孢杆菌等，一般很少检出霉菌毒素。在毒性实验中，也未发现实验动物有异常症状，这类尚未发现毒性的黄变米，常称为黄粒米，但其营养成分已有降低，显著影响稻米的商品价值。

5.褐胚小麦

小麦在储藏期间胚部往往变为褐色到黑色，称为"胚损粒"或"病麦"，或称"褐胚小麦"，褐胚率的高低是评定小麦等级的标准之一，直接影响小麦的商品价值。变色胚部含有很高的脂肪酸，并且很脆，当磨粉时这种破碎胚进入面粉中带来不利影响，使面粉的颜色不好，试验证明由20%"胚损粒"的小麦磨成的面粉制成的面包体积小，风味不佳，从而使其加工品质降低。小麦胚部的褐变，主要是微生物危害引起的。一类是由一些具有暗色菌丝体的真菌侵入种胚造成的。这类褐胚小麦，除了蠕孢霉危害对种子发芽有比较明显的影响以外，一般对小麦营养品质没有显著影响，而且在储藏期间一般不会发展。另一类是在储藏期间形成的，主要是由匐匐曲霉、局限曲霉、白曲霉、黄曲霉，以及一些青霉等危害引起麦胚褐色。这些微生物导致褐色的同时，会杀死种胚从而使种子的发芽率降低。

（二）变味

每种粮食都具有本身特殊的气味。新鲜而正常的粮食具有一种清香味，这种气味随着储藏时间的延长而逐渐减弱。如果粮食发生霉变，初期粮食失去清香味，进一步会逐渐出现霉味和酸味，最严重的情况为腐臭味。有些发过热的粮食有酒精味。微生物引起粮食变味的原因主要有两个方面。

1.微生物菌体本身散发出的气味

许多青霉、曲霉、毛霉等有强烈的霉味可被粮食吸附。霉变愈严重，粮食的霉味愈浓，难以清除，即便经过吹风摊晾、日晒烘干或经过粮食加工过程的各道工序制成成品粮，再经蒸煮或烘烤制成食品，仍会有霉味存在。

2.微生物分解粮食有机物生成有异常气味的气体

如高水分粮食在通风不良条件下进行储藏时，由于少数根霉、毛霉和酵母菌发酵利用粮食中的糖类，产生一些酸与醇，使粮食带有酸味和酒味。一些严重霉变的粮食，常有恶劣的腐臭味。蛋白质的许多分解产物，如氨、氨化物、硫化氢、硫醇，以及吲哚和甲基吲哚等物质，均有刺鼻的臭味。这些分解产物积存在粮食中使粮食变味。

粮食严重变味以后，异味一般很难除去。轻微异味可以用翻倒、通风、加温、洗涤等方法去除或减轻。

二、破坏粮食的发芽能力

粮食种子发芽率的高低，是种子生活力强弱和种用品质高低的首要标志，也是一般储粮保鲜的一个指标。发芽力是指种子能够发出芽来的能力，或者说是有生活力的种子在发芽方面的能力。

通常新收获的粮食保存良好，均具有较强的发芽能力。发芽会受到许多因素的影响，如谷物温度、谷物含水量、谷物损伤、真菌和昆虫感染。由于粮食籽粒胚部营养丰富，组织松软，种皮相对薄，是储藏真菌侵染和生长的首选部位。霉菌初期侵染及生长，主要消耗胚部营养物质，引起粮食发芽能力降低；霉菌生长到一定程度，会完全破坏粮食胚部组织，有些产生毒素破坏胚部细胞，使粮食丧失发芽能力。同时有些微生物分泌毒素，以及分解粮食中有机物质形成各种有害产物，也会毒害种胚，从而导致种子生活力的降低，甚至完全丧失发芽力，严重影响粮食的种用品质。储藏中常见的局限曲霉、灰绿曲霉、白曲霉以及黄曲霉对种子都有相当强的伤害力，田间生长期间，镰刀菌、单端孢霉、轮枝霉等能产生对粮食种子发芽有害的毒素。

三、降低粮食营养和加工工艺品质

（一）粮食干重损失

干物质指的是将植物在 $60 \sim 90℃$ 的恒温下，充分干燥，余下的有机物的质量，是衡量植物有机物积累、营养成分多寡的一个重要指标。粮食本身和其携带的微生物的呼吸作用会造成粮食干物质的损失。呼吸作用是糖类氧化并产生 CO_2、水和能量的过程。典型糖类如葡萄糖经有氧呼吸分解 1g 干物质需要消耗 1.07g 氧气，同时释放出 1.47g CO_2、0.6g 水和 15.4kJ 热量。因此，呼吸速率与粮食干物质损失密切相关。如果主要是有氧呼吸，可以使用 CO_2 生成模型来简化粮食质量损失率的预测。

微生物的分解使霉变粮食的干物质遭受损失，造成干重下降，发热霉变越严重，损耗也越大。这种粮食的出米率或出粉率降低，且质量差，有些甚至产生毒素。

（二）营养品质

粮食中的糖类、脂类、蛋白质以及维生素等，都是人和动物生活所必需的营养素。受到微生物危害后，粮食中的各种营养物质不仅含量减少，降低了营养价值，而且还直接影响到食物的可食性和利用率。

1.糖类的变化

粮食中的低聚糖和淀粉是易被微生物水解的糖类。在粮食霉变过程中，淀粉可被微分物水解为单糖，而单糖又作为呼吸基质被利用，最后转化为 CO_2 和水，最终使粮食中的淀粉和低聚糖损失，营养价值降低。

2.脂类的变化

粮食在霉变过程中，霉菌具有很强的解脂能力，霉菌生长时，能加速粮食中脂肪的分解，一般比蛋白质和糖类水解反应快得多。粮食霉变会使脂肪酸值变化比较明显，可用粮食中游离脂肪酸值变化作为粮食初期变质的灵敏指标之一。

试验证明，小麦在高温高湿下，霉菌量从 10^3 CFU/g 增加到 10^6 CFU/g 时，脂肪总量下降 40%，类脂（糖脂和磷脂）含量也同时下降，有时类脂的分解比脂肪的分解和游离脂肪酸的生成更迅速。

粮食、油料和油品在微生物作用和其他因素如空气、阳光等影响下，脂肪发生不良变化，产生令人厌恶的酸臭和辛辣味，通常称之为脂肪酸败，俗称"哈变"。它是由于脂肪降解过程中，产生的各种低分子醛、酮、酸等酸败物质，致使粮油变质而酸败。这不仅直接影响粮油的营养价值，而且许多酸败产物对人畜是有毒的，酸败的食品通常不宜食用。

3.蛋白质的变化

正常的储粮，蛋白质变化很小，而且非常缓慢。粮食在霉变过程中，微生物分解作用使粮食中蛋白质氮逐渐减少，非蛋白质氮相应增加，粮食总氮量一般变化不显著，通常用盐溶性蛋白质的减少，或水溶性非蛋白质氮或游离氨基酸的增加来作为粮食中含氮物质的变化指标。

许多试验证明，粮食劣变过程中，蛋白质含量必然减少，游离氨基酸则普遍增加，如正常玉米的氨基酸值约为110mg［中和100g粮食干重中游离羧基所需要的KOH的质量（以mg计）］，严重劣变的玉米则高达320mg。

霉变粮食中的蛋白质大多变性，作为营养蛋白质的消化率和利用率均有降低，明显影响粮食的营养价值。此外，粮食中含有许多维生素，如维生素B_1、维生素E、维生素A等，发热霉变粮食中的维生素含量都有不同程度的损失，这将会影响到粮食的营养价值。在正常情况下，粮食中的维生素B_1较为稳定，但霉变的粮食则会减少。例如储藏期为5个月含水量17%的明显霉变小麦，可损失30%的维生素B_1；而水分12%的正常小麦，仅损失大约12%。又如面粉在正常条件下储藏6个月，维生素B_1损失约10%，在不利的储藏条件下损失可达20%或更多。

（三）加工品质

微生物危害粮食后，破坏粮食细胞的组织结构，严重影响粮食的加工品质，主要表现在以下几方面。

1.稻谷硬度及黏度降低

稻谷霉变后，粮粒组织松散易碎，硬度降低，加工时碎米粒及爆腰率增高，因而造成出米率低，大米黏度下降，成饭后适口性差，严重霉坏的稻谷能用手捻碎，完全丧失加工性能。

2.小麦面筋含量减少和工艺品质下降

霉变发热的小麦，不仅出粉率低，酸度大，由于蛋白质的微生物分解，面筋含量减少，质量下降。试验表明，随着小麦发热霉变变质程度的发展，小麦粉的湿面筋含量在几天之内，就可下降1/4～1/3，甚至难以洗出，从而使吸水性和延伸性变劣，这样的面粉不宜做面条，也会影响面粉发酵和烘烤性能。如霉变小麦磨出的面粉，做出的面团很黏，发酵不良，烘烤出的面包体积很小，横切面纹理和面包的皮色都差，食味不佳。

3.油料的出油率低及油品品质差

油料种子霉变后出油率低。脂肪等物质被微生物分解使脂肪含量低，游离脂肪酸增加，因此榨出的油量少，带酸味，并呈暗橘红色，品质差。

4.影响工业用途

粮食是重要的工业原料，在工业生产上用途很广，除了用于粮食加工及食品工业之外，还应用于油脂工业、淀粉工业、酿造工业以及化工和医药工业。霉变发热变质的粮食在各种工业生产上的使用价值都将大大降低，如发热过的粮食，制造出的淀粉质量差，生霉的大麦，不宜制作麦芽酿制啤酒，生霉的玉米不能用作生产抗生素的原料等。

四、影响粮食安全品质

粮食及其制品的安全学要求，主要是指新鲜程度、安全状况及防止病原和有毒、有害物质的污染，从而保证食用安全。经微生物危害的粮食不仅营养价值降低或丧失，病原菌、产毒菌类的污染和滋生，及其代谢过程中有毒产物，均可严重影响粮食及其制品的卫生安全品质，对人、畜健康造成危害。

为保障人民身体健康，必须对粮食及其制品提出有关微生物学方面的安全要求，目前关于此项指标，有以下几方面。

1. 粮食及其制品中带菌量与优势菌

霉变的粮食带菌量会增加，例如一般品质正常的原粮和加工粮，霉菌带菌量均在 10^4 CFU/g 以下，若达到 10^5 CFU/g 以上，即为明显霉变，并带有异味，霉变粮食中的优势菌如果是可能产毒的霉菌时，则应考虑有毒素污染的可能。

2. 粮食及其制品中真菌毒素的污染

污染粮食及其制品的真菌毒素种类很多。人畜误食带有真菌毒素的粮食及其制品会发生中毒现象，有些真菌毒素还有致癌作用。目前国内有关部门对污染粮食、油料及其制品和饲料等的真菌毒素已制定强制性的限量标准。

3. 粮食中病粒和霉粒的含量

严重霉变已达霉烂阶段的粮食，已丧失使用价值，无须进行安全学评价。轻度生霉的粮食应进行与安全品质有关的各项检验，如变色变味程度、霉粮率和毒素污染的情况等。一般霉粮率应控制在5%以下。常见的赤霉病麦在加工时其含量应控制在4%以下，带毒的麦角及甘薯黑斑病薯等必须消除，从而保障粮食及其制品的安全品质，防止急性食物中毒的发生。

赤霉病是小麦、元麦、大麦的主要病害之一。玉米、稻谷、蚕豆等作物也能感染赤霉病。赤霉病菌适宜的生长温度为16～24℃，相对湿度为85%，故在麦类生长后期和收割期，若遇到阴雨连绵的天气，极易发生严重的赤霉病。赤霉病感染不仅造成作物减产，而且还可能导致毒素超标，人畜食后发生中毒现象。

第四节　粮食发热与霉变的防控

粮食在储藏过程中，受温湿度、含水量等因素影响，极易产生霉变。被真菌毒素污染的粮食不仅品质下降，还威胁人类的身体健康和生命安全。粮食在储藏期间因霉变而导致的损失一直备受关注，减少粮食储存损失是确保国家粮食安全极为重要的环节。微生物对粮食的危害，是使粮食发热霉变的根本原因，也是造成真菌毒素污染和粮食真菌毒素超标的条件，因此防霉和控霉是确保粮食营养品质和安全品质的关键。

一、粮食防霉原理与方法

粮食防霉的依据和原理是根据粮食微生物的特性和微生物区系形成的规律，采取相应的防霉措施。首先是应用有效的方法，增强粮食自身的抗霉能力；其次是减少微生物来源，防止微生物的污染和传播，控制储粮环境条件，抑制微生物活动和发展，从而达到粮食安全储藏的目的。

储粮霉变应以预防为主。由于粮食微生物分布十分广泛，田间或仓储、空气或土壤、农具或粮仓等任何空间和物体都是微生物活动的地方。因此，在收获、运输、储藏、加工和销售的各个环节中，都要加强环境卫生管理，尽量减少微生物的污染，这是防止粮食霉变的一个重要措施和前提。

（一）提高粮食入库质量

对入库的粮食，要求达到"干、饱、净"，并做到品种、好次、干湿、新陈、有虫无虫"五分开"存放。

1.控制粮食感官质量

粮食籽粒均匀饱满、完整，色泽、气味正常，新鲜度好（发芽率在90%以上），水分应控制在当地储粮安全水分以下，才能进行长期储备（特别是中央储备粮）。对于超过安全水分的粮食入库后，要及时采取机械通风等措施，降低粮温，使粮食水分降到安全水分以内。

2.控制粮食的杂质和不完善粒

杂质高，不仅影响粮食品质，还影响粮堆的空隙度，不易通风散热，还易有微生物寄生；不完善粒高，特别是破碎粒、生霉粒多，不仅影响粮食质量，而且最易受微生物的危害，是微生物的天然培养基。对杂质大、不完善粒含量高的粮食要进行筛理、风扬，使其在标准范围内。对于高大平房仓，在入库时尽量做到多点卸粮，减少杂质聚集；对于筒仓，通过安装布料器等方式，减少杂质带的形成。

3.控制害虫的密度

粮食害虫直接损蚀粮食籽粒，温度湿度适宜时，活动频繁、繁殖快，且具有趋温性、群居性，会使粮温升高，严重时可促使粮食结露，引起微生物迅速繁殖，发热霉变。因此粮食入库前应达到无虫或基本无虫。气温较高时，要加快进粮速度，为粮食长期安全保管打好基础。已感染害虫的粮食，按规定进行熏蒸处理，避免给微生物生长创造机会。

（二）控制储藏环境

1.干燥防霉

干燥防霉，就是控制环境中的湿度和粮食的含水量，使其趋向干燥和高渗状态，进行抑菌防霉。

根据微生物对水分的适应性，应用自然或机械干燥，切实降低粮食含水量，保持粮食干燥和仓房干燥，因为环境相对湿度的高低和粮食含水量的大小，是影响微生物生长繁殖，以至能否存活的重要条件。当环境湿度和粮食含水量低于微生物生长所要求的最低水分时，环境中的水分对微生物便失去了可给性，致使微生物因无法吸取营养物质而处于被抑制状态，或因形成"生理干燥"而死亡，这就是干燥防霉的基本原理。欲达到制菌防霉的要求，则必须采取有效措施，使仓内、粮堆中的相对湿度及粮食含水量，保持在干生性微生物生长的最低水活度和相对湿度的临界水平（水活度为0.65～0.70，RH为65%～70%）以下，从而达到制菌防霉的目的。新收获粮食入仓前进行干燥处理，粮食储藏前要经过充分的晾晒或烘干，不仅可降低粮食的水分，还可以起到杀虫作用。

2.低温防霉

低温防霉，是将粮食的储藏温度控制在微生物生长的适宜温度以下，进行抑菌防霉，提高储藏稳定性。温度是影响微生物生长代谢最重要的环境因素，降低储粮环境中的温度可使粮食上微生物的活动和生物化学活性减弱，温度越低，则生物化学反应速率或微生物代谢速率就越低，以至使其生长受到抑制，甚至处于休眠状态。

在粮食储藏工作中，充分利用自然条件或机械设备，降低仓库温度和粮温，做好粮堆和仓房的隔热和防热，只要保持平均粮温在15℃（局部温度不高于20℃）以下，粮食水分维持在相对湿度70%～75%，基本可实现防虫和防霉的安全储藏，这也是"低温储藏"的温湿度界限，它是根据嗜温性微生物生长的最低温度上限拟定的。准低温储藏时应达平均粮温20℃（局部温度不超过25℃）以下，这种储藏方式可以较大程度地抑制粮食的生命活动，抑制霉菌的生长，减轻储粮虫害。

3.气调防霉

气调储藏作为一种绿色环保、经济有效的储粮技术，已被国内外认可并广泛应用。气调防霉，是控制储粮环境中的气体成分，进行密封储藏，从而达到抑菌防霉的目的。在粮食微生物区系中，绝大多数是好氧菌，其中包括大多数的细菌和全部霉菌，因此在低氧条件下，即使是耐低氧菌，其生长也会受到抑制，孢子不能萌发，当氧浓度降低到2%以下时，大部分好氧菌会受到抑制。在粮食保藏中，采用物理的、生物的或化学的脱氧方法，迅速脱除环境中的氧，使氧浓度控制在0.5%～2%以下，即可达到抑菌防霉目的。

自然空气中的CO_2含量约为0.04%，低浓度CO_2对微生物没有危害，当环境中的CO_2浓度在40%～60%时，对微生物有一定的抑制作用，许多霉菌孢子不能萌发。CO_2浓度高达80%时，几乎可以抑制全部霉菌的生长，对酵母菌也有明显的抑制作用。因此在粮食储藏中，充入CO_2，使其浓度增加到40%～80%即可达到抑菌防霉的作用。但CO_2制备成本较高，作业存在一定的危险性，对仓房的气密性要求比较苛刻，相比之下这种气调方式应用较少。

目前粮食气调防霉（储藏）研究和使用比较多的是惰性气体氮气，氮气能抑制微生物及害虫的生长繁殖，具有成本低、操作简单、可操作性强和经济效益高等优点，其应用比较广泛。粮堆内部氮气浓度在95%以上，并维持20天以上，可以达到良好的杀虫效果，对霉菌生长能起到一定的抑制作用。

在气调密封储藏中，如果加入低剂量的熏蒸剂（如PH_3）等，不仅增强气调防霉的作用，也有利于害虫的防治。值得注意的是，即使采用气调储藏条件，粮食的水分不宜过高，高水分粮在气调密闭过程中易出现水分迁移形成游离水，可能会出现酵母菌厌氧生长，严重的会出现酒精味。

4.使用防霉剂

防霉剂是一类能够抑制霉菌生长的物质，在储粮过程中可以直接加到原粮中。主要有熏蒸剂和拌合剂两类，前者用于粮食熏蒸，密封储存，后者多拌入粮堆内混合储存。

防霉剂的开发与应用是有效解决粮食霉变问题的一个途径。不同的霉菌对不同类型的防霉剂的敏感程度不同。由于防霉剂与食品安全紧密相关，因此对防霉剂的使用具有严格的限定标准。防霉剂应具有以下四个基本条件：① 对霉菌具有高效性和广谱性；② 对人和动物的危害尽可能小，且不造成毒素累积作用，应能在粮食供作食用或饲用以前从粮食内完全排除，或其残留量符合国家规定的安全标准；③ 稳定性强，不对粮食的品质产生影响；④ 价格经济，使用方便。此外，防霉剂必须通过相关管理部门的安全性验证，才能用于原粮中。要达到上述要求往往很困难，因此化学保藏一般只作为特定条件下的短期储藏措施或临时抢救措施。目前有关粮食的防霉剂的研究和应用，主要有物理防霉剂、化学防霉剂、生物源防霉剂三种类型。

（1）物理防霉剂

Ag、Zn、Cu等金属离子及其氧化物具有抗菌功能，通常利用合适的载体来缓释这种抑菌物质，以达到抑菌效果。如将纳米氧化锌负载在沸石、天然膨润土中，可明显提高纳米氧化锌的抗菌性能。其中膨润土纳米氧化锌复合体对黄曲霉毒素、呕吐毒素、赭曲霉毒素等多种霉菌毒素都具有较好的吸附效果；但防霉剂中的天然膨润土、沸石等载体对粮食中营养成分也具有吸附作用，从而降低了粮食、饲料等的利用价值。将纳米银抗菌剂添加到包装膜材料中，与聚乙烯包装材料相比，对黄曲霉菌的生长抑制率提高了23.3%，该包装材料不仅具有防霉、延长货架期的作用，对食品的色泽、口感等也没有影响。

（2）化学防霉剂

20世纪60年代，我国用于化学防霉的熏蒸剂曾有氯化苦、溴甲烷、焦亚硫酸钠等药剂，但这些药剂存在诸多缺点，现已不采用，目前主要利用磷化氢（PH_3）进行化学熏蒸储藏。

PH_3是一种高效熏蒸剂，通常由磷化物（AlP、Ca_3P_2、Zn_3P_2）水解生成，具有很好的抑菌防霉效果。根据粮食部门的经验，为了保证防霉效果，粮堆内PH_3的浓度应保持在不低于$0.2g/m^3$。

作为拌合剂的化学药剂，主要是有机酸（如丙酸、苯甲酸和山梨酸以及它们的钠盐或钙盐）、食盐、多氧菌素等，用于临时抢救高水分的稻谷、小麦、油菜籽等，也取得了一定的抑菌防霉效果。

丙酸型防霉剂由于具有安全高效、抑菌谱广的特点，已在粮食和饲料等行业中被广泛应用。但市场上的丙酸大多是化学方法合成，污染严重，且对合成设备要求高，使得丙酸价格比较高。

（3）生物源防霉剂

生物源防霉剂具有来源丰富、绿色安全、高效等优点，在食品、农产品和中药材等防霉中已有应用。迄今为止，生物源防霉剂主要来源为植物。

植物中含有大量的化合物，其中脂肪族类、芳香族类和萜类等化合物具有抑菌、抗病毒、抗肿瘤等功效。通过溶剂提取、蒸馏和超声提取等方法将植物中生物活性物质进行提取，形成油状且具有挥发性的化合物精油。精油来源广泛，主要有香辛料、中草药、果蔬、野生植物、曲酸、食用菌等。目前，对植物精油应用的热点主要集中在香辛料和中草药中。研究表明，精油是通过降低细胞质膜中麦角甾醇的含量、线粒体ATP酶活性、琥珀酸脱氢酶及苹果酸脱氢酶等酶活性而起到抑菌或杀菌的目的。由于大部分植物精油来自药材或食材，对人体的危害小。因此将植物精油作为防霉熏蒸剂，是一种安全、高效的生物源防霉剂，在粮食的天然保鲜、防霉等方面具有重要的开发价值。但也存在价格高、有强烈刺激性气味的缺点。

5. 辐照防霉

电子束辐照灭菌杀虫技术近几年在国内外兴起并应用，受到多国科学家青睐，在食品行业应用十分广泛。选用合适的辐照剂量对拟储藏的粮食进行辐照处理具有明显的效果。辐照技术属于物理加工的范畴，不需要添加任何化学试剂，也不用担心农药残留，同时，它又是冷加工的一种，不会引起食品的温度上升，可以保持粮食原有的品质。10kGy剂量下辐照粮食，就能使细菌总数减少至10^3CFU/g，5kGy就能杀死粮食中大部分的霉菌。目前，六十多个国家都在进行辐照技术研究，已有四十多个国家正式批准了二百多种辐照食品标准。

二、粮堆发热霉变处理方法

（一）粮食发热霉变的原因分析

储粮之所以能够发热，必须有某些不正常因素，如仓房条件差，仓外强烈照射，特别是阳光直射，导致粮食发热；仓房上漏下潮或雨水浸湿，引起粮食发热；粮仓各部位温差过大，粮堆结露引起发热；或粮堆水分通过湿热扩散而转移引起粮堆发热；害虫活动猖獗，引起粮食发热；但最主要的是粮食原始水分大，温度适宜微生物大量繁殖，导致粮食发热。

1. 水分高

水分高的粮食在夏季高温、高湿季节里，发热是普遍现象。一般粮堆温度在20～30℃，相对湿度在80%～85%时，微生物、仓虫十分活跃，水分高、湿度高，发热就快。

2. 粮堆滋生的害虫产生热

粮堆温度和湿度达到一定程度时（一般害虫最适宜繁殖的温度在20～25℃，粮堆湿度在80%以上），适合于仓虫孳生，特别是谷蠹、玉米象等害虫，除害虫本身对粮食危害外，还会引起粮堆温度升高，并常常伴随水分增加，而这又为微生物的活动提供有利条件，进而使粮温进一步升高，引起粮食发热霉变。对于干燥的粮食，在温度适合的情况下，害虫繁殖产生的热量是粮堆发热的主要原因。

3. 微生物的繁殖

微生物一般附着在粮粒上，遇到适宜的温、湿度，便开始在粮粒上生长繁殖，使粮堆内湿度增大，当粮温上升到25～35℃，相对湿度达到90%以上时，微生物繁殖加快。微生物本身不能制造养料，而要利用粮食中的营养维持其生命活动，从而造成干物质消耗。微生物虽小，但在大量繁殖时，伴随着呼吸作用，产生和散发出的热量相当大，微生物的活动是导致粮食发热的重要原因。

4. 杂质聚集

由于粮仓大，粮面高，使用机械入库时，易出现自动分级现象，形成大量的轻型杂质和不完善粒的集聚区，这些集聚区含水量高，吸湿性大，生理活动旺盛，容易使粮食返潮，造成湿热聚积，引起害虫及微生物的滋生。杂质集聚区孔隙度小，机械通风阻力大，有效通风受到影响，在熏蒸处理时，药剂渗透困难，影响杀虫效果，进而容易引起粮食霉变发热。

5. 粮食自身的呼吸和后熟作用

新收获的小麦，粮食籽粒呼吸旺盛以完成后熟作用，在新陈代谢过程中，放出CO_2、水和热量，入库后出现粮温升高和水分增加的现象，若未及时采取措施，会造成粮食发热。

6.干湿不均匀

入库时由于检验把关不严，将部分高水分粮混入粮堆，往往会引起粮堆局部发热霉变，甚至影响整个粮堆。

7.粮堆过高

粮堆超过装粮线高度，因仓库房檐口低，给储粮通风造成不便，产生的热量积聚在粮堆中，特别是夏季入库的粮食，粮温不易下降，仓内积热不易排出，从而加剧粮食发热。

8.大气温度的影响

由于粮食导热性差，在气温上升季节，粮温上升速度缓慢，并且由表层渐入内部，在较短的时间内，粮温的变化滞后于仓温和气温的变化，有利于储粮保管，但粮温一旦受到仓温、气温的影响之后，粮堆表层30～70cm处因散温较慢，引起呼吸旺盛，使粮温快速增高，造成粮食发热。在秋冬季节，粮面温度下降快，粮堆中的热空气流动到粮温低的粮面时，热空气中的水汽就会凝结在粮面上，导致结露。

（二）粮食发热霉变的处理

储粮的发热霉变，一经发现应及时处理，并根据发热霉变的原因、范围和程度，确定相应的措施。如因粮食潮湿而引起的，最根本的措施是要进行干燥处理，如烘干、晾晒或机械通风、降水、降温。因杂质多或害虫活动而引起的粮食发热，应结合干燥进行清理杂质及害虫处理。如发热部位害虫集中，应进行熏蒸杀虫。

1.扒沟法消除粮堆上层发热

粮堆表面（粮面5～30cm），由于季节变化引起粮食水分增加；粮堆表层与仓温、气温或堆内温差过大，形成结露；或仓内湿度过大，粮堆表层吸湿，而引起粮堆上层发热，但粮堆中下层粮温正常。若外界温、湿度小于粮堆内温、湿度时，可采用扒沟自然通风降温、降水，扒沟的方向与风向相同，门窗开启，定时测定粮堆温度和粮食水分，它们降到安全值后即可；如果采用机械通风则利用压入式通风进行消除；如果粮食水分特别大，则通风效果达不到要求，可以将粮食直接倒出库外，摊晾暴晒降水；如果外界气温较高、湿度较大，粮堆水分也比较大时，可采用化学保藏，用磷化铝或臭氧熏蒸防霉处理；如在收获季节遇连续降雨无法降水时，可采用拌食盐、漂白粉、丙酸等缓解粮食发热，等到外界条件允许后，再进行降水处理。

2.摊晾法消除粮堆发热

由各种原因，造成粮堆发热霉变，而且粮食水分特别大时，或因为仓顶漏雨、仓壁和地坪渗水返潮，湿粮混入形成粮堆局部水分增加，或粮食发热比较严重，可采取直接将粮食倒出库外进行摊晾降温降水，同时压盖密闭仓内水分较小的粮堆以防下层结露。摊晾法消除粮堆发热需要外界天气晴朗，摊晾地面应是干燥清洁的水泥地面，并定时测定粮食水分，降到安全值后即可重新入仓。如摊晾的粮食已经霉变，应及时抢救和分类处理。

3.发热霉变粮堆的机械通风降温

如果是粮堆局部发热霉变，则采用排出式通风，单管或多管风机通风降湿热。也可用吸粮机翻仓、倒仓或仓外处理，对由自动分级造成的高杂区则要用风车或溜筛除杂；如果是垂直发热，则要将粮食扒离墙面或柱子，并通过自然或机械通风散湿散热。

4. 发热霉变粮堆局部挖掘机处理

专利产品局部挖掘机主要由机头和挖掘管组成（图7-1）。挖掘管有1m和2m两种规格，可根据挖掘深度选择挖掘管，对粮堆中的发热点进行挖掘，将发热粮挖掘到粮面进行散湿散热或进行其他有效处理。挖掘管前端设置进粮口、后端设置出粮口，还包括轴向贯穿于进粮管的绞龙，绞龙包括沿进粮管轴向设置的绞龙轴，绞龙轴上设置螺旋形的绞龙叶片，绞龙延伸出进粮口形成绞龙头，下管快速，挖掘效率高。

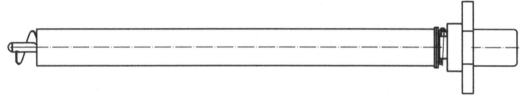

图7-1 粮堆局部挖掘机示意图

三、粮食发热霉变的检测及预测预警

做好粮食发热的预测预报，及早发现问题，及时处理，是防止储粮发热导致损失的重要工作。粮食霉变的检测及预测预警，主要依据是粮食微生物数量、区系演替规律、储粮物理性状和生理生化及粮情变化情况，测定和分析与粮食质量有关的项目和指标。其目的是在粮食霉变之前或变质之初，能通过对有关指标测定结果的分析，来评价储粮状况和安全度，若发现异常症状和现象，则可作出早期预测预报，以便采取相应措施及时处理，防止粮食霉变的发生和发展，以确保粮食品质及其储藏的稳定性。

（一）粮食霉变检测

通过定期连续采样检查，根据关键指标检测结果的变化，可以反映粮食霉变情况。

1. 直接检测法

直接检测粮食的微生物数量和菌相的变化是最为直观、准确的方法。一般常规储藏的粮食微生物数量随着储存期的延长而减少，菌相由田间微生物向储藏微生物变化。

国家食品安全标准中对于霉菌的检测方法采用平板菌落计数法。平板菌落计数是将样品稀释液在特定培养基中培养，根据培养基中孢子萌发形成菌落的数量，进行微生物检测。它的优点是可较准确获得样品中微生物生长和菌相信息。缺点是操作烦琐，需专业人员在无菌条件下进行操作，试验周期长（一般需要5～7天），工作量大，目前在粮库中应用还有困难。

微生物学分析法还包括测定粮粒内部菌的变化、测定霉菌孢子负荷量、测定小麦皮下菌丝密度值、镜检粮粒表面霉菌生长状况等。

测定霉菌孢子负荷量是一种早期的快速粮食霉变检测方法。该方法是将样品稀释液在显微镜下直接观察，计数霉菌孢子的数量，进行微生物检测。它的优点是无需无菌环境，检测操作简单、快速、灵敏度高，单个样品检测时间为3～5min。缺点是有些失活的霉菌孢子也计算在内。但因其操作简单，已有部分粮库应用。

2. 间接检测法

通过测定粮食微生物生长过程中微生物自身组成成分或其代谢产物等间接反映粮食霉菌

的情况。主要包括真菌酶类、细胞特定成分、可挥发性物质、真菌的呼吸代谢物等。

（1）真菌酶类测定

粮食霉菌生长过程中可形成初级代谢物生物酶类，这些酶主要有淀粉酶、脂肪酶、过氧化氢酶等，根据检测样品中酶活性值大小，来判定微生物的生长情况。由于粮食中存在其他微生物，粮食自身也可能有这些酶，采用这种方法进行储粮霉菌的检测，存在一定的干扰。

（2）细胞特定成分测定

粮食霉菌细胞特定成分测定主要包括细胞壁多糖类、麦角甾醇、ATP。大量研究表明，这些细胞特定成分与霉菌生长在一定条件下有良好的相关性，不足之处是操作较为复杂、需要大型分析仪器。在粮食储藏企业中应用较为困难。

（3）挥发性化合物测定

储粮过程中霉菌的生长会产生一些挥发性羟基类、醛基类、羧基类物质，这些可挥发性物质与储粮真菌生长有一定相关性，但由于成分复杂，检测需要大型分析仪器，实际应用存在一定困难。近年来，一些传感技术的应用，使这方面研究逐渐成为一个新的热点。这项技术用于储粮霉变检测，样品无需前处理，是一种快速、"绿色"的仿生检测仪器。但这项技术尚处于研究阶段，有一些技术难点尚待解决，如检测指标与真菌生长的相关性、检测灵敏度及仪器成本等问题。

（4）霉菌呼吸代谢物测定

储粮霉菌呼吸代谢过程中，会消耗氧气，释放出大量的 CO_2、水和热量。利用真菌呼吸原理进行储粮真菌检测，已有很多相关报道。① 氧气的检测。储粮环境中，通过检测氧气消耗量，实现对真菌活动的监测，从理论上是可行的，但由于大气中氧气含量高，干扰大，一般很少采用这种方法进行储粮霉菌的监测。② 热量的检测。储粮过程中霉菌生长，会引起粮堆温度升高，通过检测粮温的变化，可间接地反映粮食中霉菌活动情况。目前，国内外粮情检测多采用这种方法，它的优点是操作简单、设备成本低，可实现对粮仓远程和实时监控。我国粮食仓储企业均采用这套粮情监测系统。这种方法仍存在明显缺陷：一是由于粮食属于不良导体，热传递速度慢，采用这种方法检测霉菌活动存在严重的滞后现象；二是储粮中有些霉菌生长较慢，用现有的测温方法无法检测出粮温变化；三是环境因素影响较大。③ CO_2 的检测。环境中 CO_2 的体积分数为 0.03%，有人类或其他生物活动的环境，CO_2 浓度略高一些。在常规储粮条件下，霉菌的呼吸强度比粮食本身要高 10 多倍，因此，通过检测粮堆中 CO_2 浓度，可间接反映粮堆中霉菌活动情况。

（二）粮食发热霉变预测预报

上述直接或间接检测方法是基于霉菌已经生长实现检测。随着研究手段发展和信息技术的进步，基于粮食霉变的基础数据进行数据分析建模，即可通过输入环境条件变化对粮食霉变进行预测，将储粮安全监测端口前移，对减少粮食损失、保障储粮安全意义重大。

目前行业新兴起了温湿气多参数粮情检测技术，其中气体主要指粮堆 CO_2 浓度。通过检测粮堆中温湿气的变化规律，可实现对粮堆霉变等生物危害的早期监测预警。

1. 基于BP神经网络的霉变预测

利用MATLAB的神经网络工具箱建立应用于粮食霉变预测的BP神经网络和稻谷在给定含水量、温度、储藏时间的条件下是否会发生霉变的预测模型，并通过华北地区实仓数据验证由实验数据得到的BP神经网络在实际应用中所能达到的准确程度，为实际粮食储藏过程中的霉变情况的预测提供了一种新的手段。

2.基于支持向量机的霉变预测

采用支持向量机（SVM）算法，并通过网格搜索优化参数，分别建立了稻谷和小麦霉变的预测分类模型，以判定在给定水分、温度和储藏时间的条件下是否会发生霉变。同时该研究采取不同规模的小样本训练建模，并与BP神经网络模型进行对比，基于SVM的模型准确率高且表现稳定，明显优于BP神经网络模型。

3.基于回归模型的霉菌数量预测

粮食储藏过程中霉菌的生长受多种因素的影响。多元线性回归是一种常用的数理统计方法，可实现多个自变量的最优组合对因变量影响的预测。利用MATLAB软件对1140组稻谷模拟储藏的温度、水分、时间及霉菌孢子数取自然对数后的数值进行多元线性回归拟合，检验、分析多个自变量对因变量的综合线性影响的显著性，建立了多元线性回归模型。用于稻谷储藏霉菌孢子数量的预测模型：

$$y = \exp(-20.787+0.157x_1+0.027x_2+1.683x_3)$$

其中，y表示霉菌孢子数，个/g；x_1表示储藏温度，℃；x_2表示储藏时间，d；x_3表示稻谷的含水量百分比。

在实际仓储环境中，由于粮堆体积大，环境温、湿度的变化，与实验室模拟的储藏条件差异较大，模型的预测结果会存在一定的偏差。因此，通过大量实仓验证，优化模型的算法，形成新的动态预测模型，模型预测的准确率得到进一步提高。在这个模型的基础上，配合实仓检测的温、湿度及CO_2数据，开发了储粮霉变早期监测预警装置。经第三方检测，温、湿度及CO_2关键指标检测结果满足应用要求；经实仓应用，评价验证了霉变早期监测预警的效果，实现了在粮堆发热霉变前1～2个月发现真菌生长，做到早检测、早发现、早处理，把危害控制在萌芽状态，为后续及时处置争取时间，有效减少因霉菌危害造成的粮食损失。

第八章
微生物引起的食品腐败变质与防控

第一节　食品的腐败变质

食品腐败变质是指食品受到各种因素的影响，导致其原有物理或化学性质发生变化，进而降低或失去营养价值和商品价值的过程。例如果蔬的腐烂和鲜肉的腐臭等。能够引起食品腐败变质的原因主要有物理因素、化学因素和生物因素。物理因素如机械损伤和放射性元素污染等；化学因素如氧化和酶的作用等；生物因素如微生物、昆虫和寄生虫污染等。其中，微生物污染引起的食品腐败变质较为常见，且对食品品质的影响较大，因此微生物引起的食品腐败变质问题是食品微生物学领域的一个重要研究内容。

一、微生物引起食品变质的基本条件

食品在加工、储藏以及流通过程中难免会被空气、水、加工设备和人员所携带的微生物污染，同时食品原材料中也会存在一定种类和数量的微生物，但是微生物污染食品及原料后，是否导致食品腐败还与微生物的种类和数量相关，只有腐败菌达到一定数量后才会导致食品腐败变质。因此只有当外部条件适合微生物生长繁殖，才会引起食品腐败。微生物的种类和数量、食品本身的性质、食品所处的外部环境等都与腐败有着密切的关系，对食品的腐败变质均具有重要的影响。

（一）微生物的来源与种类

1.微生物的来源

（1）土壤

土壤是微生物良好的生存场所，土壤素有"微生物的天然培养基"之称。在自然界中，土壤中的微生物种类和数量最多，其中细菌数量所占比例达到70%～90%，此外还有放线菌、霉菌、酵母菌。细菌主要有需氧型的芽孢杆菌（如枯草芽孢杆菌、蜡样芽孢杆菌、巨大芽孢杆菌）、厌氧型的芽孢杆菌（如肉毒梭状芽孢杆菌、腐败梭状芽孢杆菌）、腐生型的球菌及非芽孢杆菌（如大肠杆菌）等。不同土壤中微生物的种类和数量差异很大，通常土壤越肥沃，土壤中微生物的数量越多。此外，分布于空气、水和人及动植物体内的微生物也通过各种途径传入土壤中。

（2）水

水体中含有天然的无机和有机物质，是适合微生物生存的天然环境，同时也是食品加工的必需物质。水以江、河、湖、海等形式广泛分布于自然界中，水中生活着种类丰富、数量繁多的微生物。但是由于不同水域的营养物质、温度、含盐量、溶氧量等条件差别很大，因此微生物的种类和数量也大不相同。一般干净的淡水河湖中，有机物含量少，主要分布硫细菌、铁细菌以及具有光合作用的蓝细菌等自养型细菌；而在一些有机物含量高的水域中，主要分布变形杆菌属、大肠杆菌、产气肠杆菌和产碱肠杆菌属等腐生型细菌，易引起水域中微生物的大量繁殖造成水体的污染。海水中由于含有盐类，所以海水中主要是一些嗜盐微生物如假单胞菌属、黄杆菌属、微球菌属、无色杆菌属、芽孢杆菌属和副溶血弧菌等。这些微生物不仅可以导致水产类食品的腐败，甚至还可以导致人患病。

（3）空气

由于空气中缺乏微生物生存必需的营养物质，且紫外线辐照强，因此空气本身并不是微生物良好的生存场所。只有一些耐干燥和耐紫外线辐照的革兰氏阳性球菌、芽孢杆菌属、酵母菌以及霉菌、放线菌的孢子和芽孢杆菌的芽孢较多。空气中的尘埃可以让微生物附着，尘埃的数量越多，则微生物的数量也会越多。尤其是人员密集的场所、屠宰场、养殖场等环境的空气中微生物数量和种类较多，空气中的微生物以气溶胶的形式存在，一些腐败菌和病原菌可以随空气传播，成为食品变质的污染源。

（4）生物

健康人体以及动物的皮肤、毛发、口腔、消化道、呼吸道均分布有大量的微生物，且当人或动物感染了病原微生物后，体内将会出现大量的病原微生物，这些微生物可以通过直接接触或通过呼吸道和消化道排出体外而污染食品。蚊、蝇及蟑螂等昆虫也携带大量的微生物，它们接触食品同样会造成微生物的污染。

（5）加工机械设备和包装材料

各种食品加工机械设备以及包装材料可被环境中的微生物污染，这些设备和包装材料如未经有效的清洗消毒处理，也可成为危害食品的污染源，导致食品在加工过程中及储藏和销售期间发生腐败变质。

2.微生物的种类

自然环境中导致食品腐败变质的微生物主要是细菌、酵母菌和霉菌，而细菌往往在腐败过程中占主要地位。根据代谢营养物质能力的不同，可将微生物分为分解糖类食品的微生物、分解蛋白质类食品的微生物和分解脂肪类食品的微生物。

（1）分解糖类食品的微生物

绝大多数细菌具有分解单糖或双糖的能力，如微球菌属、葡萄球菌属、乳杆菌属和假单胞菌等；细菌中具有分解淀粉能力的种类不多，其中只有少数菌种具有较强的分解淀粉的能力，如芽孢杆菌属的蜡样芽孢杆菌、巨大芽孢杆菌、枯草芽孢杆菌、马铃薯芽孢杆菌和淀粉梭状芽孢杆菌等可导致米饭酸败和面包的黏液化；某些细菌具有分解纤维素和半纤维素的能力，如芽孢杆菌属、梭状芽孢杆菌属和八叠球菌属的一些种类；此外还有一些菌属可以分解果胶，如芽孢杆菌属、欧文氏菌属、梭状芽孢杆菌属的部分菌株，可引起果蔬的酸败；还有少数细菌能够分解有机酸和醇类。

酵母菌一般适合在含糖量高的食品中生存，可利用单糖或双糖，但不能分解利用淀粉，能耐受高浓度的糖，导致蜂蜜、蜜饯等食品的腐败变质。极少数的酵母菌如脆壁酵母可分解果胶；但是多数酵母菌都具有分解有机酸的能力，因此酵母常常引起水果和果汁食品的腐败变质。

大多数霉菌具有分解简单糖类物质的能力，但是具有分解纤维素能力的霉菌种类不多，常见的主要有青霉属、曲霉属和木霉属中的几个种，如绿色木霉、里氏木霉和康氏木霉；另外还有一些霉菌如曲霉属、毛霉属、腊叶芽枝霉具有分解果胶的能力；曲霉属和毛霉属还具有利用简单有机酸和醇的能力。

（2）分解蛋白质类食品的微生物

细菌一般都可产生蛋白酶进而分解蛋白质，其中芽孢杆菌属、梭状芽孢杆菌属、假单胞菌属、变形杆菌属、链球菌属等对蛋白质的分解能力较强，该类细菌以食品中蛋白质为营养物质，迅速地生长繁殖导致食品腐败变质。而小球菌属、黄杆菌属、产碱杆菌属、大肠杆菌属等的蛋白质分解能力较弱。

大多数霉菌都具有较强的蛋白质分解能力，因霉菌可以产生多种蛋白酶，霉菌分解蛋白质的能力比细菌强，其中青霉、毛霉、曲霉、木霉和根霉等，尤其是沙门柏干酪青霉和洋葱曲霉具有快速分解蛋白质的能力。

大多数酵母分解蛋白质的能力较弱，食品中常见的酵母属、毕赤酵母属、汉逊氏酵母属、假丝酵母属和球拟酵母属可导致蛋白质的缓慢分解。

（3）分解脂肪类食品的微生物

一般来说，分解蛋白质能力强的细菌也具有较强的脂肪分解能力。细菌中分解脂肪能力较强的主要有假单胞菌属、无色杆菌属、黄色杆菌属、产碱杆菌属和芽孢杆菌属中的许多种，可通过产生脂肪酶导致脂肪分解成甘油和脂肪酸，最终导致食品腐败变质。

分解脂肪能力强的霉菌比细菌多，很多霉菌既能分解脂肪又能分解蛋白质和糖类，如曲霉属、芽枝霉属、白地霉、代氏根霉和娄地青霉等。

酵母菌一般分解脂肪的能力较弱，只有少数菌种具有较强的脂肪分解能力，如解脂假丝酵母，不能分解糖类，但是分解蛋白质和脂肪的能力很强。因此酵母也可能引起肉制品、乳制品等高蛋白和高脂肪食品的腐败变质。

（二）食品的基质特性

1.食品的营养成分

食品中富含蛋白质、糖类、脂肪、维生素和矿物质等营养成分，因此十分适合微生物的生长繁殖，食品中污染的微生物可分解代谢这些营养物质导致食品腐败变质。各种微生物分解代谢各种营养物质的能力不同，同一种营养物质被不同微生物利用的代谢途径也不尽相同，产生不同的末端代谢产物（表8-1），而且各种食品中的营养物质组成比例差别很大（表

8-2），因此引起食品腐败变质的微生物类群也不相同。一般来说，为了产生能量，微生物一般优先代谢单糖、双糖和大分子糖类化合物；其次是氨基酸、非蛋白类的含氮化合物、小肽和大分子蛋白质类物质；最后才是脂类物质。对于任何一种营养物质，小分子物质总比大分子物质（聚合物）优先被利用。例如荧光假单胞菌在葡萄糖含量有限的鲜肉中进行有氧代谢时，会优先利用葡萄糖，然后再利用游离的氨基酸和其他非蛋白类含氮化合物。如果这些满足不了它的生长繁殖，还会通过分泌胞外蛋白酶将肉中的蛋白质降解为小肽和氨基酸，用于代谢。甚至后续还可以通过分泌脂肪酶水解肉中的脂类物质产生脂肪酸供其生长繁殖。在同时含有大量糖类（乳糖）和蛋白质的食品中（如牛奶），微生物优先利用乳糖代谢产酸或产酸产气，如嗜热链球菌会产乳酸，明串珠菌属菌株会产酸产气。但是如果微生物不能利用乳糖（如假单胞菌属），就会利用非蛋白类含氮化合物和蛋白质类进行代谢生长。因此由于食品组分组成的差异，以及微生物代谢营养物质能力的不同，微生物导致食品腐败的方式也大不相同。

表8-1　一些微生物利用食品中营养成分产生的末端代谢产物

食物营养素	末端产物
糖类	二氧化碳、氢气、过氧化氢、乳酸、乙酸、甲酸、琥珀酸、丁酸、异丁酸、异戊酸、乙醇、丙醇、丁醇、异丁醇、双乙酰、乙偶姻、丁二醇、葡萄糖、果聚糖
蛋白质类物质和非蛋白类含氮化合物	二氧化碳、氢气、氨气、硫化氢、胺、酮酸、硫醇、有机二硫化物、腐胺、尸胺、粪臭素
脂类	脂肪酸、甘油、氢过氧化物、羰基化合物（乙醛、酮）、含氮碱基

表8-2　不同食品原料的营养组成比较　　　　　　　　　　　%

食品原料	蛋白质	糖类	脂肪
水果	2～8	85～97	0～3
蔬菜	15～30	50～85	0～5
鱼	70～95	少量	5～30
禽	50～70	少量	30～50
蛋	51	3	46
肉	35～50	少量	50～65
乳粉	29	38	31

2.食品pH值

根据食品pH值的不同，将食品分为酸性食品（pH值低于4.5）和非酸性食品（pH值高于4.5）。大多数水果、水果罐头、沙拉酱等都属于酸性食品；而大部分蔬菜以及常见的肉类、鱼类和乳类等动物性食品是非酸性食品（表8-3）。

食品pH值对微生物的生长具有重要影响，pH值可以影响微生物菌体细胞膜表面的电荷变化，导致微生物对某些营养物质的吸收受阻，最终影响微生物的生长代谢。每一种微生物都有最适生长的pH值，绝大多数细菌生长的最适pH值在7.0左右，当食品的pH值在5.5以下

表8-3　不同食品的pH值

动物食品	pH值	蔬菜	pH值	水果	pH值
牛肉	5.1～6.2	卷心菜	5.4～6.0	苹果	2.9～3.3
羊肉	5.4～6.7	花椰菜	5.6	香蕉	4.5～4.7
猪肉	5.3～6.9	芹菜	5.7～6.0	柿子	4.6
鸡肉	6.2～6.4	茄子	4.5	葡萄	3.4～4.5
鱼肉（多数）	6.6～6.8	莴苣	6.0	柠檬	1.8～2.0
蛤肉	6.5	洋葱（红）	5.3～5.8	橘子	3.6～4.3
蟹肉	7.0	菠菜	5.5～6.0	西瓜	5.2～5.6
牡蛎肉	4.8～6.3	番茄	4.2～4.3	无花果	4.6
小虾肉	6.8～7.0	萝卜	5.2～5.5	橙	3.6～4.3
金枪鱼	5.2～6.0	芦笋（花与茎）	5.7～6.1	李子	2.8～4.6

时，绝大部分食品腐败细菌的生长受到抑制，只有少数耐酸细菌可以生长，如乳酸菌、大肠杆菌和金黄色葡萄球菌等。但是霉菌和酵母可以在更低的pH值环境中生长，霉菌的最适生长pH值是3.0～6.0，酵母为4.0～5.8，所以酸性食品的腐败变质主要是由酵母菌和霉菌引起的。微生物的生长同时也会导致食品的pH值发生变化。有些微生物可以分解碳水化合物产酸，导致pH值降低；有些微生物可以分解蛋白质产生碱性物质，导致pH值升高。而微生物生长代谢导致的食品pH值变得过高或过低，又会抑制微生物的继续生长繁殖。这些变化主要与食品的组成成分和微生物的种类等密切相关。

3. 食品的水分

食品中的水活度范围为0.10～0.99。为了防止由微生物引起的食品腐败变质，研究表明A_w值在0.80～0.85之间的食品，一般保存期只有几天；A_w值在0.72左右的食品，保存期约为2～3个月；A_w值在0.65以下的食品，可以保存1～3年；而当食品的A_w值降低到0.60以下时，微生物基本上不能生长，可以实现食品长期保存。

（三）食品的环境条件

1. 温度

食品中绝大多数微生物属于兼性嗜冷微生物和嗜温微生物，适宜生长温度为20～45℃（表5-1），因此在此温度范围内，易导致食品发生腐败。食品冷藏可以抑制大多数微生物的生长，只有少数嗜冷微生物仍然可以生长繁殖，但导致食品腐败变质的速度也比较缓慢。甚至在−10℃以下仍有部分嗜冷菌可以正常生长繁殖，−18℃以下才可抑制所有酵母和霉菌的生长。嗜冷微生物的活动是导致冷藏和冷冻食品腐败变质的主要原因，这类微生物包括革兰氏阴性细菌中产碱杆菌属、嗜冷杆菌属、假单胞菌属、变形杆菌属和希瓦氏菌属以及革兰氏阳性细菌中的芽孢杆菌属、索丝菌属、微球菌属、链球菌属等。此外假丝酵母属、隐球酵母属、圆酵母等酵母和青霉属、芽枝霉属、毛霉属等霉菌是导致冷藏和冷冻食品腐败的真菌。这些嗜冷菌虽然可以在低温下生长，但是生长代谢一般较为缓慢，所以引起食品腐败变质的时间也较长。

嗜热微生物细胞内的酶和蛋白质耐热性强，细胞膜上富含疏水键强的饱和脂肪酸，使细胞膜可以在高温下保持稳定，因此在高温条件下由于嗜热微生物的代谢速度快，导致食品腐败变质的时间也短。这些嗜热细菌主要是芽孢杆菌属、类芽孢杆菌属、梭状芽孢杆菌属、环状脂肪酸芽孢杆菌属和高温厌氧杆菌属等的一些菌种，在超过45℃的高温条件下，可以正常生长繁殖进而引起食品腐败变质。

2.湿度

空气湿度对食品的A_w和微生物的生长繁殖均有影响，尤其是未包装的食品，食品很容易从空气中吸收水分导致食品表面的A_w增加。当食品表面A_w增加到一定程度后便适合微生物的生长繁殖。因此食品表面易被霉菌、酵母和某些细菌污染导致腐败变质。未包装的食品必须贮存在空气湿度较低的环境中。水分活度较高的食品放在湿度较小的环境中，食品的A_w会降低到与周围环境平衡为止。这种环境虽然可以降低食品腐败的概率，但由于失水会导致食品品质变差，在选择贮存条件的湿度时，既要考虑食品的腐败变质也要考虑保持食品原有的品质。

3.气体

环境中的气体成分对微生物的生长具有重要的影响。O_2是需氧微生物生长的必需条件，有氧条件下，需氧微生物会快速生长繁殖导致食品腐败变质。无氧条件下，厌氧和兼性厌氧微生物也可导致食品腐败变质，但是相对于好氧微生物的作用，变质速度较慢。O_2同时还与果蔬的呼吸作用、维生素氧化、脂肪酸酸败等密切相关。在低氧条件下，可以控制上述反应，防止食品腐败变质。此外，CO_2是抑制食品中微生物生长的重要的气体，CO_2分子可能通过渗入细胞与水形成碳酸钙镁盐，破坏细胞内的钙镁平衡，导致钙镁敏感的蛋白质形成沉淀，微生物的生长被抑制。因此可以通过调节食品贮藏环境的气体成分和浓度控制食品的腐败变质。

二、食品腐败变质的过程

食品腐败变质是以食品本身的组成和性质为基础，在环境因素的影响下，主要由微生物作用所引起的，是微生物、环境因素、食品本身三者互为条件、相互影响、共同作用的结果。食品腐败变质的过程实质上是食品中糖类、蛋白质和脂肪的分解变化过程。其程度因食品种类、微生物种类和数量及环境条件的不同而异。例如新鲜肉类、鱼类的后熟，粮食、水果的呼吸等可以引起食品成分的分解、食品组织溃破和细胞膜碎裂，为微生物的广泛侵入与作用提供条件，最终导致食品的腐败变质。

（一）食品中糖类的分解

食品中的糖类包括纤维素、半纤维素、淀粉、糖原以及双糖和单糖等，糖类含量较多的食品主要是粮食、蔬菜、水果及糖类制品。在微生物及动植物组织中的各种因素作用下，这些组成成分可发生水解并顺次形成低级产物，如单糖、醇、醛、酮、羧酸直至CO_2和水。这种以糖类为主的分解常称为发酸或酵解，其主要变化指标是酸度升高。根据食品种类不同也表现为糖、醇、醛、酮含量升高或产气（CO_2）。例如酵母、细菌可利用糖类生成乙醇、高级脂肪酸和CO_2；耐高渗酵母利用糖类会产生甘油；乳酸菌利用糖类发酵产生乳酸；醋酸杆菌发酵产生乙酸；丙酮丁醇梭状芽孢杆菌发酵产生丙酮等。水果中果胶可被曲霉属、毛霉属、腊叶芽枝霉等产生的果胶酶分解，并可使含果胶酶较少的新鲜果蔬软化。

$$糖类 \xrightarrow{\text{分解糖类的微生物}} 有机酸+乙醇+气体等$$

（二）食品中蛋白质的分解

肉、蛋、鱼和豆制品等富含蛋白质食品的腐败，主要以蛋白质分解为特征。蛋白质被微生物分泌的蛋白酶及肽酶作用，首先被分解成多肽及氨基酸，氨基酸再通过脱羧基、脱氨基和脱硫等作用进一步分解成相应的胺类、有机酸和各种碳氢化合物。不同氨基酸分解产生的腐败胺类和其他物质各不相同，甘氨酸产生甲胺，鸟氨酸产生腐胺，精氨酸产生色胺进而分解成吲哚，含硫氨基酸分解产生硫化氢、氨和乙硫醇等。胺类物质、NH_3 和 H_2S 等具有特异的臭味，是蛋白质腐败产生的主要臭味物质。

$$食品中蛋白质 \xrightarrow[\text{或组织蛋白质酶}]{\text{微生物蛋白质酶}} 多肽 \xrightarrow{\text{肽酶}} 氨基酸 \xrightarrow[\text{脱氨基、脱硫等作用}]{\text{脱羧基作用}} 氨+胺+硫化氢等$$

1.氨基酸脱氨和脱羧反应

（1）脱氨反应

在氨基酸脱氨反应中，通过氧化脱氨生成 α-酮酸与羧酸，直接脱氨则生成不饱和脂肪酸，若还原脱氨则生成有机酸。例如：

$$RCH_2CHNH_2COOH(氨基酸)+O_2 \longrightarrow RCH_2COCOOH(\alpha\text{-}酮酸)+NH_3$$
$$RCH_2CHNH_2COOH(氨基酸)+O_2 \longrightarrow RCOOH(羧酸)+NH_3+CO_2$$
$$RCH_2CHNH_2COOH(氨基酸) \longrightarrow RCH=CHCOOH(不饱和脂肪酸)+NH_3$$
$$RCH_2CHNH_2COOH(氨基酸)+H_2 \longrightarrow RCH_2CH_2COOH(有机酸)+NH_3$$

（2）脱羧反应

氨基酸脱羧基生成胺类；有些微生物能脱氨、脱羧同时进行，通过加水分解、氧化和还原等方式生成乙醇、脂肪酸、碳氢化合物和氨、CO_2 等。例如：

$$CH_2NH_2COOH(甘氨酸) \longrightarrow CH_3NH_2(甲胺)+CO_2$$
$$CH_2NH_2(CH_2)_2CHNH_2COOH(鸟氨酸) \longrightarrow CH_2NH_2(CH_2)_2CH_2NH_2(腐胺)+CO_2$$
$$CH_2NH_2(CH_2)_3CHNH_2COOH(精氨酸) \longrightarrow CH_2NH_2(CH_2)_3CH_2NH_2(尸胺)+CO_2$$
$$C_6H_9N_3O_2(组氨酸) \longrightarrow C_5H_9N_3(组胺)+CO_2$$
$$(CH_3)_2CHCHNH_2COOH(缬氨酸)+H_2O \longrightarrow (CH_3)_2CHCH_2OH(异丁醇)+NH_3+CO_2$$
$$CH_3CHNH_2COOH(丙氨酸)+O_2 \longrightarrow CH_3COOH(乙酸)+NH_3+CO_2$$
$$CH_2NH_2COOH(甘氨酸)+H_2 \longrightarrow CH_4(甲烷)+NH_3+CO_2$$

2.胺的分解

食品腐败生成的胺类通过细菌的胺氧化酶被分解，最后生成氨、CO_2 和水。过氧化氢通过过氧化氢酶被分解，同时，醛也经过酸再分解为 CO_2 和 H_2O。

$$RCH_2NH_2(胺)+O_2+H_2O \longrightarrow RCHO+H_2O_2+NH_3$$

3.硫醇的生成

硫醇是通过含硫化合物的分解而生成的。例如，甲硫氨酸通过甲硫氨酸脱硫醇脱氨基酶，进行如下的分解作用。

$$CH_3SCH_2CHNH_2COOH(甲硫氨酸)+H_2O \longrightarrow CH_3SH(甲硫醇)+NH_3+CH_3CH_2COCOOH（\alpha\text{-}酮酸）$$

4. 甲胺的生成

鱼、贝、肉类的正常成分三甲胺氧化物可被细菌的三甲胺氧化还原酶还原生成三甲胺。此过程需要有可使细菌进行氧化代谢的物质（有机酸、糖、氨基酸等）作为供氢体。

$$(CH_3)_3NO+NADH_2 \longrightarrow (CH_3)_3N+NAD^+$$

（三）食品中脂肪的分解

一般称脂肪变质为酸败。食品中脂肪的变质一方面是脂肪的自身氧化，由于脂肪中的不饱和烃链被空气中的氧所氧化，生成过氧化物，过氧化物继续分解产生低级的醛和羧酸，继而产生不愉快的气味。另一方面是脂肪的水解，在微生物分泌的解脂酶或紫外线、水分、金属离子等的作用下食物中的中性脂肪分解成甘油和脂肪酸。脂肪酸可断链形成具有不愉快气味的酮类或酮酸，不饱和脂肪酸的不饱和键位置还可形成过氧化物，脂肪酸也可再分解成具有特殊气味的醛类和醛酸，这些气味即所谓的"哈喇"味。这就是食用油脂和含脂肪丰富的食品发生酸败后感官性状改变的原因。但油脂酸败的化学反应未完全阐明。

1. 油脂自身氧化

油脂的自身氧化是一种自由基（游离基）氧化反应，主要经过三个阶段。起始阶段：脂肪酸在热、光线、紫外线或铜、铁等因素的作用下氧化产生不稳定的自由基 R·、H·。传播阶段：自由基与 O_2 生成过氧化物自由基，循环往复不断氧化生成新的自由基。终结反应：在抗氧化物的作用下，自由基消失，氧化过程终结，产生一些相应的产物。在这一系列的氧化过程中，主要的生成产物有氢过氧化物、羟基化合物（如醛类、酮类、低分子脂肪酸、醇类、酯类等）以及脂肪基聚合物、缩合物（如二聚体、三聚体）等。

2. 脂肪水解

脂肪酸败也包括脂肪的加水分解作用，如在细菌解脂酶的作用下生成游离脂肪酸、甘油及其不完全分解的产物，如甘油一酯、甘油二酯等。

$$C_3H_5(OOCR)_3(油脂)+3H_2O \longrightarrow C_3H_5(OH)_3(甘油)+3RCOOH(游离脂肪酸)$$

$$RCH_2CH_2COOH(饱和脂肪酸)+O_2 \longrightarrow RCHOHCH_2COOH(醇酸)$$

$$RCHOHCH_2COOH(醇酸) \longrightarrow RCOCH_3(甲基酮)+CO_2$$

脂肪自身氧化以及加水分解所产生的复杂分解产物，使食用油脂或食品中脂肪具有明显特征：先是过氧化值上升，这是脂肪酸败最早期的指标，其次是酸度上升，羰基（醛酮）反应阳性；脂肪酸败过程中由于脂肪酸的分解引起固有的碘价（值）、凝固点（熔点）、密度、折光指数、皂化价等也发生变化，产生脂肪酸败所特有的"哈喇"味；肉、鱼类食品脂肪的超期氧化变黄，鱼类的"油烧"现象等也常被作为油脂酸败鉴定中较为实用的指标。

食品中脂肪及食用油脂的酸败程度，受脂肪的饱和程度、紫外线、氧、水分、天然抗氧化剂以及铜、铁、镍离子等催化剂的影响。油脂中脂肪酸不饱和度、油料中动植物残渣等，均有促进油脂酸败的作用；而油脂的脂肪酸饱和程度、维生素C、维生素E等天然抗氧化物质及芳香化合物的含量高时，则可减缓氧化和酸败。

三、食品腐败变质的鉴定

食品一旦受到微生物的污染后，在适宜的条件下很快就会腐败变质。食品的腐败变质一般主要从感官、物理、化学、微生物这四方面进行鉴定。

（一）感官鉴定

食品感官鉴定是通过人的感觉，主要包括视觉、嗅觉、味觉、触觉对食品腐败变质进行鉴别的一种方法。即通过眼观、鼻嗅、口尝以及手触等方式对食品腐败时产生的腐败臭味、颜色的变化（褪色、变色、着色、失去光泽等）、出现组织变软等现象进行鉴定，判断是否发生腐败。食品腐败变质一般最直接表现在感官性状上，因此通过感官鉴定判断食品是否发生腐败变质是简单易行、直观准确的。

1. 色泽

食品的色泽是评价食品品质的重要因素。不同食品显现出不同的颜色，并常与食品的新鲜度或煮熟程度密切相关。当食物被微生物污染后，一些微生物可以代谢产生色素，色素的积累会导致食品本身的颜色发生改变，如食品腐败时常出现红色、褐色、黄色、绿色、紫色等颜色。此外，微生物代谢产生的代谢产物也会导致食品的色泽发生变化，例如肉及肉制品的绿变就是微生物代谢过程中产生硫化氢与血红蛋白结合形成硫化氢血红蛋白所引起的。

2. 气味

食品的正常气味是人们是否接受食品的一个决定因素。气味也与食品的新鲜程度密切相关。有时食品的轻微腐败变质用仪器分析法不易检查出变化，但是通过嗅觉鉴定却可以发现。例如新鲜鱼肉发生轻微的腐败变质时理化指标变化不明显，但是灵敏的嗅觉可以察觉到异味的产生。微生物一旦污染食品导致食品腐败变质时，会产生难闻的异味。例如微生物分解利用肉中的糖类和蛋白质，会产生氨、三甲胺、硫化氢、乙酸、粪臭素等具有腐臭气味的代谢产物，通过嗅觉可判断食品发生腐败。但是食品腐败变质的腐臭味道常常是多种臭味混合到一起的，比如硫化氢臭、氨臭、粪臭、霉臭味等。但水果和蔬菜腐败变质时会产生有机酸和酯类，具有芳香味，并不是臭味。因此鉴定食品是否腐败变质不能完全以香味和臭味来区分，而是应该按照正常气味和异常气味来判定。

3. 口味

微生物造成食品腐败变质时常引起食品口味的变化。这些改变中比较容易分辨的是酸味和苦味。一般糖类含量多的食品，变质初期的主要特征是产酸。对于原来酸味就高的食品，如番茄制品，微生物造成酸败时，酸味稍有增高，辨别起来就有点困难。另外，某些假单胞菌污染消毒乳后可产生苦味；蛋白质被大肠杆菌、小球菌等作用也会产生苦味。此外，变质食品还可产生多种异味。食品腐败变质后是不适合食用的，因此目前口味的评定主要借助于电子舌等仪器设备进行分析。

4. 组织状态

液态食品由于微生物的繁殖导致变质后，常出现浑浊、沉淀、浮膜、变稠等现象，例如牛奶因微生物产的凝乳酶以及代谢乳糖产酸的作用导致蛋白质凝固，出现凝块、絮状物、变稠等现象，有时还会产气。固体食品变质时，动植物组织在微生物酶的作用下，组织细胞破坏，造成细胞内容物泄漏，食品即出现变形、软化，如苹果变软，鱼肉类食品出现肌肉松弛、弹性和硬度降低。由于微生物代谢可产黏性多糖类物质，有时食品组织会出现发黏等现象。

（二）化学鉴定

微生物以食品组分为营养物质进行生长代谢导致食品腐败变质，同时引起食品组分发生变化产生多种腐败性产物如氨、胺类等，因此，可以通过测定这些物质的含量判定食品的腐败程度。一般氨基酸、蛋白质类等含氮高的食品，如鱼、虾、贝类及肉类，在有氧条件下发生腐败时，常以测定挥发性盐基氮含量的多少作为评定腐败的化学指标；对于含氮量少而含糖类丰富的食品，在缺氧条件下则经常以测定有机酸的含量或pH值的变化作为评定腐败的指标。

1. 挥发性盐基总氮

挥发性盐基总氮指肉、鱼类样品浸液在弱碱性条件下能与水蒸气一起蒸馏出来的总氮量，主要反映的是氨和胺类（三甲胺和二甲胺）的量，常用蒸馏法或Conway微量扩散法定量。例如一般在低温有氧条件下，鱼类挥发性盐基氮的量达到30mg/100g时，即认为发生了变质。

2. 三甲胺

在挥发性盐基总氮构成的胺类中，主要是三甲胺，是季铵类含氮物经微生物还原产生的。可用气相色谱法进行定量，或者三甲胺制成碘的复盐，用二氮乙烯抽取测定。新鲜鱼虾等水产品、肉中没有三甲胺，初期腐败时，其量可达 $4 \sim 6mg/100g$。

3. 组胺

鱼贝类可通过细菌分泌的组氨酸脱羧酶使组氨酸脱羧生成组胺而发生腐败变质。当鱼肉中的组胺达到 $4 \sim 10mg/100g$，就会引起食用者发生变态反应样的食物中毒。组胺通常用圆形滤纸色谱法（卢塔-宫木法）进行定量。

4. K值（K value）

K值是指ATP分解的肌苷（HxR）和次黄嘌呤（Hx）产生的低级产物占ATP系列分解产物ATP+ADP+AMP+IMP+HxP+Hx的百分比，K值主要适用于鉴定鱼类早期腐败。若 $K \leqslant 20\%$，说明鱼体绝对新鲜；$K \geqslant 40\%$ 时，鱼体开始发生腐败。

5. pH值的变化

伴随着食品的腐败，其pH值会发生变化。尤其是含糖类高的食品，通过细菌发酵产酸，导致pH值降低。一些腐败细菌可以通过代谢含氮有机物产生氨导致食品pH值升高。一般腐败开始时食品的pH值略微降低，随后上升，因此多呈现"v"字形变动。例如牲畜和一些青皮红肉的鱼在死亡之后，肌肉中因糖类代谢，造成乳酸和磷酸在肌肉中积累，引起pH值下降，其后因腐败微生物繁殖，肌肉被分解，造成氨积累，促使pH值上升。因此通过测定pH值的变化可以反映食品腐败变质的程度。但由于食品的种类、加工方法不同以及污染的微生物种类不同，pH值的变动有很大差别，所以一般pH值只作为初期腐败的指标。

（三）物理鉴定

食品腐败的物理指标包括食品的浸出物量、浸出液的电导率、质构等，主要是由于微生物分泌的酶可将大分子物质分解，导致小分子物质增多，通过测定食品的浸出物量、浸出液的电导率、质构等指标可在一定程度上反映食品腐败变质的程度。比如鲜肉开始腐败后，电导率增加，硬度和弹性降低。

（四）微生物检验

对食品进行微生物菌量的测定，可以反映食品被微生物污染的程度以及是否发生变质，同时它也是判定食品生产的一般卫生情况以及食品卫生质量的一项指标。

第二节　各类食品的腐败变质

不同的食品由于所含营养成分差别很大，腐败相关的优势微生物种类和腐败的特征也不相同。

一、肉类的腐败变质

（一）肉类中的微生物

畜禽类的新鲜肉以及内脏中含有多种腐败菌，主要包括假单胞菌属、芽孢杆菌属、不动杆菌属、莫拉菌属、希瓦氏菌属、产碱杆菌属、气单胞菌属、埃希氏菌属、肠杆菌属、沙雷氏菌属、哈夫尼菌属、变形杆菌属、索丝菌属、肠球菌属、乳杆菌属、明串珠菌属、肉食杆菌属、梭菌属等。酵母菌和霉菌主要包括假丝酵母菌属、丝孢酵母菌属、交链孢霉属、曲霉属、芽枝霉属、毛霉属、根霉属、青霉属等。此外可能还有多种致病菌如沙门氏菌、李斯特氏菌、金黄色葡萄球菌和布鲁氏杆菌等。肉中的主要腐败微生物的种类和数量取决于肉中可利用的营养成分、含氧量、储藏温度、pH值、储藏时间等。为了有效控制微生物引起的腐败，生鲜肉一般在冷藏条件下储藏（≤5℃）。因此，生鲜肉中的优势腐败微生物主要是嗜冷菌。在冷藏销售的过程中，由于假单胞菌的繁殖速度快，常常成为优势腐败菌，先代谢葡萄糖再代谢氨基酸产生带有恶臭味的甲硫醚、酯类和酸。在CO_2气调包装的生鲜肉中，兼性厌氧的热杀索丝菌容易成为优势腐败菌，尤其在pH值大于6.0时可以快速生长繁殖，通过代谢葡萄糖产生乙酸，代谢亮氨酸和缬氨酸产生异戊酸和异丁酸，形成异味。低温兼性厌氧菌和厌氧菌可导致真空包装的肉制品发生不同类型的腐败。异型乳酸发酵的肉色明串珠菌可以利用葡萄糖产生CO_2和乳酸导致包装中有气体和液体（来自异型乳酸发酵的明串珠菌产生的乳酸等）存在。腐败希瓦氏菌可代谢氨基酸（尤其是半胱氨酸）产生大量的甲硫醚和硫化氢，不仅气味刺鼻，硫化氢还将肌红蛋白氧化成正铁肌红蛋白，使肉变成绿色。兼性厌氧的肠杆菌属、沙雷氏菌属、变形杆菌属和哈夫尼菌属在肉中代谢氨基酸可产生胺、氨气、甲基硫化物和硫醇导致腐败变质。由于胺和氨气的生成，肉通常变为碱性，颜色变为粉色或者不正常的红色。为了减少生鲜肉的腐败，必须要控制生鲜肉中的初始微生物数量。健康的动物的血液、肌肉和内部组织器官中一般是无菌的，主要是在屠宰、运输、加工、贮藏、销售过程中污染了微生物。因此要严格控制各个环节中的环境卫生和温度，降低初始微生物数量，延缓生鲜肉的腐败变质。

（二）鲜肉的腐败变质过程

健康畜禽的血液、肌肉和组织器官中通常是不存在微生物的，主要是畜禽胴体在屠宰、分割、运输、销售的过程中污染了环境中的微生物，因此在肉体表面存在一定数量的微生物。如果肉体及时存放于通风干燥处，肉体表面的肌膜和浆液会形成一层薄膜，可以阻止微生物入侵，从而延缓微生物引起的鲜肉腐败变质。

一般0℃左右的低温贮藏环境可以保持鲜肉10天不变质。一旦温度升高，肉体表面的微生物便会迅速生长繁殖，其中细菌的繁殖速度最快，细菌会沿着结缔组织、血管周围或骨与肌肉的间隙蔓延到组织内部，最后导致整个肉变质。此外，刚屠宰后的胴体有活性酶的存在，可以导致肌肉组织内部产生自溶作用，促使蛋白质分解产生蛋白胨和氨基酸，因此进一步促进了微生物的生长。随着变质过程的发展，细菌由肉的表面逐渐向内部侵入，同时细菌的种类也发生变化，呈现菌群交替现象。这种菌群交替现象一般分为3个时期，即需氧菌繁殖期、兼性厌氧菌繁殖期和厌氧菌繁殖期。

需氧菌繁殖期：腐败分解的前3～4天，细菌主要在表层蔓延，最初主要是各种球菌，然后大肠杆菌、变形杆菌和枯草芽孢杆菌等微生物开始生长。

兼性厌氧菌繁殖期：腐败分解3～4天后，细菌已经在肉的中层出现，能见到产气荚膜杆菌等微生物的生长。

厌氧菌繁殖期：在腐败分解的7～8天后，肉的深层部位已有细菌生长，主要是腐败厌氧菌。

这种菌群的变化主要与肉的保藏温度密切相关，当肉的保藏温度较高时，杆菌的繁殖速度比球菌快。

（三）肉类变质的现象和原因

1. 发黏

微生物在肉表面大量繁殖后，有黏状物产生，这是微生物繁殖后所形成的菌落以及微生物分解蛋白质的产物，主要由革兰氏阴性细菌、乳酸菌和酵母菌所产生。有时需氧的芽孢杆菌和小球菌等也会在肉表面形成黏状物，拉出如丝状，并有较强的臭味。当肉的表面有发黏、拉丝现象时，其表面含菌数一般已达$10^7 CFU/cm^2$。

2. 变色

肉类腐败变质，常在肉的表面出现各种颜色变化，最常见的是绿色，主要是蛋白质产生的硫化氢与肉中血红蛋白结合后形成的硫化氢血红蛋白引起的，一般积累于肌肉和脂肪表面，呈暗绿色。有时肉表面还会出现不同颜色的斑点，则是由产不同色素微生物导致的。如黏质赛氏杆菌在肉表面产生红色，深蓝色假单胞杆菌产生蓝色，黄杆菌产生黄色，有的酵母可产生白色、粉红色和灰色等斑点。

3. 霉斑

肉体表面有霉菌生长时，往往会形成霉斑。特别是一些干腌肉制品，更为多见。如美丽枝霉和刺枝霉在肉表面可产生羽毛状菌丝；白色侧孢霉和白地霉产生白色霉斑；草酸青霉产生绿色霉斑；腊叶芽枝霉在冷冻肉上产生黑色斑点。

4. 气味

肉体腐烂变质，除上述肉眼观察到的变化外，通常还伴随一些异常或难闻的气味，如微生物分解蛋白质产生氨气和硫化氢等产生恶臭味；某些脂肪分解菌可以分解脂肪产生不良气味；在乳酸菌和酵母菌的作用下产生挥发性有机酸的酸味；霉菌生长繁殖产生的霉味等。

二、鱼类的腐败变质

（一）鱼类中的微生物

与畜禽一样，健康的鱼类肌肉和内部组织是无菌的，但是鱼体表面的黏液、鱼鳃和肠道内存在着大量微生物。一般鱼类腐败微生物的类型和数量主要与鱼类的种类以及生长环境密切相关。存在于鱼类的腐败菌主要包括假单胞菌属、不动杆菌属、莫拉菌属、黄杆菌属等革兰氏阴性好氧菌以及希瓦氏菌属、产碱杆菌属、弧菌属等兼性厌氧的杆菌。另外气单胞杆菌、芽孢杆菌、棒状杆菌等也有报道。一般在有氧条件下，嗜冷性的假单胞菌经常成为新鲜鱼类冷藏时的优势腐败菌；在真空包装或者 CO_2 气调包装条件下，乳酸菌（包括肠球菌）会成为优势腐败菌。革兰氏阴性杆菌首先通过代谢非蛋白类含氮物（游离氨基酸、氧化三甲胺和肌酐）产生具有陈腐味、鱼腥味以及腐烂味等不良气味的挥发性化合物如氨气、三甲胺、组胺、腐胺、尸胺、吲哚、硫化氢、二甲基硫醚、乙酸、异戊酸等。同时一些菌株可分泌蛋白酶将鱼类蛋白分解产生氨基酸供腐败菌进一步分解代谢。咸鱼由于含盐量高，一般容易被嗜盐细菌如玫瑰微球菌、盐地赛氏杆菌、红皮假单胞菌等引发腐败。罐装鱼制品（沙丁鱼、金枪鱼等）由于经过热杀菌一般属于商业无菌产品，但是嗜热的芽孢菌容易导致其腐败。

（二）鱼类的腐败变质

鱼类一旦死亡后，由于体内自溶酶的作用、不饱和脂肪酸氧化以及体表和肠道微生物的快速生长繁殖，新鲜的鱼肉很容易腐败变质。此外鱼体由于本身含水量较高（70%～80%），且体表黏液是微生物天然的培养基，鱼体组织脆弱，鱼鳞容易脱落，微生物容易从体表进入体内，因此，鱼体死亡后，微生物是导致鱼类快速腐败变质的主要原因。

（三）鱼类的腐败变质过程

新鲜鱼类腐败变质首先是体表细菌生长繁殖，引起鱼体表面黏液和眼球浑浊并失去光泽，鱼腥变恶臭，鱼眼和鱼鳃由红色变为暗红色，眼球周围结缔组织被分解，鱼眼塌陷，浑浊无光；然后表面组织被分解导致肌肉松弛，表皮磷与皮肤相连的结缔组织被分解，甚至造成鱼鳞脱落；此外，由于肠道内细菌大量繁殖产气，腹部膨胀，肛门、肠管脱出，胃肠道溶解消失成糊状，肝脏被分解产生恶臭；最后腐败菌进一步侵入，分解肌肉组织，使鱼肉组织丧失弹性，甚至出现肌肉与鱼骨分离的现象，达到严重腐败阶段。一旦察觉鱼体腐败，鱼体的菌落数可达 $10^8 CFU/g$，pH值可升高至 7～8，挥发性盐基氮可达 30mg/100g 左右。

三、乳类的腐败变质

乳来源于不同的哺乳动物，是被广泛食用的动物性食品。不同来源的乳如牛乳、羊乳、驼乳等，其成分虽然各有差异，但都含有丰富的营养物质，因此微生物一旦污染乳类，就会迅速生长繁殖引起乳类的腐败变质。

（一）鲜牛乳的腐败变质

正常情况下，新鲜挤出的牛乳均含有一定数量的微生物，微生物主要来自乳房和环境。来自健康牛的牛乳，所含微生物数量通常少于10^3CFU/mL。牛乳房内含有的正常菌群主要为小球菌属和链球菌属，被称为乳房细菌。如果牛一旦患有乳房炎，引起乳房炎的乳房链球菌、化脓棒杆菌、无乳链球菌、金黄色葡萄球菌等也会导致牛乳被污染。另一方面，挤乳过程中以及牛乳贮藏过程中环境微生物的污染也是导致牛乳腐败的重要原因。牛乳中微生物的种类与数量与牛体的卫生情况、牛舍和挤乳设备的洁净程度密切相关。此外，新鲜挤出的牛奶，如不及时加工或冷藏不仅会增加新的污染机会，而且会使原来存在于鲜乳中的微生物增殖，这样很容易导致鲜乳变质。牛乳中的主要糖类是乳糖，因此可产生乳糖水解酶的微生物生长更具有优势。细菌、酵母和霉菌都可导致鲜牛乳腐败变质，但是一般以细菌为主。刚挤出的牛乳如果立即进行冷藏处理，引起腐败的细菌主要包括假单胞菌属、产碱杆菌属、黄杆菌属以及大肠菌群的一些种类。假单胞菌属细菌虽然不能代谢乳糖，但可以代谢蛋白质，改变其正常风味，产生苦味和腐臭味。此外假单胞菌属细菌还可产生热稳定的脂肪酶导致乳脂肪被分解，产生挥发性脂肪酸，如丁酸、癸酸、己酸等。可利用乳糖的大肠菌群利用乳糖可产生乳酸、乙酸、甲酸、CO_2和H_2等导致凝乳、产生泡沫和牛乳的酸化等。一些产碱杆菌和大肠菌群还能产生胞外多糖导致牛乳变黏稠和拉丝。

新鲜挤出的牛乳没有立即进行低温贮藏，一些中温的微生物如乳酸杆菌、乳链球菌、肠球菌、微球菌、芽孢杆菌、梭菌、假单胞菌、变形杆菌等可以生长。分解乳糖的微生物占优势，如乳链球菌和乳酸杆菌生长产生大量酸导致pH值降低，其他微生物生长受到抑制，此时鲜牛乳的变质主要表现为牛乳的凝固和酸化。存在于鲜乳中的霉菌包括酸腐节卵孢霉、乳酪节卵孢霉、腊叶芽枝霉、灰绿青霉等，其中以酸腐节卵孢霉最为常见。酵母菌主要为脆壁酵母和球拟酵母属内的一些种。

（二）巴氏杀菌乳的腐败变质

鲜牛乳经过巴氏杀菌后一些耐热的细菌如微球菌、肠球菌、棒杆菌、链球菌、芽孢杆菌和梭菌的芽孢仍可以存活。这些耐热微生物的生长繁殖可以导致巴氏杀菌乳的腐败变质。巴氏杀菌乳一般在冷藏条件下贮藏销售，因此嗜冷的芽孢杆菌如蜡样芽孢杆菌是其腐败的优势菌，在生长过程中可产生卵磷脂酶水解脂肪球膜的磷脂，导致脂肪球聚集。低温性的芽孢杆菌和一些乳酸菌可产生凝乳酶导致巴氏杀菌乳的凝固。

（三）乳粉的腐败变质

乳粉属于干燥的乳制品，一般水分含量在5%以下，大部分微生物难以正常生长繁殖。乳粉中的微生物主要来源于原料乳，原料乳的污染程度直接影响奶粉中微生物的种类和数量。虽然奶粉生产经过高温浓缩（50～60℃）和喷雾干燥过程（80～90℃），但是一些嗜热的微生物以及芽孢仍会残留。随着贮藏时间的延长，一些不良的贮藏条件（如环境湿度大，产品密封不严导致吸湿）会促进微生物的生长繁殖引起乳粉出现结块、发黏，产生酸败味（脂肪分解味）等最终导致乳粉腐败变质。

四、禽蛋的腐败变质

（一）禽蛋中的微生物

新鲜的禽蛋一般是无菌的。蛋壳外层存在蜡状的壳膜，外壳内还有一层壳膜，同时蛋壳膜和内部蛋白中存在溶菌酶（导致细菌细胞壁的裂解）和蛋白酶抑制剂，形成了鸡蛋自身的防御机制，可以有效抑制微生物的生长，一定程度上可以防止微生物的入侵。但是鸡蛋在放置的过程中容易受到禽类身体上以及环境中微生物的污染，适宜条件下，细菌以及霉菌的菌丝可通过蛋壳上的气孔进入鸡蛋内部，鸡蛋中含有大量的水分以及丰富的蛋白质和脂肪，可作为大多数微生物的营养来源，因此只要温度适宜，微生物便可快速生长繁殖导致鸡蛋腐败变质。一般污染禽蛋导致腐败的细菌主要有假单胞菌属、不动杆菌属、变形杆菌属、气单胞菌属、产碱杆菌属、埃希氏菌属、微球菌属、沙门氏菌属、沙雷氏菌属、黄杆菌属、葡萄球菌属等。常见污染禽蛋的霉菌主要有青霉属、毛霉属、单孢枝霉属、枝孢霉属等。

（二）鲜蛋的腐败变质

微生物污染禽蛋首先在禽蛋表面生长，然后再侵入禽蛋内部。一般蛋黄中的细菌数量要高于蛋清，主要是因为蛋清中溶菌酶含量更高。细菌首先使蛋黄膜破裂，蛋黄挤出与蛋白混合（即散蛋黄）。如果进一步发生腐败，蛋黄中的核蛋白和卵磷脂也被分解。产生具有恶臭的 H_2S 等气体和其他具臭味的有机化合物，使整个内含物变为灰色或暗黑色。这种黑色腐败一般由变形杆菌、假单胞菌和气单胞菌所致。假单胞菌尤其是荧光假单胞菌可以导致禽蛋绿色蛋白的产生形成绿色腐败；黏质沙雷氏菌和玫瑰微球菌等可以产生红色素导致红色腐败；假单胞菌、产碱杆菌、不动杆菌可以导致无色腐败；除此之外，变形杆菌是引起冻状腐败的直接原因。而霉菌引起的腐败一般是霉菌菌丝通过蛋壳气孔侵入气室内，气室内的空气非常有利于霉菌生长成斑点菌落，造成蛋液粘壳，蛋内成分分解，并产生霉变味，对着光可以看见菌丝体从内部开始生长。青霉属和枝孢霉属是导致禽蛋霉菌腐败的最主要的霉菌。青霉一般形成蓝绿色菌斑，枝孢霉属一般产生黑色菌斑。有些细菌也会导致禽蛋出现发霉的现象，如香叶假单胞菌和变形杆菌属。

五、果蔬的腐败变质

（一）新鲜果蔬的腐败变质

新鲜水果和蔬菜中的微生物主要来自其生长环境和加工贮藏中的土壤、空气和水。新鲜水果和蔬菜表面有一层蜡状物保护层，微生物很难入侵到内部，因此，健康的果蔬内部是无菌的，但是受到外力损伤或者鲜切的水果蔬菜中微生物可以快速地生长繁殖导致腐败变质。

蔬菜中平均含水量约为88%，糖类的含量平均约为8.6%，因此蔬菜非常适合霉菌、酵母和细菌的生长。蔬菜较高的含水量以及适宜的pH值范围尤其适合腐败性细菌的生长，所以细菌一般是导致蔬菜腐烂变质的主要微生物。导致蔬菜腐败变质的细菌主要有欧文菌属、果胶杆菌属、假单胞菌属、黄单胞菌属、芽孢杆菌属和梭菌属等。一些腐败细菌如果胶杆菌属可以产生果胶酶破坏蔬菜的表皮组织，其他腐败细菌就可以直接进入组织内部分解糖类导致蔬菜腐败变质。另外霉菌污染也是导致蔬菜腐败的常见原因。常见的导致蔬菜腐败变质的霉菌有青霉、曲霉、链格孢霉、灰霉、腊叶芽枝霉、匍枝根霉等。

新鲜水果的糖类含量较高，平均含量达到13%，水分含量平均约为85%，与蔬菜相比，水果的水分含量略少，但是糖类含量更高。但是水果的pH值一般为4.5甚至更低，低于一般微生物的最适生长pH值，因此水果最初腐败时很少有细菌参与。而酵母菌和霉菌较适合在酸性条件下生长，因此一般霉菌和酵母是水果腐败的优势菌，常见的主要有青霉属、根霉属、链格孢霉属、灰霉属、曲霉属、酵母菌属、假丝酵母属、球拟酵母属、汉逊酵母属等。此外少数耐酸的细菌如乳酸菌、醋杆菌、葡糖杆菌等也可以导致水果的腐败变质。由于酵母菌的生长速度要显著高于霉菌，因此通常情况下，水果初期腐败主要是由酵母的活动导致的。酵母菌利用糖发酵生成酒精和CO_2。许多霉菌可利用酒精为能量来源，分解多糖等大分子化合物。

微生物导致的果蔬腐败变质最常见的现象是由于微生物的生长繁殖，果蔬出现深色的斑点，组织变得松软、发绵，逐渐变成浆糊液状甚至是水状，并伴随着产生各种异味如酸味、芳香味、酒味、腐臭味等。

（二）果蔬汁的腐败变质

引起果汁变质的微生物：水果原料带有一定数量的微生物，在果汁制造过程中，不可避免地还会受到微生物的污染，因而果汁中存在一定数量的微生物，但微生物进入果汁后能否生长繁殖，主要取决于果汁的pH值和果汁中糖分含量的高低。由于果汁的pH值多在2.4～4.2之间，因而在果汁中生长的微生物主要是酵母菌、霉菌和极少数的细菌。

酵母菌是果汁中含有的数量和种类最多的一类微生物，它们是鲜果中带来的或是在压榨过程中环境中存在的，酵母菌能在pH＞3.5的果汁中生长。果汁中的酵母菌主要有假丝酵母属、圆酵母属、隐球酵母属和红酵母属。此外，苹果汁保存于低CO_2气体中时，常会见到汉逊氏酵母菌生长，此菌可产生具水果香味的酯类物质；柑橘汁中常出现越南酵母菌、葡萄酒酵母、圆酵母属和醭酵母属的酵母菌，这些菌是在加工过程中污染的。浓缩果汁由于糖度高、酸度高，能够生长的主要是一些耐渗透压的酵母菌如鲁氏酵母菌、蜂蜜酵母等，大部分细菌的生长受到抑制，但是脂环酸芽孢杆菌属的酸土脂环酸芽孢杆菌可导致低pH值浓缩果蔬汁的腐败变质。

霉菌引起果汁变质时会产生难闻的气味。果汁中存在的霉菌以青霉属最为多见，如扩展青霉、皮壳青霉，其次是曲霉属的霉菌，如构巢曲霉、烟曲霉等。主要因为霉菌的孢子具有较强的抵抗力，可以较长时间保持活力。但是霉菌一般对CO_2敏感，因此可以充入CO_2防止霉菌的生长。

果汁中的细菌主要是植物乳杆菌、乳明串珠菌和嗜酸链球菌。它们可以利用果汁中的糖、有机酸生长繁殖并产生乳酸、CO_2等和少量丁二酮、3-羟基-2-丁酮等香味物质。乳明串珠菌可产生黏多糖等增稠物质而使果汁变质。当果汁的pH＞4.0时酪酸菌容易生长而进行丁酸发酵。

六、罐藏食品的腐败变质

罐藏食品是将食品原料经一系列处理后，装入容器，经密封、杀菌而制成的一种特殊形式保藏的食品。一般来说，罐藏食品可保存较长时间而不发生腐败变质。罐藏食品的两个要素是罐藏容器的密封性和商业无菌。如果杀菌不彻底或密封不良，也会由于微生物的活动而造成罐藏食品的腐败变质。热处理虽然可杀死罐装食品中存在的微生物，然而一些腐败菌的芽孢以及肉毒梭状芽孢杆菌的芽孢更耐热，有时可以在商业无菌热处理后保持活力，一旦温度适宜，便会萌发生长，导致罐藏食品腐败变质，甚至导致食用者食物中毒。

引起罐藏食品腐败变质的微生物通常分为嗜热芽孢菌、中温芽孢菌、非芽孢菌、酵母菌和霉菌。

1.嗜热芽孢菌

引起罐藏食品腐败的细菌主要是嗜热芽孢菌，嗜热芽孢菌可以引起多种形式的食品腐败如平酸腐败、TA腐败和硫化物腐败。

（1）平酸腐败

平酸腐败是指一类罐听不发生膨胀，即产酸不产气的腐败，一般由芽孢杆菌属的菌引起，该类菌统称为平酸菌。主要是平酸菌利用糖类产酸不产气，导致产品风味发生改变并产生浑浊。平酸菌包括中温菌、兼性嗜热菌和专性嗜热菌，大多数为兼性厌氧菌。最主要的平酸菌是嗜热脂肪芽孢杆菌，属于专性嗜热菌，耐热性极强，可在65℃左右生长，主要导致中酸和低酸性罐头食品的平酸腐败。酸性罐头主要由凝结芽孢杆菌导致平酸腐败，其属于兼性嗜热菌，能在45℃以上的高温中生长，是番茄制品中常见的腐败菌。

（2）TA腐败

TA菌是一类能够分解糖产酸产气的专性嗜热、产芽孢的厌氧菌，是不产硫化氢的嗜热厌氧菌（thermophilic anaerobe）的缩写，主要在中、低酸性罐头中生长产生H_2和CO_2，但不产生硫化氢，造成胀罐同时伴有酸味和干酪样臭味。TA菌最主要的是嗜热解糖梭状芽孢杆菌，通常引起芦笋、蘑菇等蔬菜类罐头食品的产气腐败变质。

（3）硫化物腐败

硫化物腐败主要是由革兰氏阴性厌氧芽孢杆菌——致黑梭状芽孢杆菌引起。该菌专性嗜热，分解糖的能力很弱，主要通过分解氨基酸产生硫化氢，与罐头中的铁反应生成黑色的硫化亚铁，沉积于内壁或食品中，使食品呈黑色，并有臭味。主要导致豆类和玉米罐头等低酸性罐头发生腐败，也可见于鱼贝类罐头的腐败。

2.中温芽孢菌

中温芽孢菌的耐热性较差，但是由于加热不彻底，经高温处理后有部分芽孢可以存活下来。在随后的加工处理过程中，一旦温度适宜，芽孢就会萌发生长，从而导致罐藏食品的腐败变质。常见导致罐藏食品腐败的中温需氧芽孢菌主要有枯草芽孢杆菌、巨大芽孢杆菌、蜡样芽孢杆菌等，该类菌通过分解蛋白质和糖类产酸但是不产气体，主要引起低酸性的水产和肉类罐头的平酸腐败。多黏类芽孢杆菌和浸麻芽孢杆菌可以发酵糖，除产酸外还产气体，通常引起豆类、菠菜、芦笋、番茄等罐藏食品的胀罐腐败。还有一类中温厌氧的芽孢杆菌主要是丁酸梭菌、巴氏梭菌、肉毒梭菌、生孢梭菌等，可以分解肉类、鱼类、豆类、玉米等低酸性罐头中的蛋白质和糖类产生硫化氢、硫醇、吲哚、氨、粪臭素等具恶臭气味的化合物，并可以通过产CO_2和H_2等导致罐头胀罐腐败。其中肉毒梭菌是食品致病菌中耐热性最强的细菌，其产生的外毒素毒性强，因此在罐头食品杀菌中，常把杀死肉毒梭菌作为罐头食品杀菌条件的标准。

3.非芽孢菌

非芽孢菌一般耐热性较差，经高温处理后基本无法存活。一般罐头中非芽孢菌常常是罐头食品密封不良或杀菌温度过低所引起的。主要包括嗜热链球菌、粪链球菌、大肠杆菌、产气杆菌、变形杆菌、微球菌属、乳杆菌和微杆菌属的某些种类，这些细菌可以分解糖产酸，有的菌株还可以产气导致罐头胀罐腐败变质。

4.酵母菌

杀菌温度不足或者罐头密封不严是导致罐藏食品被酵母污染的主要原因。引起罐藏食品腐败变质的酵母菌主要是球拟酵母属、假丝酵母属、酵母属。酵母主要导致水果、果酱、糖浆以及甜炼乳等酸性或高酸性罐头食品产气腐败变质。酵母菌多为兼性厌氧菌，发酵糖产酸产气，导致内容物风味改变，出现浑浊、沉淀，最终造成腐败胀罐。

5.霉菌

霉菌是需氧菌，因此当罐头密封不严时会出现霉菌污染。霉菌主要导致 pH 值低于 4.5 的酸性食品发生腐败，如酸性的果酱、果冻、水果罐头等。通常导致罐藏食品腐败变质的霉菌主要有曲霉属、青霉属、柠檬酸霉属、纯黄衣霉等。尤其是纯黄衣霉和雪白丝衣霉耐热性非常强，能形成菌核，还可以在低氧条件下发酵水果蔬菜中的果胶成分产生 CO_2 导致罐藏食品胀罐腐败变质。

第三节　食品腐败变质的防控

食品的腐败变质主要由微生物的生长繁殖以及氧化、内源酶的作用所引起，因此食品腐败的防控就是要使用一种或者多种方法联合控制食品储藏的环境条件，控制或杀灭食品中的微生物，防止食品营养成分的氧化和抑制酶的活性。

一、食品腐败变质的防控方法

食品腐败变质的防控是现代食品加工需要解决的主要问题之一。因为食品在生产、流通和销售过程中，保证一定时期内食品的品质稳定是影响食品商品价值的关键因素。食品腐败变质的防控方法可以根据原理分为三大类，即物理方法、化学方法和生物方法。

（一）物理方法

环境温度、水分、氧等都是引起食品腐败的重要物理因素，因此食品的物理防腐是通过控制环境温度、气体或利用高压、辐照等抑制酶的活性以及微生物的生长达到减缓或抑制食品腐败变质的目的。目前常用的有低温和干燥等方法。

1.低温防腐

低温是利用低温技术将食品的温度降低并维持在低温（冷藏或冷冻）状态下以阻止食品腐败变质，延长食品的货架期。低温保藏不仅可以用于新鲜食品的防腐，也可以用于食品加工半成品和成品的防腐。低温是目前食品防腐应用最广泛的一种方法。低温防腐的食品根据是否冻结分为冷藏防腐和冷冻防腐。

冷藏温度范围一般为$-2 \sim 15℃$，其中$4 \sim 8℃$是常用的冷藏温度。冷藏条件下大部分微生物并没有停止生长，只是生长速率降低，因此食品的冷藏只能短时间控制食品的腐败变质，一般冷藏食品的储藏期从几天到数周，随冷藏食品种类的不同而有差异。

冷冻的温度范围为$-30 \sim -12℃$，最常用的冷冻温度是$-18℃$。冷冻温度下大部分微生物停止生长繁殖，部分出现死亡，只有少数微生物可缓慢生长。冷冻适用于食品的长期贮藏，贮藏期可长达几百天。但是食品在冻结过程中，除了微生物细胞损伤外，肉类和果蔬等生鲜食品的细胞也同样会发生部分损伤，一旦解冻后导致细胞内汁液外流，营养性成分流失，质构特性变差。

2. 干燥防腐

食品的干燥是将水活度降低到足以防止其腐败变质的水平，并保持此条件控制食品腐败的方法。微生物生命活动需要水分进行营养物质的运送，参与营养的新陈代谢和细胞内废物的排出。一旦水活度降低微生物便无法正常生长繁殖，最终死亡。干制食品的A_w值达到0.65（含水量12%～14%以下）才较为安全。食品干燥常用的方法主要有：自然干燥、机械加热干燥、喷雾干燥、减压蒸发和冷冻干燥等。

（1）自然干燥

自然干燥是一种低成本的方法，利用太阳热量或者自然风的流动将食品中的水分除去。谷物、水果、蔬菜、鱼类、肉类等都可以采用这种方法进行干燥，但是自然干燥耗时较长，腐败和致病性细菌、酵母和霉菌在干燥过程中可能会生长。

（2）机械加热干燥

机械加热干燥主要是利用机械加热对食品进行干燥，干燥温度可控，根据食品种类和性质的不同，干燥时间从几秒钟到几小时。机械加热干燥分为接触干燥、空气对流干燥。接触干燥指将食品放到加热表面（平板、滚筒等），干燥所需要的热量通过热传导的方式传给食品。接触加热面通常不是水分的蒸发面，而食品的水分蒸发取决于开放面的气化作用，而气化速度又取决于加热面的温度和食品的厚度，因此为了加速热的传递和水汽的迁移，接触干燥过程中可使食品处于运动状态。空气对流干燥是让空气自然地或强制性地对流循环实现对食品的干燥，可以实现对食品的快速干燥。根据处理温度和时间的不同，一部分微生物在干燥过程中死亡，另一部分在储藏的过程中由于食品中水活度不适合生长，也会慢慢地死亡。但是在干燥和储藏的过程中，细菌的芽孢和霉菌的孢子大多能存活并保持活力。

（3）喷雾干燥

喷雾干燥是将液态或浆质态的食品喷成雾状液滴，然后在热空气中进行脱水干燥的过程，干燥后的产品为粉末状。一般液体在喷雾干燥之前，要经过蒸发、反渗透、冷冻等方式进行浓缩处理。喷雾干燥只适用于能够喷成雾状的液体如牛乳、蛋液、咖啡浸液、果蔬汁、调味料等，因此应用具有一定的局限性。

（4）冷冻干燥

冷冻干燥通常先将食品原料冻结到共晶点温度以下，使水分变成固态的冰，然后在适当的温度和真空度条件下，使冰升华成水蒸气，最后使食品干燥脱水。与自然脱水和机械干燥相比，通过冷冻干燥的食品，其热敏性物质和营养成分的损失很小，可以保持其原有的香气、色泽、营养和味道；同时由于干燥过程在真空下进行，食品中易氧化的成分得到了有效保护。但是由于真空条件下食品的传热效率降低，导致干燥的时间较长，能耗较大，因此生产成本较高，可达热风干燥的5～7倍，因此冷冻干燥一般应用于高档食品的生产加工。果汁、咖啡、肉类、海鲜、水果、蔬菜等都可以用冷冻干燥进行加工。

（二）化学方法

食品的化学防腐是指在食品的生产加工过程中使用化学物质保持或提高食品的品质和延长食品的货架期，与物理方法相比，具有简单、方便的优点。化学防腐通常可控制和延缓微生物的生长或短时间内延缓食品的化学变化。食品化学防腐主要包括气调防腐和使用防腐剂等。

1.气调防腐

气调防腐是指采用不同于大气组成的混合气体置换包装食品周围的空气，并利用包装材料的透气性和阻气性，使食品始终处于特定气体环境中，抑制食品的腐败变质，达到延长货架期的目的。一般将食品放入气调袋、气调库等充气空间内进行防腐。气调防腐主要采用的气体是CO_2、O_2和N_2，其中CO_2和O_2对食品中微生物生长影响较大。O_2可以抑制厌氧微生物的生长。低氧和无氧虽然可以抑制食品的氧化变质和需氧微生物的生长繁殖，但是新鲜牛肉和猪肉等含有肌红蛋白的食品会失去鲜红的色泽，所以一般含有肌红蛋白的生鲜食品，常将环境气体的氧含量提高到总组成的80%左右。CO_2主要是呼吸作用的产物，可以抑制果蔬的呼吸作用，防止果蔬的过度成熟，保持新鲜的品质。CO_2还可以破坏细胞膜，导致膜内pH值改变，影响细胞膜的功能，抑制酶的活性，最终抑制微生物的生长繁殖。但是如果CO_2浓度过高，会抑制果蔬组织脱氢酶系，导致品质变差。N_2作为惰性气体，既难溶于水也难溶于酸，对食品成分无直接影响，一般作为平衡气体添加，当N_2增加时，O_2含量便降低。虽然气调防腐可有效保持新鲜食品（果蔬、肉类等）的品质，但由于其不能完全有效地控制微生物的生长繁殖，因此为了延缓食品的腐败变质，气调防腐一般与低温结合使用。目前气调防腐已经在新鲜水果、蔬菜、鲜肉、熟肉制品、水产品、干制品、调理食品等领域得到了广泛的应用。

2.使用防腐剂

食品防腐剂是使用化学抗菌剂抑制微生物生长的防腐方法。食品防腐剂的抑菌机制主要是通过影响微生物的生长曲线，使微生物生长停止在缓慢增殖的延滞期，延长微生物的传代时间。一般防腐剂通过抑制呼吸代谢的酶系统、影响细胞膜功能等抑制微生物的生长繁殖。防腐剂主要分为无机和有机防腐剂两大类，其中常用的有山梨酸、山梨酸钾、苯甲酸、苯甲酸钠、二氧化硫、对羟基苯甲酸酯类、硝酸盐、亚硝酸盐等。

（1）山梨酸及山梨酸钾

山梨酸难溶于水，易溶于酒精，属于不饱和脂肪酸，久置于空气中易氧化变色。山梨酸钾易溶于水，因此食品中常用的是山梨酸钾。山梨酸及其钾盐的抑菌机制是与微生物代谢相关酶的巯基结合，从而抑制酶的活性，同时可以干扰电子传递链、影响微生物的能量代谢，最终抑制微生物的生长繁殖。山梨酸钾对食品中的霉菌、酵母和需氧性微生物具有明显的抑制作用，但是对梭状芽孢杆菌属以及嗜酸乳杆菌几乎无效。山梨酸钾的抗菌能力随着pH值升高而降低，一般pH值低于5～6时抑菌效果最佳。

（2）苯甲酸及苯甲酸钠

苯甲酸及苯甲酸钠是食品中最常用的防腐剂之一，苯甲酸稍微有安息香或苯甲醛的味道，又被称为安息香酸。苯甲酸在常温下难溶于水微溶于热水，易溶于乙醇、氯仿、丙酮等有机溶剂，在热空气中或酸性条件下易挥发。而苯甲酸钠在空气中稳定，极易溶于水，因此苯甲酸钠更常用。苯甲酸及其钠盐主要通过未解离的苯甲酸分子发生抗菌作用，未解离的苯甲酸亲油性强，容易通过细胞膜进入细胞内，有效抑制微生物呼吸酶系统，尤其是对乙酰辅酶A缩合反应具有较强的抑制作用，从而抑制能量代谢，最终导致微生物死亡。苯甲酸及其钠盐的抑菌效果依赖于食品的pH值。最适pH值范围2.5～4.0，在碱性条件下几乎没有抑菌作用。一般主要对酵母菌和霉菌具有较强的抑制作用，对大部分细菌的抑制效果较差，尤其是对乳酸菌和梭状芽孢杆菌属几乎无抑制作用。

（3）二氧化硫

二氧化硫又称为亚硫酸酐，在常温下是一种无色且具有强烈刺激气味的气体，对人体有害。易溶于水和乙醇，在水中形成亚硫酸。在食品生产中多采用二氧化硫用于水果蜜饯类、粉丝、水产干制品的熏蒸杀菌。由于二氧化硫具有强还原作用，可以抑制微生物体内生理代谢相关酶的活性，同时二氧化硫溶于水可形成亚硫酸，而杀灭微生物。当空气中二氧化硫浓度高于$20mg/m^3$时，对眼睛和呼吸道黏膜具有强烈的刺激，含量过高甚至会导致人窒息死亡。因此，使用二氧化硫对食品进行杀菌时要注意防护和通风管理。

（4）硝酸盐及亚硝酸盐

食品保藏中最常用的是硝酸钠和亚硝酸钠，硝酸钠和亚硝酸钠还具有发色作用，因此主要用于肉制品的加工。可以抑制食品中常见的金黄色葡萄球菌、大肠杆菌、假单胞菌等的生长，还可以有效抑制肉毒梭状芽孢杆菌、丁酸梭菌等耐热性芽孢的萌发和生长。抑菌机制是通过影响微生物体内代谢酶的活性、限制细菌对铁的利用、影响细胞膜的通透性等抑制细菌的生长繁殖。

3.使用抗氧化剂

食品抗氧化剂是将抗氧化剂添加于食品中延缓食品的氧化，以提高食品的品质并延长货架期的一种防腐方法。食品在运输和贮藏过程中容易与氧气发生反应导致食品出现褐色、变色、产生异味等现象，引起产品品质降低，因此可以通过添加抗氧化剂来预防和减缓食品氧化。目前常用的抗氧化剂主要有丁基羟基茴香醚（BHA）、二丁基羟基甲苯（BHT）、没食子酸丙酯（PG）、抗坏血酸钠、叔丁基对苯二酚、乙二胺四乙酸二钠等。食品的抗氧化剂种类繁多，抗氧化机理也不尽相同。抗氧化剂的抗氧化机理主要包括三个方面：① 清除自由基，抗氧化剂是优良的氢或中子的供体，将氢提供给自由基后，自身转化成自由基，但是它们可结合成稳定的二聚体类的物质；② 螯合金属离子，防止金属离子在脂类氧化中发挥催化作用；③ 和氧发生作用清除食品中的氧来延缓氧化反应的发生。

（三）生物方法

食品的生物防腐是指在食品的生产中添加天然食品防腐剂或通过发酵的方式保持或提高食品的品质并抑制腐败微生物的生长。有时也把生物方法划分到化学方法中。天然食品防腐剂主要包括动物源天然防腐剂、植物源天然防腐剂、微生物源天然防腐剂。发酵防腐包括乳酸发酵、乙醇发酵和醋酸发酵等。

1.动物源天然防腐剂

动物源天然防腐剂是指从动物体内或动物产品提取出来的防腐剂，包括溶菌酶、蜂胶、乳铁蛋白、鱼精蛋白、壳聚糖等。

（1）溶菌酶

溶菌酶又称胞壁质酶，是一种碱性蛋白酶，含有129个氨基酸，溶于水。在酸性条件下热稳定性高，碱性条件下，热稳定性较差，但是溶菌酶的热变性是可逆的。溶菌酶主要溶解细菌的细胞壁，使细胞壁的糖蛋白分解，因此导致细菌死亡，对革兰氏阳性菌具有良好的抑制效果，但是对霉菌和酵母无效。目前溶菌酶已经广泛地应用于面制品、水产熟制品、冰淇淋、色拉、鱼子酱等食品中。

（2）乳铁蛋白

乳铁蛋白是一种铁糖结合蛋白，约含700个氨基酸残基，广泛分布于动物的乳汁、泪液、唾液、汗液、胆汁等分泌液及其他多种组织中，在分类上属于转铁蛋白家族。乳铁蛋白具有较好的抗菌能力，对多种微生物都有抑制作用。乳铁蛋白由于具有很高的铁结合能力，可以通过抢夺细菌生长过程中的重要营养物质铁元素，使细菌停止生长或死亡。乳铁蛋白N端还可以与细菌细胞膜上的特异性区域结合，使细胞膜的脂多糖流出，破坏细菌细胞膜的结构，增加细胞膜的通透性，导致微生物死亡。乳铁蛋白除了具有抗菌作用还具有提高免疫力等多种生理功能，目前已广泛应用于乳制品、婴儿食品、肉制品、大豆蛋白食品中，尤其是婴幼儿食品中均含有乳铁蛋白。

（3）壳聚糖

壳聚糖是一种阳离子型聚合物，通过水解甲壳类动物外壳的几丁质制得，不溶于水，溶于盐酸、乙酸，对大肠杆菌、金黄色葡萄球菌、枯草芽孢杆菌具有较好的抑制作用。壳聚糖可以进入细胞内，与细胞内的蛋白质和核酸结合，影响细胞生长的生理功能，导致微生物死亡。此外壳聚糖还可吸附于微生物细胞表面形成一层高分子膜，阻止营养物质的运送，抑制微生物的生长繁殖。壳聚糖具有天然无毒、生物相容性好等优点，目前已经被广泛应用于食品工业中。

2. 微生物源天然防腐剂

微生物源天然防腐剂主要是微生物在生长代谢时产生的一些能够抑制甚至杀死其他微生物生长的物质，由于其安全高效、来源广泛，具有较好的市场应用前景。目前常用的主要有乳酸链球菌素（nisin）、纳他霉素等。

（1）乳酸链球菌素

乳酸链球菌素是某些微生物如乳酸链球菌代谢产生的一种多肽物质，由34个氨基酸组成。溶解度随着pH值升高而降低。在酸性条件下溶解度高，在中性和碱性条件下几乎不溶解。进入胃肠道可以被蛋白酶分解，因此是一种安全的天然食品防腐剂，目前已经被包括我国在内的世界多个国家允许使用。乳酸链球菌素的抑菌范围相对较窄，主要对革兰氏阳性菌的抑制效果较好，如金黄色葡萄球菌、链球菌、乳酸杆菌、微球菌、单核细胞增生李斯特氏菌、丁酸梭菌等，尤其对芽孢杆菌、梭状芽孢杆菌的孢子萌发具有显著的抑制作用。但是对革兰氏阴性菌、霉菌和酵母几乎没有抑制作用，因此乳酸链球菌素一般与其他防腐剂或物理防腐方法联合应用。

（2）纳他霉素

纳他霉素是纳他链霉菌代谢产生的一种天然防腐剂，商品名称为霉克，为无色无味的白色或奶油黄色的粉末，几乎不溶于水、高级醇、醚、酯等，溶于冰醋酸。主要抑制霉菌和酵母，对细菌没有抑制作用。通过影响霉菌的麦角甾醇的生物合成导致细胞膜畸变，最终引起细胞内容物泄漏，引起细胞死亡。常喷淋于霉菌容易繁殖、暴露于空气中的食品表面，具有良好的防霉作用。目前已广泛应用于乳制品、肉类、罐装食品、发酵酒、方便食品、焙烤食品的防腐保鲜。

3.植物源天然防腐剂

植物源天然防腐剂主要来自植物材料的提取物，由于植物材料容易获得，目前已经成为食品防腐剂研究的热点。目前植物源天然防腐剂主要有酚类、有机酸类和精油类。植物中的酚类物质分为简单酚类、酚酸类、羟基肉桂酸衍生物类和类黄酮类。从植物的根、茎、叶及种子提取的酚类物质已经被证明具有良好的抗菌效果；另外从传统的香辛料中提取的一些酚类化合物，如辣椒素等也已经证明可有效抑制微生物的生长。其中茶多酚是目前作为天然防腐剂应用最广泛的植物多酚，对金黄色葡萄球菌、枯草芽孢杆菌、金黄色葡萄球菌、大肠杆菌、炭疽芽孢杆菌等具有明显的抑制作用。茶多酚的酚羟基可与游离的脂肪酸残基结合，中断氧化反应，因此还可以作为抗氧化剂使用，目前已经被应用到肉制品、水产品、饮料等食品中。在水果和蔬菜中普遍存在柠檬酸、苹果酸、琥珀酸和酒石酸等有机酸。这些有机酸除了可以作为酸味剂、抗氧化剂，还具有抑菌能力，主要通过影响细胞壁、细胞膜、代谢酶、蛋白质合成系统等抑制微生物的生长繁殖。此外，还可以从香辛料、中草药、水果和蔬菜中分离得到精油，精油中含有的羟基化合物、萜类物质等对微生物的生长繁殖具有明显的抑制作用，研究报道表明从鼠尾草、丁香、迷迭香、茴香、月见草等植物中提取的精油对大肠杆菌、金黄色葡萄球菌、假单胞菌等具有明显的抑菌效果。

4.发酵防腐

食品的发酵防腐主要是利用有益微生物的生长抑制有害微生物的生长繁殖，同时还可以改善食品原有的营养成分和风味。食品发酵的最终产物一般都含有机酸、乙醇、醛、酮等，可以有效抑制腐败微生物的生长，如酸奶、泡菜和葡萄酒等。同时微生物发酵过程中还可以产生维生素、多糖类、多肽类等天然营养物质，提高食品的营养价值。因此，虽然前文提到的许多食品防腐方法都比发酵方法优越，但是发酵作为一种传统的食品防腐方法，可以有效地改善食品的口感和风味，因此发酵防腐目前仍是食品防腐的一种重要手段。

二、食品防腐栅栏理论与技术

很多食品不可避免地含有多种不同种类的腐败及致病性微生物，为了提高食品的安全性，预防食品的腐败变质，必须在食品期望的储藏期内控制腐败性及致病性微生物的生长。有时单独使用某一种防腐方法仅可以抑制部分种类微生物的生长繁殖，将两种或两种以上的防腐方法联合使用，就可以完全控制所有微生物的生长繁殖。例如一种食品中含有几种嗜冷腐败细菌，可以在30℃、pH值6.0、A_w为0.99的条件下快速生长，并且导致食品迅速发生腐败变质。如果只改变其中一个因素（比如温度降低10℃），这些腐败菌的生长速度会降低，但是降低的程度不足以抑制食品的变质。如果三个因素都改变（温度降低10℃、pH值降低到5.0、A_w降低到0.93），微生物就会停止生长甚至部分死亡。通过多种手段联合控制多种因素，可以保证食品在货架期内保持良好的品质。目前这种联合防腐技术主要基于栅栏因子理论。栅栏因子理论是德国肉类食品专家Leistner博士提出的一套系统科学地控制食品保质期的理论。该理论认为，食品要达到可储性与安全性，其内部必须存在能够阻止食品中腐败菌和致病菌生长繁殖的因子，这些因子通过临时或永久地打破微生物的内平衡（微生物处于正常状态下内部环境的稳定和统一），从而抑制微生物的致腐与产毒，保持食品品质，这些起控制作用的因子被称为栅栏因子。栅栏因子及其相互效应决定了食品的微生物稳定性，也就是栅栏效应。在实际生产中，应用不同的栅栏因子，科学合理地组合起来，发挥其协同作用，形成对微生物的多靶攻击，从不同的方面抑制腐败微生物的生长繁殖，从而改善食品品质，保证食品的安全性，这一技术即为栅栏技术。栅栏技术基于一种科学的理念，当两种或多种方法联合处理，即使是在一个相当低的处理水平上，因子的组合更加有效，具有叠加或协同增效的作用。

组合使用不同栅栏因子包括内在因子（A_w、pH值、氧化还原电位等）和外部因子（温度、氧气、防腐剂、超高压、辐照等）可以有效控制微生物腐败过程，延长产品的货架期，提高食品在贮藏期内的感官品质和营养品质等。例如肉类、乳制品和鱼类制品的防腐，可以结合低温、辐照实现货架期的延长；发酵香肠pH值降低到一定限度才能有效抑制腐败菌的生长，但是过低的pH值对香肠的感官品质会产生不利影响，因此在实际生产中，将低温、防腐剂等栅栏因子组合使用，既可以实现对货架期的延长，又可以保证食品的感官品质。

三、预测食品微生物学

食品在生产和储藏过程中，会伴随微生物的生长现象。为了保证食品的品质和安全，采取适当的措施以防止微生物在生产到消费的这段时间内的生长是十分必要的。目前每年有数千种新食品进入市场中，对于每一种产品都采用传统方法进行微生物学研究，进而确保食品的安全性和稳定性几乎是不可能的，可以采用电脑、数学模型的帮助，根据不同A_w、pH值以及外在因素等不同因素对微生物生长进行预测，进而可预测食品的货架期，相对于传统的食品货架期研究更快捷、经济。

（一）预测食品微生物学概念和分类

预测微生物学是指运用微生物学、工程数学及统计学进行数学建模，用所建模型来预测和描述处在特定食品环境中的微生物的生长和死亡。目前它被公认为是食品微生物学中的一个亚学科，研究主要集中在食品腐败、有毒食品方面。对于前者，一般研究腐败菌的动力学模型；对于后者，则基于概率模型来研究肉毒毒素及其他微生物毒素的预防和控制。

预测食品微生物学的核心在于建立完善的数学模型。按照分类方法可分为动力学模型和概率模型，经验模型和理论模型，初级模型、二级模型和三级模型等。在此仅介绍目前最权威的分类方法，即由Whiting和Buchanan提出的分类方法。将预测微生物学模型分为两个类型，即生长模型和失活/存活模型，然后赋予每类模型三个次类模型，即模型的三个水平。

1. 模型的初级水平

初级水平的微生物模型主要表达微生物菌量（或测定仪器的响应值），例如浊度与时间的函数关系。模型还可以定量每毫升菌落形成单位（CFU/mL）、毒素的形成、底物水平、代谢产物等。初级水平微生物模型的例子包括指数生长速率Gompertz函数和一级热失活方程。

2. 模型的次级水平

次级水平的微生物模型主要表达初级模型的参数与环境条件（例如温度、pH值、水活度等）变量之间的函数关系。次级水平的微生物模型例子包括反应表面方程Arrhenius关系式和平方根模型。

3. 模型的三级水平

三级水平的微生物模型主要是指初级和中级水平模型的电脑软件程序。这些程序可以计算条件变化与微生物反应的对应关系，比较不同条件的影响或对比一些微生物的行为。模式化主要依赖于回归技术，因此必须考虑回归分析的标准化。一般预测模型包括温度、pH值、A_w和防腐剂等几种栅栏因子及其相互作用，加工者可根据计算机数据库提供的栅栏，预测未成型产品的可贮性及可能生长繁殖的微生物。

（二）微生物的生长模型

以细菌个数的对数为纵坐标，生长时间为横坐标所绘制的生长曲线分为迟滞期、对数期、稳定期和衰亡期，而对数期的数学表达式则为：

$$N_t = N_0^{2n} \tag{8-1}$$

然而，从数学模型角度，对数期符合一级反应动力学，其微分公式如下：

$$dM/dt = \mu M \tag{8-2}$$

式中，dM/dt为微生物细胞随时间的变化；M为直接值表示的微生物细胞群体数量；μ为比生长速率。

这被认为是最基础的生长模型。

1. 初级水平的生长模型

将迟滞时间（t_1）引入微生物基础生长模型，导出下列公式：

$$M = M_0 \exp[\mu(t-t_1)] \tag{8-3}$$

据报道，杆菌属和李斯特氏菌属的生长符合上述的模型。其他较复杂的有Gompertz和logistic函数生长模型。Gompertz函数生长模型表达为：

$$N_t = N_0 + a_1 \exp\{-\exp[-a_2(t-\tau)]\} \tag{8-4}$$

式中，N_t、N_0分别为以对数单位（lg菌数/mL）表达的在t时和初始时的微生物细胞群体数量；a_1为稳定期与接种时微生物数量的差值（对数值lg菌数/mL）；a_2为斜率；τ为函数曲线弯曲点的时间。

Buchanan等发现单核细胞增生李斯特氏菌在稳定期的微生物数量为恒值$10^{9.2}$，所以a_1可表达为：

$$a_1 = 9.2 - N_0 \tag{8-5}$$

logistic函数生长模型可表达为：

$$M_t = a_5 + [a_6/1 + \exp(\tau - t/g)] \tag{8-6}$$

式中，M_t为在t时光密度测定单位表示的微生物细胞群体数量；a_5为0时的群体数量；a_6为最大群体数量；τ为函数曲线弯曲点的时间；g为世代时间。

logistic函数生长模型被发现适用于肉毒梭菌。

2. 次级水平的生长模型

次级水平生长模型主要确定在不同环境因素下初级模型的参数。有三种数学方式处理次级水平的生长模型，即反应表面方程（或称多元多项式）、Arrhennius关系式和平方根模型。反应表面方程是一种回归方程，它可以是线性的、二次的和立方的方程。下面举一个单位的线性反应表面模型的例子，该方程适用于温度在$-1 \sim 25℃$时食品的腐败过程。

$$k=k_0(1+aT) \tag{8-7}$$

式中，k为在一个特定温度T下的腐败速度；k_0为零度时的腐败速度；a为常数。

Arrhennius关系式，即速率的对数对温度（T）倒数的方程式。在此，举两个例子，一个是生长速率（K）、绝对温度（T）和pH值的Arrhennius关系式：

$$\ln K=-E/RT+a_1(\text{pH})^2+a_2(\text{pH})+a_3 \tag{8-8}$$

在上式中，E为热函数，R为气体常数，a_n为模型参数。

第二个是生长速率（K）与绝对温度（T）和水分活性（A_w）的Arrhennius关系式：

$$\ln K=a_0+a_1/T+a_2/T^2+a_3A_w+a_4A_w^2 \tag{8-9}$$

平方根模型基于生长速率的平方根与温度呈线性关系。平方根模型最简单的形式如下：

$$K^{1/2}=a(T-T_0) \tag{8-10}$$

（三）微生物的失活/存活模型

微生物的失活/存活模型适用于预测食品加热处理时微生物的存活和致死数量情况，以及冷冻食品和耐储藏食品在储藏期间微生物数量的变化。

1.线性模型

线性模型建立始于对梭状芽孢杆菌芽孢热死亡时间的研究，实验表明微生物的营养细胞和芽孢的致死曲线也符合一级反应动力学，呈负增长曲线。

$$-\mathrm{d}M/\mathrm{d}t=kM \tag{8-11}$$

因此

$$2.303\lg(M_0/M_F)=kt \tag{8-12}$$

上述公式中，M_0和M_F分别为初始和最终的微生物细胞群体数量，t为加热时间，k为反应速率常数。

将特定温度下微生物数量减少90%（即$M_0/M_t=10$或$\lg M_0/M_F=1$）所需的加热时间定义为D值（number decimal reduction）：

$$D=\frac{2.303}{k} \tag{8-13}$$

在实践中，D值由实验求得。

当D值对加热温度（上升）作图时，发现它们之间的关系也呈一级反应动力学的负增长模式，将D值变化10倍（D_2/D_1）即ΔD_{10}或$\lg D_2/D_1=1$的温度差（$T_2-T_1\Delta D$）定义为Z值，即：$\lg D_2/D_1=-(T_2-T_1)/Z$在实践中，Z值也由实验求得。

2. logistic函数模型

然而，在对单核细胞增生李斯特氏菌的致死研究中发现实验结果与上述的对数-线性关系并不符合，而微生物存活数的对数对时间的对数的logistic函数与实验数据相符合：

$$N_t=a_1\{(a_2-a_1)/[1+\exp 4k(\tau-t)/(a_2-a_1)]\}$$

式中，N_t为微生物存活数的对数，a_1为N_0的上限，a_2为N_0的下限，N_0为初始微生物数的对数，τ为最大斜率的时间，t为时间的对数，k为最大斜率。

3.三级水平的微生物模型——电脑软件

目前，适用于个人电脑的商业化微生物模型软件（英语版）有两种。

（1）病原菌模型程序

病原菌模型程序是用DOS系统操作的软件。该软件含有六个食物病原菌的生长模型，这些模型是根据二次反应表面方程和Gompertz函数而建立的。

（2）微模型程序

微模型程序是一种新的软件，它的版权属于英国著名的Leathead食品研究协会和一家英国软件公司。该软件在Windows系统下操作，它含有11个病原菌的模型，这些病原菌包括：嗜水产气单胞菌、蜡样芽孢杆菌、地衣芽孢杆菌、金黄色葡萄球菌、胚胎弯曲杆菌空肠亚种（*Campylobacter fetus* Subsp *jejuni*)、产气荚膜梭菌、非蛋白水解肉毒梭菌、大肠杆菌、单核细胞增生李斯特菌、沙门氏菌和小肠结肠炎耶尔森氏菌。微模型程序软件设有这些病原菌生长、存活和死亡的预测模型以及环境条件，例如温度、pH值、水活性等的影响。这些模型适用于任何一种肉、鱼、蔬菜、蛋、乳和烘烤食品。

（四）预测微生物学在食品中的应用

1. 食品货架期预测

微生物是导致食品腐败的主要因素。微生物的生长繁殖直接影响食品的货架期。预测微生物学模型定量描述了食品中特定腐败菌潜在的生长繁殖情况。为合理地监控食品在贮存、销售期间的管理提供了充分的依据。Koutsoumanis监控了金头鲷在不同温度（0～15℃）贮存时微生物正常菌群的生长情况，并确定假单胞杆菌为金头鲷在有氧条件下贮存的腐败菌；根据其生长数据，建立了温度对假单胞杆菌影响的平方根模型；对模型获得的预测值与感官分析获得的试验值进行比较，两者的平均差别为5.8%。表明此模型可较精确地预测实际条件下鱼类产品的质量。Einarsson建立了温度波动条件下鳕鱼及鳕鱼片的货架期模型，并对其货架期的预测值和实测值进行了比较，结果表明，在0.6℃空气中贮存鳕鱼的货架期（通过感官评定得出）为11天，与预测值相近，微生物数量增长的实测值低于预测值；而对于鳕鱼片，在5℃和0.6℃空气中货架期均为3天，在−2℃贮存，其货架期为7天，这个结果与预测的货架期相符。

2. 食品安全质量管理

预测微生物学除了预测食品货架期外，在食品安全质量管理中也得到很好的应用。20世纪80年代中期，新西兰肉品工业研究所的研究人员建立了一种温度函数积分模型（TFI模型），通过对微生物生长参数和温度进行积分来测定肉冷却过程中大肠杆菌的潜在增殖情况。其研究结果表明，第一阶段采用10℃、18h冷却方法，大肠杆菌生长最少，为7.6代。以此为依据，该所研究人员对屠宰后肉的处理标准进行了规范，以确保屠宰肉的微生物安全性。20世纪90年代中期，澳大利亚肉品工业以预测微生物学为依据，制定了一系列肉制品加工、运输、销售及贮存标准，作为其HACCP体系的管理标准。HACCP即危害分析与关键控制点，是一种食品生产和操作时保证食品安全的程序。该程序可使食品质量安全管理部门预测损害食品安全的因素，并在危害发生之前防止它。微生物预测模型可以作为HACCP进行卫生质量管理的工具。例如，在肉的冷却过程中，由于整箱肉的中心温度下降速度比较慢，有可能导致某些有害微生物繁殖。因此确定此冷却过程为一个关键控制点。其研究结果表明，当大肠杆菌数的对数值＜1.5时，不会对人体造成危害。根据预测模型的计算结果，原料肉必须冷却到7℃。此外，预测微生物学也是暴露评估的一个工具。通过建立数学模型来描述不同环境下微生物的生长、存活及失活情况。从而对致病菌在整个暴露过程中的变化进行预测，并最终估计出各个阶段及食品食用时致病菌的数量。然后将这一结果输入剂量-反应模型。即可得出该致病菌在消费食品中的分布及消费者的摄入剂量，再由风险描述将这些定量、定性的信息综合起来，即可得出某种食品安全性的一个评价。

经过几十年的发展，预测微生物学已得到广泛的认可。然而建立预测模型需要大量数据，目前最常用的数据收集方法是基于微生物培养技术，该方法虽然数据可靠，但是耗时费力，而且由于其特异性较差等原因，往往只能描述单一微生物在纯培养或消除本底微生物食品中的生长情况，这明显不符合实际食品中微生物的动态变化规律。因此，近年来采用间接法获得微生物生长曲线所需的数据成为研究者关注的对象。可以利用浊度计法、阻抗法等采集数据建立不同内在因素或环境因素影响微生物生长的数学模型。而随着科学技术的不断发展，变性梯度凝胶电泳、荧光定量PCR、DNA杂交探针和宏基因组学测序等分子生物学技术被应用于预测微生物学的研究之中，这些技术具有省力、快速、高效等优点，大大改善了传统方法的不足，已受到国内外预测微生物学专家的认可。因此新技术的不断开发应用于食品中微生物预测模型的建立，有助于克服传统研究方法与技术的局限，促进预测微生物学成为延长食品货架期，防止食品腐败变质的强有力工具。

第九章
微生物与食源性疾病

第一节　食品安全标准中的微生物限量指标

一、食品安全及要求

《中华人民共和国食品安全法》第一百五十条明确规定食品安全是指食品无毒、无害，符合应当有的营养要求，对人体健康不造成任何急性、亚急性或者慢性危害。其含义为：首先为食品的安全性，即"食品应当无毒、无害"。无毒无害是指正常人在正常食用情况下摄入可食状态的食品，不会造成对人体的危害。无毒无害不是绝对的，允许食品中含有少量的有毒有害物质，但是不得超过国家食品安全标准规定的有毒有害物质的限量。在判定食品是否无毒无害时，应排除某些过敏体质的人食用某种食品或其他原因产生的毒副作用。其次"符合应当有的营养要求"。营养要求不但应包括人体代谢所需的蛋白质、脂肪、糖类、维生素、矿物质等营养素的含量，还应包括该食品的消化吸收率和对人体维持正常生理功能应发挥的作用。当然食品也应具有相应的色、香、味等感官性状的要求。感官性状良好的食品，能吸引消费者进行消费；反之，即便营养再丰富，也难以让消费者接受。

二、食品安全国家标准

食品安全国家标准由国务院卫生行政部门会同国务院食品药品监督管理部门制定、公布，国务院标准化行政部门提供国家标准编号。对地方特色食品，没有食品安全国家标准的，省、自治区、直辖市人民政府卫生行政部门可以制定并公布食品安全地方标准，报国务院卫生行政部门备案。食品安全国家标准制定后，该地方标准即行废止。国家鼓励食品生产企业制定严于食品安全国家标准或者地方标准的企业标准，在本企业适用，并报省、自治区、直辖市人民政府卫生行政部门备案。食品安全标准是检验、评定食品安全状况的依据。它规定了食品中有可能带入的有毒物质的限量。在食品生产中，应按照规定的检验方法，对食品逐项加以检测，并且同食品安全标准进行比对，从而判定食品安全程度。国家食品安全标准中的产品标准一般包含三方面内容，即感官要求、理化指标和微生物限量。

（一）感官要求

感官要求是指通过目视、鼻闻、手摸和口尝来检查各种食品外观是否符合要求。一般包括色泽、气味、滋味和组织状态等项内容。通过感官鉴定，判断某种食品的色泽、气味、滋味是否正常，有无霉变、生虫和其他外来异物。如果某种食品有不正常的色泽、气味、滋味或者有明显的腐败或霉变，这就说明食品不符合感官要求。

食品感官指标的变化是由多种因素引起的。其中之一是由于微生物生长繁殖所造成的。如有些微生物产生色素或由于其某种代谢产物的作用能够使某些食品的色泽发生变化，如假单胞菌属的菌株能够产生荧光素，如果食品污染了这些微生物，很容易发生色变。

（二）理化指标

理化指标一般是指食品在原料、生产、加工过程中带入的有毒有害物质以及由于霉变和腐败变质而产生的有毒有害物质。如食品中农药残留，砷、汞、铅等重金属的污染，霉变食品和发酵食品中的黄曲霉毒素B_1，浸出油中的溶剂残留；酒中甲醇含量以及动物性食品中挥发性盐基氮等。

（三）微生物限量

微生物限量就是根据食品安全的要求，从微生物学的角度，对不同食品提出具体指标要求。我国国家食品安全标准中，微生物限量主要有菌落总数、大肠菌群和致病菌三项，有些食品对霉菌和酵母菌也提出了具体要求。

1.菌落总数

食品中菌落总数的测定，目的在于判定食品被细菌污染的程度，反映食品在生产、加工、销售过程中是否符合安全要求，反映出食品的新鲜程度和安全状况，以便在对被检样品进行安全评价时提供依据。一般来讲，食品中细菌总数越多，则表明该食品受污染程度越重，腐败变质的可能性越大；也可以应用这一方法观察细菌在食品中的繁殖动态，确定食品的保质期。如实验表明，菌数为$10^5 CFU/cm^2$的鱼，在0℃下可保存6天，而菌数为$10^3 CFU/cm^2$时，保存期可达12天。

食品有可能被多种细菌所污染，每种细菌都有一定的生理特性，培养时应用不同的营养条件及其生理条件（如培养温度和培养时间、pH值、需氧等）去满足其要求，才能分别将各种细菌培养出来。但在实际工作中，一般都只用一种常用的方法去做菌落总数的测定。按食品安全国家标准的规定，食品中菌落总数（aerobic plate count）是指食品检样经过处理，在一定条件下（如培养基、培养温度和培养时间、pH值、需氧性质等）培养后，所得每克（毫升）检样中形成的细菌菌落总数。因此食品中菌落总数测定的结果并不表示样品中实际存在的所有细菌数量，仅仅反映在给定生长条件下可生长的细菌数量，即只包括一群能在平板计数琼脂培养基上生长繁殖的嗜温性的需氧细菌，而厌氧或微需氧菌、有特殊营养要求的以及非嗜温的细菌，由于现有条件不能满足其生理需求，故难以繁殖生长。由于菌落总数并不能区分其中细菌的种类，有时也被称为杂菌数、中温需氧菌数等。

2.大肠菌群

大肠菌群指一群在37℃，24h能够发酵乳糖产酸产气，需氧或兼性厌氧的革兰氏阴性无芽孢杆菌。主要由肠杆菌科的四个属即埃希氏菌属、柠檬酸杆菌属、克雷伯氏菌属和肠杆菌属中的一些细菌构成，其中以埃希氏菌属为主，称为典型大肠杆菌，其他三属称为非典型大肠杆菌。由于大肠菌群都是直接或间接来自人或温血动物的粪便，来自粪便以外的极为罕见，所以大肠菌群作为食品安全标准有以下两方面的意义。

一方面，它可以作为粪便污染食品的指标菌。如果食品中检出大肠菌群，表明该食品曾受到人或温血动物粪便污染。如有典型大肠杆菌存在，说明该食品近期受到粪便污染。如有非典型大肠杆菌存在，说明该食品受到粪便陈旧污染。另一方面，它可以作为肠道致病菌污染食品的指标菌。威胁食品安全性的主要是肠道致病菌。如要对食品逐批或经常检验肠道致病菌有一定困难，特别是当食品中致病菌含量极少时，往往不能检出。由于大肠菌群在粪便中的数量较大（约占2%），容易检出，与肠道致病菌来源相同，而且一般条件下，在外界环境中生存时间也与主要肠道致病菌相近，故常用来作为肠道致病菌污染食品的指示菌。因而食品中有粪便污染，则可以推测该食品中存在着肠道致病菌污染的可能性，潜伏着食物中毒和流行病的威胁，必须看作对人体健康具有潜在的危险性。

3.致病菌

致病菌又称病原菌，指能够引起人们发病的细菌。由于病原菌种类繁多，且食品的加工、储藏条件各异，因此被病原菌污染情况是不同的，如何检验食品中的病原菌，只有根据不同食品可能污染的情况来针对性地检查，如禽、蛋、肉类食品必须做沙门氏菌的检查；酸度不高的罐头必须做肉毒梭菌检查；而当发生食物中毒时必须根据当时当地传染病的流行情况，对食品进行有关致病菌检查，如沙门氏菌、志贺氏菌、变形杆菌、副溶血性弧菌、金黄色葡萄球菌等检查。一般食品中不允许有致病菌存在。

4.霉菌

霉菌可造成食品的霉变，有些霉菌还可产生毒素。因此，霉菌和酵母菌也作为评价食品安全质量的指示菌，并以霉菌计数来判定食品被污染的程度。我国目前在糕点和面包等食品中制定了霉菌限量标准。

5.其他

微生物指标还应包括病毒，如肝炎病毒、猪瘟病毒、鸡新城疫病毒、马立克病毒、口蹄疫病毒、狂犬病病毒、猪水泡病病毒等；另外，从食品检验的角度考虑，寄生虫也被很多学者列为微生物检验的指标。

第二节　细菌性食物中毒

细菌性食物中毒是指食入含有细菌毒素或致病细菌的食物而引起的中毒现象。这是食物中毒中最常见的一类，发病率高，在所有的食物中毒中，细菌性食物中毒占60%～70%，但病死率一般较低；有明显的季节性，全年都可发生，但以每年5～10月最多，因为温度较高，适合细菌生长繁殖或产生毒素。引起细菌性食物中毒的食品主要是动物性食品，如肉、鱼、奶制品和蛋，其次是植物性食品，如剩饭、米糕、面等。

一、细菌性食物中毒的原因

（一）食品被污染

食品被污染的情况主要包括：食品在屠宰或收割、运输、储藏和销售过程中受到了病原菌的污染；从事食品行业工作的人员若患有肠道传染病、化脓性疾病或无症状带菌者，将致病菌污染到食品上；食品原料、半成品或成品受到鼠、蝇、蟑螂等害虫的污染，将致病菌传播到食品中。

（二）细菌繁殖

食品被病原菌污染后，在适合病原菌生长的温度下存放，食品水分、pH值及营养条件适合病原菌大量生长繁殖并产生毒素，导致人食用后引发食物中毒。

（三）食品在食用前未被彻底加热

受病原菌污染的食品未煮熟导致食物之间的生熟交叉污染。

常见的食源性病菌及其潜伏期、食物来源和引发症状如表9-1所示。

二、细菌性食物中毒的类型

根据发病机理，可将细菌性食物中毒分为三种：感染型、毒素型和混合型。

（一）感染型

感染型细菌性食物中毒是指细菌污染食品并在其中大量生长繁殖，达到中毒数量，大量活菌随食物进入人体，感染肠道黏膜而发病。变形杆菌等皆可引起此型食物中毒。

（二）毒素型

毒素型细菌性食物中毒是指细菌污染食品后，生长繁殖并产生有毒的代谢产物（外毒素），外毒素随着食品进入人体，引发食物中毒。肉毒梭菌、金黄色葡萄球菌等常引起该种类型食物中毒。

表 9-1 常见食源性病菌

病菌名称	种名	潜伏期/h	症状			食物来源	发病原因
			呕吐	腹泻	发热		
沙门氏菌属	*Salmonella* spp.	8~48	±	++	+	家禽、肉制品等	肠黏膜感染；肠毒素
金黄色葡萄球菌	*Staphylococcus aureus*	1~8①	+++	+	−	肉类、奶制品、烘焙食品	肠毒素
肠道出血性大肠杆菌	enterohemorrhagic *Escherichia coli*	72~120	±	++	±	未熟的肉制品、未经高温消毒的果汁等	毒素
肠道毒素性大肠杆菌	enterotoxigenic *Escherichia coli*	24~72	±	++	−	生的蔬菜水果、被污染的水，常见于旅行者	肠毒素
蜡样芽孢杆菌	*Bacillus cereus*	2~16	+++	++	−	剩米饭等	肠毒素
副溶血性弧菌	*Vibrio parahaemolyticus*	6~96	+	++	±	海产品、咸菜、咸蛋、腌肉、肉类、禽肉及禽蛋、蔬菜等	毒素
肉毒梭状芽孢杆菌	*Clostridium botulinum*	18~24	±	极少	−	罐头食品等	毒素
变形杆菌属	*Proteus* spp.	12~16	+	+	+	熟肉类以及内脏的熟制品等	活菌肠内繁殖；肠毒素
空肠弯曲杆菌	*Campylobacter jejuni*	48~240	−	+++	++	生的或未煮熟的家禽肉、家畜肉、原料牛乳、蛋、海产品等	感染黏膜；肠毒素、细胞毒素
单核细胞增生李斯特氏菌	*Listeria monocytogenes*	发病突然	+	+	+	乳及乳制品、新鲜和冷冻的肉类及其制品、海产品、蔬菜和水果	肠道内快速繁殖并入侵各部分组织；外毒素
志贺氏菌属	*Shigella* spp.	24~72	±	+	+	生的蔬菜水果、被污染的水	侵入肠黏膜组织；内毒素、Vero毒素
小肠结肠炎耶尔森氏菌	*Yersinia enterocolitica*	72~120	+	+	+	猪肉、牛肉、羊肉、生牛乳、豆腐等	寄生于肠道；肠毒素
产气荚膜梭菌	*Clostridium perfringens*	8~16	±	+++	−	肉类和鱼贝类、重复加热的荤菜	肠毒素
霍乱弧菌	*Vibrio cholerae*	24~72	+	+++	−	被粪便污染的水	毒素；感染肠道上皮细胞

① 极少数情况达18h。

（三）混合型

某些致病菌如沙门氏菌进入肠道后，除侵袭肠道黏膜引起炎症反应外，还能产生内毒素和肠毒素，通过两者共同作用引发食物中毒。

三、常见的细菌性食物中毒

（一）沙门氏菌食物中毒

1.病原

沙门氏菌属（Salmonella）是细菌性食物中毒中常见的致病菌，G^-、无芽孢、无荚膜、周身鞭毛、能运动、需氧或兼性厌氧的短杆菌。目前已发现的沙门氏菌有2600多种血清型，我国已有200多种血清型。已知的种型对人或动物均有致病性，其中以鼠伤寒沙门氏菌（S. typhimurium）、猪霍乱沙门氏菌（S. choleraesuis）、肠炎沙门氏菌（S. enteritidis）三个种型引起人类食物中毒的次数最多。沙门氏菌最适生长温度为35～37℃，最适pH值为7.2～7.4，不耐盐，在外界生活能力较强，分布遍及自然界，人体、动植物、土壤、冰雪中均有发现，污染肉类食物的概率较高，健康畜禽肠道、鸭鹅等水禽及其蛋类、病猪肠道、健康人类粪便、腹泻患者粪便中均有沙门氏菌检出。

2.中毒机理

通常情况下，食品中的沙门氏菌含量达到2×10^5CFU/g即可发生食物中毒。沙门氏菌随食物进入消化道后，可在小肠的结肠内继续繁殖，活菌附于肠黏膜或侵入黏膜或黏膜下层，在其内毒素和肠毒素的参与下，引起肠黏膜的充血、水肿、组织炎症，经淋巴系统进入血液，出现菌血症，引起全身感染。因此沙门氏菌食物中毒可能具有感染型和毒素型两种中毒特性，属于混合型细菌性食物中毒。通常认为猪霍乱沙门氏菌致病力最强，其次为鼠伤寒沙门氏菌，鸭沙门氏菌致病力较弱，幼儿、体弱老人和其他疾病患者是易感性较高的人群。

3.中毒症状

沙门氏菌食物中毒症状一般分为五种类型：胃肠炎型、类伤寒型、类霍乱型、类感冒型、败血症型。其中胃肠炎型最常见，潜伏期8～48h，具有头疼、恶心、呕吐、腹泻、食欲不振、体温升高至38℃以上等症状。

4.引起中毒的食物及污染途径

引起沙门氏菌中毒的主要是动物性食品，尤其是畜肉类及其制品，其次是禽类、鱼类、乳类、蛋类及其制品。由植物性食品引起的沙门氏菌中毒很少。沙门氏菌主要通过两种途径污染肉类，一是内源性污染，即畜禽在宰杀前已感染沙门氏菌；二是外源性污染，即畜禽在屠宰、加工、运输、贮藏、销售等各环节被带沙门氏菌的粪便、容器、污水等污染，尤其是熟肉制品常受到生肉的交叉污染。蛋类及其制品感染或污染沙门氏菌的机会较多，尤其是鸭、鹅等水禽。乳类中沙门氏菌主要来源于患沙门氏菌病奶牛的乳中可能带的菌，即使是健康奶牛的乳在挤出后也容易受到污染。水产品污染沙门氏菌主要是由于水源被污染，淡水鱼、虾有时带菌，海产鱼虾一般带菌较少。

5.中毒预防

沙门氏菌食物中毒的预防主要从以下3个方面着手。

（1）防止食品被沙门氏菌污染

加强对食品生产企业的卫生监督及畜禽宰前宰后的卫生检验，并按有关规定进行处理。屠宰时要特别注意防止肉尸受到胃肠内容物、皮毛、容器的污染。降低宰后各个环节（包括贮藏、运输、加工等环节）被沙门氏菌污染的可能性，特别要防止熟肉类制品被食品从业人员带菌者或带菌容器污染。

（2）控制食品中沙门氏菌繁殖

沙门氏菌在20℃以上就能大量繁殖。因此，低温贮存是预防食物中毒的重要措施。食品工业、销售网点、集体食堂等均应配备冷藏设备，并按照食品低温保藏的卫生要求进行贮藏。此外，也可在肉、鱼等食物中加入食盐控制沙门氏菌繁殖。

（3）食用前彻底杀死沙门氏菌

对沙门氏菌污染的食品进行彻底加热灭菌，是预防沙门氏菌食物中毒的关键措施。例如：肉类食品（质量小于1kg肉块）深部达到80℃并持续12min，鸡蛋、鸭蛋应煮沸8～10min，剩菜剩饭食用前充分加热，可彻底杀死沙门氏菌。

（二）葡萄球菌食物中毒

1.病原

葡萄球菌属（*Staphylococcus*）是一种在我国较为常见的食物中毒病原菌，G^+、无芽孢、无鞭毛，堆积呈葡萄状排列，有时形成荚膜或黏液层，需氧或兼性厌氧。不同菌株产生不同的色素，如金黄色、白色、柠檬色，通常致病菌株多能产生脂溶性的黄色或柠檬色色素。其中金黄色葡萄球菌致病力最强，可产生各种毒素包括肠毒素、杀白细胞素、溶血素等。

葡萄球菌广泛分布于空气、土壤、水、餐具、患有化脓性皮肤病和急性上呼吸道炎症及口腔疾病的病人中，健康人的咽喉、鼻腔、皮肤、头发经常有产肠毒素的菌株。健康人带菌率达20%～30%，上呼吸道感染者鼻腔带菌率可达80%。葡萄球菌在6.5～46℃温度范围内，pH 4.5～9.8之间都能生长繁殖，最适生长温度为37℃，最适生长pH值为7.4；耐盐，可在10%～15% NaCl中生长，干燥条件下可生存数月，对热抵抗力较强，加热至80℃经30min才能被杀死。

2.中毒机理

产生肠毒素的葡萄球菌如污染食品，在适宜条件下（20～37℃，适宜的pH值，食品中水分、蛋白质以及淀粉充足）生长和产毒，长时间放置，大量繁殖使菌数达到10^5～10^6CFU/g时，才能产生足够量的肠毒素引起食物中毒。肠毒素随食物进入人体消化道，经吸收后进入血液，刺激中枢神经系统引起中毒反应。肠毒素可作用于迷走神经的内脏分支而导致呕吐，也可作用于肠道使水分的分泌与吸收失去平衡而导致腹泻。单纯摄入葡萄球菌菌体不会引起中毒，中毒主要是由于摄入的葡萄球菌产生的肠毒素引起的。例如食品虽经葡萄球菌污染，但在10℃以下贮存，该菌不易繁殖，也很少产生肠毒素。因此葡萄球菌食物中毒属于毒素型细菌性食物中毒。

3.中毒症状

葡萄球菌引起的食物中毒一般潜伏期为1～8h，最短15min左右。主要症状表现为急性胃肠炎症状，恶心、反复呕吐，中上腹部疼痛，并伴有头晕、头痛、腹泻、发冷，体温一般正常或有低热，病情重时，由于剧烈呕吐和腹泻，可引起大量失水而发生外周循环衰竭和虚脱。儿童对肠毒素比成人敏感，因此儿童发病率较高，病情也比成人严重。

4.引起中毒的食物及污染途径

引起葡萄球菌肠毒素中毒的食品种类很多，主要是奶类、肉类、蛋类、鱼类及其制品等动物性食品，含淀粉较多的米糕、剩米饭、米酒等也引起过中毒。国内报道以乳和乳制品以及用乳制品制作的冷饮（冰淇淋、冰棍）和奶油糕点等引起的中毒最为常见。近年来，由熟鸡、鸭制品引起的中毒增多。葡萄球菌食物中毒主要污染途径是人和动物，带菌者可经手或空气污染食品；患乳房炎乳牛的乳汁中，也常含有产肠毒素的葡萄球菌；禽类加工厂，屠宰后的鸡体表带菌率为43%左右，鸭体表带菌率为66%左右。

5.中毒预防

葡萄球菌食物中毒的预防主要从防止葡萄球菌污染和防止其肠毒素产生两个方面着手。

（1）防止食品原料和成品被污染

定期对奶牛的乳房进行检查，患乳房炎奶牛的牛乳不能用于加工乳及其制品；患局部化脓性感染的畜禽应按病畜、病禽肉处理，将病变部位除去后再经高温处理才可加工成熟肉制品；食品加工的设备及用具，使用前后应彻底清洗杀菌；严格防止肉类、奶糕点、冷饮食品和剩饭剩菜等受到致病性葡萄球菌的污染；防止带菌者对食物的污染，定期对食品从业人员进行健康检查，患局部化脓性感染、上呼吸道感染者应暂时调换工作。

（2）防止葡萄球菌产生肠毒素

控制食品贮藏温度，低温通风，4℃以下冷藏食品或置于阴凉通风处，但不应超过6h（尤其是夏秋季），挤好的牛乳应迅速冷却至10℃以下；控制食品A_w，食品$A_w < 0.83$时该菌不生长，$A_w < 0.90$时不产生毒素，可以采用干燥、加盐和糖的方法降低食品A_w以防止葡萄球菌的生长及产毒。

（三）致病性大肠杆菌食物中毒

1.病原

大肠杆菌（*Escherichia coli*），G^-、绝大多数菌株有周身鞭毛，能运动、有菌毛、无芽孢、某些菌株有荚膜，需氧或兼性厌氧。生长温度范围在$10 \sim 50℃$，最适生长温度为40℃。在pH值$4.3 \sim 9.5$范围能生长繁殖，最适pH值为$6.0 \sim 8.0$，主要存在于人和动物肠道中，可随粪便排出并分布于自然界，通常情况下不致病，是正常的肠道菌群。目前已知的致病性大肠杆菌根据致病机制可分为五种：肠道毒素性大肠杆菌（enterotoxigenic *E. coli*，ETEC）、肠道致病性大肠杆菌（enteropathogenic *E. coli*，EPEC）、肠道出血性大肠杆菌（enterohemorrhagic *E. coli*，EHEC）、肠道侵袭性大肠杆菌（enteroinvasive *E. coli*，EIEC）和肠道集聚性黏附大肠杆菌（enteroaggregative *E. coli*，EAEC）。

2.中毒机理

ETEC、EHEC引起毒素型细菌性食物中毒；EPEC、EIEC引起感染型细菌性食物中毒。

3.中毒症状

ETEC：引起急性胃肠炎，是致病性大肠杆菌食物中毒的典型症状，潜伏期一般为$24 \sim 72h$。该菌可引起婴幼儿和旅游者腹泻，并伴有上腹痛、呕吐、发热$38 \sim 40℃$等症状，部分患者腹痛较为剧烈，吐、泻严重者可出现脱水，甚至循环衰竭。

EHEC：引起儿童出血性结肠炎的主要病原菌，潜伏期为$72 \sim 120h$，其前驱症状为腹部痉挛性疼痛和短时间的自限性发热、呕吐，1～2天出现非血性腹泻，初期为水样，逐渐成为血样腹泻，导致出血性结肠炎、严重腹痛和便血。有特定的血清型，近期报道的主要血清型是 $O_{157}:H_7$，能产生类 Vero 毒素和肠溶血素毒力因子，有极强的致病性。

EPEC：是引起婴幼儿、儿童腹泻或胃肠炎的主要病原菌，潜伏期 17～72h，导致水样腹泻、腹痛、脱水、发热、电解质失衡，不产生肠毒素。

EIEC：通常引起新生儿和 2 岁以内婴幼儿腹泻，所致疾病很像细菌性痢疾，潜伏期 48～72h。主要表现为血便，腹痛，发热 38～40℃，部分病人呕吐。

EAEC：引起婴幼儿持续性腹泻，伴有脱水。

4.引起中毒的食物及污染途径

基本与沙门氏菌相同，引起大肠杆菌中毒的主要是肉类、乳及乳制品、水产品、豆制品、蔬菜，尤其是肉类和凉拌菜。另外，不同的致病性大肠杆菌涉及的食品有所差别，如表 9-2。

表9-2　不同致病性大肠杆菌涉及的常见中毒食品

致病性大肠杆菌类型	常见的中毒食品
EPEC	水、猪肉、肉馅饼
ETEC	生的蔬菜水果、奶酪、被污染的水、水产品
EIEC	水、奶酪、土豆沙拉、罐装鲑鱼
EHEC	生的或半生的牛肉和牛肉糜（馅）、发酵香肠、生牛乳、酸奶、苹果酒、苹果汁、色拉油和拌凉菜、水、生蔬菜（豆芽、白萝卜芽）、汉堡包、三明治

致病性大肠杆菌主要寄居于人和动物肠道中，随粪便污染水源、土壤，受污染的土壤、水、带菌者的手、蝇和不洁的器具等污染食品。健康人肠道致病性大肠杆菌带菌率一般为 2%～8%，高者达 44%；成人肠炎和婴儿腹泻患者的致病性大肠杆菌带菌率较健康人高，为 29%～52.1%。餐饮行业、集体食堂的餐具、炊具，特别是餐具易被大肠杆菌污染，大肠杆菌检出率高达 50%，其中致病性大肠杆菌检出率为 0.5%～1.6%。

5.中毒预防

致病性大肠杆菌食物中毒的预防措施与沙门氏菌食物中毒基本相同。

（四）蜡样芽孢杆菌食物中毒

1.病原

蜡样芽孢杆菌（*Bacillus cereus*）属于芽孢杆菌属，G^+，能形成芽孢、无荚膜、周身鞭毛。10～50℃温度下可生存，最适生长温度 28～35℃。该菌繁殖体较耐热，加热 100℃经 20min 被杀死；芽孢具有其他嗜温菌典型的耐受性，100℃、30min，干热 120℃经 60min 才能杀死。生长 pH 值范围为 4.9～9.3。

2.中毒机理

蜡样芽孢杆菌食物中毒是由食物中带有大量活菌和该菌产生的肠毒素引起的，属于毒素型细菌性食物中毒，食物中带菌量达到 10^6～10^8CFU/g 时，即可使食用者中毒。引起中毒的肠毒素有耐热与不耐热之分，耐热性肠毒素可在米饭中形成，引起呕吐型食物中毒；不耐热性肠毒素可在包括米饭在内的各种食品中产生，引起腹泻型食物中毒。活菌量越多，产生的肠毒素越多，活菌还有促进中毒发生的作用。因此，蜡样芽孢杆菌食物中毒除毒素的因素外，细菌菌体也有一定作用。

3.中毒症状

呕吐型潜伏期一般为 1 ～ 3h，症状表现为恶心、呕吐、腹痛、腹泻，体温升高较罕见，此外，还有头昏、四肢无力、口干、寒战、结膜充血等症状，但少见。腹泻型潜伏期为 10 ～ 12h，主要表现为腹泻腹痛、水样便，一般无发热，伴有轻度恶心，但呕吐罕见。

4.引起中毒的食物及污染途径

在国内由蜡样芽孢杆菌引起的食物中毒食品主要是剩饭，特别是大米饭，因本菌极易在大米饭中繁殖；其次是小米饭、高粱米饭等剩饭，个别还有米粉、甜酒酿、月饼等。在国外引起的食物中毒食品比较广泛，包括乳及乳制品、畜禽肉类制品、蔬菜、菜汤、马铃薯、豆芽、甜点心、调味汁、色拉、米饭，以及偶见于酱、鱼、冰淇淋等。

蜡样芽孢杆菌分布广泛，在土壤、尘埃、植物、空气、多种市售食品中均有检出。食品主要是在加工、运输、贮存及销售过程中易受到本菌污染。主要污染源有泥土、灰尘，也可经被苍蝇、蟑螂等昆虫污染的不洁容器和用具而传播。

5.中毒预防

食堂、食品企业必须严格执行食品卫生操作规范，做好防蝇、防鼠、防尘等各项卫生工作。因蜡样芽孢杆菌在 10 ～ 50℃下可生长繁殖并产生毒素，乳类、肉类及米饭等食品只能在低温下短时间存放，剩饭及其他熟食在食用前须彻底加热，一般应在 100℃加热 20min。

（五）副溶血性弧菌食物中毒

1.病原

副溶血性弧菌（*Vibrio parahaemolyticus*）属于弧菌属，又称为致病性嗜盐菌，G⁻、无芽孢、单端单生鞭毛、运动活泼、需氧或兼性厌氧的球杆菌。该菌嗜盐，含盐3% ～ 5%环境中可生长，最适pH值范围为7.4 ～ 8.0，最适生长温度范围是30 ～ 37℃。对酸敏感，用含1%醋酸的食醋处理5min，可将其杀灭。不耐热，加热至55℃时1min即可死亡，对低温抵抗力较弱，0 ～ 2℃经24 ～ 48h可死亡。

2.中毒机理

副溶血性弧菌食物中毒可由大量活菌侵入、毒素以及两者混合作用所致，因此属于混合型细菌性食物中毒。食入的食品中该菌的活菌数量达到10^6CFU/g以上，同时食品中含有一定量溶血毒素，即可发生食物中毒。该菌繁殖速度很快，受其污染的食物在较高温度下存放，生吃或食用前加热不彻底（如海蜇、海蟹、黄泥螺等），或熟制品受到带菌者、带菌生食品、带菌容器及工具等的污染，食物中副溶血性弧菌可随食物进入人体肠道，在肠道生长繁殖，当达到一定数量时，即可引起食物中毒，其产生的耐热性溶血毒素也是引起食物中毒的原因。

3.中毒症状

潜伏期一般为6 ～ 96h，主要症状表现为急性胃肠炎症状，如剧烈阵发性上腹部绞痛、恶心、呕吐、腹泻、发热。少数严重者出现严重腹泻脱水而虚脱，呼吸困难、血压下降而休克，如抢救不及时可能死亡。

4.引起中毒的食物及污染途径

引起中毒的主要是海产品，其中以墨鱼、竹荚鱼、带鱼、黄花鱼、螃蟹、海虾、贝蛤类、海蜇等居多，其次是咸菜、咸蛋、腌肉、熟肉类、禽肉及禽蛋、蔬菜等。在肉食品中，腌制品约占半数。该菌可通过海水、海产品、海盐及带菌者污染食品。人和动物被该菌感染后也可成为病菌的传播者。沿海地区饮食从业人员及炊具、健康人群及渔民、有肠道病史者都有该菌检出。接触过海产鱼、虾的带菌厨具、容器等，如果不经过洗涮消毒也可污染肉类、蛋类、禽类及其他食品。如果处理食物的工具生熟不分，也可污染熟食或凉拌菜。

5. 中毒预防

副溶血性弧菌食物中毒的预防和沙门氏菌食物中毒基本相同。尤其要注意控制病原菌的繁殖和杀灭，此外，对水产品烹调要格外注意，应煮熟煮透，切勿生吃。由于副溶血性弧菌对酸的抵抗力较弱，可用食醋拌渍。生熟炊具分开，注意洗涮、消毒，防止生熟食物交叉污染。该菌对低温抵抗力弱，故海产品或熟食品应低温冷藏。

（六）肉毒梭状芽孢杆菌食物中毒

1. 病原

肉毒梭状芽孢杆菌（*Clostridium botulinum*）属于梭状芽孢杆菌属，G$^+$、具有 4～8 根周身鞭毛，能运动，严格厌氧菌，在厌氧环境中可分泌极强烈的神经毒素（肉毒毒素），引起毒素型细菌性食物中毒，病死率极高。该菌繁殖体的抵抗力一般，经80℃、30min 或100℃、10min 即被杀死，但其芽孢抗热，需经高压蒸汽121℃、30min，或干热180℃、5～15min，或湿热100℃、5h 才能将其杀死。

2. 中毒机理

食品被肉毒梭状芽孢杆菌的芽孢污染，在适宜条件下芽孢发芽、生长时产生了肉毒毒素，食入了含有肉毒毒素的食品即可发生食物中毒。例如家庭自制发酵食品、罐头食品或其他加工食品时，加热的温度及压力均不能杀死肉毒梭菌的芽孢，而后又在密封厌氧环境中发酵或罐装，适宜的温湿度、不高的渗透压和酸度以及厌氧的条件，提供了使肉毒梭状芽孢杆菌芽孢变成繁殖体产生毒素的条件。食品制成后，一般不经加热而食用，其毒素随食物进入人体，引起中毒。此外，按牧民的饮食习惯，冬季屠宰的牛肉密封越冬至开春，气温的升高为其食品中存在的肉毒梭状芽孢杆菌的芽孢变成繁殖体及产生毒素提供了条件，生吃污染肉毒梭菌及其毒素的牛肉，极易引起中毒。

3. 中毒症状

潜伏期一般为18～24h，潜伏期越短，病死率越高。表现为对称性颅神经损害症状，首先颅神经麻痹，出现头晕、头痛、视觉模糊、复视、眼睑下垂、瞳孔放大，继而发生言语障碍、吞咽和呼吸困难、心肌麻痹、呼吸肌麻痹，最终因呼吸衰竭而死亡。死亡率为30%～65%。

4. 引起中毒的食物及污染途径

中毒食品的种类往往同饮食习惯、膳食组成和制作工艺有关，但绝大多数为家庭自制的低盐浓度并经厌氧条件加工的食品或发酵食品，以及厌氧条件下保存的肉类制品。在我国，多为家庭自制豆或谷类的发酵食品，如臭豆腐、豆瓣酱、豆豉、面酱等；因肉类制品或罐头食品引起的中毒较少，主要为越冬密封保存的肉制品。美国发生的肉毒梭状芽孢杆菌中毒中72%为家庭自制的蔬菜及水果罐头、水产品、肉制品、奶制品。日本90%以上的肉毒梭状芽孢杆菌中毒由家庭自制鱼类罐头或其他鱼类制品引起。欧洲各国肉毒梭状芽孢杆菌中毒的食物多为火腿、腊肠及保藏的肉类。

肉毒梭状芽孢杆菌存在于土壤、江河湖海的淤泥沉积物、尘土和动物粪便中，其中，土壤是重要污染源，直接或间接地污染食品包括粮食、蔬菜、水果、肉、鱼等，可使其带有肉毒梭状芽孢杆菌或其芽孢。

5.中毒预防

（1）防止原料被污染

在食品加工过程中，选用新鲜原料，防止泥土和粪便对原料的污染。对食品加工的原料应充分清洗，高温灭菌或充分蒸煮，以杀死芽孢。

（2）控制肉毒梭状芽孢杆菌的生长和产毒

加工后的食品应避免再污染和缺氧及高温保存，应置于通风、凉爽的地方保存。尤其对加工的肉、鱼类制品，应防止加热后被污染并低温保藏。此外，于肉肠中加入亚硝酸钠抑制该菌的芽孢发芽生长，其最高允许用量为0.15g/kg。

（3）食用前彻底加热杀菌

肉毒毒素不耐热，食用前对可疑食物加热可使各型菌的毒素破坏。80℃加热30～60min，或使食品内部达到100℃，10～20min，是预防中毒的可靠措施。生产罐头食品等真空食品时，必须严格执行《食品安全国家标准罐头食品生产卫生规范》（GB 8950—2016），装罐后要彻底灭菌。在贮藏过程中胖听的罐头食品不能食用。

（七）变形杆菌食物中毒

1.病原

变形杆菌属（*Proteus*），G⁻、无芽孢、无荚膜、有周身鞭毛，运动活泼，需氧或兼性厌氧，生长温度范围是10～43℃，不耐热，在60℃及5～30min条件下即死亡，可产生肠毒素。其中引起食物中毒的主要是普通变形杆菌（*P. vulgaris*）和奇异变形杆菌（*P. mirabilis*）。

2.中毒机理

大量不产毒素的致病性变形杆菌经摄入后可在肠道内繁殖引起感染，属于感染型细菌性食物中毒；摄入肠毒素后可使食用者发生急性胃肠炎。

3.中毒症状

潜伏期一般为12～16h，主要表现为腹痛、腹泻、恶心、呕吐、发冷、发热、头晕、头痛、全身无力、肌肉酸痛等。重者发生脱水、酸中毒、血压下降、惊厥、昏迷。腹痛剧烈，多呈脐周围的剧烈绞痛或刀割样疼痛。腹泻多为水样便，一日数次，体温一般在38～39℃之间。发病率较高，一般为50%～80%，病程较短，一般为1～3天，多数在24h内恢复。

4.引起中毒的食物及污染途径

引起变形杆菌食物中毒的主要是动物性食品，特别是熟肉类以及内脏的熟制品。食物中变形杆菌主要来自外界污染。变形杆菌为腐败菌，在自然界分布广泛，土壤、污水和动植物中都可检出，也可寄生于人和动物肠道中。生的肉类和内脏带菌率较高，往往是污染源。在烹调过程中，发生生熟交叉污染，处理生熟食品的工具容器未严格分开使用，被污染的食品工具、容器可污染熟制品。

5.中毒预防

变形杆菌食物中毒的预防和沙门氏菌中毒基本相同。在此基础上特别应注意控制人类带菌者对熟食品的污染及食品加工烹调中带菌生食物、容器、用具等对熟食品的污染。

（八）空肠弯曲杆菌食物中毒

1. 病原

空肠弯曲杆菌（*Campylobacter jejuni*），G⁻、细长、螺旋状弯曲菌，菌体一端或两端有单根鞭毛，运动活泼，兼性厌氧，37～43℃能生长，最适生长温度是42℃，最适pH值为7.0，对冷热均敏感，56℃、5min即可杀死，培养物放置于冰箱中很快死亡，是引起人类急性肠炎和腹泻的一个重要病原菌。

2. 中毒机理

引起中毒原因是食入了含有空肠弯曲菌的活菌及其肠毒素和细胞毒素的食品，属于混合型细菌性食物中毒。受该菌污染的用具、容器，未经彻底洗刷、消毒，交叉污染熟食品，熟食品被人食用；食用未煮透或灭菌不充分的食品；食入受该菌污染的牛乳和水源，以及进食不洁食物（尤其是家禽类），在春秋两季可引起腹泻的暴发性流行。

3. 中毒症状

潜伏期一般为48～240h，主要表现为突发腹痛、腹泻水样便或黏液便至血便，发热38～40℃，头痛等，有时还会引起并发症。大约有1/3的患者在空肠弯曲菌肠炎后1～3周内出现急性感染性多发性神经炎症状。

4. 引起中毒的食物及污染途径

引起中毒的食品主要是生的或未煮熟的家禽肉、家畜肉、原料牛乳、蛋、海产品。该菌广泛存在于畜禽及其他动物的粪便中，牛乳、河水和无症状的人群粪便也能分离到该菌。食物被该菌污染的主要来源是动物粪便，其次是该菌的健康带菌者。

5. 中毒预防

预防措施同沙门氏菌食物中毒，但因该病多发生于婴幼儿，故对乳类、蛋类食品应加强卫生检验和卫生管理。

（九）单核细胞增生李斯特氏菌食物中毒

1. 病原

单核细胞增生李斯特氏菌（*Listeria monocytogenes*）属于李斯特氏菌属（*Listeria*），G⁺、无芽孢、无荚膜，需氧或兼性厌氧，最适pH值为7.0～8.0，最适生长温度为30～37℃，在20～25℃培养，具有1～3条或更多鞭毛，在37℃培养则见不到鞭毛。该菌目前已知有8个种，其中仅单核细胞增生李斯特氏菌可引起食物中毒。一般健康人不易感染，老人、儿童、孕妇、免疫力低下的人属于易感人群。孕妇感染累及胎儿及新生儿，导致流产、早产、死产，死亡率达70%。

2. 中毒机理

该菌的毒菌株在血琼脂平板上产生溶血素O（一种外毒素），能使红细胞发生β-溶血，并具有破坏人体吞噬细胞的能力。该菌随食物摄入后，在肠道内快速繁殖，入侵各部分组织（包括孕妇的胎盘），进入血液循环系统，通过血流到达其他敏感的体细胞，并在其中繁殖，利用溶血素O的溶解作用逃逸出吞噬细胞，并利用两种磷脂酶的作用在细胞间转移，引起炎症反应，因此属于混合型细菌性食物中毒。此外若误食含有溶血素O的食品，如食用了未彻底杀死该菌的消毒乳、冷藏熟食品及乳制品，也可导致食物中毒。

3. 中毒症状

以脑膜炎、败血症最常见。发病突然，初期为恶心、呕吐、发热、头疼，类似感冒等症状。孕妇感染结果常有流产、早产或死胎，新生儿（出生后1～4周内）感染后患脑膜炎。患先天性李斯特氏菌病的新生儿多死于肺炎和呼吸衰竭。病死率高达20%～50%。

4. 引起中毒的食物及污染途径

主要是乳及乳制品、新鲜和冷冻的肉类及其制品、海产品、蔬菜和水果。其中尤以乳制品中的软干酪、冰淇淋最为多见。该菌广泛分布于自然界，带菌人和哺乳动物的粪便是主要污染源。通过人和动物粪便、土壤、污染的水源和人类带菌者直接或间接污染食品。还可通过胎盘和产道感染新生儿。导致胎儿或婴儿感染的多数是来自母体中的细菌或带菌的乳制品。食品在销售过程中，食品从业人员的手也可对食品造成污染。

5. 中毒预防

（1）防止原料和熟食品被污染

从原料到餐桌切断该菌污染食品的传播途径。生食蔬菜食用前要彻底清洗、焯烫。未加工的肉类和蔬菜要与加工好的食品和即食食品分开。不食用未经巴氏消毒的生乳或用生乳加工的食品。加工生食品后的手、刀和砧板要清洗、消毒。

（2）利用加热杀灭病原菌

该菌对热敏感，多数食品只要经适当烹调（煮沸即可）均能杀灭活菌。生的动物性食品，如牛肉、猪肉和家禽要彻底加热。剩菜剩饭和即食食品食用前应重新彻底加热。不食改刀熟食或食用前经重新彻底加热。

（3）严格制定有关食品法规

美国政府制定50g熟食制品不得检出该菌；欧盟认为干酪中含量应为零，即25g样品检测不出该菌，而其他乳制品1g样品不得检出该菌。

（十）志贺氏菌食物中毒

1. 病原

志贺氏菌属（*Shigella*），G⁻、无芽孢、无荚膜、无鞭毛、有菌毛、需氧或兼性厌氧，最适生长温度为37℃，最适pH值为6.4～7.8。该菌属分为4个血清群（种）：A群为痢疾志贺氏菌（*Shigella dysenteriae*），B群为福氏志贺氏菌（*Shigella flexneri*），C群为鲍氏志贺氏菌（*Shigella boydii*），D群为宋内氏志贺氏菌（*Shigella sonnei*）。其中痢疾志贺氏菌是导致典型细菌性痢疾的病原菌，而其他3种是导致食物中毒的病原菌。

2. 中毒机理

引起中毒的原因是食入了具有侵袭力的活菌（宋内氏志贺氏菌）及其内毒素和Vero毒素的食品，属于混合型细菌性食物中毒。该菌随食物进入肠胃后侵入肠黏膜组织，生长繁殖，当菌体破坏后，释放内毒素，作用于肠壁、肠黏膜和肠壁植物性神经，引起一系列症状。有的菌株产生Vero毒素，具有肠毒素的作用。

3. 中毒症状

潜伏期一般24～72h，主要症状为剧烈腹痛、呕吐、频繁水样腹泻、脓血和黏液便。还可引起毒血症，发热达40℃以上，意识障碍，严重者出现休克。

4. 引起中毒的食物及污染途径

引起中毒的食物主要是水果、蔬菜、沙拉的冷盘和凉拌菜，肉类、奶类及其熟食品。可通过病人和带菌者的粪便污染食品，特别是从事餐饮行业的人员中志贺氏菌携带者具有更大的危害性。带菌的手、苍蝇、用具等接触食品，以及沾有污水的食品容易被污染志贺氏菌。

5. 中毒预防

加强食品卫生管理，严格执行卫生制度。加强食品从业人员肠道带菌检查，从事食品行业的人员不能带菌工作。

（十一）小肠结肠炎耶尔森氏菌食物中毒

1. 病原

小肠结肠炎耶尔森氏菌（*Yersinia enterocolitica*）为肠杆菌科耶尔森氏菌属的一种，G⁻、无芽孢，在30℃以下培养，可形成鞭毛，有动力，30℃以上培养不产生鞭毛，需要或兼性厌氧，最适生长温度是22～29℃，本菌特点是在0～5℃时即能生长繁殖，系嗜冷菌，具有侵袭性并能产生耐热肠毒素，能耐受121℃、30min，并能在4℃保存7个月，在pH值1～11环境下稳定。

2. 中毒机理

该菌引起的食物中毒是其侵袭性及产生的肠毒素共同作用所致，属于混合型细菌性食物中毒。首先是食品被该菌污染，其次是该菌在适宜条件下，在被污染的食品中大量繁殖，最后是加热处理不彻底，未能杀死该菌，或者已制成熟食品，虽然加热彻底，但又被该菌重复污染，在适宜温度下贮存时间较长，细菌又大量繁殖，食用前未加热处理或加热处理不彻底。

3. 中毒症状

潜伏期一般为3～5天，以消化道症状为主，腹痛、发热、腹泻、水样便为多，少数病人可以是软便，体温38～39.5℃，其次有恶心、呕吐、头痛等症状。儿童发病率比成人高。此外也可引起结肠炎、阑尾炎、肠系膜淋巴结炎、关节炎及败血症。

4. 引起中毒的食物及污染途径

引起中毒的食物主要是动物性食物，如猪肉、牛肉和羊肉等，其次为生牛乳以及豆腐等。该菌在自然界分布很广，动物带菌率高。带菌粪便、污染的水源及鼠类等均可污染食品。由于该菌能在低温条件下生长繁殖，所以冷冻或冷藏的肉或低温贮存的食品尤其要注意防止该菌污染。该菌引起的食物中毒多在春、秋、冬季发生。

5. 中毒预防

预防措施与沙门氏菌食物中毒预防措施基本相同。但与大多数食物中毒的病原菌不同，该菌为低温菌，在4℃可生长繁殖并产生毒素。除防止食品生产各个环节、各种途径被该菌污染外，对冷藏食品尤其4～5℃贮存的食品应更为警惕。本菌亦可从冷水中分离出来，一些食品可受到含本菌水的污染，如豆腐用水等，故不要生食豆腐等豆制品。

（十二）产气荚膜梭菌食物中毒

1. 病原

产气荚膜梭菌（*Clostridium perfringens*）属于厌氧的革兰氏阳性芽孢杆菌，可产生明显的荚膜，无鞭毛，不能运动，在无糖培养基中有利于形成芽孢。生长适宜温度为37～47℃，其耐热型芽孢在100℃下可存活1～6h，不耐热芽孢在80℃下可存活10min，100℃很快被杀死，营养体亦不耐热。在牛乳培养基中呈暴烈发酵现象是该菌的特征之一。在自然界的土壤、水和空气中广泛存在，动物的肠道是其重要的寄居场所。

2.中毒机理

食品在加工或烹调时由于加热不充分，以及在冷冻贮藏过程中操作不当，导致产气荚膜梭菌存活于食品当中。一旦被食用后，该菌进入机体并在肠道内繁殖形成芽孢，产生肠毒素，导致肠黏膜上皮细胞损伤进而引起食物中毒，属于毒素型细菌性食物中毒。

3.中毒症状

潜伏期8～16h，发病时腹痛剧烈、腹泻、肠黏膜出血性坏死，呕吐症状较少。中毒症状延续时间短，一般在1天或更短时间内自愈。

4.引起中毒的食物及污染途径

引起中毒的食物主要是肉类和鱼贝类等蛋白质含量高的食品，由于存放较久或加热不足细菌大量繁殖，形成芽孢时产生大量的肠毒素引起食物中毒。

5.中毒预防

（1）加强对食品加工、餐饮行业的卫生监督管理，防止在屠宰、加工、运输、贮藏过程中受该菌的污染。

（2）做好烹调卫生工作，避免餐饮从业人员带菌工作。

（3）熟肉类食品在食用前充分加热，如不能立即食用，应尽快降温并在低温下保存，尽量缩短存放时间。

（十三）霍乱弧菌食物中毒

1.病原

霍乱弧菌（*Vibrio cholerae*）属于弧菌属（*Vibrio*），G⁻，无芽孢、无荚膜、单鞭毛、运动性强，是需氧菌，在厌氧环境下不能生长或生长不良。最适生长温度是37℃，耐碱不耐酸，对热及干燥、直射阳光敏感，55℃、15min或100℃、1～2min可杀死。该菌可引起烈性肠道传染病，发病急、传染性强、病死率高，属于国际检疫传染病。

2.中毒机理

霍乱弧菌产生的肠毒素是一种剧烈的致泻毒素，属于毒素型细菌性食物中毒。该毒素作用于肠壁促使肠黏膜细胞极度分泌从而使水和盐过量排出，导致严重脱水虚脱，进而引起代谢性酸中毒和急性肾功能衰竭。

3.中毒症状

潜伏期为24～72h，发病急，先有频繁的米泔水样腹泻，并有剧烈的喷射状呕吐，呕吐物也呈米泔水样，病人因上吐下泻导致机体严重脱水，外周循环衰竭，血压下降，心率加快，严重者可致休克或死亡。若不及时抢救治疗，病死率很高。病愈后，一些患者可短期带菌，一般不超过2周，个别患者可长期带菌，成为传染源。

4.引起中毒的食物及污染途径

传染源主要是病人和带菌者，病菌通过水、苍蝇、食品等传播，尤其水体被污染后可造成暴发性大流行。

5.中毒预防

（1）控制传染源。及时发现患者和疑似患者，进行隔离治疗，对患者和带菌者的排泄物进行彻底消毒，并做好疫源检索。

（2）切断传播途径。加强饮水消毒和食品管理，确保用水安全，改善卫生设施。

（3）保持良好的卫生习惯。勤洗手，用流动水和肥皂洗手，将食物彻底煮熟，趁热食用，避免喝自来水、吃生的海鲜和蔬菜。

第三节　真菌性食物中毒

一、真菌性食物中毒概述

真菌性食物中毒是指食入被某些真菌及其毒素污染的食品而引起的食物中毒现象。由于真菌种类繁多、生活习性多样化，可在不同温度环境、不同基质成分及不同水分条件下生长、繁殖、产生真菌毒素，因而它们在食品生产、储存、销售等各个环节都可污染食品，由真菌毒素引起人和动物的疾病统称为真菌毒素中毒症（mycotoxicosis）。真菌毒素（mycotoxin）是某些产毒真菌在适宜生长条件下产生的能引起人或动物病理变化的次级代谢产物，它是真菌在主要含碳水化合物的食品原料上繁殖而分泌的细胞外毒素。真菌产生的毒素包括：由霉菌产生的引起食物中毒的细胞外毒素、由麦角菌产生的毒素、由毒蘑菇产生的毒素。其中产毒素的真菌以霉菌为主，霉菌毒素是霉菌在生长繁殖过程中分泌的细胞外毒素，霉菌毒素通常具有耐高温、无抗原性、主要侵害实质器官的特性，而且多数还有致癌作用。人和动物一次性摄入含大量霉菌毒素的食品常会发生急性中毒，而长期摄入含少量霉菌毒素的食物则会导致慢性中毒和癌症。引起真菌性食物中毒的食品主要有谷类、蔬果等，特别是粮食类及其制品，据估算每年全世界平均至少有2%的粮食因污染霉菌发生霉变而不能食用。

（一）真菌性食物中毒的途径

真菌性食物中毒主要是因为谷物、油料、蔬果等在采收、储藏和加工过程中污染霉菌后未经适当处理，直接用于食品加工而导致误食，如发霉的花生、玉米、小麦、大豆等。其次，制作好的食物因放置时间过长或者储藏不当而导致发霉变质，或者是在制作发酵食品时被有毒真菌污染，食用这些食品都会引起真菌性食物中毒。

（二）真菌性食物中毒的分类

真菌性食物中毒可以分为急性中毒和慢性中毒两类。

1. 急性真菌性食物中毒

人和动物一次性摄入含大量霉菌毒素食物常会发生急性中毒，潜伏期短，先出现胃肠道症状，随后引起肝、肾功能衰竭或者中枢神经麻痹，病死率高达40%～70%。

2. 慢性真菌性食物中毒

人和动物长期摄入含少量霉菌毒素食物会导致慢性中毒，慢性真菌性食物中毒不仅可以引起肝、肾功能的损害，而且还能够诱发癌症。

根据霉菌毒素作用于人体的靶器官的不同，可将其分为心脏毒、肝脏毒、肾脏毒、胃肠毒、神经毒、造血器官毒、变态反应毒和其他毒素8种类型。

（三）真菌性食物中毒的特点

真菌性食物中毒的特点有以下几个方面：① 发生中毒与某些食物有联系，检查可疑食物或中毒者的排泄物可发现有毒素存在，或可从食物中分离出产毒菌株；② 真菌毒素中毒往往有季节性或地区性；③ 真菌毒素是小分子有机化合物，不是复杂的蛋白质分子，所以它在机体中不能产生抗体，也不能免疫；④ 即使食品被产毒素的菌株污染，也有可能检测不到真菌毒素，因为产毒菌株要在适宜产毒的条件下才可以产生毒素。但有时也可从食品中检测出毒素的存在，而检测不出产毒菌株，这往往是食品在储藏和加工过程产毒菌株已死亡，而毒素不易破坏所致。

二、主要产毒霉菌及其产生毒素的种类和条件

（一）主要产毒霉菌及其产生毒素的种类

真菌毒素通常具有耐高温、无抗原性、主要侵害实质性器官的特性，而且多数还有致癌作用。真菌毒素均为小分子物质，人体摄食后不能产生免疫性，因此真菌毒素中毒的预防难度更大。据统计，目前已知有200多种真菌能产生100余种化学结构不同的真菌毒素，其中引起人类食物中毒的霉菌毒素则较少。根据目前的研究，可以使实验动物致癌的有黄曲霉毒素（B、G）、杂色曲霉素、黄天精、环氯素和展青霉素等14种毒素。在食品和饲料中主要的产毒霉菌及霉菌毒素和类别如表9-3所示。

表9-3　主要产毒霉菌及霉菌毒素种类

主要产毒霉菌	霉菌毒素	毒性类别
黄曲霉	黄曲霉毒素	肝脏毒
寄生曲霉	黄曲霉毒素	肝脏毒
杂色曲霉	杂色曲霉素	肝脏毒、肾脏毒
构巢曲霉	杂色曲霉素	肝脏毒、肾脏毒
赭曲霉	赭曲霉毒素	肝脏毒、肾脏毒
岛青霉	黄天精、环氯素	肝脏毒
扩展青霉	展青霉素	神经毒
黄绿青霉	黄绿青霉素	神经毒
橘青霉	橘青霉素	肾脏毒
圆弧青霉	青霉酸	神经毒、致突变作用
纯绿青霉	赭曲霉毒素、橘青霉素	肝脏毒、肾脏毒
禾谷镰刀菌	玉米赤霉烯酮	类雌性激素作用
玉米赤霉菌	脱氧雪腐镰刀烯醇（呕吐毒素）	致吐作用
串珠镰刀菌	伏马菌素	肝脏毒、肾脏毒
三线镰刀菌	T-2 毒素	造血器官毒
交链孢霉	交链孢霉毒素	细胞毒、致突变作用

（二）霉菌产毒的条件

影响霉菌产毒的条件通常有以下几种。

1. 产毒霉菌种类

霉菌种类繁多，不同霉菌可以产生相同的毒素，如黄曲霉和寄生曲霉都能产生黄曲霉毒素，而同一种菌株由于培养条件不同产毒能力也有很大差别。往往新分离的菌株产毒能力强，经过累代培养，其产毒能力也有所下降。

2. 培养基质

霉菌生长的营养来源主要是碳源、少量氮源、无机盐，因此易被霉菌污染并产毒素的基质主要有大米、小麦、面粉、玉米、花生、大豆等。同一菌株在同样条件下以富含糖类的小麦、米为基质比以油料为基质的黄曲霉毒素产量高。

3. 基质水分和相对湿度

食品 A_w 越小越不利于霉菌繁殖，A_w 在 0.7 以下可以完全阻止产毒的霉菌繁殖。相反，水分越高，产毒概率越大。当粮食和饲料水分为 17% ～ 19%、花生为 10% 或更高时，最适合霉菌生长并产生霉菌毒素，而当粮食水分为 13% ～ 14%、花生为 8% ～ 9%，大豆为 11% 时霉菌不产毒素。

4. 温度

温度影响霉菌生长和产毒量。多数霉菌在 20 ～ 30℃ 下生长繁殖，小于 10℃ 和大于 30℃ 时生长显著减弱，一般在 0℃ 以下或 30℃ 以上不生长和不产毒。但有的镰刀菌能耐受低温到 –20℃，并在低温下产毒。

5. 通风

通风条件对霉菌生长和产毒有较大影响。霉菌为专性好氧微生物，在粮食或油料作物储藏期，多数霉菌在有氧情况下产毒，无氧时不产毒。快速风干比缓慢风干对防止产生黄曲霉毒素效果好。

三、主要的真菌毒素

（一）黄曲霉毒素

黄曲霉毒素（alfatoxin，AFT 或 AF）是黄曲霉和寄生曲霉的代谢产物。1993 年黄曲霉毒素被世界卫生组织（WHO）的癌症研究机构划定为 1 类致癌物，毒性极强且对人及动物肝脏组织有破坏作用，严重时可导致肝癌甚至死亡。AF 具有较好的热稳定性，加热至 280℃ 以上才开始分解，所以一般的烹调加热处理不能将毒素破坏去除。AF 主要污染粮油食品及动植物食品，如花生、玉米、大米、小麦、豆类、坚果类、肉类、乳及乳制品、水产品等。

1. 黄曲霉毒素的性质和结构

AF 的化学结构由一个双氢呋喃和一个氧杂萘邻酮组成。目前已分离出 B_1、B_2、G_1、G_2、M_1、M_2、P_1 等二十余种 AF，根据 AF 在紫外线（365nm）照射下发出的荧光颜色可将其分为两大类：发蓝紫色荧光的为 B 族，发绿色荧光的为 G 族。食品中常见且危害性较大的 AF 有 B_1、B_2、G_1、G_2、M_1、M_2，化学结构式如图 9-1 所示。其中 M_1 和 M_2 不是由黄曲霉等产毒真菌直接产生，而是由动物摄食含 AFB_1 和 AFB_2 的食物后经过体内代谢产生的羟基化衍生物。

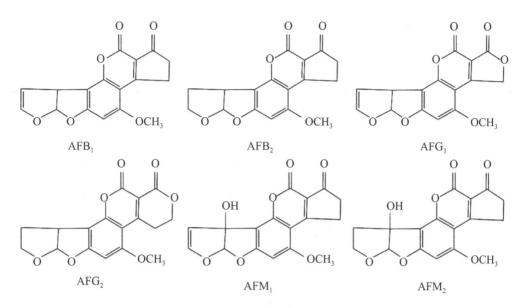

图9-1 六种主要的黄曲霉毒素的化学结构式

2.黄曲霉毒素的限量标准

六种主要的AF中B₁的毒性和致癌性最强，其毒性比氰化钾大100倍，仅次于肉毒毒素，是真菌毒素中最强的；致癌作用比化学致癌物二甲基亚硝胺强75倍，比已知的化学致癌物都强。天然食品中AFB₁最多见，因此在食品安全指标中测定食品中AF一般以AFB₁作为重点检测目标，我国对AFB₁的限量标准《食品安全国家标准 食品中真菌毒素限量》（GB 2761—2017）如表9-4。

表9-4 食品中黄曲霉毒素B₁限量指标

食品类别（名称）	限量/（μg/kg）
谷物及其制品 　玉米、玉米面（渣、片）及玉米制品 　稻谷、糙米、大米 　小麦、大麦、其他谷物 　小麦粉、麦片、其他去壳谷物	 20 10 5.0 5.0
豆类及其制品 　发酵豆制品	 5.0
坚果及籽类 　花生及其制品 　其他熟制坚果及籽类	 20 5.0
油脂及其制品 　植物油脂（花生油、玉米油除外） 　花生油、玉米油	 10 20
调味品 　酱油、醋、酿造酱（以粮食为主要原料）	 5.0
特殊膳食用食品 　婴幼儿配方、辅助食品	 0.5（以粉状产品计）

3. 黄曲霉毒素的产霉条件

影响AF产生的两个重要条件是环境温度和基质A_w，如表9-5所示。

表9-5　产黄曲霉毒素的环境条件

种名	环境温度	基质A_w
黄曲霉	生长温度：适宜30～33℃，最低6～8℃，最高44～47℃ 产毒温度：适宜24～30℃，低于7.5℃或高于40℃不产毒	生长A_w：适宜0.93～0.98，最低0.78～0.94 产毒A_w：适宜0.93～0.98 生长相对湿度：最适80%～90%
寄生曲霉	生长温度：适宜35℃ 产毒温度：25℃产毒量最高	生长A_w：同上 产毒A_w：同上

4. 引起中毒的原因

AF可使鸭、火鸡、猪、牛、狗等多种动物发生急性中毒，其毒害作用的靶器官主要是肝脏，能够很大程度地抑制肝脏细胞中RNA的合成，干扰DNA的合成，影响和阻止蛋白质、脂肪、线粒体和酶等的合成与代谢，从而干扰人体和动物的肝功能，导致突变、癌症及肝细胞坏死。误食黄曲霉毒素污染的食品可以导致慢性中毒、致癌甚至急性死亡。

5. 中毒类型

AF的中毒类型可以分为以下三类。

（1）急性和亚急性中毒

短时间内摄入大量的AF会迅速造成肝细胞变性、坏死、出血以及胆管增生，在几天或几十天内死亡。

（2）慢性中毒

长期摄入小剂量的AF会使肝脏出现慢性损伤，生长缓慢，体重减轻，肝功能降低，出现肝硬化等问题，在几周或者几十周后死亡。

（3）致癌性

AF具有致癌强度大、致癌范围广的特点，是目前所知致癌性最强的化学物质，主要诱导形成肝癌。从肝癌的流行病调查中发现，凡食品中黄曲霉毒素污染严重和人类实际摄入量较高的地区肝癌的发病率也高。

6. 引起中毒的食物及污染途径

AF的污染可发生在多种食品上，如粮食、油料、饲料及其制品、水果、干果、调味品、乳和乳制品、蔬菜、肉类等，其中以玉米、花生和棉籽油最易受到污染，其次是稻谷、小麦、大麦、豆类等。花生和玉米等作物在收获前就可能被黄曲霉污染，携带一定量的黄曲霉毒素。此外，农产品在储藏和加工过程中，当粮食未能及时晒干及储藏不当时，往往容易被黄曲霉或寄生曲霉污染而产生AF。

7. 预防措施

黄曲霉生长产毒温度范围是12～42℃，最适产毒温度为33℃，最适A_w值为0.93～0.98。黄曲霉在水分为18.5%的玉米、稻谷、小麦上生长时，第3天开始产生黄曲霉毒素，第10天产毒量达到最高峰，以后便逐渐减少。黄曲霉产毒的迟滞现象表明高水分粮食在2天内进行干燥处理，使水分降至13%以下，即使污染黄曲霉也不会产生毒素。此外，控制霉菌生长繁殖需要的温度、湿度、氧气及水分含量条件，也可达到防霉的目的。黄曲霉毒素含量超过国家标准规定的粮油食品必须进行去毒处理，目前常用的去毒方法有物理去除法、化学去除法和生物去除法三大类。

（二）伏马菌素

伏马菌素（fumonisin）又称烟曲霉毒素，是由串珠镰刀菌、轮状镰刀菌、多育镰刀菌和其他一些镰刀菌属（*Fusarium*）的菌产生的真菌毒素。1993年，伏马菌素被世界卫生组织的癌症研究机构划定为2B类致癌物。2017年世界卫生组织国际癌症研究机构公布的致癌物清单中，串珠镰刀菌及其产生的毒素（伏马菌素B_1、伏马菌素B_2和镰刀菌素C）在2B类致癌物清单中。伏马菌素能够污染各种粮食及其制品，尤其是玉米，并对某些动物产生急性毒性及潜在的致癌性。自19世纪80年代中期人们就在食用含较高伏马菌素的以谷物为原料的食品的地区观察到了马脑白质软化症（ELEM）、猪肺水肿（PE）和人的食管癌（EC）发病率较高。

1.伏马菌素的性质和结构

伏马菌素是由不同的多氢醇和丙三羧酸组成的双酯类化合物，骨架结构是一条由19或20个碳原子组成的直链，各种羧基、羟基及酯键分布在骨架两侧。目前为止已发现的天然伏马菌素有11种，分为FA、FB、FC和FP四类，但主要以FB中FB_1、FB_2形式存在，其中FB_1占总量的70%，毒性最强，主要污染玉米及其制品。图9-2为伏马菌素的化学结构式，FB_1和FB_2的区别是FB_1的R_1基团是"—OH"，FB_2的R_1基团是"—H"。伏马菌素为水溶性霉菌毒素，对热的稳定性较高，不易被蒸煮破坏，在多数粮食加工处理过程中均比较稳定。有研究表明，将含毒培养物煮沸30min，然后在60℃下干燥24h，培养物中的FB_1没有降低现象。

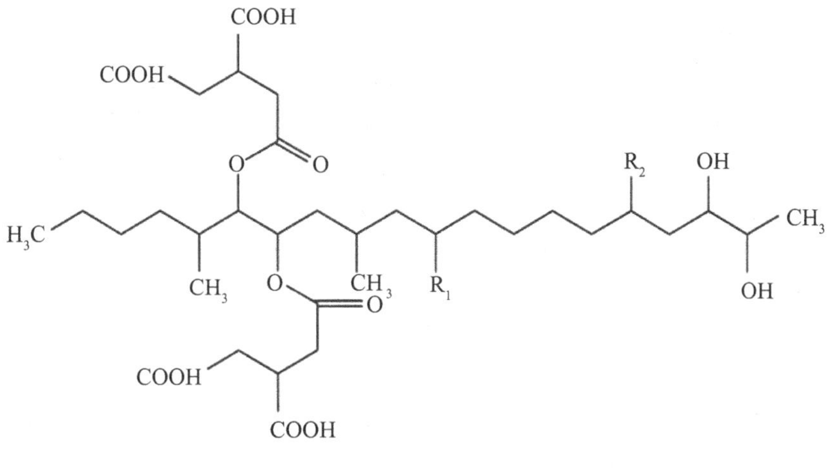

图9-2　伏马菌素的化学结构式

2.伏马菌素的限量标准

我国现行标准《食品安全国家标准　食品中真菌毒素限量》（GB 2761—2017）尚未涉及伏马菌素指标的限量。为了控制玉米中伏马菌素的危害，一些发达国家和地区按照玉米形态和加工用途分类规定了伏马菌素限量标准，如欧盟规定：伏马菌素（FB_1+FB_2）在未加工的玉米（不包括用于湿磨法处理的未加工玉米）中限量为4000μg/kg，供人直接食用的玉米和玉米制品限量为1000μg/kg，供婴幼儿食用的玉米食品和婴儿食品限量为200μg/kg。美国规定：伏马菌素（FB$_1$+FB$_2$+FB$_3$）在脱胚的干磨玉米制品（脂肪含量＜2.25%，干基重）中限量为2000μg/kg，脱胚的干磨玉米制品（脂肪含量≥2.25%，干基重）以及干磨玉米麸皮和用于生产粗玉米粉净玉米的限量为4000μg/kg。鉴于伏马菌素在国际食品安全和贸易中的重要作用，通过国际食品污染物法典委员会（CCCF）多年研究和讨论，2015年国际食品法典委员会（CAC）首次颁布了玉米及制品中伏马菌素（FB$_1$+FB$_2$）国际食品法典限量标准，规定未加工的玉米限量为4000μg/kg，玉米粉和玉米面中限量为2000μg/kg。

3. 伏马菌素产毒条件

研究表明，将串珠镰刀菌接种在不同条件下的玉米基质中进行产毒培养试验，在20℃下，菌体生长的稳定期出现在4～6周，13周达到最大产毒量，FB$_1$产量达到17.9g/kg（干基）。综合各种研究报道，串珠镰刀菌的最适产毒温度为25℃，最高产毒量的时间为7周；产毒菌在25～30℃，pH值3～9.5的培养条件下可良好生长，产毒适合的水活度应在0.925以上。

4. 引起中毒的原因

伏马菌素对神经系统有明显的毒性作用，能造成马脑的特异性损伤。FB$_1$可引起马脑白质软化症、猪肺水肿综合征和大鼠肝癌等动物疾病，对动物养殖业影响较大。动物实验表明，肝和肾是FB$_1$的主要作用靶向对象，主要表现为肝硬化、慢性肾炎、肝脏肿瘤。人类流行病学研究表明，世界各个地区玉米感染串珠镰刀菌（伏马菌素的主要产生菌）和食管癌发病的发生之间具有关联。

5. 中毒症状

伏马菌素可以造成马脑白质软化症（ELEM）、猪的肺水肿症候群（PPE）、羊肾病变及狒狒心脏血栓、大鼠肝中毒及肝癌。南非与中国某些地区食管癌高发也与食用此类毒素污染的玉米有关。

6. 引起中毒的食物及污染途径

伏马菌素在收割、储藏、加工等各个环节极易污染玉米、小麦、高粱、水稻等农作物，还易污染蔬果、饲料等各种农副产品。玉米中伏马菌素污染程度与种植地理位置有关，在气候温暖的玉米产区，常常发现高水平污染的伏马菌素。同时，伏马菌素的污染程度也和收获期间的环境因素如温度、湿度、干旱和降雨等有关，收获的玉米在贮存期间水分在18%～23%时，最适宜产伏马菌素的串珠镰刀菌的生产和繁殖，导致玉米中伏马菌素含量的增加。

7. 预防措施

对伏马菌素中毒的预防主要应注意以下四个方面。

（1）加强粮食的通风、防潮、防霉管理

及时对收获和储藏的玉米、麦类、稻谷等粮食和饲料原料进行干燥处理，防止串珠镰刀菌等产毒真菌的污染、繁殖和产毒。

（2）不用发霉的粮食作物加工食品

伏马菌素尤其是FB$_1$对饲料污染的情况在世界范围内普遍存在，且对粮食作物的污染情况较严重，因此应避免霉变粮食作物用于食品加工。

（3）不食用发霉变质的玉米及玉米制品

减少摄入伏马菌素的可能性。

（4）定时检查粮食及饲料制品中伏马菌素的含量

根据我国2017年实施的国家食品安全检测标准，标准第一法为免疫亲和柱净化-柱后衍生高效液相色谱法，第二法为高效液相色谱-串联质谱联用法，第三法为免疫亲和柱净化-柱前衍生高效液相色谱法，适用于玉米及制品中伏马菌素的测定。

（三）镰刀菌毒素

根据联合国粮农组织（FAO）和世界卫生组织（WHO）联合召开的第三届食品添加剂和污染会议资料，镰刀菌毒素问题同黄曲霉毒素一样被看作是自然发生的最危险的食品污染物。镰刀菌在自然界广泛分布，侵染多种作物。镰刀菌毒素由镰刀菌产生，现已发现十几种镰刀菌毒素，按其化学结构可分为三大类，分别为单端孢霉烯族化合物（trichothecene）、玉米赤霉烯酮（zearalenone）、丁烯酸内酯（butenolide）（图9-3）。

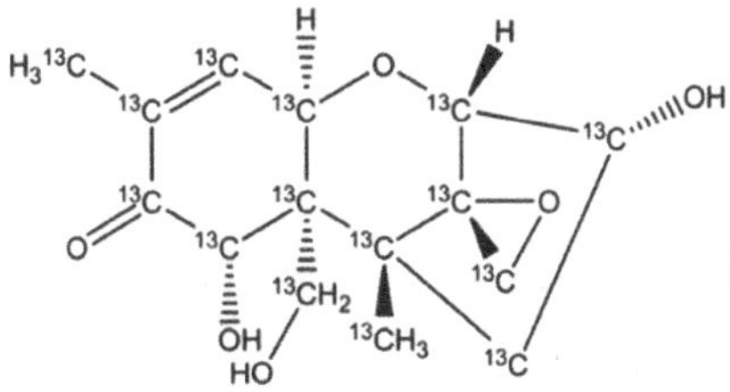

脱氧雪腐镰刀烯醇（DON） 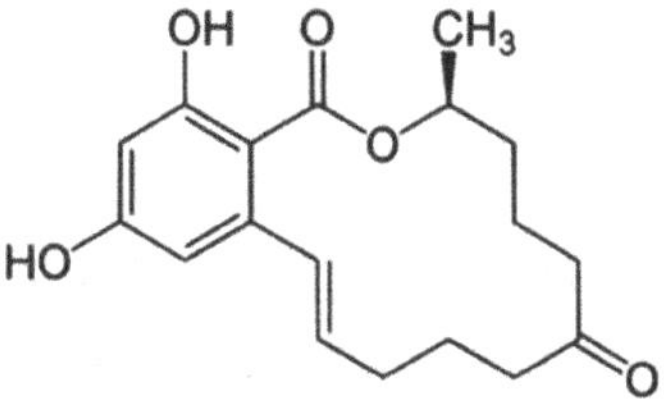　　　　玉米赤霉烯酮

图9-3　镰刀菌毒素化学结构式举例

1.单端孢霉烯族化合物（trichothecene）

单端孢霉烯族化合物是由雪腐镰刀菌、禾谷镰刀菌、梨孢镰刀菌、拟枝孢镰刀菌等多种镰刀菌产生的一类毒素，它是引起人畜中毒最常见的一类镰刀菌毒素。在单端孢霉烯族化合物中，我国粮食和饲料中常见的是脱氧雪腐镰刀烯醇（DON，又称呕吐毒素或致吐毒素），易溶于水，热稳定性高，主要存在于麦类赤霉病的麦粒中，玉米、稻谷、蚕豆等作物也能感染赤霉病而含有DON。赤霉病的病原菌是赤霉菌（*Gibberella zeae*），其无性阶段是禾谷镰刀霉，这种病原菌适合在阴雨连绵、湿度高、气温低的气候条件下生长繁殖。如在麦粒形成乳熟期感染，则随后成熟的麦粒皱缩、干瘪、有灰白色和粉红色霉状物；如在后期感染，麦粒尚且饱满，但胚部呈粉红色。

人食用含有DON的赤霉病麦（含10%病麦的面粉250g）后，多在1h内出现恶心、眩晕、腹痛、呕吐、全身乏力等症状。少数伴有腹泻、颜面潮红、头痛等症状。以病麦喂猪，猪的体重增加缓慢，宰后脂肪呈土黄色、肝脏发黄、胆囊出血。DON对狗经口的致吐剂量为0.1mk/kg（体重）。

2.玉米赤霉烯酮（zearalenone）

玉米赤霉烯酮是一类二羟基苯酸内酯化合物，具有雌激素作用，主要作用于生殖系统，动物吃了含有这种毒素的饲料，会出现雌性发情综合征症状，猪对该毒素最敏感。玉米赤霉烯酮为白色结晶，熔点164～165℃，分子量318，不溶于水，溶于碱性水溶液、乙醚、氯仿、乙醇。耐热性较强，100℃经1h才能被完全破坏。在长波紫外线辐射下显蓝绿色荧光，在短波紫外线辐射下显绿色荧光。禾谷镰刀菌、黄色镰刀菌、粉红镰刀菌、三线镰刀菌、木贼镰刀菌等多种镰刀菌均能产生玉米赤霉烯酮。

玉米赤霉烯酮不溶于水，溶于碱性水溶液。禾谷镰刀菌接种在玉米培养基上，在25～

28℃培养2周后，再在12℃下培养8周，可获得大量的玉米赤霉烯酮。赤霉病麦中有时可能同时含有DON和玉米赤霉烯酮。饲料中含有玉米赤霉烯酮在1～5mg/kg时才使动物出现症状，500mg/kg含量时出现明显症状。用含赤霉病麦面粉制成的各种面食，如毒素未被破坏，食入后可引起食物中毒。该毒素主要污染玉米、小麦、大麦、燕麦和大米等粮食作物。除玉米外，禾谷镰刀菌等病原菌侵染麦粒（小麦、大麦、燕麦）后，引起蛋白质分解，也可产生玉米赤霉烯酮毒素。

3. 丁烯酸内酯（butenolide）

丁烯酸内酯在自然界发现于牧草中，牛食用带毒牧草导致烂蹄病。哈尔滨医科大学大骨节病研究室报道：在黑龙江和山西的大骨节病区所产的玉米中发现有丁烯酸内酯存在。丁烯酸内酯是三线镰刀菌、雪腐镰刀菌、拟枝孢镰刀菌和梨孢镰刀菌产生的，易溶于水，在碱性水溶液中极易水解。

（四）黄变米毒素

黄变米是20世纪40年代在大米中发现的。这种米由于被真菌污染而呈黄色，故称黄变米。导致大米变黄的真菌主要是青霉属的一些种，这些菌株侵染大米后产生毒性代谢产物，统称黄变米毒素。黄变米毒素可分为三大类。

1. 黄绿青霉毒素

大米含水量为14.6%时感染黄绿青霉，在12～14℃便可形成黄变米，米粒上有淡黄色病斑，同时产生黄绿青霉毒素（citreoviridin）。该毒素不溶于水，加热至270℃失去毒性，为神经毒，毒性强，动物中毒特征为中枢神经麻痹，进而心脏及全身麻痹，最后呼吸停止而死亡。

2. 橘青霉毒素

橘青霉毒素污染大米后形成橘青霉黄变米，米粒呈黄绿色。精白米易污染橘青霉形成该种黄变米。橘青霉可产生橘青霉毒素（citrinin），暗蓝青霉、黄绿青霉、扩展青霉、点青霉、变灰青霉、土曲霉等霉菌也能产生这种毒素。该毒素难溶于水，是一种肾脏毒，可导致实验动物肾脏肿大、肾小管扩张和上皮细胞变性坏死。

3. 岛青霉毒素

岛青霉污染大米后形成岛青霉黄变米，米粒呈黄褐色溃疡性病斑，同时含有岛青霉产生的毒素，包括黄天精、环氯肽、岛青霉素、红天精。前两种毒素都是肝脏毒，急性中毒可造成动物发生肝萎缩现象，慢性中毒发生肝纤维化、肝硬化或肝肿瘤，可导致大白鼠肝癌。

第四节　食品介导的病毒感染

一、食品介导的病毒感染概述

食品介导的病毒感染，是指以食物为载体，导致人类患病的病毒感染。与细菌和真菌相比，人类对食品中病毒的了解相对较少，这主要是由于病毒是严格的专性寄生生物，不能在食品中繁殖，有些病毒在不断变化的食物贮藏和保存条件下还会迅速死亡，因此它们在食品中的数量远低于细菌和真菌，导致可检出数量较低，以现有的技术难以对食品中的病毒进行分离并培养，例如可引起腹泻的诺如病毒尚不能在细胞培养基中培养。此外，就已发现的大规模食品介导感染或食物中毒而言，病毒不如细菌或真菌重要，因此人们对其重视程度不高。

病毒通过食品传播的主要途径是粪-口传播模式，食品中可能存在任何病毒，但由于病毒对组织具有亲和性，因此食品只能作为人类肠道病毒的传播载体。常见的引起感染的食源性病毒包括脊髓灰质炎病毒、甲型肝炎病毒、诺如病毒、轮状病毒、冠状病毒、禽流感病毒等。

二、常见的食品介导的病毒感染

（一）诺如病毒

诺如病毒（norovirus，NVs），又称诺瓦克病毒（norwalk viruses），是人类杯状病毒科（human calicivirus，HuCV）中诺如病毒属的原型代表株。最早是从1968年在美国诺瓦克市暴发的一次急性腹泻的患者粪便中分离的病原，此后世界各地陆续自胃肠炎患者粪便中分离出多种形态与之相似但抗原性略有不同的病毒样颗粒，均以发现地点命名。直至2002年8月第八届国际病毒命名委员会批准名称为诺如病毒，与在日本发现的札幌样病毒（sapporo-like Virus，SLV）合称人类杯状病毒。

1.病毒形态及特点

诺如病毒基因组为单股正链小RNA病毒，无包膜，二十面体结构，直径27～40nm，外壳是由180个同一种外壳蛋白组成的90个二聚体构成（图9-4）。可从急性胃肠炎病人的粪便中分离，不能在细胞或组织中培养，也没有合适的动物模型，电镜下缺乏显著的形态学特征，负染色电镜照片显示诺如病毒是具有典型的羽状外缘、表面有凹痕的小圆状结构。诺如病毒具有高度的变异性，在同一时期和同一社区可能存在遗传特性不同的毒株流行。其相应的抗体没有显著的保护作用，尤其是没有长期免疫保护作用，极易造成反复感染。诺如病毒具有较强的耐受性，在室温、pH值

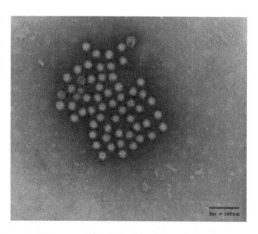

图9-4　诺如病毒颗粒负染色电镜图

2.7的环境中暴露3h，或经4℃、20%乙醚处理18h，或60℃孵育30min后，仍然具有传染性。在含3.75～6.25mg/L氯、0.5～1.0mg/L游离氯离子的水溶液（相当于饮用水中的氯浓度）中NVs仍不被灭活，但可被含10mg/L氯的水溶液灭活。

2.传播途径

诺如病毒感染性强，以肠道传播为主，可通过污染的水源、食物、物品、空气等传播，常在社区、学校、餐馆、医院、敬老院及军队等处集体暴发。一般通过以下几种方式感染诺如病毒。

① 食用诺如病毒污染的食物，病毒很小，摄入不到100个病毒就能使人发病。手接触诺如病毒污染的物体或表面，然后手接触到口，即有可能感染。

② 直接接触感染者，如照顾病人、与病人共餐或使用相同的餐具也可导致感染。

③ 食物可以通过被污染的手及呕吐物或粪便污染的物体表面直接受到污染，或者通过附近呕吐物细小飞沫被污染。尽管病毒在人体外很难繁殖，但是一旦存在于食品或水中，就能引起疾病。

④ 有些食品在送至饭店或商店前可能被污染。

3.感染症状

潜伏期多在24～48h，该病毒可感染覆盖在肠道上的成熟细胞，使大部分细胞损害并发生吸收障碍，但它不影响未成熟的肠细胞。感染者发病突然，主要症状为恶心、呕吐、发热、腹痛和腹泻。儿童患者呕吐普遍，成人患者腹泻为多，24h内腹泻多次，粪便为稀水便或水样便，无黏液脓血。原发感染患者的呕吐症状明显多于续发感染者，有些感染者仅表现出呕吐症状。此外，也可见头痛、寒战和肌肉痛等症状，严重者可出现脱水症状。目前尚无特效的抗诺如病毒药物，以对症或支持治疗为主，一般不需使用抗生素，预后良好。

（二）甲肝病毒

甲肝病毒（hepatitis A Virus，HAV）即甲型肝炎病毒，是甲型肝炎的病原。甲型肝炎是一种烈性肠道传染病，以损害肝脏为主，严重危害人类健康。

1.病毒形态及特点

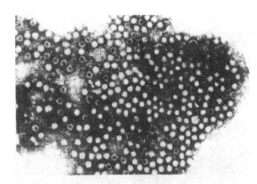

图9-5　甲型肝炎病毒颗粒电镜图

HAV属于微小RNA病毒科嗜肝病毒属，电镜下呈球形和二十面体立体对称（图9-5），直径27nm，衣壳由32个壳粒组成，无包膜、单股正链RNA。可在非洲绿猴肾细胞、人胚肺二倍体细胞和传代肝细胞中生长。其抵抗力强，低温可长期保存，85℃、5min，98℃、1min可完全灭活。紫外线照射1～5min，用甲醛溶液或氯处理，均可使之灭活。

2.传播途径

甲型肝炎主要以粪-口传播方式进行传播，传染源主要是患甲型肝炎的患者，患者直接接触食品或以粪便污染食品、水源，可造成更多的健康者感染HAV，再感染后一般能获得终身免疫力。甲型肝炎病毒的载毒食品包括凉拌菜、水果及果汁、乳及乳制品、冰淇淋饮料、水生贝壳类食品。生的或未煮透的来源于污染水域的水生贝壳类食品是最常见的载毒食品。

3.感染症状

摄入甲型肝炎病毒污染的食品或通过其他途径感染，个体可能出现症状，也可能不出现症状。该病毒迅速移动到肝脏，并侵入肝细胞。潜伏期可能为2～7周，基本症状包括发热、恶心、呕吐、腹部不适和肝部发炎，随后可能会出现黄疸。病毒通常可在潜伏期的后半期随粪便排出。

（三）轮状病毒

轮状病毒（rotavirus）属于呼肠弧病毒科、轮状病毒属，能引起人的急性病毒性胃肠炎，是人胃肠炎常见的病原之一。人轮状病毒引起的腹泻传染性强，主要见于婴幼儿。

1.病毒形态及特点

轮状病毒因在电镜下呈车轮状而得名（图9-6）。该病毒为dsRNA，病毒颗粒直径65～70nm，二十面体结构，病毒核酸由11个双股RNA节段构成，每一节段编码具有不同功能及作用的蛋白质，该病毒具有双层壳膜。

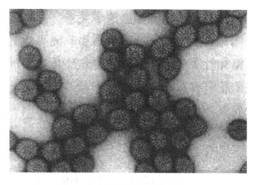

图9-6　轮状病毒颗粒电镜图

2.传播途径

轮状病毒的传播途径主要为水源和食品经口传染。该病毒主要存在于肠道内，通过粪便排到外界环境，污染土壤、食品和水源，再经消化道途径传染给其他人群。在人群生活密集的地方，轮状病毒主要是通过带毒者的手造成食品污染而传播的，在儿童及老年人病房、幼儿园和家庭中均可暴发。感染剂量为10～100个感染性病毒颗粒。

3.感染症状

轮状病毒主要引起婴幼儿急性胃肠炎，早期有段时间出现轻度上呼吸道感染症状，然后迅速出现发热、呕吐、腹泻，导致脱水及电解质紊乱。

（四）禽流感病毒

禽流感病毒（avian influenza virus，AIV）当前是指甲型流感病毒中感染禽类的多种亚型的总称。流感病毒可分为甲、乙、丙3型，其中甲型流感病毒的危害程度最大，宿主范围广泛，除可感染人，引起世界性流感大流行外，也在动物中广泛存在，引起动物流感流行和造成大量动物死亡。

1.病毒形态及特点

禽流感病毒是禽流感的病原体（图9-7），属于正黏病毒科，直径80～120nm，球形颗粒，基因组为8个节段的单链负义RNA，螺旋对称，对热、酸和有机溶剂敏感，在外界环境中极不稳定。56℃、30min，60℃、10min或65～70℃、数分钟即可使之失活。在阳光直射下，40～48h灭活。去氧胆酸钠、羟胺、十二烷基硫酸钠和铵离子可迅速破坏病毒，使之丧失传染性。但低温冻干或甘油保存可使病毒存活1年以上。

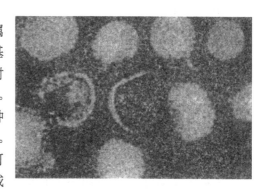

图9-7　禽流感病毒颗粒电镜图

2.传播途径

禽流感的传染源主要是鸡、鸭，特别是感染了H5N1病毒的鸡，目前已有证据显示，病人也可以成为传染源。在自然条件下，存在于口腔和粪便的禽流感病毒由于受到有机物的保护，具有极大的抵抗力，特别是在凉爽和潮湿温和的条件下可存活很长时间，人类直接接触受禽流感病毒感染的家禽及粪便或直接接触禽流感病毒都会受到感染。此外，经飞沫及呼吸道分泌物传播也是传播途径。

3.感染症状

潜伏期一般在7天以内，早期症状与其他流感非常相似，主要表现为发热、流涕、鼻塞、咳嗽、咽痛、头痛、全身不适，部分患者可有恶心、腹痛、腹泻、稀水样便等消化道症状，有些患者可见眼结膜炎，体温大多持续在39℃以上，一些患者进行胸透，还会显示单侧或双侧肺炎，少数患者伴有胸腔积液。少数年龄较大患者或治疗过迟的患者，病情会迅速发展成进行性肺炎、急性呼吸窘迫综合征、肺出血、胸腔积液、全血细胞减少、肾衰竭、败血症休克等多种并发症甚至死亡。

（五）其他食品介导的病毒感染

1.疯牛病病毒

疯牛病，即牛海绵状脑病（bovine spongiform encephalopathy，BSE），属于慢性进行性致死性神经系统疾病，以大脑灰质出现海绵状病变为主要特征。它是由一种朊病毒（prion）引起的一种亚急性海绵状脑病，可导致生物体的认知和运动功能严重衰退直至死亡。引起疯牛病的朊病毒主要存在于被感染动物的眼睛、脊髓和脑神经里，通过食品渠道传染人类。若食用了带疯牛病病原体的牛肉，就有感染该病的危险，此外该病毒还可通过药物胶囊中的牛股胶、疫苗中使用的牛血清、以羊胎盘为原料或牛骨粉制成的美容保健食品等制品传播。人类感染朊病毒后，潜伏期很长，一般10～20年甚至长达30年，早期主要表现为精神异常，包括焦虑、抑郁、孤僻、萎靡、记忆力减退、肢体及面部感觉障碍等，随着病情发展，出现严重进行性智力衰退、痴呆或精神错乱、运动平衡障碍、肌肉收缩和不随意运动，个别病例可出现以癫痫发作为首发症状。患者在出现临床症状后1～2年内死亡，由于该病毒潜伏期长，不易被察觉，特别是目前因无特异性的诊断法和药物的治疗，也无疫苗的免疫，一旦染病其结局必然是死亡。为了防止疯牛病发生，任何出现疯牛病症状的牛都不应被用于制作人类的食品或动物饲料。同时，对于病牛应全部予以安全处理掉，应禁止用牛、羊等反刍动物的机体组织加工饲料。

2.柯萨奇病毒

柯萨奇病毒（coxsackie virus）具有小RNA病毒的基本性状，病毒呈球形，直径一般为17～30nm，病毒核衣壳呈二十面体对称，无包膜，由60个蛋白质亚单位构成，单股RNA。该病毒可存在于感染者的粪便中，也可存在于自来水、土壤、牡蛎中，可通过粪-口途径传播，感染后多数人不出现明显症状，只有极少数人发病。该病毒对热敏感，50℃能迅速被灭活，低温可较长期存活，对环境的抵抗力较强。

3.埃可病毒

埃可病毒（enteric cytopathogenic human orphan virus，ECHO virus）即肠道致细胞病变孤儿病毒，球形，单股正链RNA，无包膜。其特性与柯萨奇病毒和脊髓灰质炎病毒基本相同。多数人呈隐性感染，只有少数人表现出临床症状。导致埃可病毒感染的食品主要为牡蛎、毛蚶。该病毒对热敏感，对低温稳定，对去污剂等化学试剂耐受性较强，对外界环境有较强抵抗力。

4.口蹄疫病毒

口蹄疫病毒（foot and mouth disease virus，FMDV）属于小RNA病毒科，正二十面体结构，直径20～30nm，无包膜。主要侵害偶蹄兽，尤其是奶牛。该病毒传染性强，易变异，人（尤其是幼儿）饮食未消毒的鲜奶以及其他畜产品，护理及接触患病动物的兽医、研究人员、饲养人员、挤乳工人等均可感染发病，儿童发病较成人多。人感染后，体温升高，口腔发热发干，黏膜潮红，在唇、舌、齿等部位出现水疱，水疱豌豆大，迅速破裂并愈合，有时伴有灼热疼痛及流涎。病程7～10天，严重者可因心肌麻痹而死亡。

第十章
免疫学及其在粮食和食品科学中的应用

感染与免疫是病原微生物与其宿主之间寄生关系的两个方面，由病原微生物引起的传染病在人类发展的历史长河中，扮演一个重要的反面角色。感染与免疫的规律，是人类诊断、预防和治疗各种传染病的理论基础，并通过各种生物制品来实现。免疫学方法，因其高度特异性和灵敏度，在疾病诊断与防治、粮食与食品微生物快速检测等实践中发挥重要作用。

第一节 感染与免疫学基础

寄生于生物体并引起疾病的微生物称为病原微生物或病原体。感染（infection），又称传染或侵染，是指病原微生物入侵及在体内繁殖过程中与机体相互作用而引起的疾病或反应。一方面，病原体入侵机体、损害宿主的细胞和组织；另一方面，机体通过种种免疫防御功能杀灭、中和、排除病原体及其毒性产物。通常认为病原微生物、宿主和环境是决定感染结局的三大因素。感染的建立，首先需要有病原体的接触。它们具有侵袭宿主机体，并在其中生长繁殖和产生毒性物质等能力。感染不是疾病的同义词，大多数的感染为亚临床的、不明显的、不产生任何显著的症状与体征。有些病原体在最初传染后，潜伏影响可持续多年。病原体亦可与宿主建立起共生关系。

免疫（immunity）是生物体能够辨认自我与非我，对非我作出反应以保持自身稳定的功能。免疫是生物在长期进化过程中逐渐发展起来的防御感染和维护机体完整性的重要手段。宿主免疫防御功能分为非特异性免疫和特异性免疫两大类，它们相辅相成，共同完成抵抗感染、保护自身机体的作用，但当免疫功能异常时也会造成对机体的病理性损伤。

一、决定感染结局的因素

（一）病原微生物

病原微生物的致病特性、侵入数量和途径是决定感染结局的最主要因素。病毒、细菌、原生动物和真菌等不同病原微生物的致病特性差别很大。现以细菌为例说明其致病特性、侵入数量和途径在传染病中的作用。

1.毒力

毒力又称致病力，表示病原细菌对宿主致病能力的强弱，其侵袭力和毒素是构成毒力的基础。

（1）侵袭力（invastiveness）

病原细菌突破宿主防线，并能于宿主体内定居、繁殖、扩散的能力，称侵袭力，包括吸附和侵入能力、繁殖与扩散能力以及对宿主防御机能的抵抗能力。

吸附和侵入能力。细菌通过具有黏附能力的结构，如沙门氏菌等生活在人体肠道的致病菌可通过其菌毛而吸附在肠道上皮上，有的病原体在原处宿主繁殖并引起疾病，有的则继续侵入机体内部组织或血液，进一步扩散和产毒。

繁殖与扩散能力。主要是病原体通过产生一些特殊酶完成，如致病性金黄色葡萄球菌产生血浆凝固酶，能使血浆加速凝固成纤维蛋白屏障，以保护病原体免受吞噬细胞的吞噬和抗体的攻击作用。再如链球菌通过产生透明质酸酶，水解机体结缔组织中的透明质酸，引起组织松散、通透性增加，有利于病原菌的迅速扩散，可发展成全身性感染。

病原菌对宿主防御机能的抵抗能力种类很多。如一些产糖被的细菌具有抗宿主吞噬细胞和体液杀菌物质的能力，有助于致病菌在体内大量繁殖；一些链球菌可产生溶血素去抑制白细胞的趋化性；一些金黄色葡萄球菌产生A蛋白，与抗体结合后，可抑制白细胞对病原体的吞噬等。

（2）毒素（toxin）

细菌毒素按其来源、性质和作用的不同，分为外毒素和内毒素。

外毒素（exotoxin）是细菌在生长过程中合成并分泌到胞外的一类毒性蛋白质，如破伤风痉挛毒素、白喉毒素和肉毒毒素等；也有储存于细胞内当细菌溶解后才释放的，如痢疾志贺氏菌的肠毒素。外毒素具有抗原性（刺激机体产生免疫应答的能力）强，作用于各自特定的组织器官（如神经系统、肠道黏膜），同时毒性作用强，如肉毒毒素是目前已知的最强剧毒物，但不稳定，对热和某些化学物质敏感。

利用外毒素对热和某些化学物质敏感的特点，用0.3% ～ 0.4%甲醛处理，使其毒性完全丧失，但仍保持抗原性，这种经处理的外毒素称为类毒素，常用来预防注射。用类毒素注射机体后，使机体产生的对相应外毒素具有免疫性的抗体，称为抗毒素，作治疗用。

内毒素（endotoxin）是革兰氏阴性菌的细胞壁外层物质，主要成分是脂多糖（LPS），于菌体裂解时释放，作用于宿主白细胞、血小板和补体系统等后，引起发热、白细胞增多等，但相对毒性较弱，各种革兰氏阴性菌的内毒素作用相似，且没有器官特异性。

2.侵入数量

一般而言，侵入机体的病原菌数量越多，引起的感染性越大，潜伏期越短，病情越严重。不同致病细菌导致宿主致病所需的个体数量不同，如鼠疫耶尔森氏菌只要几个细胞即可致某一易感宿主患鼠疫，而伤寒沙门氏菌的感染剂量为$10^8 \sim 10^9$个/宿主。

3.侵入途径

病原体要侵入宿主体内实现其寄生生活，除了上述的毒力和数量外，还必须有合适的侵入易感宿主的途径。来源于宿主体外的感染称为外源性感染，主要来自患者、健康带菌（毒）者和带菌（毒）动植物。而当滥用抗生素导致菌群失调或某些因素致使机体免疫功能下降时，宿主体内的正常菌群可引起感染，称内源性感染。病原体一般通过以下几种方式感染。

（1）呼吸道感染

很多病原体可以通过患者或带菌者的唾液、痰液及带有病原体的尘埃传播，如结核杆菌、白喉杆菌等。

（2）消化道感染

食用患者排泄物污染的食物是病原体传播的主要方式之一，污染的水源、家具及苍蝇、蟑螂等昆虫是一些病原菌如伤寒沙门氏菌、痢疾志贺氏菌等肠道致病菌等的主要传播媒介。

（3）创伤感染

某些病原体如致病性葡萄球菌、链球菌、破伤风杆菌等可通过损伤的皮肤黏膜进入体内引起感染。一些病原体可以吸血昆虫作为传播媒介，如鼠蚤传播鼠疫和疟蚊传播疟疾，也是创伤感染的一种方式。

（4）接触感染

某些病原体如布鲁氏菌可以侵入完整的皮肤，淋球菌可侵入正常黏膜，它们与麻风杆菌等可通过人与人或人与动物的密切接触或通过用具污染物传播。

（5）垂直传播

病原体由亲代通过胎盘或产道直接传播给子代的方式称为垂直传播，主要见于病毒，如疱疹病毒、乙肝病毒、人类免疫缺陷病毒等，其他微生物很少见。

不同的病原体侵入机体的途径不同。绝大多数病原体不能穿过完整的皮肤，而是通过机体的自然开口、皮肤表面的创伤裂口，或通过导管、静脉注入或外科切除等医源性的途径，进入机体内部。有的（如脊髓灰质炎病毒、麻疹病毒）能穿过黏膜，然后通过血液循环达到特定组织部位，造成病变；有的（如白喉杆菌）能附在黏膜上生长繁殖形成局部病灶，产生毒素，引起各种症状。

性质不同的病原体侵入人体后寄生和造成病变的方式不同，可分为两大类。一类是细胞外感染，绝大多数的感染属于此类。另一类是细胞内感染，又可分为2类，某些细菌、真菌、弓形体被吞噬细胞吞噬后不被杀死，反而在细胞内增殖，称为兼性细胞内感染；所有的病毒、立克次氏体、衣原体及少数细菌和原虫只能在靶细胞内增殖，它们必须存在于细胞内才能引起感染，称为专性细胞内感染。许多病原体有亲器官性的特点，即病原体对它们所感染的组织或器官有高度选择性。如肝炎病毒只侵袭肝细胞，而肺炎球菌便侵袭呼吸道黏膜。一般而言，机体对胞外感染的防御策略大多是防止扩散或再感染；而对胞内感染重要的是摧毁感染源。

（二）宿主的免疫力

免疫（immunity）一词源于拉丁文，其原意是免除税赋和徭役，引入医学领域则指机体免除瘟疫（传染病）的能力。现代"免疫"的概念则是指机体对"自己"和"非己"的识别与应答过程中所产生的生物学效应，在正常情况下，是维持机体内环境稳定的一种生理性功能。机体识别"非己"（抗原），对其产生免疫应答并清除之；正常机体对"自己"则不产生免疫应答，即维持耐受。在异常情况下，机体识别"自己"和"非己"的功能发生紊乱，例如：病毒感染或基因突变可导致细胞癌变，后者所表达的肿瘤抗原并非由胚系基因编码（属"非己"），但由于机体免疫监视障碍，以致不能识别并清除之，导致肿瘤发生和发展；自身抗原由胚系基因编码，免疫系统功能紊乱可将其视为非己，从而发动免疫攻击并引发自身免疫病。

1. 免疫功能

免疫系统具有重要的生物学功能，对机体的影响具有双重性，正常情况下，免疫功能维持机体内环境稳定，具有保护性作用；免疫功能异常，可能导致某些病理过程的发生和发展（表10-1）。

表10-1　免疫系统的三大功能

功能	生理性（有利）	病理性（有害）
免疫防御	防御病原微生物侵害	超敏反应、免疫缺陷
免疫自稳	清除损伤或衰老细胞	自身免疫病
免疫监视	清除复制错误/突变细胞	细胞癌变、持续感染

（1）免疫防御（immune defence）

免疫防御指机体针对外来抗原（如微生物及其毒素）的抵御与清除作用，保护机体免受病原微生物的侵袭，即抗感染免疫。在异常情况下，若应答过强或持续时间过长，则在清除致病微生物的同时，也可能导致组织损伤和功能异常，发生超敏反应；若应答过低或缺陷，可发生严重感染。

（2）免疫自稳（immune homeostasis）

免疫自稳指机体可及时清除体内衰老或损伤的体细胞，对自身成分处于耐受状态，以维系机体内环境的相对稳定。若免疫自稳功能发生异常，对"自己"或"非己"抗原的识别和应答出现紊乱，从而破坏自身耐受，导致自身免疫病的发生。

（3）免疫监视（immune surveillance）

免疫监视指机体免疫系统可识别和清除畸变和突变细胞的功能。若该功能发生异常，可能导致肿瘤发生或持续的病毒感染。

2. 宿主免疫力

同种生物的不同个体，当它们与同样的病原体接触后，有的患病，有的却安然无恙，其原因在于不同个体之间免疫力不同。根据种系和个体免疫的进化、发育和免疫效应机制以及作用特征，宿主的免疫力可分为非特异性免疫和特异性免疫两类，概括如图10-1所示（详细内容见本章第二、三节）。

（三）环境因素

感染的发生与发展除取决于上述的病原体的毒力、侵入数量与途径和宿主的免疫力外，

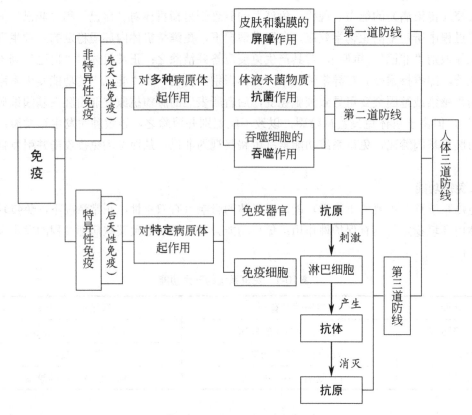

图10-1 宿主免疫力结构图

还取决于环境因素，良好的环境有助于提高机体的免疫力，消灭自然疫源和限制传播，控制传染病的发生和流行。环境因素包括宿主环境和外界环境。

1. 宿主环境

宿主环境包括先天方面（如遗传素质、年龄等）和后天方面（如营养、精神、内分泌状态、药物、电离辐射、体育锻炼等），两方面都会影响机体对某种病原体及其引起的传染病的易感性差别。

2. 外界环境

外界环境包括自然环境和社会环境。

（1）自然环境

自然环境主要包括地理位置、气候、植被、地质水文等。如气候温暖的夏秋季节，蚊、牛虻等吸血昆虫数量多、活力强，容易发生吸血昆虫传播的传染病，如乙型脑炎等病例明显增多。在寒冷潮湿季节，有利于气源性感染，呼吸道传染病在冬春季发病率常增高。2017年我国狂犬病疫情分布仍以南部和中部地区为主，高发季节为夏秋季，病例仍以农民、学生和散居儿童为主。

（2）社会环境

社会环境决定人们的生活方式和意识形态，进而影响传染病的发生与流行。从"新冠"疫情控制看我国的制度优势。从2020年初开始出现的"新冠"病毒，传染性较强，扩散速度极快，如果任其发展，后果不堪设想。我国及时采取了全方位的管控措施，集中全国的人力物力，有效地阻止了病毒的扩散，保障了人民的健康，充分体现了我国制度的优越性。面对传染力极强的病原微生物，仅仅靠先进的技术是不够的，必须以有效的制度和管理为基础，才能充分发挥技术的作用。

二、感染的可能结局

病原体侵入宿主后，病原体、宿主和环境三方面力量的对比或影响的大小决定了感染的结局。结局有隐性感染、带菌状态和显性感染。

（一）隐性感染

如果宿主的免疫力很强，而病原体的毒力相对较弱，数量又较少，传染后只引起宿主的轻微伤害，且很快就将病原体彻底消灭，因而基本上不出现临床症状，称为隐性感染。

（二）带菌状态

如果病原体与宿主双方都有一定的优势，但病原体仅被限制于某一局部且无法大量繁殖，两者长期处于相持的状态，就称为带菌状态，这种长期带菌的宿主，称为带菌者。在隐性感染或传染病痊愈后，宿主常成为带菌者，如不注意，就成为该传染病的传染源，十分危险。这种情况在伤寒、白喉等传染病中时有发生。"伤寒玛丽"的历史必须引以为戒。玛丽是美国的一位女厨师，1906年，受雇于一名银行职员家做厨师，不到3周时门就使全家包括保姆在内的11人中的6人患了伤寒，而当地却没有任何人患此病。经检验，她是一个健康的带菌者，在粪便中连续排出伤寒沙门氏菌。后经仔细研究，证实以往在美国有7个地区多达1500个伤寒患者都是由她传染的。

（三）显性感染

如果宿主的免疫力很低，或侵入病原体的毒力较强、数量较多，病原体很快在体内繁殖并产生大量有毒产物，使宿主的细胞和组织蒙受严重损害，生理功能异常，于是就出现一系列症状，这就是显性感染或传染病。

第二节　宿主的非特异性免疫

非特异性免疫（non-specific immunity）是机体与生俱来的一种生理防卫功能，又称天然免疫（natural immunity），是在种系发育过程中形成的，不需要特殊的刺激或诱导即可发挥对外界异物侵入的防卫功能，也是特异性免疫的基础。其特点是：① 个体出生时即具备；② 相对稳定；③ 作用范围广，并非针对特定抗原。

非特异性免疫主要效应机制为：皮肤、黏膜及其分泌的抑菌或杀菌物质具有屏障效应；体内多种非特异性免疫效应细胞和效应分子发挥生物学作用。现代免疫学取得的突破性进展之一是发现非特异性免疫也具有识别功能，通过其模式识别受体识别的主要是病原或组织损伤的相关分子模式。非特异性免疫主要包括生理屏障、体液因素和细胞因素（表10-2）。

表10-2　非特异性免疫的组成

类型	成分举例
生理屏障	皮肤、黏膜及其附属物、正常菌群
体液因素	溶菌酶、补体、干扰素
细胞因素	吞噬细胞、自然杀伤细胞
其他	免疫的综合作用等

一、生理屏障

（一）表面屏障

健康机体的外表面覆盖着连续完整的皮肤结构，其外面的角质层是坚韧的，不可渗透的，组成了阻挡微生物入侵的有效屏障。同时，汗腺分泌物中的乳酸和皮肤腺分泌物中的长链不饱和脂肪酸均有一定的杀菌或抑菌能力。机体呼吸道、消化道、泌尿生殖道表面由黏膜覆盖，其表面屏障作用较弱，但有多种附件和分泌物。黏膜所分泌的黏液具有化学性屏障作用，并且能与细胞表面的受体竞争病毒的神经氨酸酶而抑制病毒进入细胞。当微生物和其他异物颗粒落入附于黏膜面的黏液中，机体可用机械的方式如纤毛运动、咳嗽和喷嚏而排出，同时还有眼泪、唾液和尿液的清洗作用。多种分泌性体液含有杀菌成分，如唾液、眼泪、乳汁、鼻涕及痰中的溶菌酶、胃液的胃酸、精液的精胺等。

（二）局部屏障

体内的某些部位具有特殊的结构而形成阻挡微生物和大分子异物进入的局部屏障，对保护该器官，维持局部生理环境恒定有重要作用。如由脑毛细血管壁及其外的脑星形细胞组成的血脑屏障，阻挡血中的物质包括致病微生物及其产物向脑内自由扩散，从而保护中枢神经系统的稳定。由怀孕母体子宫内膜的基蜕膜和胎儿的绒毛膜滋养层细胞共同组成的血胎屏障，能阻挡病原微生物由母体通过胎盘感染胎儿。

（三）正常菌群

人的体表和与外界相通的腔道中存在大量正常菌群，通过在表面部位竞争必要的营养物，或者产生如像大肠杆菌素、酸类、脂质等抑制物，而抑制多数具有致病潜能的细菌或真菌生长。临床上长期应用广谱抗生素，肠道内对药物敏感的细菌被抑制，破坏了菌群间的拮抗作用，则往往引起菌群失调症，如耐药性金黄色葡萄球菌性肠炎。

二、体液因素

（一）补体系统（complement system）

补体是存在于人或脊椎动物血清与组织液中的一组不耐热的、经活化后具有酶活性的蛋白质，补体激活是宿主的一种重要防御机制。补体系统包括30余种蛋白质成分，按其生物学功能可分为补体固有成分、补体调节蛋白和补体受体三大类。这些蛋白主要由肝细胞和巨噬细胞产生，在正常生理状况下以无活性形式存在于血清和体液中。只有在特定条件（如感染）下，补体成分才依次被激活，这一过程称为补体的激活。

补体激活有三条途径（图10-2）。由抗原-抗体复合物结合于补体成分C1（C代表补体，各成分用数字分别命名C1～C9），自C1至C9依次激活的途径称经典途径（classical pathway，CP）。由酵母多糖、LPS等多种微生物及其产物从C3和B因子开始激活的途径称替代途径（alternative pathway，AP），又称旁路途径。由抗体酶炎症期蛋白甘露糖结合凝集素（mannose-binding lectin，MBL）与病原体结合从C2和C4开始激活的途径称凝集素途径（lectin pathway，LP），又称MBL途径。三条途径涉及起始因子不完全相同，但均导致C3的活化。经典途径由抗原-抗体复合物活化C1，作用于C4和C2，产生经典途径的C3转化酶C4b2a并切割C3产生C3b，进一步组成C5转化酶C4b2a3b，将C5切割为C5a和C5b。MBL途径由肝产生的炎症期蛋白MBL与病原体的甘露糖残基结合后活化丝氨酸蛋白酯酶，后者与C1有类似活性，作用于C4和C2，引起与经典途径相同的反应过程。替代途径由体液中微量C3b在病原体等适当接触表面上与B因子结合后被D因子加工为旁路途径的C3转化酶C3bBb，也切割C3产生C3b，进一步组成C5转化酶C3bBb3b。随后，以上3种途径以同样方式切割C5，由C5b与后继成分依次组装而成膜攻击复合物（membrane attack complex，MAC）C5b6789n（$n = 12 \sim 15$），在菌膜或靶细胞膜上聚合成孔，造成细胞内容物泄漏，胞外低渗液进入胞内，靶细胞肿胀破裂而死亡。

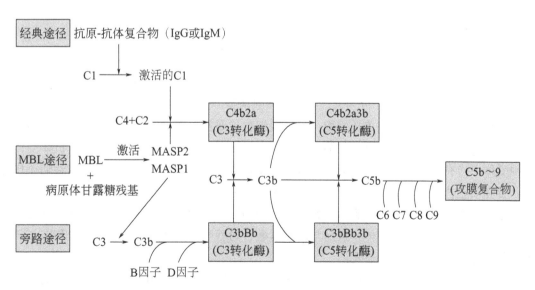

图10-2　补体激活途径简图

补体活化后，可引起膜损伤，导致细胞溶解，其靶细胞包括革兰氏阴性菌、具有脂蛋白膜的病毒颗粒、红细胞和有核细胞，对机体抵抗病原微生物、清除病变衰老的细胞和癌细胞有重要作用。在补体活化过程中产生的各种片段分别具有趋化、促进吞噬细胞的活化吞噬及清除免疫复合物、促进炎症等多种生理功能，是机体天然免疫的重要组分。同时，补体成分还有复杂的免疫调节功能，参与机体特异性免疫。补体各片段均有自己的特异性受体，它们广泛分布于多种细胞，补体片段是通过受体发挥作用的。

（二）干扰素（interferon，IFN）

干扰素是宿主细胞在病毒等多种诱生剂的刺激下产生的一类小分子量的糖蛋白，分为三型。Ⅰ型干扰素包括α和β干扰素，分别由白细胞和成纤维细胞产生，其中IFN-α家族至少有20个基因编码的一组分子量为$1.8×10^4 \sim 2.6×10^4$不等的结构相关、功能类似的多肽。又可进一步分为IFN-α1和IFN-α2/IFNW两组。Ⅱ型干扰素即γ干扰素，主要由T淋巴细胞及自然杀伤细胞产生，又称免疫干扰素。Ⅲ类新型干扰素包括三个家族成员：IL28a（IFNλ2）、IL28b（IFNλ3）及IL29（IFNλ1），它们具有类似的组成和结构。

干扰素作用于宿主细胞，使之合成抗病毒蛋白，控制病毒蛋白质合成，影响病毒的装配释放，具有广谱抗病毒功能，同时，还有多方面的免疫调节作用。Ⅰ型干扰素以抗病毒活性为主，而Ⅱ型干扰素的抗病毒活性较Ⅰ型为弱，但免疫调节作用更强。目前关于Ⅲ型干扰素的研究较少，但发现其与Ⅰ型干扰素类似，同样具有抗病毒功能。

（三）溶菌酶（lysozyme）

溶菌酶是分子量为$1.47×10^4$、不耐热的碱性蛋白酶，主要来源于吞噬细胞并可分泌到血清及各种分泌液中，能水解革兰氏阳性菌细胞壁的肽聚糖而使细胞裂解。

此外，体液中还有β溶素（β-lysin）、转铁蛋白、血浆铜蓝蛋白及C反应蛋白等多种能杀菌或抑菌的因素，但直接作用很弱，仅在机体免疫中起辅助作用。

三、细胞因素

（一）吞噬细胞

吞噬细胞（phagocytes）分为大、小吞噬细胞两类。大吞噬细胞即居留于各种组织中的巨噬细胞和其前体即血液中的单核细胞；小吞噬细胞主要指血液中的嗜中性粒细胞。吞噬细胞有吞噬入侵的病原微生物等颗粒的能力，并且由于吞噬细胞表面存在补体受体、抗体受体等多种受体，当有相应配体存在并与之结合时，将刺激吞噬细胞活化，大大增强其吞噬杀伤能力。吞噬细胞内含有丰富的溶酶体，其中含有水解酶、溶菌酶等多种酶类和其他杀菌物质。当病原微生物入侵时，吞噬细胞可在趋化因子和黏附分子的作用下穿过毛细血管壁到达感染局部，吞入病原体形成吞噬体，进而与溶酶体融合为吞噬溶酶体，然后通过依氧和非依氧两种机制将吞入胞内的病原体杀灭。

依氧机制激发胞内氧化酶通过称为"呼吸爆发"（respiratory burst）的剧烈氧代谢，产生一组具强杀菌作用的反应氧中间产物（ROI），包括超氧离子、过氧化氢、次氯酸、游离羟基和单态氧等；同时，还产生反应氮中间产物（RNI）特别是一氧化氮，对抗胞内寄生物如弓形虫和利什曼原虫尤为重要。嗜中性粒细胞有髓过氧化物酶（MPO）系统，可通过髓过氧化物酶-H_2O_2-卤素形成醛类，具强杀伤能力。巨噬细胞（macrophage，Mφ）无MPO系统，由H_2O_2、OH^-、O_2^-等直接发挥杀菌功能。非依氧机制主要由溶菌酶、乳酸、乳铁蛋白和阳离子蛋白等组成，在厌氧条件下起主要作用。

病原体被吞噬后，多数情况下，由吞噬细胞将其杀死，然后为溶酶体中的水解蛋白酶、多糖酶、核酸酶及酯酶等消化分解，最后将不能消化的残渣排出体外，称为完全吞噬。如化脓性球菌，一般于被吞噬后 5～10min 死亡，30～60min 分解。有些病原体，如结核杆菌、麻风杆菌、布鲁氏杆菌等胞内寄生菌，具有抗吞噬溶酶体形成或抗溶菌酶等逃避机制，在免疫力低下的机体内，虽被吞噬，却不能杀死，反而随吞噬细胞移动，造成扩散，称不完全吞噬。

（二）自然杀伤细胞

自然杀伤细胞（natural killer cell，NK）属于淋巴细胞，主要分布于外周血和脾，具有不需事先致敏，不需其他辅助细胞或分子参与而直接杀伤靶细胞的功能。NK细胞通过释放穿孔素（perforin）和颗粒酶造成靶细胞死亡，也可通过释放肿瘤坏死因子（TNF）杀伤靶细胞。某些肿瘤细胞和微生物感染细胞可以成为NK细胞的靶细胞，而且NK细胞活性较其他杀伤细胞更早出现，因此在抗肿瘤、抗感染特别是抗病毒感染中起重要作用。

四、炎症

炎症（inflammation）是机体受到有害刺激时所表现的一系列局部和全身性防御应答，是非特异性免疫的综合作用结果，其作用为清除有害异物、修复受伤组织，保持自身稳定性。有害刺激包括各种理化因素，但以病原微生物感染为主。

当病原体感染，组织和微血管受到刺激损伤时，迅即导致多种可溶性炎症介质释放，如被细菌LPS活化的血小板黏附于局部胶原和血管内皮基底膜，并释放出5-羟巴胺、凝血因子等多种活性成分，由此而引起凝血、激肽和纤溶系统级联反应。病原体经旁路途径激活补体产生活化片段C3a和C5a，它们具有趋化因子和过敏毒素作用，进一步刺激肥大细胞和嗜碱性粒细胞释放组胺、前列腺素和白三烯等活性介质，与激肽共同作用，导致血管扩张，毛细血管通透性升高，血流变缓，这些改变利于血管内细胞和血清成分逸出。在趋化因子及黏附分子作用下，各种白细胞包括嗜中性粒细胞和单核巨噬细胞迁移到炎症部位，发挥其吞噬杀灭病原体的功能。活化的补体组成攻膜复合物溶解病原菌，其他血浆成分包括凝血系统、激肽系统、纤溶系统均参与此过程，扩大炎症反应。与此同时，细菌LPS是外源致热原，而活化巨噬细胞分泌的白细胞介素1（IL1）有内源性致热原作用，它们直接作用于下丘脑导致发热。吞噬细胞的溶酶体酶释放或泄漏会损伤自身组织成分，死亡白细胞与破坏裂解的靶细胞共同形成脓液；各种毒性产物与活性介质也将刺激正常机体组织。因此，伴随炎症过程有红、肿、痛、热和功能障碍现象。炎症后期，是成纤维细胞、上皮细胞和巨噬细胞等多种细胞和因子参与的修复过程。

此外，特异性免疫应答成分如抗体和致敏淋巴细胞及其分泌的细胞因子均参与并扩大炎症反应，使之"聚焦"（即特异性）而更加有效。

第三节　宿主的特异性免疫

特异性免疫（specific immunity）是机体在生命过程中接受抗原性异物刺激，如微生物感染或接种疫苗后产生的，针对性排除或摧毁、灭活相关抗原的防御能力，又称适应性免疫（adaptive immunity）。其特点是：① 获得性，个体出生后，由于接触抗原而获得；② 特异性，其产物与相应刺激物抗原之间是特异的；③ 多样性，机体可针对环境中多种多样的抗原，分别建立起不同的特异性免疫应答；④ 记忆性，当异物抗原再次入侵时，可产生快而强的再次免疫应答效应；⑤ 耐受性，正常情况下，免疫系统对自身成分有保护性的免疫耐受，能识别异己；⑥ 自限性，异物抗原激发免疫应答的程度和水平可以自我调控在一定的范围内，以免扩大和累及正常组织。

特异性免疫反应主要由可特异性识别抗原的淋巴细胞（即T细胞和B细胞）所承担，其在机体免疫效应机制中发挥主导作用。

非特异性免疫和特异性免疫之间既有区别，又有联系，如表10-3所示。

表10-3　非特异性免疫和特异性免疫的比较

比较项目	非特异性免疫	特异性免疫
获得形式	通过遗传先天获得	通过感染个体后天建立
参与应答的细胞	黏膜和上皮细胞、吞噬细胞、NK细胞、NKT细胞、γ&T细胞、B-1细胞等	αβT细胞和B2细胞等 抗原提呈细胞
应答时效	即刻～96h内 作用时间短	96h后 作用时间长
应答特点	先天获得，无须抗原刺激 非特异性 不涉及免疫细胞增殖分化 应答迅速 无免疫记忆	依赖于抗原刺激 特异性 特异性细胞克隆增殖和分化 应答速度较慢 有免疫记忆
刺激应答的物质	病原体或组织损伤 相关分子模式	非己蛋白质抗原
识别分子	模式识别受体	T细胞抗原受体（TCR）、B细胞抗原受体（BCR）
相互关系	特异性免疫应答基础	可增强非特异性免疫应答

一、特异性免疫获得方式

特异性免疫按其获得方式的不同，可分为主动免疫与被动免疫。主动免疫由机体本身接受刺激而产生，维持时间较长。被动免疫是从其他已建立免疫的个体接受或人工输入免疫细胞及分子而获得免疫力，维持时间较短。主动免疫与被动免疫又可分别进一步分为自然获得与人工获得两种方式（表10-4）。

表 10-4　特异性免疫获得的方式

方式	主动免疫	被动免疫
自然的	显性或隐性感染	经胎盘或乳汁由母体传递给婴儿
人工的	接种疫苗	输入免疫细胞、抗血清或其他制剂

1.自然主动免疫

机体自然感染某种传染病痊愈后，或隐性感染后，所获得的对该疾病的免疫力，称为自然主动免疫。其特点是免疫力持续时间较长，强度较大，如动物耐过炭疽、腺疫、猪瘟等传染病后，甚至可以终身免疫。

2.人工主动免疫

机体接种了某种菌苗、疫苗或类毒素等生物制品后，所产生的一种免疫力，称为人工主动免疫。其特点是免疫力持续时间的长短，因生物制品的性质、机体的反应性等因素不同而异，如接种活苗的免疫期一般较长，可达一年以上，接种死苗则较短，通常只能持续4～6个月。

3.自然被动免疫

机体在胚胎时期通过胎盘或出生后通过初乳，由免疫的母体被动获得抗体而形成的一种免疫力，称为自然被动免疫。其特点是持续时间短，只有几个月，因而仅为幼畜所有。

4.人工被动免疫

机体在注射了高免血清或康复动物血清后，所获得的一种免疫力，称为人工被动免疫。其特点是产生迅速，注射免疫血清后数小时即可建立免疫力，但持续时间极短，仅2～3周，多用于紧急治疗或紧急预防。

二、免疫系统的组成

特异性免疫的物质基础是免疫系统（immune system）。免疫系统的功能是识别"自我"与"非我"并排除抗原性异物，以维持机体内环境的平衡和稳定。免疫系统发挥职能的过程，即免疫细胞对抗原分子的识别、活化、分化和效应过程，称为免疫应答（immune response，IR）。

免疫系统包括免疫器官、免疫细胞和免疫分子三个层次（图10-3）。

（一）免疫器官

免疫器官按其功能又分为中枢免疫器官和外周免疫器官。

1.中枢免疫器官

中枢免疫器官是免疫细胞发生、发育、分化和成熟的场所，某些情况下（如再次抗原刺激或自身抗原刺激）也是产生免疫应答的场所。人和其他哺乳类动物的中枢免疫器官包括骨髓和胸腺，鸟类法氏囊（又称腔上囊）的功能相当于骨髓。

（1）骨髓

骨髓（bone marrow）是人和哺乳动物的造血器官，也是形成各类淋巴细胞、巨噬细胞和血细胞的部位，骨髓具有如下功能：① 各类血细胞和免疫细胞发生的场所。骨髓造血干细胞

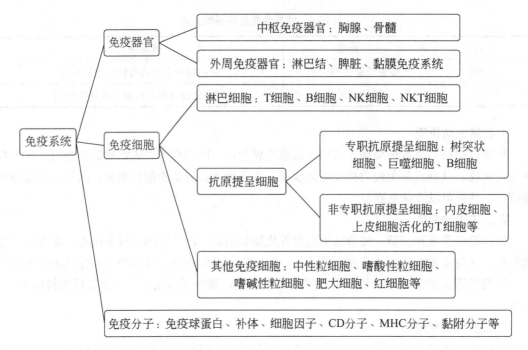

图10-3　免疫系统的组成

具有分化成不同系血细胞的能力，称为多能造血干细胞（pluripotent hematopoietic stem cell）。
②B细胞分化成熟的场所。骨髓中产生的淋巴样前体细胞按不同途径分化发育，一部分经血液迁入胸腺，发育为成熟的T细胞，另一部分则在骨髓内继续分化为成熟的B细胞，最终定居在外周免疫器官中。③再次体液免疫应答中抗体产生的主要场所。初次免疫应答中产生的记忆性B细胞定居于外周免疫器官，接受相同抗原刺激后被激活，分化为浆细胞，经淋巴液和血液进入骨髓，并在骨髓中持续产生大量抗体，是血清抗体的主要来源。

　　新近研究表明：在一定的微环境中，骨髓中的造血干细胞和基质干细胞还可分化为其他组织的多能干细胞（如神经干细胞、心肌干细胞等），这一突破性的进展开拓了骨髓生物学作用的全新领域，并可望在组织工程和医药学中得到广泛应用。

　　（2）胸腺

　　人的胸腺（thymus）大小和结构随年龄不同而有着明显差别。新生期胸腺质量为15～20g；以后逐渐增大，青春期（14～15岁）可达30～40g，其后随年龄增长而逐渐萎缩退化；老年期胸腺明显缩小，大部分被脂肪组织所取代。胸腺内的细胞主要由胸腺细胞（thymocyte）和胸腺基质细胞（thymic stromal cell，TSC）组成。胸腺细胞来源于骨髓产生的前T细胞经血液循环进入胸腺。胸腺基质细胞包括胸腺上皮细胞（thymic epithelial cell，TEC）、巨噬细胞（macrophage，Mφ）、树突状细胞（dendritic cell，DC）及成纤维细胞等，以胸腺上皮细胞为主。TSC互相连接成网，表达多种表面分子并分泌多种胸腺激素，从而构成重要的胸腺微环境。

　　胸腺的功能：①T细胞分化和成熟的场所。在胸腺产生的某些细胞因子的作用下，来源于骨髓的淋巴样前体细胞被吸引至胸腺内成为胸腺细胞。胸腺细胞按被膜下→皮质→髓质移行，并经历复杂的选择性发育，约95%的胸腺细胞发生凋亡而被淘汰，仅不足5%的细胞分化为成熟T细胞。发育成熟的T细胞进入血液循环，最终也定居于外周免疫器官。②免疫调节功能。胸腺基质细胞可产生多种肽类激素，它们不仅促进胸腺细胞的分化和成熟，也参与调节外周成熟T细胞。③ 屏障作用。皮质内毛细血管及其周围结构具有屏障作用，阻止血液中大分子物质进入。

法氏囊为鸟类特有，它是一个促使鸟类B淋巴细胞分化、发育的场所，相当于人和哺乳动物的骨髓。

2.外周免疫器官

外周免疫器官是成熟T细胞和B细胞等免疫细胞定居的场所，也是产生免疫应答的场所。外周免疫器官包括淋巴结、脾脏和黏膜相关淋巴组织，黏膜相关淋巴组织分布于呼吸道、消化道、泌尿生殖道黏膜，主要有扁桃体、阑尾和肠系膜淋巴结。

（1）淋巴结

淋巴结（lymph node）广泛分布于全身非黏膜部位的淋巴通道上。淋巴结表面覆盖有结缔组织被膜，后者深入实质形成小梁。淋巴结分为皮质和髓质两部分，彼此通过淋巴窦相通。浅皮质区又称为非胸腺依赖区（thymus independent area），是B细胞定居的场所。该区内有淋巴滤泡（或称淋巴小结），未受抗原刺激的淋巴小结无生发中心，称为初级滤泡（primary follicle），主要含静止的成熟B细胞；受抗原刺激的淋巴小结内出现生发中心（germinal center），称为次级滤泡（secondary follicle），内含大量增殖分化的B淋巴母细胞，此细胞向内转移至淋巴结中心部髓质，即转化为可产生抗体的浆细胞。淋巴结的深皮质区位于浅皮质区和髓质之间，即副皮质区，又称胸腺依赖区（thymus dependent area），是T细胞定居的场所。该区有许多由内皮细胞组成的毛细血管后静脉，也称高内皮细胞小静脉（high endothelial venule，HEV），在淋巴细胞再循环中起重要作用。

淋巴结的功能：① T细胞和B细胞定居的场所。淋巴结是成熟T细胞和B细胞的主要定居部位。其中，T细胞占淋巴结内淋巴细胞总数的75%，B细胞占25%。② 免疫应答发生的场所。抗原提呈细胞携带所摄取的抗原进入淋巴结，将被加工、处理的抗原提呈给淋巴结内的T细胞，使之活化、增殖、分化，故淋巴结是发生免疫应答的主要场所。③ 参与淋巴细胞再循环。淋巴结深皮质区的HEV在淋巴细胞再循环中发挥重要作用。④ 过滤作用。组织中的病原微生物及毒素等进入淋巴液，当其缓慢流经淋巴结时，可被Mφ吞噬或通过其他机制被清除。因此，淋巴结具有重要的过滤作用。

（2）脾脏

脾脏（spleen）是人体最大的淋巴器官，亦是重要的外周免疫器官，切除脾脏可能削弱机体免疫防御功能。其主要功能包括：① 免疫细胞定居的场所。成熟的淋巴细胞可定居于脾脏。B细胞约占脾脏中淋巴细胞总数的60%，T细胞约占40%。② 免疫应答的场所。脾脏也是淋巴细胞接受抗原刺激并发生免疫应答的重要部位。同为外周免疫器官，脾脏与淋巴结的差别在于前者是对血源性抗原产生应答的主要场所。③ 合成生物活性物质。脾脏可合成并分泌如补体、干扰素等生物活性物质。④ 过滤作用。脾脏可清除血液中的病原体、衰老死亡的自身血细胞、某些蜕变细胞及免疫复合物等，从而使血液得到净化。此外，脾脏也是机体贮存红细胞的血库。

（3）黏膜免疫系统

黏膜免疫系统（mucosal immune system，MIS）又称黏膜相关淋巴组织（mucosal-associated lymphoid tissue，MALT），即体内面积最大、易受病原体入侵、位于体腔表面附近的免疫组织。

MIS主要指呼吸道、消化道及泌尿生殖道黏膜固有层和上皮细胞下散在的无被膜淋巴组织，以及其他带有生发中心的、器官化的淋巴组织，如扁桃体、小肠的派氏集合淋巴结和阑尾等。

黏膜免疫系统在机体免疫防御机制中的重要性表现为：① 人体黏膜表面积约400m²，是阻止病原微生物等入侵机体的主要物理屏障；② 机体近50%的淋巴组织存在于黏膜系统，故MIS被视为执行局部特异性免疫功能的主要部位，产生的分泌型IgA（secretory IgA，sIgA）在抵御病原体侵袭消化道、呼吸道和泌尿生殖道中发挥重要作用；③ 参与口服抗原介导的免疫耐受，口服蛋白抗原刺激黏膜免疫系统后，常可导致免疫耐受，其机制尚未阐明。

MIS的组成包括：① 鼻相关淋巴组织（nasal associated lymphoid tissue，NALT）；② 肠相关淋巴组织（gut associated lymphoid tissue，CALT）；③ 支气管相关淋巴组织（bronchial associated lymphoid tissue，BALT）。这些淋巴组织在抵御经空气传播的微生物感染与侵入肠道以及泌尿生殖道的病原微生物感染中起重要作用。

（二）免疫细胞

免疫细胞是免疫系统的功能单位。免疫细胞主要包括淋巴细胞、粒细胞、肥大细胞、单核或巨噬细胞、树突状细胞，广义上还包括红细胞和血小板及其各类细胞的祖细胞。它们均来自骨髓多能造血干细胞。

1. 淋巴细胞

淋巴细胞（lymphocyte）是高度异质性的，按照表面分子标志及功能分为T细胞、B细胞和第三类（非T非B）淋巴细胞。T细胞进一步按照其表面带有CD4或CD8（白细胞分化抗原cluster of differentiation，CD）分子分为CD4$^+$T细胞和CD8$^+$T细胞两个亚类。CD4$^+$T细胞主要具有辅助及炎症功能，称为辅助性T细胞（helper T lymphocyte，TH），包括TH1和TH2细胞。CD8$^+$T细胞包括杀伤性T细胞（cytolytic T lymphocyte，CTL或TC）和抑制性T细胞（suppressor T lymphocyte，TS）。B细胞又分为B1（CD5$^+$，mIgM^{++}1gD$^+$）和B2（CD5$^-$，mIgM$^+$gD$^+$）两个亚类，主要介导体液免疫。第三类淋巴细胞主要包括NK细胞（natural killer cell，自然杀伤细胞）和K细胞（killer cell，杀伤细胞）。

遍布全身的小淋巴管形成淋巴管网，汇集为越来越大的淋巴管，一般与静脉并行，最后通过左右锁骨下静脉并入血液循环。机体的组织液进入末梢淋巴管，即称为淋巴液。淋巴细胞顺淋巴管迁移称为淋巴细胞再循环。淋巴结接受淋巴和血液的双循环，主要起净化淋巴液的作用。脾仅接受血液循环，主要起净化血液的作用。黏膜相关淋巴组织有局部防御的重要功能。

2. 粒细胞

粒细胞（granulocytes）于骨髓内发育成熟，主要存在于血液内，当感染发生时也可经过趋化到达反应局部。根据其对染料的亲和性又分为中性、嗜酸性和嗜碱性粒细胞。中性粒细胞的核大多分为2～6叶，故又称多形核白细胞（polymorphonuclear leukocyte，PMN）。其胞内含丰富的溶酶体和中性颗粒，炎症感染时可紧急大量动员入血，是血中主要的吞噬细胞。嗜酸性粒细胞占白细胞总数的1%～3%，其核常分两叶。细胞质中含大量嗜酸性染料的大颗粒，其中含多种水解酶类和主要碱性蛋白等活性介质，具有对组织细胞的损伤毒性。同时，嗜酸性粒细胞有一定的经受体介导的吞噬杀伤功能，在抗寄生虫免疫中有重要作用。嗜碱性粒细胞约占白细胞总数的0.2%～2%，核分叶不清。细胞质中有粗大的嗜碱性颗粒，内含组胺等生物活性介质，在一定条件下释放，导致Ⅰ型超敏反应。

3.肥大细胞

肥大细胞（mast cell）是大型圆细胞，位于皮下疏松结缔组织和呼吸道、消化道和泌尿生殖道黏膜内，细胞质含有粗大嗜碱性颗粒，也是介导Ⅰ型超敏反应的主要细胞。此外，肥大细胞能分泌多种细胞因子，有重要的免疫调节作用。

4.巨噬细胞

血液中的单核细胞（monocyte）和全身各组织中的巨噬细胞（macrophage，Mφ）是同一骨髓干细胞的不同发育阶段。前体干细胞分化为单核细胞入血，仅停留1～2天后进入全身各组织发育成熟为巨噬细胞。不同部位的巨噬细胞其性状各异，因此有各自不同的名称。单核细胞多呈椭圆形或有伪足，体积较粒细胞大。细胞质呈碱性，有较多的溶酶体和吞噬泡。巨噬细胞形态结构类似于单核细胞，但体积增大，伪足增多，外形更不规则，溶酶体及线粒体增多。单核细胞和巨噬细胞均有趋化、吞噬杀伤功能和在体外对玻璃的黏附特性，但巨噬细胞的吞噬杀伤能力更强。单核巨噬细胞有加工提呈抗原的能力，是主要的抗原提呈细胞之一。同时，巨噬细胞能分泌百余种活性产物，包括补体成分、细胞因子及酶类等，具有多方面免疫功能。因此，巨噬细胞既是效应细胞又是调节细胞，在特异性免疫和非特异性免疫中都有重要作用。

5.树突状细胞

树突状细胞（dendritic cell，DC）表面有树枝状突起，主要分布于表皮、血液及淋巴组织中，居留不同部位的树突状细胞其性状和功能有细微差异，也有各自不同的名称。树突状细胞是专职抗原提呈细胞，在特异性免疫应答中起重要作用。

6.红细胞

红细胞表面有大量补体片段C3b的受体CR1，病原颗粒通过C3b结合到红细胞上，称为免疫黏附。红细胞携带病原颗粒经血液循环到达肝、脾而被吞噬清除。因为循环红细胞数目远大于白细胞，通过红细胞的免疫黏附是机体清除病原的主要途径之一。

（三）免疫分子

免疫分子包括膜表面免疫分子和体液免疫分子两类。

1.膜表面免疫分子

膜表面免疫分子主要包括膜表面抗原受体、主要组织相容性抗原、白细胞分化抗原和黏附分子。

（1）膜表面抗原受体（membrane surface antigen receptor，MSAR）：B细胞和T细胞表面有各自的特异性膜表面抗原受体，能识别不同的抗原并与之结合，启动特异性免疫。

（2）主要组织相容性抗原（major histocompatibility antigen，MHC）：主要组织相容性抗原是机体的自身标志性分子，参与T细胞对抗原的识别及免疫应答中各类免疫细胞间的相互作用，也限制NK细胞不会误伤自身组织，是机体免疫系统区分自己与非己的重要分子基础。MHC抗原依其分子结构、组织分布及功能的不同又分为MHC Ⅰ类抗原和Ⅱ类抗原。

（3）白细胞分化抗原（cluster of differentiation，CD）：是各类白细胞在发育分化过程中表达的膜表面分子，有的在不同阶段出现或消失，有的持续终生。迄今已命名的CD分子已达350种，以数字标于CD后表示，如CD1、CD2等。它们不仅是细胞类型或发育、活化阶段的标志，还具有参与活化、介导细胞迁移等多方面功能。

（4）黏附分子（adhesion molecules，AM）：是广泛分布于免疫细胞和非免疫细胞表面，介导细胞与细胞、细胞与基质相互接触与结合的分子，种类及成员众多，有参与活化信号转导、细胞迁移、炎症与修复以及生长发育等广泛重要作用。

2.体液免疫分子

体液免疫分子主要包括抗体（免疫球蛋白）、补体和细胞因子。细胞因子（cytokine，CK）是主要由免疫细胞分泌的分子量低的多肽，包括白细胞介素（interleukin，IL）、集落刺激因子（colony stimulating factor，CSF）、干扰素、肿瘤坏死因子（tumor necrosis factor，TNF）及转化生长因子（trasforming growth factor，TGF）等。细胞因子具有对细胞功能的多方面调节作用，其中有些还具有细胞毒性（如肿瘤坏死因子）和抗病毒功能（如干扰素），直接参与免疫应答的效应过程。补体和抗体分别是非特异性免疫和特异性免疫的主要体液成分。

三、抗原与抗体

（一）抗原

人类患某种传染病痊愈后，常可抵抗同一种微生物的重复感染。能抵抗重复感染的原因之一，是血清中具有凝集、溶解病菌或促使病菌易被吞噬细胞所吞噬的特有能力。为了解释这种现象，早期研究者断定免疫血清中含有一种抗体，并称促使抗体产生的物质为抗原（antigen，Ag）。从现代免疫学观点来看，抗原是能诱导机体产生体液抗体和细胞免疫应答，并能与抗体和致敏淋巴细胞在体内外发生特异结合反应的物质。

1.抗原的特性

抗原在体内激活免疫系统，使其产生抗体和特异效应细胞的特性称为免疫原性；抗原能与相对应的免疫应答产物（抗体及致敏淋巴细胞）发生特异结合和反应的能力称为免疫反应性或反应原性。具有免疫原性和反应原性的抗原称为完全抗原（complete antigen），又称免疫原（immunogen）。大多数蛋白质、细菌和病毒等，都是完全抗原。只有反应原性而没有免疫原性的抗原称为不完全抗原（incomplete antigen）或半抗原（hapten）。绝大多数寡糖、所有脂质及一些简单的化学药物都是不完全抗原。抗原物质上能够刺激淋巴细胞产生应答并与其产物特异反应的化学基团称为抗原决定簇（antigen determinant），又称表位（epitope）。抗原决定簇是抗原特异性的物质基础。抗原所携抗原决定簇的数目称为抗原价，一般抗原是多价的。

2.影响抗原性的因素

（1）异己性

正常情况下机体的免疫系统对自身成分或细胞不发生免疫应答。抗原对其刺激的机体来说，一般应是异种（异体）的物质。异种物质的抗原性与被免疫的机体在系统分类上的种系亲疏程度成反比。二者关系越远，组织结构间的差别越大，抗原性越强；反之，抗原性就越弱。如细菌和病毒等各种病原微生物对高等动物来说都是异己物质，有很强的抗原性。鸭的蛋白质对鸡是比较弱的抗原，而对家兔是良好的抗原。此类抗原称为异种抗原。同种不同个体之间，其组织细胞成分也有遗传控制下的细微差别，这种差别表现为抗原性的不同。如人类的红细胞表面就有血型抗原的差异，称为同种异型抗原。

（2）理化性质

通常分子量越大，结构越复杂的物质含有越多的抗原决定簇，其免疫原性越强。聚集状态较可溶性抗原的免疫原性为强，因此，细菌比起血清蛋白是更好的免疫原。此外，对于同一种抗原，不同物种、不同品系的动物产生免疫应答的能力不同，这是由遗传决定的。抗原进入机体的途径与剂量也有一定影响。

3.抗原的种类

自然界存在的抗原及人工抗原极为繁多，可以依据不同的原则予以分类。根据刺激机体B细胞产生抗体时是否需要T细胞辅助，分为胸腺依赖性抗原（thymus dependent antigen，TDAg）和非胸腺依赖性抗原（thymus independent antigen，TIAg）。绝大多数天然抗原属于TDAg。根据抗原的化学性质可分为蛋白质抗原、多糖抗原、脂类抗原及核酸抗原等。通常蛋白质是良好的完全抗原，而类脂质、寡糖、核酸的免疫原性很弱，只能成为半抗原。根据抗原与机体的亲缘关系可分为异种抗原、同种异型抗原和自身抗原。根据抗原的不同来源可分为天然抗原和人工合成抗原，天然抗原又可具体分为组织抗原、细菌抗原、病毒抗原等。各种病原微生物均为良好的抗原。病毒表面结构蛋白抗原通常可以作为分类基础，如流感病毒的血凝素和神经氨酸酶。而病毒感染细胞后可表达一系列新抗原。细菌的结构抗原包括表面抗原、鞭毛抗原、菌毛抗原及菌体抗原等，其代谢产物及分泌的外毒素均有强的免疫原性。

（二）抗体

抗体（antibody，Ab）是机体在抗原物质刺激下所形成的一类能与抗原特异结合的血清活性成分，又称免疫球蛋白（immunoglobulin，Ig）。抗体是由B细胞合成并分泌的。

1.Ig的基本结构与分类

典型的Ig是由一长一短的两对多肽链对称排列而成的"Y"型分子，其中近对称轴的一对肽链称为重链（heavy chain，H链），大约含440个氨基酸残基，外侧一对较短肽链称为轻链（light chain，L链），大约含220个氨基酸残基。H链与L链、H链与H链之间均由二硫键相连，组成的Ig单体分子通式写为H_2L_2。Ig每条肽链的基本结构是由约100个氨基酸长的肽段经β折叠由链内二硫键拉近连成的环状构型，称为功能区。轻链由两个功能区组成，N端区的氨基酸序列多变，称为可变区V_L，C端区的氨基酸序列比较保守，称为稳定区C_L。重链由一个N端V区和3～4个C端稳定区组成。V区中还有3～4个氨基酸序列特别多变的区域称为互补决定区（complementarity-determin region，CDR）或高变区，这是与抗原互补的位点。轻链的V区和重链的V区共同组成了Ig的抗原结合部位，一个Ig单体有两个抗原结合部位，称为2价。

在重链的居中处大约由30个氨基酸残基组成的区域称为铰链区，有坚韧和易柔曲性，且是多种蛋白酶作用部位，与Ig的体内代谢有关。木瓜蛋白酶切割点位于铰链区靠N端处，产生3个片段。其中两个相同的分子量约$5.0×10^4$的片段能与抗原结合，称为抗原结合片段（fragment Ag binding，Fab），含整条轻链和半条重链，与相应抗原作特异性结合；第三个片段不能与抗原结合但能形成结晶，称为结晶片段（fragment crystalline，Fc），含两条重链的剩余部分，具有固定补体的作用。此外重链上还有结合糖（"CHO"）的部位，所以Ig是一类糖蛋白（图10-4）。

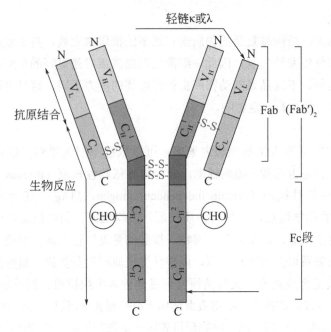

图10-4 Ig的基本结构

按照C区氨基酸序列及其抗原性的差异将重链分为μ、γ、α、ε、σ 5类，其相应组成的Ig分别称为IgM、IgG、IgA、IgE和IgD（表10-5）。其中IgM是由5个单体经连接链（joining chain，J链）连接的五聚体，IgA由J链连接两个单体而成（也有少量单体和3个单体以上的多聚IgA存在），分泌型A有助于其分泌的成分称为分泌片（secretory piece）。有些类还可进一步分为亚类，如IgG分为IgG1、IgG2、IgG3和IgG4，IgA分为IgA1和IgA2，IgM分为IgM1和IgM2。各类抗体的生物学功能有细微差异。轻链分为κ和λ两型。任一类重链可与任一型轻链组合，但在同一抗体分子中类型必须一致。按照Ig存在的方式又可将其分为膜型（membrane Ig，mIg）与分泌型（secretory Ig，sIg）两种。mIg存在于B细胞膜表面，是B细胞的特异性抗原受体。分泌型Ig进入血液、组织和分泌液中，即为经典的抗体。

2. Ig的生理功能

Ig具有多种生物活性，主要表现如下。

（1）与抗原特异结合

Ig的首要功能是识别抗原。mIg是B细胞的特异性抗原识别受体，当其与特异抗原结合后，触发机体免疫应答。体液中的Ig与相应抗原结合后，可发挥阻抑作用，如特异Ig与病毒结合干扰其对细胞的黏附，称为中和抗体；或与细菌毒素结合阻断其毒性，称为抗毒素。存在于呼吸道、消化道和泌尿生殖道表面黏膜的分泌型IgA通过与抗原结合防止病原体附于黏膜表面并随之将其排除。同时，通过其Fc发挥各种针对抗原的生物学活性。而体外的抗原抗体特异性结合，则是各种免疫学技术的基础。

（2）激活补体

IgM、IgG与相应抗原结合后，Fc变构，暴露其重链C区的补体C1结合位点，通过经典途径活化补体，IgA和IgG4不能激活补体经典途径，但其凝聚形式可通过旁路途径活化补体，继而由补体系统发挥其重要的抗感染功能。

表 10-5 人各类免疫球蛋白（Ig）的主要性状与功能

类别		IgG	IgM	IgA	IgD	IgE
结构及理化性质	重链名称	γ	μ	α	σ	ε
	重链稳定区数目	3	4	3	3	4
	主要存在形式	单体	五聚体	单体、双体	单体	单体
	分子量/×10³	150	970	160（单体）	175	190
	含糖量%	3	12	10	18	12
	对热的敏感性	-	-	-	+	+
含量及体内动态	血清含量/(mg/mL)	12±3	1.5±0.5	2±0.5	0.04	$3×10^{-4}$
	占血清 Ig 总量/%	75～80	5～10	7～15	<1	<0.01
	半衰期/d	23	5	6	2.8	2.3
	开始出现时间	出生后3个月	胚胎末期	出生后4～6个月	较晚	较晚
	存在于外分泌液	-	+	++	-	-
	通过胎盘	+	-	-	-	-
免疫学性质与功能	经典途径活化补体	+	++	-	-	-
	旁路途径活化补体	+	-	+	-	-
	结合吞噬细胞	++	-	+	-	+
	主要免疫作用	抗菌、抗病毒、抗毒素	早期防御、溶菌、溶血、mIg	黏膜局部免疫排除、抗菌、抗病毒	不明	抗寄生虫感染、I型变态反应

（3）结合细胞

多种细胞表面有Ig Fc的受体，当Ig通过其Fc与相应受体结合后，可进一步通过受体细胞发挥各种不同的作用。IgG结合于吞噬细胞表面的FcγR后，可大大增强其吞噬功能，称为抗体的调理作用；亦可结合于K细胞、NK细胞、巨噬细胞表面的FcγR，介导其对相应抗原靶细胞的特异杀伤，称为抗体依赖性细胞介导的细胞毒作用（antibody dependent cell-mediated cytotoxicity，ADCC）。IgG约占人类血清Ig总量的3/4，并有多方面作用，是人类的主要抗体。IgE的Fc与肥大细胞、嗜碱性粒细胞、血小板等表面的FcεR结合，可引起Ⅰ型变态反应。

此外，妊娠母体的IgG能通过胎盘到达胎儿的血流中，形成新生儿的自然被动免疫，此外，母体的IgA可分泌至乳汁中，均对保护婴儿抵御感染起重要作用。

四、特异性免疫应答

根据发挥免疫作用的不同途径，可将特异性免疫应答分为体液（抗体）介导免疫和细胞介导免疫两类。

（一）B细胞介导的体液免疫

人类B细胞来源于多能造血干细胞，于骨髓中发育成熟。成熟的B细胞居留于脾和淋巴结的生发中心及黏膜相关淋巴组织，并部分参与淋巴细胞再循环。当机体遭遇抗原侵袭时，B细胞通过膜表面mIg与相应抗原特异结合，在抗原的刺激下活化分化为浆细胞，大量合成并分泌抗体。由B细胞分泌抗体介导的免疫应答称为体液免疫（humoral immunity，HI）。B细胞应答又分为依赖于T细胞和不依赖于T细胞两类，这是由抗原的性质决定的。

1. T非依赖性体液免疫应答

T非依赖性体液免疫应答是CD5$^+$BI细胞对TI抗原的应答。TI抗原又可进一步分为两类。Ⅰ型TIAg如LPS，具有有丝分裂原性质，当与相应丝裂原受体结合时，可非特异性激活B细胞。Ⅱ型TIAg如肺炎球菌多糖，包含多个间隔一定距离的重复表位，当它们遭遇B细胞时，可与B细胞表面多个特异mIg结合，引起膜受体交联成帽，从而活化B细胞。被TIAg活化的B细胞迅速增殖，分化为具有分泌抗体能力的浆细胞，大量分泌IgM型抗体，其特异性和该B细胞的mIg特异性相同，从而可以与相应Ag结合，通过直接中和、调理吞噬、激活补体等途径发挥免疫防御作用。浆细胞是B细胞发育的终末阶段，高效而短命。

2. 依赖于T细胞的体液免疫

依赖于T细胞的体液免疫是CD5$^-$B细胞对TD抗原的应答。B细胞的抗原受体复合体（B cell receptor complex，BCRC）由mIg和CD79异源二聚体组成，其中mIg是特异性抗原受体，CD79是向胞内传递活化信号的信号传递单位。B细胞的mIg与TD抗原特异结合后，通过受体内化将抗原摄入胞内并加工成肽段，肽段与胞内的MHCⅡ类分子结合共同呈现于B细胞表面供TH细胞识别。TH细胞被此MHCⅡ类分子+肽段刺激活化，表达新的膜表面辅助分子CD40L，并分泌细胞因子。B细胞的膜表面分子CD40与T细胞的CD40L结合，给予B细胞第二活化信号，继而B细胞表达CD80，与T细胞膜表面CD28结合，提供TH的第二活化信号。在活化T细胞其他膜辅助分子及其分泌的CK的共同作用下，B细胞活化分化为浆细胞。TD抗原诱导活化的B细胞可通过类型转换改变其分泌抗体的类型，它们可分泌IgM或IgG或

IgA 或 IgE，但每个浆细胞只能分泌一种 Ig，且其 Ag 特异性保持不变。

3. 抗体产生的一般规律——初次应答与再次应答

机体第一次接触某种 TD 抗原引起特异抗体产生的过程称为初次应答（primary response）。该机体以后再次受到同样抗原刺激所产生的抗体应答过程称为再次应答（secondary response）（图 10-5）。

初次应答有一周以上的潜伏期，产生的抗体以 IgM 为主。再次应答的潜伏期缩短，抗体水平大幅度上升，抗体类型以 IgG 为主，且抗体的亲和力较高（称为抗体的亲和力成熟），维持时间较长。这种再次遇到时反应更快、更强的现象称为免疫记忆（immunological memory）。免疫记忆的物质基础是抗原刺激下的 B 细胞分化为浆细胞的同时，分化出一群抗原特异性的长寿记忆细胞。因此人类患天花或麻疹等疾病后可获终身免疫力。

TI 抗原引起的体液免疫不产生记忆细胞，只有初次应答，没有再次应答。因此对 TI 抗原引起的疾病可反复感染，不能获得持久免疫力。

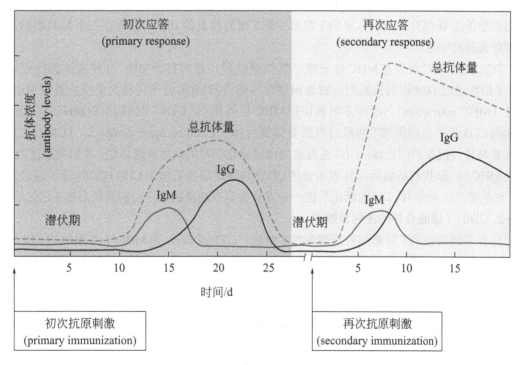

图 10-5　抗体产生的初次应答与再次应答

（二）T 细胞介导的细胞免疫

T 细胞来源于骨髓多能造血干细胞，在胸腺内发育成熟为胸腺依赖性细胞即 T 细胞。成熟 T 细胞居留于淋巴结、脾的 T 细胞区，也是主要的循环淋巴细胞。与 B 细胞类似，每个 T 细胞表面有自己特异的抗原识别受体（TCR），但不能直接识别天然抗原，必须经过辅助细胞的加工处理。由活化 T 细胞产生的特异杀伤或免疫炎症称为细胞免疫（cell mediated immunity，CMI）。

1. T细胞对抗原的识别

（1）辅助细胞及其对抗原的加工提呈

具有摄取、加工、提呈抗原给T细胞的能力的细胞称为辅助细胞（accessory cell）或抗原提呈细胞（Ag presenting cell，APC）或抗原呈递细胞，主要包括树突状细胞、单核巨噬细胞和B细胞。APC通过吞噬、吞饮或受体介导摄入抗原后经降解加工为肽段，分别与胞内的MHC Ⅰ 类或MHC Ⅱ类分子结合表达于细胞表面供T细胞识别。但也有极少数抗原不须经过加工提呈即可被T细胞识别，称为超抗原（superantigen，SAg），如金黄色葡萄球菌肠毒素。超抗原可活化T细胞总数的1/5以上，较一般多肽抗原激活能力高$10^2 \sim 10^4$倍。

（2）T细胞抗原受体（T cell receptor，TCR）对抗原的识别特性

T细胞抗原受体是由两条大小相近的跨膜糖肽组成的异源二聚体分子，每条链由与Ig功能区类似的两个功能区组成，一个可变区（V区），一个稳定区（C区）。两条肽链的V区共同组成抗原结合部位。TCR的分子结构与功能及其基因结构与表达均与Ig类似，属于Ig超家族（Ig super family，IGSF）。有两种不同肽链组成的TCR分子，分别命名为αβTCR和γδTCR，它们不会同时出现于一个T细胞的表面。携αβTCR的T细胞是来源于胸腺的外周T淋巴细胞的主要部分；携γδTCR的T细胞少于T细胞总量的10%，主要存在于黏膜组织，起机体防御前沿作用。

TCR识别APC表面与MHC分子结合的抗原肽段，是对自身MHC与外来抗原的双重识别。T细胞通过TCR识别抗原的同时也识别与其结合的MHC分子，称为免疫应答的MHC限制性（MHC restriction）。$CD4^+$T细胞识别MHC Ⅱ类分子，$CD8^+$T细胞识别MHC Ⅰ类分子。TCR与CD3分子共同组成T细胞的抗原受体复合体（T cell receptor complex，TCRC），其中TCR是特异性抗原识别受体，CD3是向胞内传递活化信号的信号传递单位。T细胞通过TCRC接受MHC+抗原肽的刺激后，其表面分子CD28与辅助细胞表面的CD80/CD86分子结合提供给T细胞第二活化信号。T细胞活化后进一步发育为具有功能的效应细胞及长寿的T记忆细胞。

2. $CD8^+$T细胞介导的细胞毒效应

具有杀伤功能的T细胞标为细胞毒性T细胞（CTL或Tc），是MHC Ⅰ类限制的$CD8^+$T细胞。活化的CTL分泌一种穿孔蛋白，与补体系统的组分C9同功同源，可在Ca^{2+}存在下于带抗原的靶细胞膜上插入并聚合成孔，随后CTL分泌的颗粒酶通过此孔注入靶细胞内，引起靶细胞的蛋白质与核酸降解，细胞死亡。此外，还可以通过表达Fas分子（死亡受体）引起靶细胞凋亡。CTL的杀伤作用对清除细胞内微生物如病毒或胞内菌感染特别重要。

3. $CD4^+$T细胞介导的免疫炎症

能够诱导免疫炎症的T细胞称为迟发型超敏反应（delayed type hypersensitivity，DHT）T细胞（TDTH，TD），是MHC Ⅱ类限制的$CD4^+$T细胞的一个亚类，TD细胞经APC提呈的MHC Ⅱ +抗原肽活化后，大量分泌多种细胞因子。其中一些具有趋化因子和活化因子的功能，能吸引、活化更多的免疫细胞（如单核巨噬细胞、嗜中性粒细胞、Tc等）到达感染局部发挥各自的功能；另一些因子如肿瘤坏死因子有直接效应作用。由这些因子与聚集的白细胞一起，在吞噬杀伤靶细胞、抵御感染的同时造成了感染局部的炎症。由于此类免疫炎症发生得较慢，所以称为迟发型超敏反应。对某些胞内菌如麻风杆菌、结核杆菌、布鲁氏杆菌等感染的免疫即以此型为主。此外，$CD4^+$TH细胞能分泌多种细胞因子，具有重要的免疫调节功能，在B细胞对TD抗原的抗体应答中起重要作用。

第四节 生物制品及其应用

自2020年新型冠状病毒肺炎疫情在全球范围大流行以来，全球医药和生物领域的专家都在致力于寻找、研发治疗和预防新型冠状病毒肺炎的方案，但是目前新冠肺炎仍以对症治疗为主，尚缺乏有效的抗病毒治疗药物，所以当下防控新冠病毒的方法更多地聚焦在疫苗的研发上。新冠病毒疫苗研发技术路线几乎涵盖了现有疫苗研发的绝大多数技术类型，总体可分为三大类：第1大类是经典的技术路线，基本以病毒的完整形式呈现，包括灭活疫苗和减毒疫苗；第2大类是通过基因工程的手段表达出的病毒蛋白抗原，包括亚单位疫苗和病毒样颗粒疫苗；第3大类是以病毒遗传物质为主的病毒载体疫苗（复制型、非复制型）和核酸类（DNA和mRNA）疫苗。

免疫接种（immunization）又称接种（vaccination），是指用人工方法把失活或低毒的病原体或其产物接入机体，以刺激其免疫系统对相应病原体或其有毒产物产生保护性免疫力。在人工免疫中，可作为预防、治疗和诊断用的来自生物体的各种制剂，都称生物制品（biologic products）。生物制品可以是特异性的抗原（疫苗、菌苗、类毒素）、抗体（治疗用血清、诊断用血清、免疫球蛋白、单克隆抗体等）和细胞免疫制剂，也可以是各种非特异性的免疫调节剂（immunoregulative preparation）。两类人工免疫的比较见表10-6。

表10-6　两类人工免疫的比较

比较项目	人工主动免疫	人工被动免疫
输入物	抗原（疫苗、类毒素等）	抗体（现成的）
免疫力出现时间	较慢（需1～4周）	立即
免疫力维持时间	较长（数月至数年）	较短（2周～数月）
免疫记忆	有	无
对免疫系统作用	激活	不明显
主要用途	传染病的预防	传染病的治疗或应急预防

一、人工主动免疫类生物制品

人工主动免疫类生物制品是一类专用于预防传染病的生物制品。在传染病的各类预防手段中，免疫预防是一类较方便、经济和有效的措施。1979年10月，WHO已正式宣布全球消灭了天花，紧接着就是人类争取在近年内消灭脊髓灰质炎、麻疹和狂犬病的宏伟目标。在动物传染病的防控工作中，我国政府制定了一个24字的方针："加强领导，密切配合，依靠科学，依法防治，群防群控，果断处置"。从历史发展来看，免疫防治对人类的健康和进步已发挥出难以估量的贡献，而且将会发挥其不可取代的重大贡献。按照疫苗研制技术，可以将疫苗分为传统疫苗和新型疫苗。

（一）传统疫苗

1.活疫苗（live vaccine）

活疫苗指用人工育种的方法使病原体减毒或从自然界筛选某病原体的无毒株或微毒株所制成的活微生物制剂，有时称减毒活疫苗（attenuated vaccine）。人类首次开启对疫苗的认知和应用就是从减毒活疫苗开始的。减毒活疫苗是一种历史最为悠久的疫苗制品，它是通过冷适应、细胞传代、动物传代、蚀斑法、病毒载体等方法使病原体的毒力（致病性）减弱或丧失后，获得的一种由完整的微生物组成的疫苗制品。减毒活疫苗的免疫原性能够诱发机体感染，使得机体的免疫系统激活，产生相应的免疫反应，但不发生或仅诱发轻微的临床症状，在以后暴露于该病原体后，机体的免疫系统能够识别并对抗该病毒，从而起到保护机体的作用。减毒活疫苗是最自然的，能够模拟病毒入侵机体并使机体产生免疫反应的疫苗品种。基于活病毒接种的原理，其具有一定优势：① 从作用过程角度讲，减毒疫苗具有更强的感染能力，理论上无需反复接种即可发生免疫应答；同时可以诱导机体产生体液免疫、细胞免疫甚至黏膜免疫，使机体拥有更广泛且更长效的保护作用；另外，水平传播效应可引起群体免疫，从而节约疫苗成本，扩大免疫效果。② 从制备工艺的角度讲，其生产成品无需添加佐剂，无需浓缩纯化，价格低廉。但其缺点是不易保存，有时还会发生增毒变异。若要同时接种多种疫苗，为节省人力、物力、时间和减轻受种者的痛苦，可制成混合的多联多价疫苗，如含有4种减毒活疫苗的"麻疹、腮腺炎、风疹、脊髓灰质炎四联疫苗"等。

2.死疫苗（dead vaccine）

死疫苗也称为灭活疫苗，是一种比较传统和成熟的疫苗研发技术。病毒在体外培养后，用物理或化学的方法将其灭活，以保证其抗原颗粒的完整性，使其失去致病力而保留抗原性。但是，这些病毒的"尸体"仍能刺激人体产生抗体，使免疫细胞记住病毒的模样，从而使机体获得适应性免疫。例如百日咳、伤寒、副伤寒、霍乱、炭疽、流行性脑脊膜炎、流行性乙型脑炎、乙型肝炎血源疫苗、斑疹伤寒、狂犬病和流行性感冒的死疫苗等。该类疫苗的优点：① 生产工艺简单，制备和产业化技术平台成熟稳定，相较于新型疫苗技术，能够更快速地启动研发流程；② 质控点和评价方法明确；③ 稳定性高；④ 通常有较好的安全性和免疫原性。基于上述优点，灭活疫苗是应对急性疾病传播通常采用的手段，目前在抗击新冠肺炎疫情中发挥了积极的作用。在WHO 官网上登记的233 项新冠病毒疫苗研究中，灭活疫苗共计22 项，其中1 项已上市，7 项进入临床研究，14 项处于临床前研究。

3.类毒素（toxoid）

类毒素系细菌的外毒素经甲醛脱毒后仍保留原有免疫原性的预防用生物制品。目前已使用精制的吸附类毒素，它是将类毒素吸附在明矾或磷酸铝等佐剂上，以延缓它在体内的吸收、延长作用时间和增强免疫效果。常用的类毒素有破伤风类毒素和白喉类毒素等，它们常与百日咳死菌苗一起，制成"百-白-破"三联制剂使用。此外，由霍乱弧菌（*Vibrio cholerae*）、痢疾志贺氏菌（*Shigella dysenteriae*）、金黄色葡萄球菌（*Staphylococcus aereus*）和大肠杆菌的一些菌株产生的肠毒素（enterotoxin）经甲醛脱毒后，也可制成类毒素和进一步制成抗毒素。

4.亚单位疫苗（subunit vaccine）

相比于传统的灭活和减毒路线，蛋白亚单位疫苗因其安全性好、成本低和易于大规模生产等优势成为近年疫苗研发的热门技术选择。蛋白亚单位疫苗是基于已发布的病毒基因序列，将病毒的目标抗原基因构建在表达载体中，然后将表达载体转化到细菌、酵母、哺乳动物或昆虫细胞中，经诱导表达出大量的靶蛋白抗原，并基于纯化后的蛋白进行疫苗构建。常见的重组蛋白疫苗，例如只含流感病毒血凝素、神经氨酸酶成分的流感亚单位疫苗，只含腺病毒衣壳的腺病毒亚单位疫苗，用乙型肝炎病毒表面抗原制成的"乙肝"亚单位疫苗，用 *E. coli* 菌毛制成的大肠杆菌亚单位疫苗，用狂犬病毒主要抗原黏附在脂质体上制成的狂犬病病毒免疫体（*Rabies virus* immunosome）亚单位疫苗等。

蛋白亚单位疫苗有其独有的优势：① 由于只是病毒蛋白的部分片段，无感染风险，生产安全性以及临床安全性均较高；② 因为通过细菌、酵母这类能够短期内大量繁殖的生物载体作为蛋白抗原"生产基地"，所以具有产能高、易于大规模生产的特点；③ 蛋白类疫苗稳定性相对较好。由于蛋白亚单位疫苗只是病原体的一部分蛋白作为抗原，所以免疫原性较弱。此外，由于该类疫苗是利用不同表达系统来表达病原体的部分蛋白作为抗原，最终表达的抗原蛋白可能与病毒蛋白的天然构象存在差异，这可能在一定程度上影响疫苗的免疫原性，因此一般需要佐剂来增强。根据WHO公布的数据，截至2020年12月31日，新冠病毒蛋白亚单位疫苗共有18项，占进入临床试验疫苗的30%，是在研数量最多的疫苗类型。

（二）新型疫苗

1. DNA 疫苗（DNA vaccine）

DNA 疫苗是核酸疫苗的一种。它首先将编码抗原的基因克隆重组至真核表达质粒，在表达载体上先引入一个启动子；其次在启动子下游插入能编码特异性抗原多肽或蛋白的目的基因，其后接上 Poly（A）和转录终止序列；第三将构建好的质粒载体进行扩增、提取和纯化；最后将重组质粒直接注射至体内，利用宿主的转录翻译系统使外源基因得以表达并合成抗原，引起相应免疫应答，用于疾病预防和治疗。1990年 J. Wolff 等人在做小鼠基因治疗研究时，偶然发现用裸露的 DNA 直接注入肌肉，也可使免疫细胞产生抗体及细胞免疫因子。这种将一段编码抗原的基因直接注射给病人，利用病人自身细胞作"疫苗工厂"，不断进行转录、翻译和制造抗原，并进一步刺激机体发生相应保护性免疫应答的科学发现，为新疫苗的设计开辟了一个新纪元。DNA 疫苗的优势：① 作为病毒的遗传物质，不存在感染风险，更不会引起环境污染、交叉感染以及诱发突变毒株的产生；② 可在体内长期存在，在较低浓度时即可引发持久的免疫反应；③ 生产工艺不涉及活病毒，安全性高，质粒构建成熟完备，研发周期快；④ DNA 结构稳定，易于运输保存。其缺点是必须注入较大剂量的 DNA 才可克服免疫效率较低的困难。

2. mRNA 疫苗

mRNA 疫苗属于核酸疫苗，是将编码某种抗原蛋白的 mRNA 接种到宿主，通过宿主细胞的表达系统合成抗原蛋白，通过抗原蛋白诱导和激活宿主产生对该抗原蛋白的免疫应答，从而达到预防和治疗疾病的目的。

mRNA 疫苗的优势有：① 安全性高。mRNA 不会导致任何感染，不进入细胞核，不存在整合酶的情况下基本没有基因组整合的风险。mRNA 及其载体可经生理代谢途径被人体分解，不导致长期风险。② 有效性强。mRNA 疫苗可诱导体液免疫和细胞免疫，在对新冠病毒的免疫应答机制不完全了解的情况下，诱导2种类型的免疫反应会更加有保障。③ 开发周期短。mRNA 疫苗是通过酶促体外转录反应生产的，无需依赖细胞扩增的过程，避免了细胞培养相关的复杂生产问题，生产更容易扩大，因此具有快速生产的潜力，且成本较低，是应对突发传染性疾病的新型重要策略之一。

3.病毒载体疫苗

病毒载体疫苗是将外源抗原基因重组到某种病毒基因组中，以该重组病毒作为载体递送抗原序列，该重组病毒进入机体后可利用宿主遗传物质表达蛋白抗原，刺激机体产生相应抗体从而达到免疫目的的一种疫苗技术。在新冠病毒的载体疫苗设计中，由于S蛋白是结合人体细胞受体的位点，也是感染后中和抗体的主要目标，因此，将编码该蛋白基因片段插入载体病毒基因组中，是该类疫苗研发的重要方向。

腺病毒、麻疹病毒、巨细胞病毒以及口炎病毒等多种病毒，常被作为载体用于此类疫苗的开发研究。其中以腺病毒作为载体制成的疫苗有其独特的优势：① 高表达、安全性好，可同时诱导特异性体液免疫和细胞免疫反应而无需添加佐剂，易于制备；② 以腺病毒作为载体的新冠病毒疫苗可激活黏膜免疫，因此接种方式也相对灵活，除了肌内注射，鼻腔接种方式也已在小鼠实验中证实能够诱导高水平的中和抗体，促进全身和黏膜免疫球蛋白A（IgA）和T细胞应答；③ 运输方便，易储藏，冷藏即可。

4.化学疫苗（chemical vaccine）和多肽疫苗（polypeptide vaccine）

用化学方法提取病原体中有效免疫成分制成的化学纯品疫苗，其成分一般比亚单位疫苗更为简单。例如肺炎链球菌的荚膜多糖或脑膜炎奈氏球菌的荚膜多糖都可制成多糖化学疫苗。多肽疫苗又称化学合成疫苗，指用人工合成的高免疫原性多肽片段制成的疫苗，称多肽疫苗。例如，乙型肝炎表面抗原（HBsAg）的各种合成肽段、白喉毒素的14肽，以及流感病毒血凝素的18肽等。

5.基因工程疫苗（genetic engineering vaccine）

基因工程疫苗又称DNA重组疫苗（DNA recombinant vaccine），是一类利用基因工程操作构建重组基因序列，并用它表达的免疫原性较强、无毒性的多肽制成的疫苗。例如：① 乙型肝炎基因工程疫苗是由编码HBsAg的基因插入酿酒酵母（*Saccharomyces cerevisiae*）基因组而表达的产物；② 用大肠杆菌表达口蹄疫病毒的衣壳蛋白基因生产口蹄疫病毒疫苗（仅含衣壳蛋白）；③ 在一种病毒中添加另一病毒基因，构建对两种病毒病都有免疫力的重组病毒疫苗，如同时能抗禽痘和新城疫的重组病毒疫苗等；④ 去除病原体的产毒基因而保留其免疫应答能力，以构建重组减毒活疫苗；等等。

6.抗独特型抗体疫苗（anti-idiotype antibody vaccine）

位于抗体分子可变区中高变区的抗原决定簇，称为独特型决定簇，简称独特型（idiotype），它代表一个抗体分子独特的遗传型。抗体分子的成分是糖蛋白，故又可作良好的抗原，由它刺激机体产生的抗体就是抗抗体或抗独特型抗体。用这种抗独特型抗体做疫苗代替最初抗原，具有以下优点：① 克服抗原物质难以获得的困难；② 解决目标分子或病原物自身免疫原性较弱的不利条件；③ 避免使用有害或危险的病原体抗原；④ 取代蛋白质以外的抗原；等等。用此法已制成抗寄生虫罗德西亚锥体虫（*Trepanosoma rhodesiense*）和抗*Eimeria tenella*等抗独特型抗体疫苗，前者可抗人类昏睡病，后者可抗人类的球虫病。

二、人工被动免疫类生物制品

这是一类专用于免疫治疗的生物制品，可分为以下两大类。

（一）特异性免疫治疗剂

特异性免疫治疗剂一般为抗血清（antiserum）或称免疫血清（immune serum），这是一类机体经人工免疫后引起的含某种主要抗体的血清。主要有以下4类。

1. 抗毒素

抗毒素（antitoxin）是一类用类毒素多次注射马等大型动物，待其产生大量特异性抗体后，经采血、分离血清并经浓缩、纯化后制成的生物制品。主要用于治疗由细菌外毒素引起的疾病，也可用于应急预防，如破伤风抗毒素、白喉抗毒素、肉毒抗毒素和气性坏疽多价抗毒素等。毒蛇咬伤也可用毒蛇抗毒素来治疗。

2. 抗病毒血清

抗病毒血清（antiviral serum）是一类用病毒作抗原去免疫动物后，取其含抗体的血清制成的精制治疗用生物制品。由于当前还缺乏能治疗病毒病的有效药物，故在某些病毒感染的早期或潜伏期时，如儿童腺病毒病、狂犬病和乙型脑炎等，可采用相应的抗病毒血清进行治疗。

3. 抗菌血清

20世纪30年代前在磺胺药和抗生素还未应用时，抗菌血清（antibacterial serum）曾用于治疗肺炎、鼠疫、百日咳和炭疽等细菌性传染病。目前仅在少数情况下还在使用，如治疗由耐药性 *Pseudomonas aeruginosa*（铜绿假单胞菌，俗称"绿脓杆菌"）菌株引起的疾病。

4. 免疫球蛋白制剂

（1）血浆丙种球蛋白（γ-globulin）由健康人的血浆中提取，主要含IgG和IgM，属精制的多价抗体，可抗多种病原体及其有毒产物，用于对麻疹、脊髓灰质炎和甲型肝炎等多种病毒病的潜伏期治疗或应急预防。

（2）胎盘球蛋白（placental globulin）是一种从健康产妇的胎盘中提取的免疫球蛋白精制品，主要含IgG，其作用与上述血浆丙种球蛋白相同。

（3）单克隆抗体（monoclonal antibody，McAb）的研究和应用发展很快，目前已从第一代（指直接由杂交瘤分泌的McAb）、第二代（指利用细胞杂交和基因工程技术制备的McAb）发展到了第三代（指利用抗体库技术可筛选出针对任何抗原的McAb），其中属于第二代的单克隆抗体有嵌合抗体（chimeric antibody，由小鼠Ig的V区与人Ig的C区经重组DNA技术合成）和双功能抗体（bifunctional antibody，又称双特异性抗体，指Ig的两臂可同时与不同抗原相结合的抗体），它们比一般McAb有更多的优点。目前第四代单克隆抗体时代已到来，这就是利用转基因动物或植物大量生产人用的McAb。由于此法生产的产品价廉物美，必将促进"抗体药物时代"的快速到来。据报道，在2006年全世界上市的23个重要药物中，抗体药物就占了7个。

（二）非特异性免疫治疗剂——免疫调节剂

免疫调节剂（immunoregulative preparation）是一类能增强、促进和调节免疫功能的非特异性生物制品。它对治疗免疫功能低下、某些继发性免疫缺陷症和某些恶性肿瘤等疾病，具有一定的作用；但对免疫功能正常的人，却不起什么作用。其主要机制是通过非特异性方式增强T、B淋巴细胞的反应性，促进巨噬细胞的活性，也可以激活补体或诱导干扰素的产生。现简介若干常见种类。

1. 转移因子

转移因子（transfer factor，TF）一种由淋巴细胞产生的低分子核苷酸和多肽的复合物，无免疫原性，有种属特异性。制剂有两类：① 特异性TF——从某种疾病康复者或治愈者的淋巴细胞中提取，能把供者的某一特定细胞免疫能力特异地转移给受者；② 非特异性TF——从健康人的淋巴细胞中提取，可非特异地增强机体的细胞免疫功能，促进干扰素的释放，刺激T细胞的增殖，并使它产生各种介导细胞免疫的介质，如移动抑制因子等。TF已被用于治疗麻疹后肺炎、单纯疱疹和带状疱疹等病毒性疾病，播散性念珠菌（白假丝酵母）病、球孢子菌病和组织胞浆病等真菌性疾病，以及原发性肝癌、白血病和肺癌等恶性肿瘤等等。

2.白细胞介素-2

白细胞介素-2（interleukin-2，IL-2）旧名胸腺细胞刺激因子（TST）或T细胞生长因子（TCGF），是一种由活化T细胞产生的多效能淋巴因子，具有促进T细胞、B细胞和NK细胞的增生、分化，增强效应细胞的活性，诱导干扰素的产生，进行免疫调节，以及促使Tc细胞的前身分化为成熟Tc细胞以发挥抗病毒和抗肿瘤等多种功能。目前已可用遗传工程和生物工程高科技手段进行产业化生产。

3.胸腺素

胸腺素（thymosin）一种从小牛、羊或猪的胸腺中提取的可溶性多肽，具有促进T细胞分化、成熟以及增强T细胞免疫功能的作用。可用于治疗细胞免疫功能缺陷或低下等疾病，如先天性或获得性T细胞缺陷症、艾滋病、某些自身免疫病、肿瘤以及由于免疫缺陷而引起的病毒感染等病症。

4.细胞毒T细胞

细胞毒T细胞（cytotoxic T cell，Tc）又称杀伤性T淋巴细胞（cytolytic T lymphocyte，T killer cell，CTL），是一种在病毒性感染和肿瘤性疾病中能杀伤带抗原的靶细胞的效应性淋巴细胞，是宿主清除病原因子的主要力量。由于在疾病发展过程中，宿主Tc细胞的增殖常落后于病情的发展，故及时输入外源性抗原特异的Tc，有助于疾病的治疗。目前，Tc来源尚待研究。

5.卡介苗

卡介苗（BCG）是一种历史悠久的由牛型结核分枝杆菌制成，预防肺结核病的优良减毒活菌苗。近年来发现它还有许多非特异性的免疫调节功能，包括激活体内巨噬细胞等多种免疫细胞，增强T细胞和B细胞的功能，刺激NK细胞的活性，促进造血细胞生成，引起某些肿瘤坏死，阻止肿瘤转移，以及消除机体对肿瘤抗原的耐受性等，因此，目前已用它作为许多肿瘤的辅助治疗剂，包括黑色素瘤、急性白血病、肺癌、淋巴瘤、结肠（或直肠）癌、膀胱癌和乳腺癌等。

6.小棒杆菌

小棒杆菌（*Corynebacterium parvum*）经加热或用甲醛处理后的死细胞具有激活巨噬细胞，增强其吞噬和细胞毒性作用。动物实验证明，如用作口服或局部注射，对实验性肿瘤包括肉瘤、乳腺癌、白血病和肝癌的治疗有一定作用。缺点是副作用较严重。

7.干扰素

干扰素（interferon，IFN）目前应用广泛，其中的γ-干扰素主要由T细胞受抗原或诱生物刺激而产生，故又称免疫干扰素。它不仅有广谱性抑制病毒和某些细胞分裂的作用，而且还有非特异性免疫调节剂的作用，故已被用于治疗多种肿瘤病毒病、一般病毒病和若干肿瘤等疾病。自1979年通过基因工程手段获得IFN-β以来，随后，IFN-α（1980年）、IFN-γ（1982年）和IFN-ω（1992年）都已在 *E. coli* 或 *Saccharomyces cerevisiae*（酿酒酵母）中表达成功，许多产品已能大规模生产，这就为治疗有关疾病提供了良好的条件。

第五节 免疫学方法及其应用

传统的免疫学方法仅局限于用体液免疫产生的抗体与各种抗原在体外进行反应，因所用抗体均来自免疫后的血清，故称血清学反应（serological reaction）。现代免疫学方法既包括体液免疫，又包括细胞免疫的各种方法，并发展出免疫诊断学（immunodiagnostics）和免疫学检测等分支技术学科，它们在疾病诊断、法医和基础理论等的研究和应用中，都有重要的作用。本节将介绍一些重要的血清学反应和免疫标记技术及其应用。

一、抗原与抗体反应的一般规律

抗原抗体反应具有如下特点：① 特异性。抗原决定簇和抗体分子V区间的各种分子引力和立体构象是它们间特异性的物质基础，这种高度特异性是各种血清学反应及其应用的理论依据。② 可逆性。抗原抗体间的结合仅是一种物理结合，故在一定条件下是可逆的。③ 定比性。抗原物质表面的抗原决定簇数目一般较多，故属多价的，而抗体一般仅以Ig单体形式存在，故是双价的。所以，只有当两者比例合适时，才会出现可见反应（图10-6）。④ 阶

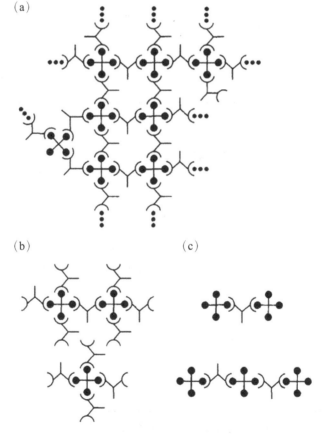

图10-6　抗原与抗体的比例与结合的关系

（a）两者比例适合时形成网络；（b）抗体过量时仅形成可溶性复合物；（c）抗原过量时仅形成可溶性复合物

段性。抗原与抗体的反应一般有两个明显的阶段，第一阶段的特点是时间短（一般仅数秒），不可见，第二阶段的时间长（从数分钟至数小时或数天），可见。第二阶段的出现受多种因子影响，如抗原抗体的比例、pH值、温度、电解质和补体等。两个阶段间并无严格的界限。⑤ 条件依赖性。反应最佳条件一般为pH值为6～8，温度为37～45℃，适当振荡，以及用生理盐水作电解质等。

二、抗原与抗体间的主要反应

抗原与抗体间主要有8类反应（表10-7），这些反应可被设计成各种特异性强、灵敏度高、反应迅速，并可用于临床诊断和科学研究的许多免疫诊断分析技术（表10-8）。

表10-7　抗原与抗体间的各种反应

抗原种类	所需辅助因子	发生的反应
可溶性抗原	无	沉淀
细胞或颗粒抗原	无	凝集
鞭毛	无	固定或凝集
细菌细胞	补体	溶菌或杀菌
细菌细胞	吞噬细胞+补体	吞噬（调理①）
红细胞	补体	溶血
细菌外毒素	无	毒素被中和
病毒体	无	病毒被钝化

① 调理（opsonization）指抗体（调理素）与细菌表面的抗原结合后，促进吞噬细胞吞噬的作用。

表10-8　若干免疫诊断分析法的灵敏度

方法	灵敏度/（μg/mL）
凝集反应	
直接法	0.4
间接法	0.08
沉淀反应	
在液体中	24～160
在凝胶中（双向免疫扩散）	24～160
放射免疫分析（RIA）	0.0008～0.008
酶联免疫吸附分析法（ELISA）	0.0008～0.008
免疫荧光分析法	8.0

注：灵敏度指当存在抗原条件下，出现正反应所需的最低抗体量。

以下择要对4种主要抗原与抗体间的反应作一介绍。

（一）凝集反应

颗粒性抗原（完整的细菌细胞或血细胞等）与相应的抗体在电解质环境中相互作用，经过一段时间后所呈现的肉眼可见的凝集现象，称为凝集反应（agglutination）或直接凝集反应。其中抗原又称凝集原，抗体则称凝集素。在做凝集反应试验时，一般都应稀释抗体（即抗血清），以使其与抗原有一合适比例。原因是抗原的体积较大，其上的抗原决定簇相对较少。凝集反应可分为直接法和间接法。

1.直接法

（1）玻片法

凝聚反应可在玻片上进行，称为玻片凝集反应，这是最简单的凝集反应，即先滴约0.05mL抗血清于玻片上，再滴加等量菌悬液或挑取菌落培养物于抗血清上，混匀，1～2min，如出现灰白色絮片状或颗粒状凝聚物时，即为阳性，试验过程应设生理盐水与颗粒抗原混合物的阴性对照。本法用于定性，在沙门氏菌属和种的鉴定中常用。如菌种鉴定或定型中的玻片凝集试验等。

（2）试管法

试管凝聚反应在试管中进行，根据抗血清的效价拟定其稀释度，即通常以生理盐水为稀释液，对抗血清做倍比稀释，即在一系列试管中加入等量生理盐水，再加入稀释的抗血清使其成为不同稀释度的抗血清，再加入等量抗原，均匀混合后，37℃，4～6h条件下室温过夜，次日观察结果，根据是否凝集和凝集程度判定凝聚效价，此法用于定量。例如诊断伤寒或副伤寒症的试管定量试验——肥达氏试验（Widal test）等。

2.间接法

将可溶性抗原吸附到某一载体，使其成为颗粒性抗原，再与相应抗血清进行凝集反应，而可用肉眼检出，称为间接凝集反应（图10-7）。可用作载体的材料有人和动物的红细胞、活性炭或白陶土颗粒，以及聚苯乙烯乳胶微球等。适用此法测定的对象有抗细菌抗体、病毒抗体等。用同样原理，还可把抗体吸附于红细胞等颗粒上，以检出相应的抗原，这就是反相间接凝集试验，例如用于血液中乙型肝炎表面抗原（HBsAg）和甲胎蛋白的诊断等。

可溶性抗原　　颗粒状载体　　致敏载体　　抗体　　间接凝集团

图10-7　间接凝集试验示意图

（二）沉淀反应

可溶性抗原与相应抗体在电解质作用下，经过一定时间后所出现肉眼可见的沉淀现象，称为沉淀反应（precipitation）。用于此反应中的抗原又称沉淀原，抗体又称沉淀素。常见的可溶性抗原有蛋白质、多糖或类脂溶液、血清、细菌抽提液和组织浸出液等。做沉淀反应时，为使抗原与抗体间达到最合适的比例，一般先要稀释抗原，原因是可溶性抗原的分子小，其抗原决定簇的相对数较高。

1.试管沉淀反应

（1）环状沉淀反应

环状沉淀反应（ring precipitation）简称环状试验。当抗体抗原在试管内进行反应时，在抗体与抗原两液面交界处出现乳白色沉淀环，称试管环状反应。此法可用于抗原的定性，如法医学上鉴定血迹、食品安全上鉴定肉的种类，以及做病畜炭疽病检验的 Ascoli 氏试验等。

Ascoli 氏试验是一种用于检测皮革和动物制品中是否含有炭疽芽孢杆菌抗原的血清沉淀试验。检查时，剪取皮张样品，剪碎后用水煮沸，其滤过液就是炭疽抗原，用它重叠在抗血清液面上，1～2min 内，即可见乳白色沉淀环，即为阳性反应。

（2）絮状沉淀反应

絮状沉淀反应（flocculation precipitation）简称絮状反应。把抗原与相应抗体在试管内或凹玻片上混匀一段时间后，凡出现肉眼可见的絮状沉淀颗粒即为阳性反应。例如诊断梅毒的康氏试验（Kahn test）和测定抗毒素的絮状沉淀单位（flocculation unit）等都适用本法。

2.琼脂免疫扩散试验

琼脂免疫扩散试验的原理是让抗原与抗体在半固体凝胶介质中作相对方向的自由扩散或在电场中进行电泳，由于反应物的分子大小、形状和电荷的不同，两者的扩散或泳动速度有差异，于是会在合适的比例处形成特异的沉淀带。此法具有灵敏度高、分辨力强等优点。主要方法有以下五种。

（1）单向琼脂扩散法

单向琼脂扩散法（simple agar diffusion）是将抗原溶液滴加在混有抗体的琼脂介质小孔中，抗原经扩散后，可在小孔周围适当位置形成一沉淀环，根据环的面积可进行抗原的定量测定。

（2）双向琼脂扩散法

双向琼脂扩散法（double agar diffusion）是将抗原、抗体分别滴加在琼脂介质的不同小孔中，使它们作相对方向扩散，结果在两孔间合适的部位会形成呈现不同特征的沉淀线。此法灵敏度较差，工作时间较长（18～24h），但对进行抗原分析有益。从图 10-8 中可见，根据沉淀线形状可知抗原间是否存在着共同的抗原决定簇：① 两个抗原的抗原决定簇完全相同时，两沉淀线完全融合；② 两个抗原无共同抗原决定簇，但抗血清中存在针对两种抗原的抗体时，出现两条互不干扰、呈交叉状的沉淀线；③ 两个抗原只有部分抗原决定簇相同，另有其他抗原决定簇的存在，于是出现沉淀线在后者一方形成一突出的小刺状。

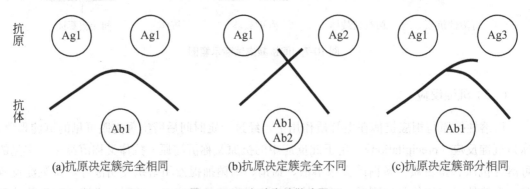

图 10-8　双向琼脂扩散法图示

（3）对流免疫电泳法

对流免疫电泳法（counter immuno-electrophoresis，CIE）是一种将双向琼脂扩散法与电泳技术相结合的免疫学方法。其原理是：抗原与抗体分别置于凝胶板电场负、正极附近的小孔中，通电后，抗原向正极移动，而抗体则向负极移动，结果在两孔间合适的抗原、抗体浓度处会形成一条沉淀线。此法具有速度快、灵敏度较高等优点，可用于乙型肝炎表面抗原（HBsAg）和甲种胎儿蛋白（简称甲胎蛋白a-foetoprotein，AFP或aFP）等的检测。AFP检测是原发性肝癌早期诊断的一种有效方法，具体检测方法很多，可根据条件选用。

（4）火箭电泳法

火箭电泳法（rocket electrophoresis）是一种把单向琼脂扩散法与电泳技术相结合的免疫学方法。在已混有抗体的琼脂凝胶板上挖一小孔，向孔内滴加抗原并进行电泳，结果会沿着电泳方向形成火箭形沉淀线。沉淀线的高度与抗原量成正比，可用于AFP等定量测定。

（5）双向免疫电泳法

双向免疫电泳法（two dimentional immuno-electrophoresis）是一种将火箭电泳与血清免疫电泳相结合的方法。先将血清用电泳分离出各成分，然后切下凝胶板转移至另一已加有抗血清的凝胶上，进入垂直方向的第二次电泳，形成呈连续火箭样的沉淀线（图10-9）。

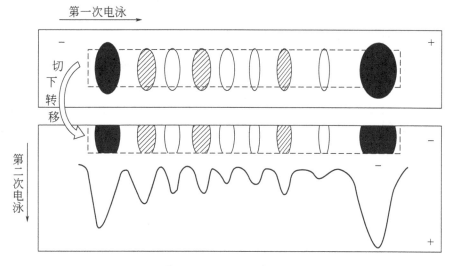

图10-9　双向免疫电泳法

（三）补体结合试验

补体结合试验（complement fixation test，CFT）是一种有补体参与，并以绵羊红细胞和溶血素（红细胞的特异抗体）是否发生溶血反应作指示的高灵敏度地测定抗原与抗体间特异性反应的免疫学方法。其中共有2个系统和5种成分参与反应：

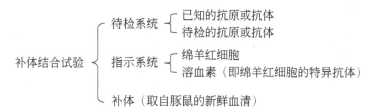

本反应的基本原理有两条：① 补体可与任何抗原和抗体的复合物相结合；② 指示系统如遇还未被抗原和抗体复合物所结合的游离补体，就会出现肉眼易见的溶血反应。其原理和基本操作程序如图10-10所示。从图中可看出，若在试验系统（试管）中先加入抗原，再加入含有抗体的试样，就会立即形成抗原与抗体结合后的复合物。这时如加入补体（新鲜的豚鼠血清），则因补体可与任何抗原、抗体复合物相结合，故形成抗原、抗体与补体三者的复合物。这时，如再加入含有绵羊红细胞和溶血素的指示系统，因其中的红细胞（抗原）已与溶血素（抗体）发生特异结合，而这一新复合物由于得不到游离补体，红细胞不会发生溶血反应。因此，凡指示系统未发生溶血现象者，即为补体结合试验阳性，亦即说明试样中存在着待验证的抗体（也可试验有无抗原）。反之，若在该试验系统中缺乏抗体，则补体就会以游离状态存在。这时如加入指示系统，则此补体就可与绵羊红细胞和溶血素的复合物结合成三者的复合物，从而使红细胞破裂，于是就会出现可见的溶血现象。若见到这种结果，就说明补体结合试验为阴性。

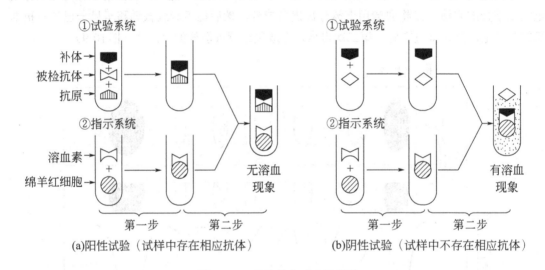

图10-10 补体结合试验示意图

本试验的优点是：① 既可检测未知抗体，也可测未知抗原；② 既适合做沉淀反应，也适合做凝集反应；③ 尤其适宜检出微量抗原与抗体间出现的肉眼看不见的反应，因此可提高一般血清学反应的灵敏度。其缺点是操作复杂、影响因素较多。

本试验可用于检测梅毒（称华氏试验或瓦色曼试验，即 Wasserman test）、Ig、Ig 的 L 链、抗 DNA 抗体、抗血小板抗体、乙型肝炎表面抗原（HBsAg），对若干病毒（虫媒病毒、埃可病毒）的分型，以及对某些病毒病和钩端螺旋体病（leptospirosis）的诊断等。

（四）中和试验

由特异性抗体抑制相应抗原的生物学活性的反应，称为中和试验（neutralization test）。属于本试验中有生物学活性的抗原包括细菌外毒素的毒性、酶的催化活性和病毒的感染性等。在临床诊断中，测定风湿病患者体内是否存在抗链球菌O抗体的反应，就是利用中和试验来进行的。

三、免疫标记技术

上述各项技术，一般均局限于几类经典的抗原与抗体间的血清学反应。现代免疫学技术，其内容已扩大到许多方面，其中以免疫标记技术的发展最快、应用最广。免疫标记技术是将抗原或抗体用荧光素、酶、放射性同位素或电子致密物质等小分子物质加以标记，借以提高其灵敏度和便于检出的一类新技术。其优点是特异性强、灵敏度高、应用范围广、反应速度快、容易观察，既可用于定性、定量分析，又可用于分子定位等工作，目前正在向简便化和自动化方向发展。以下介绍几类主要的免疫标记技术。

（一）免疫荧光技术

免疫荧光技术（immunofluorescent technique）是一种将结合荧光素的荧光抗体与相应的抗原进行反应，借以提高免疫反应灵敏度和适合于显微镜观察的免疫标记技术。常用的荧光素有异硫氰酸荧光素和罗丹明等，它们可与 Ig 中赖氨酸的氨基结合，在蓝紫光的激发下，可分别发出鲜明的黄绿色和玫瑰红色荧光。后又发展了一种更好的荧光素即二氯三嗪基氨基荧光素。近年来更有用镧系稀土元素包括铕离子（Eu^{3+}）和铽离子（Tb^{3+}）等取代荧光素去标记抗体，进一步提高了本法的灵敏度和特异性。免疫荧光技术已被广泛用于疾病快速诊断和各种生物学研究工作中。

（二）免疫酶技术

免疫酶技术（immunoenzymatic technique）是一种利用酶做标记的抗体或抗抗体以进行抗原抗体反应的高灵敏度的免疫标记技术。其原理与免疫荧光技术相似，所不同的只是用酶代替荧光素做标记，以及用酶的特殊底物处理标本来显示酶标记的抗体。由于酶的催化作用，原来无色的底物通过水解、氧化或还原反应而显示出颜色。

此法优点是：① 由于是产色反应，故可用普通显微镜观察结果；② 标本经酶标记的抗体染色后，还可用其他染料复染，以显示细胞的形态构造；③ 标本可长久保存、随时查看；④ 特异性强；⑤ 灵敏度高。

用于此法中的标记酶应具备如下要求：① 纯度高、特异性强、稳定性和溶解度好；② 测定方法简单、敏感、快速；③ 与底物作用后会呈现颜色；④ 与抗体交联后仍保持酶活性。最常用的是辣根过氧化物酶，它是一种糖蛋白，主要成分是酶蛋白和铁卟啉，底物为二苯基联苯胺，底物经水解后可产生棕褐色沉淀物，故可用目测或比色法测定。此外，还可用碱性磷酸酶（alkaline phosphatase，AP）、脲酶（urease）和 β-D-半乳糖苷酶（β-D-galactosidase）等。此法可用于组织切片、细胞培养标本等组织或细胞抗原的定性、定位，也可用于可溶性抗原或抗体的测定。具体方法很多，现择要介绍如下。

1.酶联免疫吸附法

酶联免疫吸附法（enzyme linked immunosorbent assay，ELISA）简称酶标法，原理是将已知的抗原或抗体物理吸附在固相载体表面，测定时待测样品与固相物会竞争性与相应的抗体或抗原结合，再加入酶标记的抗体或抗原形成固相结合物，游离的成分被多次洗涤除去，然后加入酶作用底物，根据底物的颜色反应来判定是否有免疫反应的存在。ELISA方法具有高敏感性、高特异性、结果判断客观、分析自动化、仪器设备要求不高、实验成本低、对人无危害、可在线检测等优点，特别适用于动物性食品样品中氯霉素残留的大批量现场筛选使用。一般把抗原或抗体吸附在聚苯乙烯固相载体上进行反应。此法被广泛用于检测各种抗原或抗体。

（1）双抗体夹心法

双抗体夹心法（double antibody sandwich method，sandwich ELISA）是一种测定待测标本中是否含抗原的方法，步骤为：① 将含已知抗体的抗血清吸附在微量滴定板（一般是聚苯乙烯酶标板，有96孔）上的小孔内，洗涤一次；② 加待测抗原，如两者是特异的，则发生结合，然后把多余抗体洗除；③ 加入与待测抗原特异结合的酶联抗体（或称第二抗体，secondary antibody），使形成"夹心"；④ 加入该酶的底物（图10-11中的小方块）后，若见到有色酶解产物（图10-11中的黑圆点）产生，则说明在孔壁上存在相应的抗原。

（2）间接免疫吸附测定法

间接免疫吸附测定法（indirect immunosorbent assay，indirect ELISA）是一种用酶联抗抗体（抗人γ球蛋白抗体）来检测血清中是否含特定抗体的酶联免疫吸附法，步骤为：① 将已知抗原吸附在微量滴定板的小孔内，用缓冲液洗涤3次；② 加待检抗血清，如其中含特异抗体，则与抗原发生特异结合，随即用缓冲液洗涤3次，洗去多余抗体；③ 加入酶联抗抗体，使它与已吸附的抗原和抗体的复合物相结合，再洗3次，以除去未吸附的酶联抗抗体；④ 加入该酶的底物，使底物分解并产生颜色，待终止反应后，依底物颜色深浅，即可知样品中的抗体含量（图10-11）。

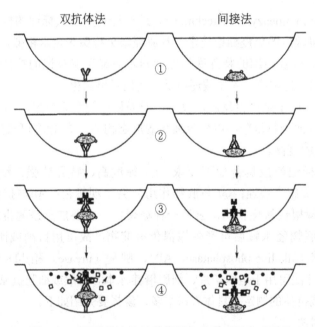

图10-11　双抗体夹心法和间接免疫吸附测定法原理

（3）斑点酶免疫吸附法

以上的ELISA都是在液相中进行酶底物的显色反应的，其产物均为可溶性有色化合物，故也可用分光光度法测其含量。斑点酶免疫吸附法（dot-ELISA）是一种在固相薄膜上进行、酶解后产生斑点状、非水溶性色素的高灵敏度的酶联免疫吸附法。通常使用的薄膜为硝酸纤维，酶为碱性磷酸酶，酶解底物为氮蓝四唑。本法在原理上与以上两法相同，方法上的不同之处是：① 用硝酸纤维薄膜取代上述微量滴定板；② 最终显色反应是用不溶于水的有色沉淀物，例如，碱性磷酸酶的底物不能用对硝基酚磷酸盐，而要用氮蓝四唑等。最终可从薄膜上沉淀物颜色的有无或多少确定结果。此法的优点是灵敏度高（比普通ELISA高10～100倍），与放射免疫测定法相当。

2. 酶标记免疫定位（enzyme-labelling immunolocalization）

（1）免疫组织化学

免疫组织化学（immuno-histochemistry）又称酶标免疫组织化学，其原理与上述斑点酶免疫吸附法相同，不同处是仅用组织切片或细胞样品代替固相抗原。

（2）免疫印迹

免疫印迹（immunoblot或Western blot）又称蛋白质印迹，是一种高特异性和高分辨率分析蛋白质的免疫学技术。几种分子量不同的蛋白质（抗原）先经SDS-PAGE凝胶电泳分离出不同的条带，再转印至硝酸纤维膜上，然后用酶或同位素标记的抗体对条带进行显色（或放射自显影）和鉴定。此法兼有SDS-PAGE的高分辨率和免疫反应的高特异性等优点，常用于检测不同基因所表达的各种微量蛋白质抗原。

（三）放射免疫测定法

放射免疫测定法（radioimmuno-assay，RIA）是一类利用放射性同位素标记的抗原或抗体来检测相应抗体或抗原的高灵敏度免疫分析方法。此法兼有高灵敏度（达10^{-9}g或10^{-12}g）和高特异性等优点。常用的同位素有^{125}I、^{131}I、^{3}H和^{35}S等。放射性强度可用液体闪烁仪（用于溶液）或X射线胶片自显影（用于固相）计算出。本法广泛用于激素、核酸、病毒抗原或肿瘤抗原等微量物质的测定。

（四）免疫电镜技术

免疫电镜技术（immuno-electron microscopy，IEM）是一种采用电子致密物质标记的抗体与其相应抗原发生特异性结合后，借电镜检出这一标记复合物的免疫学技术。例如，辣根过氧化物酶和铁蛋白等可作为标记抗体的电子致密物质。检出对象包括细菌、病毒或动植物细胞的超薄切片等。近年来又进一步发展出用胶体金（colloidal gold）或金、银的微粒来对抗体进行标记，以进行细胞表面标志定位、免疫细胞亚群计数或白血病分型等。免疫电镜技术大大提高了电镜观察的特异性、高分辨率和对生物大分子的定位能力。

（五）发光免疫测定法

发光免疫测定法（luminescent immuno-assay，LIA）是一种把化学发光或生物发光反应与免疫测定相结合而获得的高灵敏度免疫学分析方法。发光反应一般均为氧化反应。化学发光剂如荧光醇、异荧光醇、吖啶酯或光泽精等，生物发光剂如虫荧光素等。此法的优点是：① 可定量检测抗原或抗体；② 灵敏度高（比酶免疫技术高1000倍）；③ 试剂稳定，无毒；④ 检测操作简便、快速（0.5h至几个小时）。

第六节 免疫学在粮食和食品科学中的应用

一、抗原抗体反应与粮食和食品检测

（一）抗原抗体反应与粮食和食品污染物检测

粮食和食品污染物包括的面很广，内容庞杂，这里指的污染物主要是一些粮食和食品中的不安全因素，有物理的、化学的、生物的因素。关系最为紧密的有两类。一是生物性因素，其中微生物或其产物（毒素）引起的食品安全性问题最为严重，也最容易引起关注。特别是在粮食收获和贮藏过程中，由于温湿度等环境因素的变化，容易引起粮食的霉变和污染，如近几年有些地区比较突出的黄曲霉毒素、呕吐毒素等，造成了较大的安全隐患。二是化学性因素，例如农药残留、盐酸克伦特罗（瘦肉精）等。这些不安全因素都可作为抗原。如果抗原是蛋白质，则直接（有害物质、不安全因素或再加佐剂）免疫动物得到抗体，利用抗原抗体反应分析和检测食品中的抗原。如果不安全因素是非蛋白质物质，那么先用这种非蛋白质物质（半抗原）与蛋白质（通常用牛血清白蛋白，BSA）交联，使成为完全抗原，再免疫动物获得抗体，用已知的抗体就可以测定食品中的待鉴定的不安全因素（抗原）。利用这种血清学技术（目前用得最多的是ELISA测定法、生物素-亲和素测定法）检测食品中的不安全因子有很强的应用价值和可操作性，因为它具有准确、特异、快速和便捷的优点，不需要使用昂贵的设备，易于在基层应用，目前发展迅速。

以呕吐毒素（DON）为例，该毒素又名脱氧雪腐镰刀菌烯醇，是单端孢霉烯族化合物中的一种，广泛存在于小麦、大麦、玉米等粮谷类农作物中，在世界范围内有着较高的污染率。小麦一旦被DON产毒菌株污染，在适宜的生长环境中，产毒菌株会迅速生长，产生的DON从谷物外部皮层逐渐向内部侵染。通过磨粉机加工，虽除去侵染较为严重的谷物外层麸皮，但可食用胚乳部分残留的DON会被带入到面粉中，严重威胁人体健康。DON属于剧毒或中等毒物，对人有很强的毒性，当人摄入了被DON污染的食物后，会出现厌食、呕吐、腹泻、发烧、站立不稳、反应迟钝等一系列急性中毒症状，严重时可损害造血系统而出现死亡。DON对动物影响也较大，其中猪对DON最敏感，其次是啮齿动物、狗、猫、家禽、反刍动物等。当动物摄入被污染的饲料时可显著增加感染的易感性，导致慢性感染的重新激活，此外，动物的生长（厌食和营养效率下降）和繁殖（减少产仔数）也受到DON的不利影响，重要的是，在家禽动物被受污染的饲料喂养后，DON可以在鸡蛋和肉中持续存在。DON污染问题在全球范围内非常严重，国内外都受到DON不同程度的危害，为减少或避免该毒素的危害，对DON的检测方法也在不断改进。目前，国家标准中对DON的检测常采用色谱分析技术，主要包括气相色谱法（GC）、气相色谱-质谱法（GC-MS）、液相色谱-质谱法（HPLC-MS）等。色谱分析法前处理复杂，操作要求高，难以实现简便、快速、高通量的现场检测。针对保障我国粮食安全的需要以及适应国际贸易规则的要求，采用快速检测技术非常必要。随着科学技术的多元化发展以及不同学科之间交叉融合，免疫学检测技术涉及的范围逐步扩展，与其相关的研究也层出不穷，国内外适用于DON检测较为成熟的免疫学方法主要有酶联免疫吸附法（ELISA）、时间分辨荧光免疫分析（TRFIA）、胶体金免疫色谱法、发光免疫测定法（CLIA）、表面等离子体共振技术（SPR）5种，其详细方法见本章第五节。

（二）抗原抗体反应与食品功能因子分析

检测原理同上，只不过作为抗原的物质不是食品中的有害因素，而是具有特定功能的活性物质，例如银杏中黄酮类物质、内酯，大豆中的异黄酮，蜂王浆中的10-羟基-α-癸烯酸、链激酶、激素等。同样，功能因子如果是非蛋白质性半抗原，那么，首先应使半抗原成为完全抗原，再免疫动物获得抗体。有一些虽然是蛋白质性质，但分子量小的肽类物质，也应该与蛋白质结合构建成大分子蛋白质，以此为抗原免疫动物获得抗体，用已知抗体就可以鉴定未知抗原。目前有一些半抗原、抗原或抗体已经商品化了，订购规范的样品即可实施检测。

二、免疫与功能食品研发

21世纪，物质极大丰富，现代化程度越来越高，人们每天都生活在快节奏里，精神压力大，睡眠质量差，肝脏严重受损，身体也由于长时间的不运动造成疲劳、亚健康等状态，免疫力低下，且已成为都市人的"通病"。因此增强免疫力的保健食品将会在未来的市场中具有巨大的潜力。

功能食品又称保健食品，截至2015年我国已审批保健食品国产15455个，进口746个，分属于调节血脂、调节血压、免疫调节、抗氧化等27项，增强免疫力功能在所有被批准的保健食品功能里名列第一。但保健食品的免疫调节机理少有突破性进展，因此在研究和发展保健食品时，功能因子资源的发掘及其增强免疫机理的研究对提升保健食品的品质与水平，进而推动保健品产业的发展是很有意义的。

以免疫球蛋白为例，1968年命名为imunog lobulin，简称Ig，是一类具有抗体活性或化学结构与抗体相似的球蛋白，在医学实践中曾发挥了巨大作用，近年来在食品工业中也进行了应用和实践。免疫球蛋白在动物体内具有重要的免疫和生理调节作用，是动物体内免疫系统最为关键的组成物质之一。科学研究证明，免疫球蛋白对痢疾志贺氏菌、沙门氏菌、大肠杆菌、链球菌、金黄色葡萄球菌、流感病毒以及破伤风毒素、链球菌溶血素等许多病原微生物和毒素具有抑制作用。免疫球蛋白最主要的生物学特性就是与相应的抗原特异性结合，还有激活补体，促进吞噬作用等功能和特征，另外，每种免疫球蛋白还具有各自所特有的基本特性与免疫功能。IgG占血清Ig总量的75%，其免疫功能主要为起主力免疫作用，具有抗菌、抗病毒、抗毒素等多种免疫活性。IgM占血清Ig总量的6%，它是血管内主要的抗传染性免疫物质，在一定条件下其杀菌、溶菌、激活补体和促进吞噬等作用均显著强于IgG。IgA占血清Ig总量的13%，其免疫功能为具有一定的抗感染免疫作用，局部抗菌、抗病毒。IgD占血清Ig总量的1%，免疫功能可能与某些变态反应与自身免疫性疾病有关。IgE占血清Ig总量的0.002%，本身无抗菌、抗病毒活性，免疫作用主要为致敏作用。

由于免疫球蛋白特殊的免疫生理功能，国际上对Ig用作功能食品添加剂的研究成为热点。如1990年美国一家公司生产一种功能性奶粉，可抗人类常见的24种致病菌和病毒。1991年Century Labs Inc.的Ig类婴儿食品配方，主要含有Ig、DHA、EPA、蛋白质和碳水化合物，并以与母乳相似的比例配成，利于婴儿吸收并增强防病抗病能力。Lanier Inds Inc.公司开发出了含有Ig免疫活性乳清固体粉末添加剂，由低含量的乳糖、矿物质、70%以上的低分子量蛋白质和不少于7%的Ig组成，可稀释成浓度不低于3.5g/L的溶液，其免疫活力与初乳相近。1998年新西兰Healtheries健康食品有限公司的牛初乳粉和牛初乳片每100g分别含IgG 555mg和4166mg。德国利用牛初乳开发生产的口服型产品含IgG 51.6g/L、IgM 8.6g/L、IgA 1.0g/L，该产品对与腹泻相关的细菌、细菌毒素、病毒和原生虫具有很高的抗体效价。随着人们保健意识的增强，Ig功能食品必将进一步开拓市场，产生更大的经济和社会效益，Ig的应用前景是十分光明的。

目前，用于提取免疫球蛋白的原料主要有牛初乳、动物血清和鸡蛋3种。牛初乳，Ig含量大约为30～50mg/mL，常乳中Ig含量为0.6～1.0mg/mL。据估计，一头牛泌乳期产初乳量（分娩4天内）平均约39～52kg，牛犊出生后初乳实际喂养量在6.8～11.7kg之间。目前我国约有乳牛220万头，潜在的初乳资源约有80000t。动物血清Ig含量大约为10～20g/L。我国鸡蛋资源非常丰富，也是一个巨大的Ig资源宝库。牛初乳是指从正常饲养的、无传染病和乳房炎的健康母牛分娩后72h内挤出的乳汁。牛初乳作为一种功能性食品，富含免疫因子、生长因子等生理功能性物质和多种营养成分。牛初乳所含的各种免疫因子中，免疫球蛋白IgG是人和动物血液中含量最高的免疫球蛋白，给人体适当地补充免疫球蛋白IgG是有必要的。牛初乳和免疫乳富含抗体，使用这种乳制品既是很好的营养品，又有一定的免疫预防和治疗效果，尤其是后者，可以针对微生物类型（例如肠道微生物）人工设计制备出相应的免疫乳用于紧急预防和治疗。

参考文献

万忠民, 马佳佳, 鞠兴荣, 等. 短波紫外线对高水分稻谷抑霉效果的研究 [J]. 粮食储藏, 2014, 43(01): 10-16.

于淑萍. 应用微生物技术 [M]. 第3版. 北京: 化学工业出版社, 2015.

文永昌. 粮食生物防霉的探讨(一): 几种抗菌剂和化学药剂对高水分小麦的防霉效果 [J]. 粮食贮藏, 1980 (04): 1-7.

王利敏, 邢福国, 吕聪, 等. 复合植物精油防霉剂对玉米霉菌及真菌毒素的控制效果 [J]. 核农学报, 2018, 32(04): 732-739.

王鸣岐, 文永昌. 粮食微生物手册 [M]. 上海: 上海科学技术出版社, 1965.

王镜岩. 生物化学 [M]. 第3版. 北京. 高等教育出版社, 2002.

丛苑, 卢彦廷, 杜奕君, 等. ATP发光法快速检测玉米中的霉菌 [J]. 中国食品学报, 2014, 14(08): 233-239.

田海娟, 蔡静平, 黄淑霞, 等. 稻谷储藏中温湿度变化与微生物活动相关性的研究. 粮食储藏, 2006, 35(04): 40-42.

关统伟. 微生物学 [M]. 北京: 中国轻工业出版社, 2018.

刘和, 陈英旭. 环境生物修复中高效基因工程菌的构建策略 [J]. 浙江大学学报(农业与生命科学版), 2002, 28(02): 208-212.

刘慧. 现代食品微生物学 [M]. 第2版. 北京: 中国轻工业出版社, 2011.

吕嘉枥. 食品微生物学 [M]. 北京: 化学工业出版社, 2007.

孙宇辰. 基因工程疫苗的研究与应用 [J]. 生物化工, 2018, 4(06): 152-153.

江汉湖, 董明盛. 食品微生物学 [M]. 第3版. 北京: 中国农业出版社, 2010.

江汉湖. 基础食品微生物学 [M]. 第4版. 北京: 中国轻工业出版社, 2014.

何国庆, 贾英民, 丁立孝. 食品微生物学 [M]. 第4版. 北京: 中国农业大学出版社, 2021.

何培新, 迟雷, 韩丽. 高级微生物 [M]. 北京: 中国轻工业出版社, 2017.

吴国锋. 我国小麦主产区小麦粉微生物污染调查 [D]. 兰州: 甘肃农业大学, 2007.

张惠展. 基因工程 [M]. 上海: 华东理工大学出版社, 2017.

张燕燕, 蔡静平, 蒋澎. 储粮微生物危害检测技术研究进展 [J]. 食品与机械, 2013, 29(06): 267-270+272.

李平兰. 食品微生物学教程 [M]. 第2版. 北京: 中国林业出版社, 2019.

李宗军. 食品微生物学原理与应用 [M]. 北京: 化学工业出版社, 2014.

李彪, 李国长, 柳琴. 微生物对小麦及其加工品污染的调查分析 [J]. 粮食储藏, 2003, 32(05): 36-38.

李树磊, 郑红艳, 王磊. 基因编辑技术在作物育种中的应用与展望 [J]. 生物技术通报, 2020, 36(11): 209-221.

李隆术, 靳祖训. 中国粮食储藏科学研究若干重大成就 [J]. 粮食储藏, 1999, 28(06): 3-12.

李新社, 陆步诗. 仓储稻谷霉菌污染情况调查 [J]. 常德师范学院学报(自然科学版), 2000(02): 75-77.

杨汝德. 现代工业微生物学 [M]. 广州: 华南理工大学出版社, 2005.

杨基汉,符秋霞,满原,等.不同水分稻谷在储藏过程中微生物变化规律的研究[J].粮食储藏,2016,45(06):39-42.

杨博.环境生物技术在环境污染治理中的应用研究[J].清洗世界,2021,37(09):68-69.

沈飞,刘鹏,蒋雪松,等.基于电子鼻的花生有害霉菌种类识别及侵染程度定量检测[J].农业工程学报,2016,32(24):297-302.

沈关心,徐威.微生物学与免疫学[M].第8版.北京:人民卫生出版社,2020.

沈萍,陈向东.微生物学[M].第8版.北京:高等教育出版社,2016.

陈松意,谢碧珍.氧浓度及熏蒸剂对贮粮真菌生长和大米品质的影响[J].粮食储藏,1983(06):18-23.

陈畅,丁伟,唐芳,等.小麦储藏水分、温度和真菌生长危害进程预测[J].中国粮油学报,2012,27(05):5-9+26.

周阳生.动物性食品微生物学检验[M].北京:中国农业出版社,2014.

周建新,林姣,张瑞,等.臭氧处理稻谷储藏过程中微生物的变化规律[J].食品科学,2013,34(07):24-27.

周建新,姚明兰,张瑞,等.籼稻谷带菌量与储藏温度和时间回归方程的研究[J].粮食储藏,2012,41(02):26-29.

周建新,黄永军,包月红,等.臭氧处理高水分稻谷储藏过程中理化和微生物指标变化研究[J].粮食储藏,2015,44(02):30-33.

周建新,彭雪霁,高瑀珑,等.温、湿度对储藏小麦粉中霉菌区系的影响[J].中国粮油学报,2010,25(11):94-97.

周建新,鞠兴荣,孙肖东.不同储藏条件下稻谷霉菌区系演替的研究[J].中国粮油学报,2008,23(05):133-136.

周建新.食品微生物学检验[M].第2版.北京:化学工业出版社,2020.

周德安,焦爱琴.人工陈化稻谷的真菌区系演替和品质变化的关系[J].郑州粮食学院学报,1982(04):19-25.

周德庆,徐士菊.微生物学词典[M].天津:天津科学技术出版社,2005.

周德庆.微生物学教程[M].第4版.北京:高等教育出版社,2020.

国家粮食局人事司.粮油保管员[M].第2版.北京:中国轻工业出版社,2007.

林海.环境工程微生物学[M].第2版.北京:冶金工业出版社,2014.

姜昭慈,余敦年,毛水和.黄粒米与杂色曲霉素污染[J].湖北环境保护,1981(01):41-43.

贺稚非,霍乃蕊.食品微生物学[M].北京:科学出版社,2018.

项琦,瞿起荣,万慕麟.我国小麦皮下菌丝密度的分布[J].粮食储藏,1984(02):9-15.

项琦.粮油食品微生物学检验[M].北京:中国轻工业出版社,2000.

唐芳,欧阳毅,祁智慧.基于扫描电镜观察研究真菌孢子检测对稻谷霉变判定[J].中国粮油学报,2018,33(04):122-126.

唐芳,程树峰,伍松陵.玉米储藏主要危害真菌生长规律的研究[J].中国粮油学报,2008,23(05):137-140.

唐芳,程树峰,伍松陵.储粮生物危害检测仪的研制[J].中国粮油学报,2011,26(06):114-117+128.

唐芳,程树峰,伍松陵.稻谷储藏危害真菌生长与CO_2浓度的相关性[J].中国粮油学报,2011,26(03):71-74.

唐芳,程树峰,张海洋,等.稻谷储藏真菌危害早期预测的研究[J].粮食储藏,2015,44(01):24-27+32.

徐怀幼,李荣涛.花生微生物区系及演替规律的调查研究[J].粮食储藏,1986(03):24+28-36.

徐怀幼.四川省油菜籽微生物区系调查[J].粮食贮藏,1982(06):37-41+45.

桑亚新, 李秀婷. 食品微生物学 [M]. 北京: 中国轻工业出版社, 2017.

殷蔚申, 庄桂. 黄粒米中杂色曲霉素的毒性试验 [J]. 郑州粮食学院学报, 1980(02): 1-3.

殷蔚申, 张耀东, 庄桂, 等. 我国稻谷真菌区系调查及其演替规律的研究 [J]. 郑州粮食学院学报, 1986(03): 3-17.

殷蔚申. 粮食微生物学 [M]. 郑州: 河南科学技术出版社, 1983.

郭钦, 蔡静平, 刘爱兰, 等. 粮堆不同部位微生物活动的差异性研究 [J]. 粮油加工, 2006(07): 65-68.

都立辉, 和肖营, 刘凌平, 等. 淮稻5号的真菌多样性及其储藏过程中可培养的优势真菌 [J]. 中国农业科学, 2016, 49(07): 1371-1381.

黄坊英, 黄伯爱, 陈娇娣, 等. 贮藏玉米真菌区系的调查研究 [J]. 粮食贮藏, 1982(03): 23-34.

黄佳明, 姜宁, 张爱忠. 基因工程菌生产抗菌肽的研究进展 [J]. 微生物学通报, 2019, 46(06): 654-659.

储炬, 李友荣. 现代工业发酵调控学 [M]. 北京: 化学工业出版社, 2006.

彭雪霁. 不同储藏条件下小麦粉微生物区系变化规律研究 [D]. 南京: 南京财经大学, 2010.

曾明湧. 食品保藏原理与技术 [M]. 第2版. 北京: 化学工业出版社, 2019.

程树峰, 唐芳, 伍松陵. 储粮真菌危害早期检测方法的研究 [J]. 中国粮油学报, 2011, 26(04): 85-88.

蒋建东. 多功能农药降解基因工程菌的构建及其环境释放安全评价研究 [D]. 南京: 南京农业大学, 2006.

解娜. 储粮霉菌活动产生 CO_2 及其在粮堆中扩散规律的研究 [D]. 郑州: 河南工业大学, 2011.

詹耀, 王为民, 田凤, 等. 基于超高压的稻谷亮白曲霉杀菌效应及其萌发特性研究 [J]. 中国粮油学报, 2012, 27(11): 72-76+83.

靳祖训. 中国粮食储藏科学研究迅速发展的五十年——谨以此文献给共和国的五十华诞 [J]. 粮食储藏, 1999, 28(04): 3-12.

廖权辉, 何淑英, 沈周秦, 等. 储藏真菌对大米品质劣变及稻谷发芽率的影响 [J]. 粮食储藏, 1987(05): 16-24.

蔡静平, 黄淑霞, 张晓云, 等. 仪器法快速检测储粮霉菌的可靠性研究 [J]. 粮食储藏, 2003, 32(04): 33-36.

蔡静平. 储粮微生物活性及其应用的研究 [J]. 中国粮油学报, 2004, 19(04): 76-79.

蔡静平. 粮油食品微生物学 [M]. 北京: 科学出版社, 2018.

樊明涛, 赵春燕, 雷晓凌. 食品微生物学 [M]. 北京: 郑州大学出版社, 2011.

潘磊庆, 王振杰, 孙柯, 等. 基于计算机视觉的稻谷霉变程度检测 [J]. 农业工程学报, 2017, 33(03): 272-280.

瞿起荣, 项琦, 万慕麟. 小麦皮下菌丝及其测定 [J]. 粮食贮藏, 1982(04): 40-44.

Adams M R, Moss M O, McClure P J. Food Microbiology[M].4th ed. Royal Society of Chemistry, 2016.

Androutsou M E, Nteli A, Gkika A, et al. Characterization of asparagine deamidation in immunodominant myelin oligodendrocyte glycoprotein peptide potential immunotherapy for the treatment of multiple sclerosis[J]. Int J Mol Sci, 2020, 21(20): 7566.

Arindam K. Plant stress biology: progress and prospects of genetic engineering[M]. Apple Academic Press, 2020.

Arnold C N, McElhanon J, Lee A, et al. Global analysis of *Escherichia coli* gene expression during the acetate-induced acid tolerance response[J]. J Bacteriol, 2001, 183: 2178-2186.

Arun K B. Foodborne Microbial Pathogens: mechanisms and pathogenesis[M]. Springer, 2018.

Castanie-Cornet M P, Penfound T A, Smith D, et al. Control of acid resistance in *Escherichia coli*[J]. J Bacteriol, 1999, 181: 3525-3535.

Cebrián G, Arroyo C, Condón S, et al. Osmotolerance provided by the alternative sigma factors σB and rpoS to

Staphylococcus aureus and *Escherichia coli* is solute dependent and does not result in an increased growth fitness in NaCl containing media[J]. Int J Food Microbiol, 2015, 214: 83-90.

Chuang S E, Blattner F R. Characterization of twenty-six new heat shock genes of *Escherichia coli*[J]. J Bacteriol, 1993, 175: 5242-5252.

Dartigalongue C, Missiakas D, Raina S. Characterization of the *Escherichia coli* σE regulon[J]. J Biol Chem, 2001, 276: 20866-20875.

Derré I, Rapoport G, Msadek T. CtsR, a novel regulator of stress and heat shock response, controls *clp* and molecular chaperone gene expression in gram-positive bacteria[J]. Mol Microbiol, 1999, 31: 117-131.

Diez-Gonzalez F, Karaibrahimoglu Y. Comparison of the glutamate-, arginine- and lysine-dependent acid resistance systems in *Escherichia coli* O157: H7[J]. J Appl Microbiol 2004, 96: 1237-1244.

Doudna J A. The promise and challenge of therapeutic genome editing[J]. Nature, 2020(578):229-236.

Doyle M P, Diez-Gonzalez F, Hill C. Food Microbiology: Fundamentals and Frontiers[M]. 5th ed. Washington, DC: ASM Press, 2019.

Einarsson H. Evaluation of a predictive model for the shelf life of cod (Gadus morhua) fillets stored in two different atmospheres at varying temperatures [J]. International Journal of Food Microbiology, 1994, 24: 93-102.

Ermolenko D N, Makhatadze G I. Bacterial cold-shock proteins[J]. Cell Mol Life Sci, 2002, 59: 1902-1913.

Ferreira A, Sue D, O'Byrne C P, et al. Role of *Listeria monocytogenes* σB in survival of lethal acidic conditions and in the acquired acid tolerance response[J]. Appl Environ Microbiol, 2003, 69: 2692-2698.

Foster J W. Low pH adaptation and the acid tolerance response of *Salmonella typhimurium*[J]. Crit Rev Microbiol, 1995, 21: 215-237.

Foster J W. Microbial responses to acid stress. In Storz G, HenggeAronis R(ed), Bacterial Stress Responses[M]. Washington, DC: ASM Press, 2000.

Gale E F, Epps H M R. The effect of the pH of the medium during growth on the enzymic activities of bacteria(*Escherichia coli* and *Micrococcus lysodeikticus*)and the biological significance of the changes produced[J]. Biochem J, 1942, 36: 600-618.

Gilman J C, Barron D H. Effect of molds on temperature of stored grain[J]. Plant Physiology, 1930(05): 565-573.

Gong S, Richard H, Foster J W. YjdE(AdiC)is the arginine: agmatine antiporter essential for arginine-dependent acid resistance in *Escherichia coli*[J]. J Bacteriol, 2003, 185:4402-4409.

Gragerov A, Nudler E, Komissarova N, et al. Cooperation of GroEL/GroES and DnaK/DnaJ heat shock proteins in preventing protein mis-folding in *Escherichia coli*[J]. Proc Natl Acad Sci USA, 1992, 89: 10341-10344.

Griffiths G, Atungul U, Supriya T, et al. Storage of hybrid rough rice-Consideration of microbial growth kinetics and prediction models[J]. Journal of Stored Products Research, 2016, 69.

Hecker M, Pané-Farré J, Völker U. SigB-dependent general stress response in *Bacillus subtilis* and related gram-positive bacteria[J]. Annu Rev Microbiol, 2007, 61: 215-236.

Hecker M, Völker U. General stress response of *Bacillus subtilis* and other bacteria[J]. Adv Microb Physiol, 2001, 44: 35-91.

Helmann J D, Wu M F W, Kobel P A, et al. Global transcriptional response of *Bacillus subtilis* to heat shock[J]. J Bacteriol, 2001, 183: 7318-7328.

Hersh B M, Farooq F T, Barstad D N, et al. A glutamate-dependent acid resistance gene in *Escherichia coli*[J]. J Bacteriol, 1996, 178: 3978-3981.

Horn G, Hofweber R, Kremer W, et al. Structure and function of bacterial cold shock proteins[J]. Cell Mol Life Sci, 2007, 64: 1457-1470.

Ileleji K, Maier D, Bhat C, et al. Detection of a developing hot spot in stored corn with a CO_2 sensor[J]. Applied Engineering in Agriculture, 2006, 22(2): 275-289.

Jarmila V, Eva V. Chitosan derivatives with antimicrobial, antitumour and Antioxidant activities-a review[J]. Current Pharmaceutical Design, 2011, 17(32): 3596-3607.

Joe A G. Surface expression of O-specific lipopolysaccharide in *Escherichia coli* requires the function of the TolA protein[J]. Molecular Microbiology, 2000, 38(02): 262-275.

Kammermeyer J. Genetic engineering fundamentals: an introduction to principles and applications[M]. CRC Press, 2017.

Koutsoumanis K P, Sofos J. N. Comparative acid stress response of *Listeria monocytogenes*, *Escherichia coli* O157: H7 and *Salmonella Typhimurium* after habituation at different pH conditions[J]. Lett Appl Microbiol, 2004, 38: 321-326.

Laca A, Mousia Z Díaz M, et al. Distribution of microbial contamination within cereal grains[J]. Journal of Food Engineering. 2006, 72(4): 332-338.

Large T M, Walk S T, Whittam T S. Variation in acid resistance among Shiga toxin-producing clones of pathogenic *Escherichia coli*[J]. Appl Environ Microbiol, 2005, 71: 2493-2500.

Liberek K, Galitski T P, Zylicz M, et al. The DnaK chaperone modulates the heat shock response of *Escherichia coli* by binding to the σ32 transcription factor[J]. Proc Natl Acad Sci USA, 1992, 89: 3516-3520.

Lin J, Lee I S, Frey J, et al. Comparative analysis of extreme acid survival in *Salmonella typhimurium*, *Shigella flexneri*, and *Escherichia coli*[J]. J Bacteriol 1995, 177:4097-4104.

Lin J, Smith M P, Chapin K C, et al. Mechanisms of acid resistance in enterohemorrhagic *Escherichia coli*[J]. Appl Environ Microbiol, 1996, 62: 3094-3100.

Liu L, Bilal M, Duan X, et al. Mitigation of environmental pollution by genetically engineered bacteria - Current challenges and future perspectives[J]. Sci Total Environ, 2019, 66(07):444-454.

Liu Y, Cao Y, Wang T, et al. Detection of 12 common food-borne bacterial pathogens by TaqMan Real-Time PCR using a single set of reaction conditions[J]. Front Microbiol, 2019(10): 222.

Lou Y, Yousef A E. Adaptation to sub-lethal environmental stresses protects *Listeria monocytogenes* against lethal preservation factors[J]. Appl Environ Microbiol, 1997, 63: 1252-1255.

Mackelprang R, Lemaux P G. Genetic engineering and editing of plants: an analysis of new and persisting questions[J]. Annu Rev Plant Biol, 2020(71): 659-687.

Magan N, Evans P. Volatiles as an indicator of fungal activity and differentiation between species, and the potential use of electronic nose technology for early detection of grain spoilage[J]. Journal of Stored Products Research. 2000, 36(4): 319-340.

Maity J P, Kar S, Banerjee S, et al.Effects of gamma irradiation on long-storage seeds of *Oryza sativa* (cv.2233) and their surface infecting fungal diversity[J]. Radiation Physics and Chemistry, 2009, 78(11): 1006-1010.

Marc S, Philippe D, Charles D, et al. A temperature-type model for describing the relationship between fungal growth and water activity[J]. International Journal of Food Microbiology, 2001(67): 63-69.

Meng S Y, Bennett G N. Nucleotide sequence of the *Escherichia coli* cad operon: a system for neutralization of low extracellular pH[J]. J Bacteriol, 1992, 174: 2659-2669.

Missiakas D, Raina S. Protein misfolding in the cell envelope of *Escherichia coli*: new signaling pathways[J]. Trends Biochem Sci, 1997, 22: 59-63.

Mongkolsuk S, Helmann J D. Regulation of inducible peroxide stress responses[J]. Mol Microbiol, 2002, 45: 9-15.

Mustafa A, Mohsan M. Mycoflora associated with grain discolouration of common rice (*Oryza sativa* L.) cultivars and their management[J]. International Journal of Advanced Research in Biological Sciences[J]. 2017, 4(4): 1-5.

Nair A J. Principles of Biotechnology and Genetic Engineering [M]. Kolkata: Laxmi Press, 2015.

Narberhaus F. Negative regulation of bacterial heat shock genes. Mol Microbiol, 1999, 31: 1-8.

Neely M N, Dell C L, Olson E R. Roles of LysP and CadC in mediating the lysine requirement for acid induction of the *Escherichia coli* cad operon[J]. J Bacteriol, 1994, 176:3278-3285.

Noor R. Mechanism to control the cell lysis and the cell survival strategy in stationary phase under heat stress[J]. Springerplus, 2015, 4: 599.

Park C, Kim Y, Park K, et al. Changes in physicochemical characteristics of rice during storage at different temperatures[J]. Journal of Stored Products Research. 2012, 48: 25-29.

Prom L K. The effects of *Fusarium thapsinum*, *Curvularia lunata*, and their combination on sorghum germination and seed mycoflora[J]. Journal of New Seeds. 2004, 1(6): 39-49.

Rea R B, Gahan C G M, Hill C. Disruption of putative regulatory loci in *Listeria monocytogenes* demonstrates a significant role for Fur and PerR in virulence[J]. Infect Immun, 2004, 72: 717-727.

Rea R B, Hill C, Gahan C G. M. *Listeria monocytogenes* PerR mutants display a small-colony phenotype, increased sensitivity to hydrogen peroxide, and significantly reduced murine virulence[J]. Appl Environ Microbiol, 2005, 71: 8314-8322.

Reddy K R N, Reddy C S, Muralidharan K. Potential of botanicals and biocontrol agents on growth and aflatoxin production by *Aspergillus flavus* infecting rice grains[J].Food control, 2009, 20(2): 173-178.

Richard H, Foster J W. *Escherichia coli* glutamate-and arginine-dependent acid resistance systems increase internal pH and reverse transmembrane potential[J]. J Bacteriol, 2004, 186: 6032-6041.

Samelis J, Ikeda J S, Sofos J N. Evaluation of the pH-dependent, stationary-phase acid tolerance in *Listeria monocytogenes* and *Salmonella typhimurium* DT104 induced by culturing in media with 1% glucose: a comparative study with *Escherichia coli* O157: H7[J]. J Appl Microbiol, 2003(95): 563-575.

Schellhorn H E, Stones V L. Regulation of katF and katE in *Escherichia coli* K12 by weak acids[J]. J Bacteriol, 1992, 174: 4769-4776.

Schlesinger M J. Heat shock proteins[J]. J Biol Chem, 1990, 265: 12111-12114.

Schmidt M, Horstmann S, DeColli L, et al. Impact of fungal contamination of wheat on grain quality criteria[J]. Journal of Cereal Science[J]. 2016, 69: 95-103.

Schumann W. Regulation of bacterial heat shock stimulons[J]. Cell Stress Chaperones, 2016, 21:959-968.

Smith D K, Kassam T, Singh B, et al. *Escherichia coli* has two homologous glutamate decarboxylase genes that map to distinct loci[J]. J Bacteriol, 1992, 174: 5820-5826.

Song P, Xu W, Zhang Y, et al. A new carboxypeptidase from *Aspergillus niger* with good thermostability, pH stability and broad substrate specificity[J]. Sci Rep, 2021, 11(1): 1-10.

Storz G, Zheng M. Oxidative stress. In Storz G, Hengge Aronis R(ed), Bacterial Stress Responses[M]. Washington, DC: ASM Press, 2000.

Sugita T, Nishikawa A. Fungal identification method based on DNA sequence analysis:reassessment of the methods of the pharmaceutical society of Japan and the Japanese Pharmacopoeia[J]. Journal of Health Science Tokyo, 2003, 49(06): 531-533.

Van Derlinden E, Bernaerts K, Van Impe J. F. Dynamics of *Escherichia coli* at elevated temperatures: effect of temperature history and medium[J]. J Appl Microbiol, 2008, 104: 438-453.

Wang G, Doyle M P. Heat shock response enhances acid tolerance of *Escherichia coli* O157: H7[J]. Lett Appl Microbiol, 1998, 26: 31-34.

Wang Y, Lu J, Engelstadter J, et al. Non-antibiotic pharmaceuticals enhance the transmission of exogenous antibiotic resistance genes through bacterial transformation[J]. ISME J, 2020(14): 2179-2196.

WareJoncas Z, Campbell J M, Martinez-Galvez G, et al. Precision gene editing technology and applications in nephrology[J]. Nat Rev Nephrol, 2018(14): 663-677.

Wemekamp-Kamphuis H H, Karatzas A K, Wouters J A, et al. Enhanced levels of cold shock proteins in *Listeria monocytogenes* LO28 upon exposure to low temperature and high hydrostatic pressure[J]. Appl Environ Microbiol, 2002, 68: 456-463.

Willey J M. Prescott's Principles of Microbiology[M]. 6th ed. McGraw Hill, 2016.

Yuki T, Yumiko N, Chinatsu Ito, et al. Isolation and characterization of baker's yeast capable of strongly activating a macrophage[J]. FEMS Yeast Research, 2014, 14(02): 261-269.

Zheng M, Wang X, Templeton L J, et al. DNA-microarray-mediated transcriptional profiling of the *Escherichia coli* response to hydrogen peroxide[J]. J Bacteriol, 2001, 183:4562-4570.